药物制剂设备

（下册）

全国医药职业技术教育研究会　组织编写
谢淑俊　主编　　刘立津　主审

化学工业出版社
生物·医药出版社
·北京·

图书在版编目（CIP）数据

药物制剂设备（下册）/谢淑俊主编．—北京：化学工业出版社，2005.6（2022.8重印）
ISBN 978-7-5025-7209-2

Ⅰ．药…　Ⅱ．谢…　Ⅲ．化工制药机械：制剂机械
Ⅳ．TQ460.5

中国版本图书馆CIP数据核字（2005）第060555号

责任编辑：余晓捷　孙小芳　陈燕杰　　文字编辑：宋　薇
责任校对：凌亚南　　装帧设计：关　飞

出版发行：化学工业出版社（北京市东城区青年湖南街13号　邮政编码100011）
印　　装：北京七彩京通数码快印有限公司
787mm×1092mm　1/16　印张18¾　字数424千字　　2022年8月北京第1版第16次印刷

购书咨询：010-64518888　　售后服务：010-64518899
网　　址：http://www.cip.com.cn
凡购买本书，如有缺损质量问题，本社销售中心负责调换。

定　　价：36.00元

《药物制剂设备（下册）》编审人员

全国医药职业技术教育研究会　组织编写

主　　编　谢淑俊（北京市高新职业技术学院）

主　　审　刘立津（北京医药集团有限责任公司）

编写人员（按姓氏笔画排序）

史桂林（北京市高新职业技术学院）
石维廉（沈阳药科大学高等职业技术学院）
刘精婵（山西生物应用职业技术学院）
刘德玲（广东化工制药职业技术学院）
袁梓云（中国医药设备工程协会）
谢淑俊（北京市高新职业技术学院）
路振山（天津生物工程职业技术学院）
翟树林（山东中医药高级技工学校）

全国医药职业技术教育研究会委员名单

全国医药高职高专教材建设委员会委员名单

前　言

从20世纪30年代起，我国即开始了现代医药高等专科教育。1952年全国高等院校调整后，为满足当时经济建设的需要，医药专科层次的教育得到进一步加强和发展。同时对这一层次教育的定位、作用和特点等问题的探讨也一直在进行当中。

鉴于几十年来医药专科层次的教育一直未形成自身的规范化教材，长期存在着借用本科教材的被动局面，原国家医药管理局科技教育司应各医药院校的要求，履行其指导全国药学教育为全国药学教育服务的职责，于1993年出面组织成立了全国药学高等专科教育教材建设委员会。经过几年的努力，截至1999年已组织编写出版系列教材33种，基本上满足了各校对医药专科教材的需求。同时还组织出版了全国医药中等职业技术教育系列教材60余种。至此基本上解决了全国医药专科、中职教育教材缺乏的问题。

为进一步推动全国教育管理体制和教学改革，使人才培养更加适应社会主义建设之需，自20世纪90年代以来，中央提倡大力发展职业技术教育，尤其是专科层次的职业技术教育即高等职业技术教育。据此，全国大多数医药本专科院校、一部分非医药院校甚至综合性大学均积极举办医药高职教育。全国原17所医药中等职业学校中，已有13所院校分别升格或改制为高等职业技术学院或二级学院。面对大量的有关高职教育的理论和实际问题，各校强烈要求进一步联合起来开展有组织的协作和研讨。于是在原有协作组织基础上，2000年成立了全国医药高职高专教材建设委员会，专门研究解决最为急需的教材问题。2002年更进一步扩大成全国医药职业技术教育研究会，将医药高职、高专、中专、技校等不同层次、不同类型、不同地区的医药院校组织起来以便更灵活、更全面地开展交流研讨活动。开展教材建设更是其中的重要活动内容之一。

几年来，在全国医药职业技术教育研究会的组织协调下，各医药职业技术院校齐心协力，认真学习党中央的方针政策，已取得丰硕的成果。各校一致认为，高等职业技术教育应定位于培养拥护党的基本路线，适应生产、管理、服务第一线需要的德、智、体、美各方面全面发展的技术应用型人才。专业设置上必须紧密结合地方经济和社会发展需要，根据市场对各类人才的需求和学校的办学条件，有针对性地调整和设置专业。在课程体系和教学内容方面则要突出职业技术特点，注意实践技能的培养，加强针对性和实用性，基础知识和基本理论以必需够用为度，以讲清概念，强化应用为教学重点。各校先后学习了“中华人民共和国职业分类大典”及医药行业工人技术等级标准等有关职业分类，岗位群及岗位要求的具体规定，并且组织师生深入实际，广泛调研市场的需求和有关职业岗位群对各类从业人员素质、技能、知识等方面的基本要求，针对特定的职业岗位群，设立专业，确定人才培养规格和素质、技能、知识结构，建立技术考核标准、课程标准和课程体系，最后具体编制为专业教学计划以开展教学活动。教材是教学活动中必须使用的基本材料，也是各校办学的必需材料。因此研究会及时开展了医药高职教材建设的研讨和有组织的编写活动。由于专业教学计划、技术考核标准和课程标准又是从现实职业岗位群的实际需要中归纳出来的，因而研究会组织的教材编写活动就形成了几大特点。

1. 教材内容的范围和深度与相应职业岗位群的要求紧密挂钩，以收录现行适用、成熟规范的现代技术和管理知识为主。因此其实践性、应用性较强，突破了传统教材以理论知识为主的局限，突出了职业技能特点。

2. 教材编写人员尽量以产、学、研结合的方式选聘，使其各展所长、互相学习，从而有效地克服了内容脱离实际工作的弊端。

3. 实行主审制，每种教材均邀请精通该专业业务的专家担任主审，以确保业务内容正确无误。

4. 按模块化组织教材体系，各教材之间相互衔接较好，且具有一定的可裁减性和可拼接性。一个专业的全套教材既可以圆满地完成专业教学任务，又可以根据不同的培养目标和地区特点，或市场需求变化供相近专业选用，甚至适应不同层次教学之需。因而，本套教材虽然主要是针对医药高职教育而组织编写的，但同类专业的中等职业教育也可以灵活的选用。因为中等职业教育主要培养技术操作型人才，而操作型人才必须具备的素质、技能和知识不但已经包含在对技术应用型人才的要求之中，而且还是其基础。其超过“操作型”要求的部分或体现高职之“高”的部分正可供学有余力，有志深造的中职学生学习之用。同时本套教材也适合于同一岗位群的在职员工培训之用。

现已编写出版的各种医药高职教材虽然由于种种主、客观因素的限制留有诸多遗憾，上述特点在各种教材中体现的程度也参差不齐，但与传统学科型教材相比毕竟前进了一步。紧扣社会职业需求，以实用技术为主，产、学、研结合，这是医药教材编写上的划时代的转变。因此本系列教材的编写和应用也将成为全国医药高职教育发展历史的一座里程碑。今后的任务是在使用中加以检验，听取各方面的意见及时修订并继续开发新教材以促进其与时俱进、臻于完善。

愿使用本系列教材的每位教师、学生、读者收获丰硕！愿全国医药事业不断发展！

全国医药职业技术教育研究会

2004年5月

编 写 说 明

本教材是在全国医药高职高专教材委员会组织下编写的。参与本教材编写的人员除教学经验丰富的教师以外，还有生产实践经验丰富的工程技术人员。

本书在编写过程中突出以就业为导向的办学思想，紧密联系生产实践，突出培养高等技术应用型人才的教学特点。打破学科体系，将原有的学科基础理论知识本着“必需、够用”的原则，进行融会、组合。努力精简一些理论偏深、知识陈旧和应用性较差脱离实际的内容，注意突出教材的先进性、体现当前医药企业设备的先进性。本书在编写过程中因既有教师又有工程技术人员参加，所以做到理论密切联系实际，编写人员熟悉生产、熟悉设备、熟悉教学、熟悉学生。相信本教材能够适应高职、高专的教学。

本教材由谢淑俊担任主编，刘立津担任主审。本书编写人员分工如下：刘德玲（第一章、第二章）、路振山（第三章、第四章）、刘精婵（第五章、第六章）、袁梓云、翟树林（第七章）、石维廉（第八章）、史桂林（第九章、第十章）。谢淑俊拟定本书编写提纲负责全书的修改和统稿。

由于我国制药工业的迅速发展，制剂设备不断更新，所以本书的内容配合药剂设备需要在某些方面还不够完善，且由于编写时间仓促和作者水平有限，书中不当之处恳请读者指正。

编者

2004 年 10 月

目　录

第一章 粉碎、过筛、混合设备

第一节 粉碎设备

一、概述

粉碎是借机械力将大块固体物料粉碎成适宜程度的碎块或细粉的操作过程。

在药物制剂生产时，需要将药物和辅料进行粉碎，以提高复方药物或药物与辅料的混合均匀性；增加药物的比表面积，以利药物溶解与吸收，使某些难溶性药物的溶出速率增加，提高其生物利用度；粉碎后的药物有利于制备各种剂型，如散剂、片剂、混悬剂、胶囊剂等，提高这些剂型的质量；通过粉碎还能加速中药材有效成分的溶解和扩散，减少溶剂的用量，提高浸出率，使提取更加完全。因此，粉碎是制剂生产的基本操作之一，也是制剂制备的基础。

二、粉碎的一般原理

固体物质的形成依赖于分子的内聚力。粉碎是利用机械力部分破坏物质分子间的内聚力，使其成为碎制品。不同药物因内聚力不同而显示不同的性质和硬度，因而粉碎所用的外力大小应随物质性质、硬度的不同而异。

固体药物由于其分子排列结构不同而分成晶体和非晶体。极性晶体药物具有相当的脆性，较容易粉碎，粉碎时一般沿着晶体结合面碎裂成小晶体。非极性晶体药物缺乏脆性，当外加机械力进行粉碎时，可能产生局部变形而阻碍粉碎，此时，可加入少量挥发性液体来降低其分子间的内聚力，帮助其粉碎。非晶体药物的分子结构呈不规则排列，例如树脂、树胶等具有一定的弹性，当受外力作用时，一部分机械能消耗在药物的弹性变形上，最后变为热能，致使粉碎效率降低，通常可用降低温度的办法来增加非晶体药物的脆性，以利粉碎。

粉碎时，粉碎机的机械能只有一部分转变为药物的表面能，其余的能量消耗在如下几方面。

① 未粉碎粒子的弹性变形。

② 粒子间的摩擦。

③ 粉粒与粉碎机的摩擦。

④ 粉碎机的振动和噪声。

⑤ 生热。

⑥ 物料在粉碎室内的迁移等。

为使机械能尽可能的转变为表面能，有效应用到粉碎过程中，应及时将已达到要求的粉末过筛取出，使粗粒有充分机会接受机械能。若细粉始终保留在粉碎系统中，不但能在粗粒中缓冲，而且消耗大量机械能影响粉碎效率，同时产生大量不需要的过细粉末。所以在粉碎机内安装药筛或利用空气将细粉吹出，均是为了使粉碎顺利进行。

三、粉碎的方法

药物粉碎应根据药物的性质、使用要求和设备条件等来选用不同的粉碎方法，仅有好的设备，没有好的方法或采用不适当的方法，粉碎效果不一定理想。粉碎的方法有如下几种。

（一）干法粉碎

干法粉碎是将药物预先经过适当干燥，使药物中的含水量降低至5%以下，然后再进行粉碎的方法。干燥温度一般不宜超过80℃。根据药物性质的不同，干法粉碎又分为单独粉碎和混合粉碎。

1. 单独粉碎

将处方中性质特殊或按处方要求需要分开粉碎的药物。适用于贵重药物、刺激性药物的粉碎，以减少损耗和便于劳动保护；易于引起反应甚至爆炸的氧化性、还原性较强的药物粉碎；毒剧药及需进行特殊处理的药物等，应单独粉碎。

2. 混合粉碎

两种及两种以上的药物同时进行粉碎的方法称为混合粉碎。固体药物经过粉碎后，已粉碎的粉末有重新聚结的趋势，为了减少粉末的重新聚结，可采用混合粉碎方法，即利用另一种药物来吸收附着在容易聚结药物表面上的自由能来阻止其聚结。这样既可避免一些药物单独粉碎的困难，又可使粉碎与混合操作同时进行，节省工时，提高生产效率。

（二）湿法粉碎

湿法粉碎是指在药物中加入适量水或其他液体进行研磨的粉碎方法，选用的液体以药物遇湿不膨胀、不引起变化、不妨碍药效为原则。本法可以得到细度较高的粉末，同时对于某些刺激性较强的或有毒药物可避免粉尘飞扬。常用的有水飞法和加液研磨法，一般在电动乳钵或球磨机中进行，研磨时间较长。

（三）开路粉碎和闭路粉碎

若物料只通过设备一次即得到粉碎产品，称为开路粉碎。适用于粗碎或粒度要求不高的粉碎。

粉碎的产品中若含有尚未达到粉碎粒径的粗颗粒，通过筛分设备将粗颗粒重新送回粉碎机二次粉碎，称为闭路粉碎，也称为循环粉碎，适用于粒度要求比较高的粉碎。

（四）低温粉碎

将物料或粉碎机进行冷冻的粉碎方法称为低温粉碎。物料在低温时脆性增加，对冲击力的抵抗力减弱，易于粉碎。低温粉碎可采用的方法有如下几种。

① 物料先行冷却，迅速通过高速撞击式粉碎机粉碎，碎料在机内滞留的时间短。

② 粉碎机壳通入低温冷却水，在循环冷却下进行粉碎。

③ 将干冰或液化氮气与物料混合后进行粉碎。

④ 组合应用上述冷却方法进行粉碎。

低温粉碎特别适于在常温下难以粉碎的，具有热塑性、强韧性、热敏性、挥发性及熔点低的药物的粉碎，它能有效防止药物在粉碎过程中因受热、氧化而使有效成分破坏、变质等。

四、粉碎机械

药物生产中的粉碎多以获得细碎颗粒和超细碎颗粒的成品为目的，依据粉碎颗粒的大小，粉碎机分为：粒径数十毫米至数毫米的为粗碎设备，粒径数百微米的为中碎设备，粒径数百微米至数十微米的为细碎设备，数微米以下的为超细碎设备。

粉碎设备按其主要作用力可分为撞击、挤压、研磨、劈裂、截切等，如图 1-1 所示。应根据被粉碎药物的特性来选择适当的粉碎机械，如对于坚硬的药物以挤压、撞击有效，对韧性药物用研磨较好，而对于脆性药物以劈裂为宜。

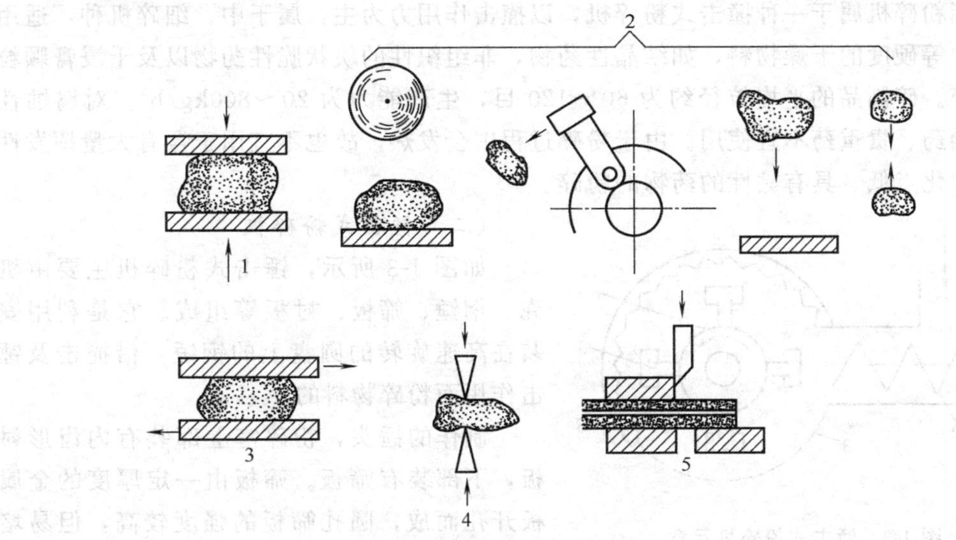

图 1-1　粉碎作用力示意

1—挤压；2—撞击；3—研磨；4—劈裂；5—截切

药物的品种很多，而且性质各异，采用单一作用力的粉碎机不能适应各种药物的粉碎要求。因此，生产上使用的粉碎机，其粉碎作用力都不是单一的，常常是几种作用力的联合。在选用粉碎机时应注意所选机械的粉碎作用力及粉碎度是否符合工艺要求。

（一）万能粉碎机

如图 1-2 所示，万能粉碎机主要由带有钢齿的圆盘和环状筛构成。装在主轴上的回转圆盘钢齿较少，固定在密封盖上的圆盘钢齿较多，且是不转动的。当盖密封后，两盘钢齿在不同的半径上以同心圆排列方式互相处于交错位置，转盘上

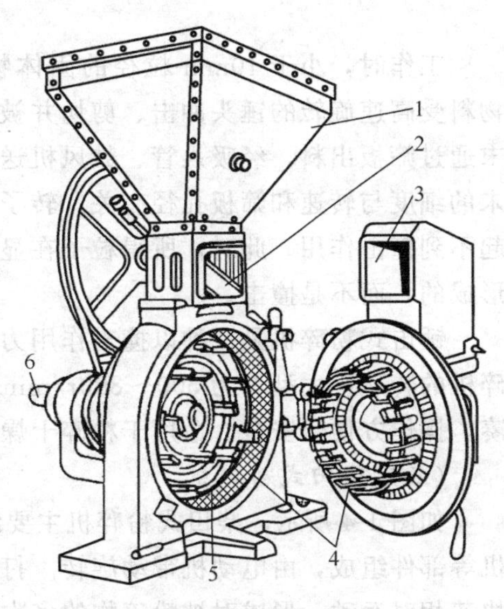

图 1-2　万能粉碎机

1—加料斗；2—抖动装置；3—入料口；4—钢齿；5—筛板；6—水平轴

的钢齿能在其间作高速旋转运动。

启动后，机内的动转盘及其钢齿高速旋转，物料由加料斗经抖动装置和入料口均匀地进入机内粉碎室。由于离心力的作用，物料被甩向钢齿间，并通过钢齿的冲击、剪切和研磨作用而粉碎。细料通过底部的环形筛板，经出粉口落入粉末收集袋中，粗料则留下继续粉碎。由于转动体的转速很高，在粉碎室内能产生强烈的气流，自筛板筛出的细粉随强烈的气流而流向集粉器，经缓冲沉降在器底。其尾气应加装集尘排气装置，以收集极细粉尘。碎制品的粒径可通过更换不同孔眼的筛板来调节。

万能粉碎机属于一种撞击式粉碎机，以撞击作用力为主，属于中、细碎机种，适用于多种中等硬度的干燥物料，如结晶性药物，非组织性的块状脆性药物以及干浸膏颗粒等的粉碎。碎制品的平均粒径约为 60～120 目，生产能力为 20～800kg/h 。对腐蚀性大、剧毒药、贵重药不宜使用。由于粉碎过程中会发热，故也不宜用于含有大量挥发性成分和软化点低、具有黏性的药物的粉碎。

（二）锤击式粉碎机

如图 1-3 所示，锤击式粉碎机主要由机壳、钢锤、筛板、衬板等组成。它是利用安装在高速旋转的圆盘上的钢锤，借撞击及锤击作用而粉碎物料的。

制作的锤头，粉碎室上部装有内齿形衬板，下部装有筛板。筛板由一定厚度的金属板开孔而成，圆孔筛板的强度较高，但易堵塞，多用于纤维性药物粉碎。人字形开孔则宜用于结晶性药物。生产时，应根据工艺选择筛板。

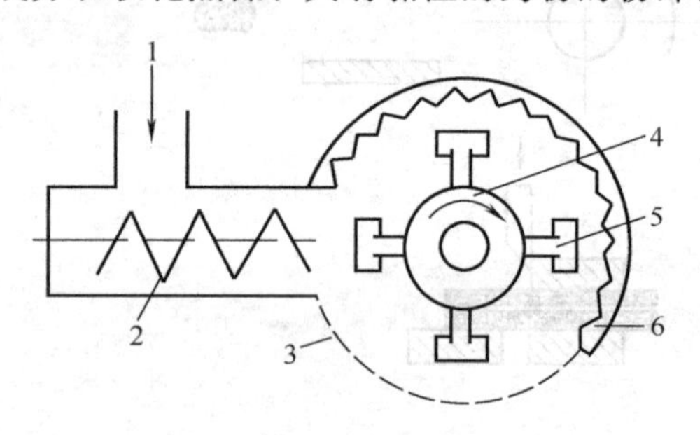

图 1-3　锤击式粉碎机示意

1—加料口；2—螺旋加料器；3—筛板；4—圆盘；5—锤头；6—内齿形衬板

工作时，小于 10mm 粒径的固体物料自加料斗加入，经螺旋加料器进入粉碎室，物料受高速旋转的锤头冲击、剪切并被抛向衬板的撞击等作用粉碎。达到一定细度的粉末通过筛板出料，经吸入管、鼓风机送至分离装置，不能筛过的粗料则继续被粉碎。粉末的细度与转速和筛板孔径有关，转子在低于某一临界撞击速度时，由于撞击力太小，起不到撞击作用。此时，所得粒子在显微镜下观察呈圆球状，这说明粉碎是由摩擦作用形成的，而不是撞击。

锤击式粉碎机是一种以撞击作用力为主的粉碎机，属于中碎和细碎设备。锤击式粉碎机的转速：大型者为 500～800r/min，小型者为 1000～2500r/min。其结构简单、紧凑，操作方便、安全。适用于粉碎干燥、性脆易碎的药物，不适宜黏性药物的粉碎。

（三）柴田式粉碎机

如图 1-4 所示，柴田式粉碎机主要结构由机壳和装在动力轴上的甩盘、挡板以及风机等部件组成，由电动机带动旋转。打板和嵌在外壳上的内套构成粉碎室，通过其间的快速相对运动，形成对被粉碎物的多次打击和互相撞击，达到粉碎目的。全机主要由优质钢与铸铁材料制造，结构合理，操作维修方便。

1. 机壳

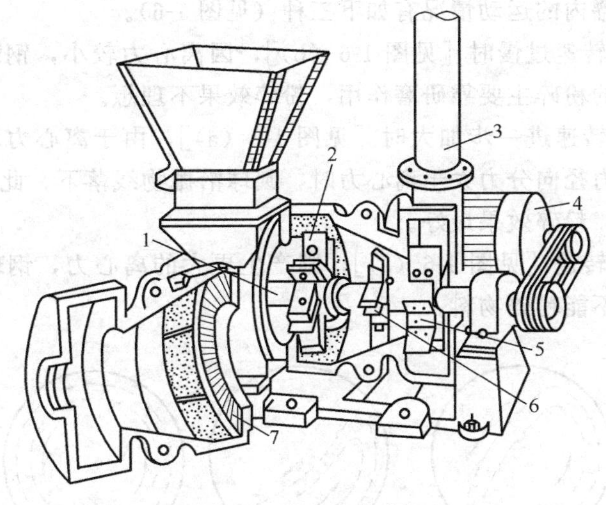

图 1-4　柴田式粉碎机

1—动力轴；2—打板；3—出粉风管；4—电动机；
5—风机；6—挡板；7—机壳内壁钢齿

由外壳和内套两层构成。为两半圆筒形，厚度约为 2～3cm，内套有钢齿，增加粉碎能力。

2. 甩盘

装在动力轴上，甩盘上有 6 块打板，主要起粉碎作用。甩盘固定位置不动，打板由于粉碎时磨损，需及时更换。

3. 挡板

在甩盘和风扇之间，有 6 块挡板呈轮状附于主动轴上，挡板盘可以左右移动，主要用以控制药粉的粗细和粉碎速度，如向风扇方向移动药粉就细，向打板方向移动药粉就粗。

4. 风机

安在靠出粉口一端，由 3～6 块风扇板制成，借转动产生风力，使药物细粉自出粉口经输粉管吹入药粉沉降器。

此粉碎机适用于粉碎植物药、动物药以及硬度不太大的矿物类药物。比较坚硬的矿物药和含油多的药料不宜使用。耗能较大，且需另装筛粉装置和细粉收集器。

（四）球磨机

如图 1-5 所示，球磨机具有一个不锈钢或瓷制的圆筒形容器，筒体内装有研磨体。装入球罐的研磨体有钢球或瓷球，其数量和大小都有一定的规定。球罐的轴固定在两侧轴承上，由电动机带动旋转。当球磨机旋转时，罐内的钢球和物料由于离心力的作用，钢球上升至一定高度，然后落下，物料在钢球的研磨和撞击作用下得到粉碎。

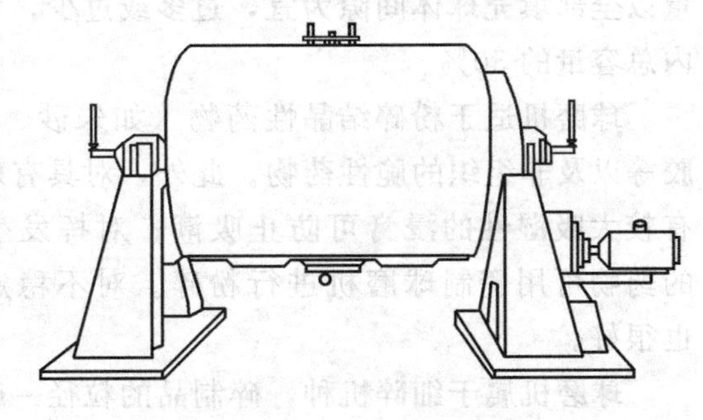
图 1-5　球磨机

钢球和物料在罐内的运动情况有如下三种（见图 1-6）。

① 当球磨机的转速过慢时［见图 1-6（b）］，因离心力较小，钢球和物料的上升高度不大，此时物料的粉碎主要靠研磨作用，粉碎效果不理想。

② 当球磨机的转速进一步加大时［见图 1-6（a）］，由于离心力增加，圆球升得更高，直到钢球的重力径向分力大于离心力时，圆球沿抛物线落下，此时钢球对物料的研磨和冲击作用最大，粉碎效果最好。

③ 若继续增加转速［见图 1-6（c）］，则产生更大的离心力，钢球和物料会随着球磨机一起旋转，则不能粉碎物料。

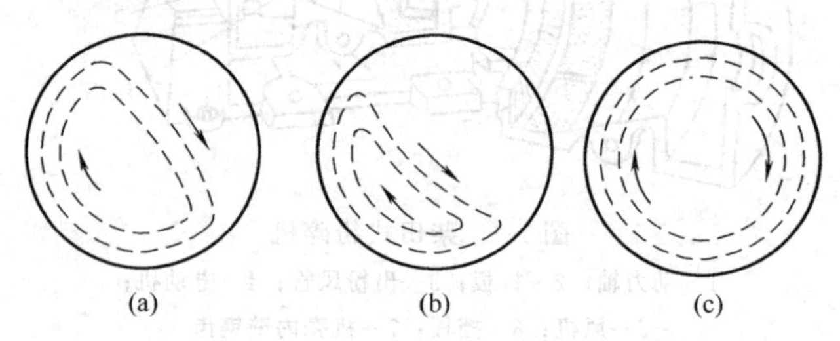

图 1-6　球磨机内圆球的三种运动情况

球磨机的转速是有一定范围的。钢球开始随罐体旋转而失去对物料粉碎作用的转速，称为球磨机的临界转速，可依下式计算。

$$N_c = 42.3/\sqrt{D}$$

式中　D——球磨罐的内直径，m；

N_c——球磨机的临界转速，r/min。

考虑到钢球与罐内壁的摩擦力，将上式计算结果乘以 60%～85%，作为球磨机的最佳转速。球磨机应在此最佳极限转速范围内运转。

球磨机钢球的直径对碎品粒径有一定的影响。一般来说，球体直径不应小于 65mm，且应大于被粉碎物料直径的 4～9 倍。

圆球的大小不一定要求完全一致。使用大小不同的圆球，可增加球间的研磨作用。

罐内装入的球数不宜太多。过多将会引起上升的球与下降的球发生互相撞击，消耗不必要的能量。通常在罐内装入的圆球体积仅占罐内容积的 30%～35%。球罐的装料量以全部填充球体间隙为宜，过多或过少，均会影响粉碎效果。最大的装量不得超过罐内总容量的 50%。

球磨机适于粉碎结晶性药物（如朱砂、$CuSO_4$ 等），易溶化的树脂（松香等）、树胶等以及非组织的脆性药物。此外，对具有刺激性的药物可防止有害粉尘飞扬；对具有较大吸湿性的浸膏可防止吸潮；对挥发生药物及细料药也适用。如与铁易起作用的药物可用瓷制球磨机进行粉碎。对不稳定性药物，可充惰性气体密封，研磨效果也很好。

球磨机属于细碎机种，碎制品的粒径一般在 100 目以上，除了广泛应用于干法粉碎外，还可以用湿法粉碎。

（五）胶体磨

胶体磨主机由壳体、转子、定子、调节机构、机械密封、电机等组成。其机理是利用高速旋转的定子与转子之间的可调节狭隙（见图 1-7），使物料受到强大的剪切、摩擦及高频振动等作用，有效地粉碎、乳化、均质，从而获得满意的精细加工的产品。

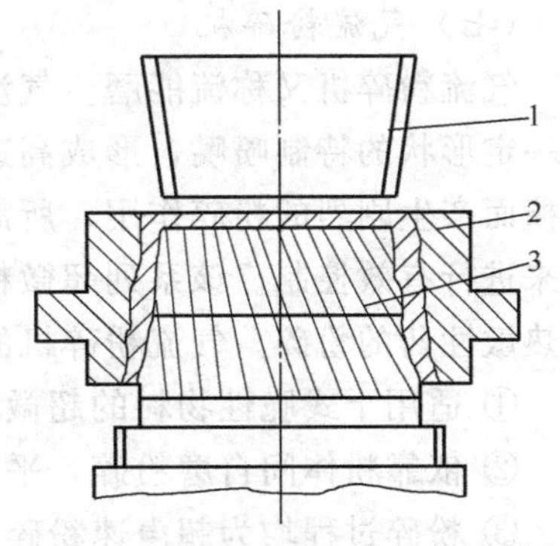

图 1-7 胶体磨定子、转子结构示意
1—料斗；2—可调隙定子；3—转子

胶体磨分立式、卧式两种。卧式胶体磨，液体自水平的轴向进入，通过转子和定子之间的间隙被乳化，在叶轮的作用下，自出口排出。立式胶体磨，料液自料斗的上口进入胶体磨，在转子和定子的间隙通过时被乳化，乳化后的液体在离心盘的作用下自出口排出。胶体磨适用于各类乳状液的均质、乳化、粉碎，广泛用于混悬液、乳浊液等的制备。

（六）振动磨

振动磨是一种新型的高效制粉设备，与球磨机相比，在产量和细度相同的情况下，其功率仅是球磨机的 1/4，机器质量仅是 1/6，体积仅是 1/12。

如图 1-8 所示，振动磨主要由主轴、挠性轴套、筒体、偏心块、弹簧等组成。它利用研磨介质（钢棒或球）在振动磨筒体内作高频振动产生冲击、研磨、剪切等作用，将物料研细，同时将物料均匀混合和分散。振动磨工作时，研磨介质在筒体内的运动方向和主轴旋转方向相反，除了有公转外还有自转。

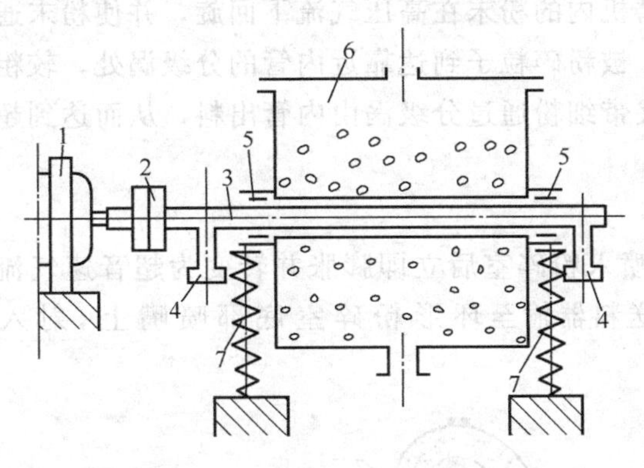

图 1-8 振动磨示意
1—电动机；2—挠性轴套；3—主轴；4—偏心块；5—轴承；6—筒体；7—弹簧

振动磨工作时，由电动机通过轮胎挠性联轴器带动主轴旋转，旋转轴上带有偏心块，由于带偏心块轴的旋转使圆筒做近似于椭圆轨迹的运动。这种快速回转的运动使筒体中的研磨介质及物料呈悬浮状态，介质通过抛射冲击、研磨，可有效地粉碎物料。

振动磨圆筒筒体由外筒、内衬筒和端盖组成。内衬筒可更换，由耐磨的材料制成。振动磨机使用的介质为棒料、球料，根据粉磨的细度和产量，选择介质的形状和介质总质量。介质在圆筒中的填充率为 60%～70%，填充率过高或过低都不能得到较佳的粉磨效果。

振动磨是一种超细粉碎机器，具有结构紧凑新颖、体积小、质量轻、介质打击力大，粉碎效率高、成品粒径小、能耗低、产量高、流程简化、操作简单、维修方便、衬板介质更换容易等特点。但振动磨运转时有噪声发生，为了降低环境噪声，应将振动磨用隔音罩密闭。

（七）气流粉碎机

气流粉碎机又称流能磨。气流粉碎机的工作原理是将经过净化和干燥的压缩空气通过一定形状的特制喷嘴，形成高速气流，以其巨大的动能带动物料在密闭粉碎腔中互相碰撞而产生剧烈的粉碎作用，所需微粒的大小及产量可以通过调节粉碎分级器的工作参数来进行有效控制。该系列超微粉碎机粉碎范围很广。适用于抗生素、酶、低熔点和其他热敏性药的粉碎。气流粉碎机的特点如下。

① 适用干式脆性物料的超微粉碎。

② 依靠粉体间自磨粉碎，平均粒径可达到 5μm 以下的极细粉。

③ 粉碎过程均为超声速粉碎，设备磨损小，适用于批量生产。

④ 能实现连续生产和自动化操作。

⑤ 易于对机器及压缩空气进行无菌处理，常用于无菌粉末的粉碎。

⑥ 压缩气体经喷嘴喷出膨胀时的降温效应，使粉碎在低温下进行，物料化学性质不变，特别适合对热敏性、低熔点物料实行超微粉碎。

1. 圆盘式气流粉碎机

如图 1-9 所示，在空气室内壁安装多个喷嘴，各喷嘴都倾斜一定角度，高压空气由喷嘴以超音速喷入粉碎室，物料由加料口经空气引射进入粉碎室，粉碎室外围的粉碎喷嘴有方向性地向粉碎室喷射高速气流，使磨机内的粉末在高压气流下回旋，并使粉末通过相互激烈撞击、摩擦、剪切作用而粉碎。被粉碎粒子到达靠近内管的分级涡处，较粗粒子再次被气流吸引，继续被粉碎，空气夹带细粉通过分级涡由内管出料，从而达到超微粉碎的目的。

2. 环行气流粉碎机

如图 1-10 所示，压力气体自底部喷嘴喷入粉碎室后立即膨胀并转变为超音速气流在机内高速循环。物料自加料斗经文杜里送料器输至环形粉碎室底部喷嘴上，射入

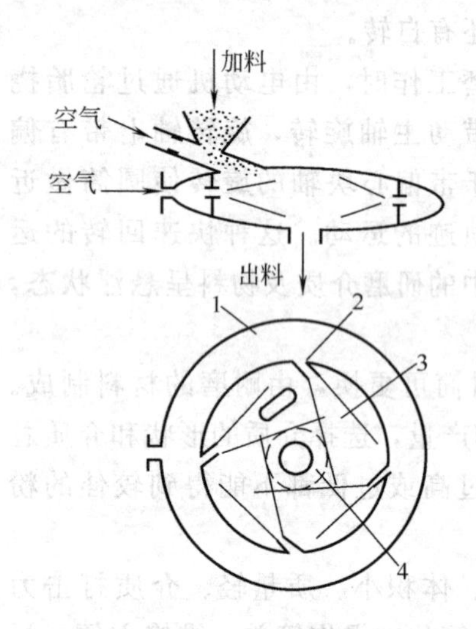

图 1-9　圆盘式气流粉碎机

1—空气室；2—喷嘴；3—粉碎室；4—分级涡

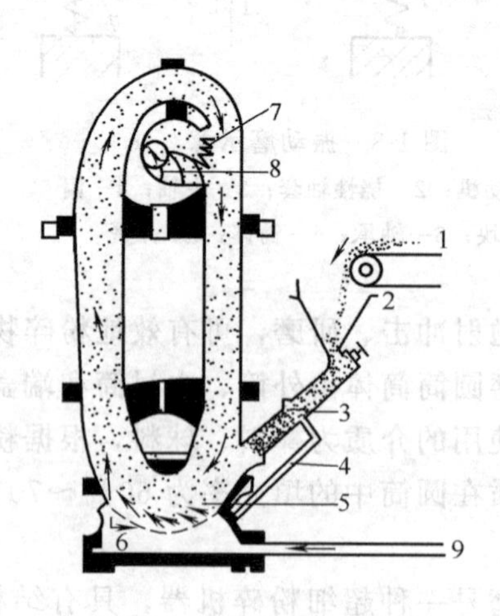

图 1-10　环行气流粉碎机

1—输送带；2—加料斗；3—文杜里送料器；4—支管；5—粉碎室；6—喷嘴；7—分级器；8—产品出口；9—空气

"O" 形环道下端的粉碎腔，在粉碎腔外围粉碎喷嘴高速射流的作用下，物料在粉碎室内随气流高速回转，相互间发生猛烈的碰撞、摩擦及剪切作用，从而实现粉碎。粉碎的微粉随气流上升到分级器，粗粒子由于有较大的离心力，沿环行粉碎室外侧返回粉碎腔循环粉碎，质量很小的微粉由气流带出，由中心出口进入捕集系统而排出。

3. 靶式气流粉碎机

靶式气流粉碎机主要由粉碎室、喷嘴、冲击靶、加料斗等构成。由于物料是用高速气流直接与靶发生强力冲击碰撞（包括与粉碎室内壁多次回弹粉碎），故粉碎力特大，能对大部分韧性物料及纤维状物料作有效地粉碎。配置蜗壳分离器使较粗物料不断循环粉碎，粉碎后粗细均匀，可选择六角或齿形靶以满足不同物料的粉碎要求。

（八）其他粉碎机械

1. 滚压式粉碎机

如图 1-11 所示，滚压式粉碎机由直径相等的两个滚筒彼此相对转动，待粉碎的药物置于两滚筒上面的中间时，加入的物料受摩擦力作用带入滚筒间受到挤压而被粉碎，粉碎的粗细程度与两滚筒间的距离有关，可根据粉碎要求进行调节。

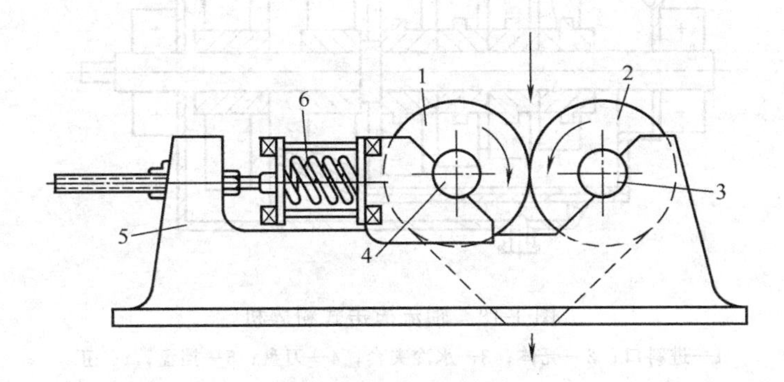

图 1-11 滚压式粉碎机

1，2—滚筒；3—固定轴；4—活动轴；5—机架；6—弹簧

滚压式粉碎机是以挤压作用为主的粉碎设备，在制药生产中用于干法粉碎，适应于挤压脆性药物、橡胶弹性物料。对潮湿、有黏性及富有纤维的药材不适用。主要用于粗粉碎，以便药物的进一步加工。

2. 切药机

切药机可根据药材特性和药用要求，分别将药材切成薄片、厚片、斜片、段和块等不同规格。目前，应用较广的是往复式切药机和转盘式切药机。

如图 1-12 所示，往复直线式切药机主要由切刀、输送带、曲柄连杆机构等组成。特制的输送带和压料机构将物料按设定的距离向前作步进移动，使刀直接落在输送带上切断物料。

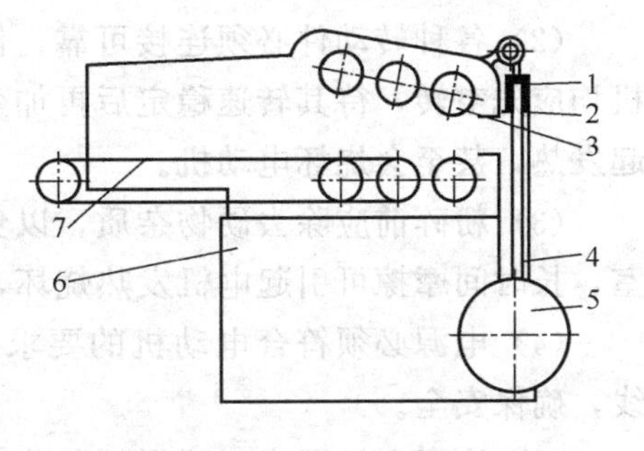

图 1-12 往复式切药机示意

1—切刀；2—刀床；3—压辊；4—连杆；5—曲轴；6—变速机构；7—传送带

该机采用齿轮变速，输送带步进移动准确无

误，切断距离在0.7～50mm之间可调。适用于所有叶、皮、茎、藤、草类药材和大部分根、根茎、果实、种子类药材的切割。具有物料切口平整，无残留物料，与普通切药机相比小8%～10%的损耗。

3. 轴流撞击式粉碎机

如图1-13所示，动力轴上通过刀盘装有五组刀片，其中正刀片共四组，斜刀片一组，各组正刀片之间都装有一个圆形挡盘。当转轴以高速旋转时，由于风轮的作用，物料和空气同时进入机内，物料受刀片、内衬板的撞击和剪切作用而粉碎，碎制品最后依靠风轮的风力输送至分离器。碎制品的粒度可通过调节刀片与衬板之间的间隙而改变。本机适用于化学药品、中药材及纤维质物料。

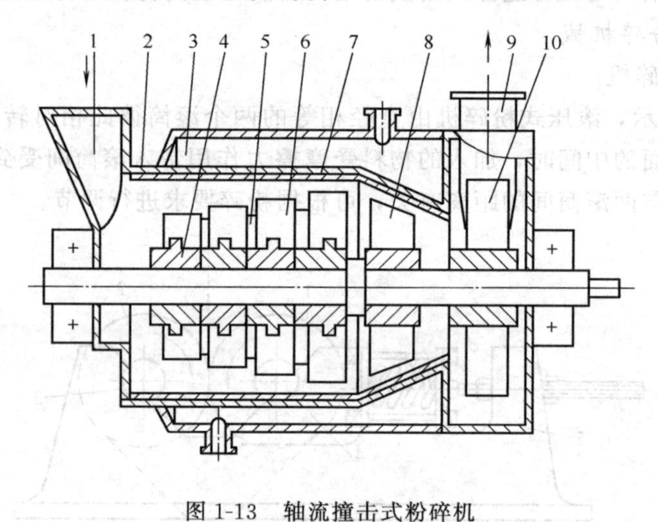

图1-13　轴流撞击式粉碎机

1—进料口；2—壳体；3—水冷夹套；4—刀盘；5—挡盘；6—正刀片；7—内衬板；8—斜刀片；9—出料口；10—风轮

五、粉碎设备的使用和维护

为了延长粉碎设备的使用寿命和达到粉碎的目的，应注意以下几点。

（1）各种粉碎机械的性能与特点各不相同，应依其性能结合被粉碎药物的物质及要求的粉碎度合理选用。

（2）各种转动件必须连接可靠，保证机械正常运转，使用时，凡是高速旋转的粉碎机均应先空转，待其转速稳定后再加药，否则因药物先进入粉碎室，机器难以启动，引起发热，甚至会烧坏电动机。

（3）粉碎前应除去硬物杂质，以免卡塞，引起电机发热或烧坏。如铁钉等进入粉碎室，长时间摩擦可引起电机发热烧坏，在加料口设置电磁除铁装置可以克服。

（4）电源必须符合电动机的要求，使用前应注意检查，一切电气设备都应装接地线，确保安全。

（5）注意电机温度，不得超负荷运转，以免启动困难，停车或烧毁。

（6）电动机及传动机构应用防护罩罩好，以保证安全，同时应注意防尘、干燥与清洁。

(7) 各种传动机构，必须保持良好的润滑性，以保证机件正常运转。

(8) 各种粉碎机在使用后均应检查机件，清洁内外各部件，添加润滑油，必要时予以检修，及时更换已损坏的零部件，做到安全生产第一。

第二节 筛分设备

一、概述

筛分是利用外力使筛面上的粉粒群产生运动而分离或分级的过程，它广泛用于制药原料、中间产品、辅料按规定粒度范围进行分离或分级。

物料无论用何种粉碎机械，其粗细程度总是不均匀的，要达到制剂生产的不同要求，需要对粉粒进行进一步的筛选，使其粒径分布范围变小，粒径较均匀一致，获得细度适宜的物料，物料的分级对药物制造及提高药品质量是一个重要操作。如粒径均匀的两种物料进行混合可以得到均匀一致的混合物。同时将合格部分筛出以减少能量消耗，提高粉碎效率。

二、药筛的类型及规格

药用标准筛是按《中华人民共和国药典》(简称《中国药典》) 规定，全国统一用于制剂生产的筛，按制筛的方法，可分为编织筛和冲制筛。编织筛的筛网材料有：不锈钢丝、铜丝、尼龙丝、绢丝等。编织筛使用中筛线易移位，故常将金属筛线交叉处压扁固定。冲制筛是在金属板上冲出一定形状的筛孔而成的筛，这种筛坚固耐用，寿命高于编织筛，孔径不易变动，筛孔一般不易做得太小，多用于高速运转的粉碎机上的筛板或中药丸剂筛选。

我国的工业筛筛制与目前世界上广泛使用的美国泰勒标准筛制相近。美国的泰勒标准筛制是以每英寸长度上（筛丝直径有明确规定）的网眼数来表示筛号（目数）的，这就是平时常说的“目”数的来源。例如 100 目筛，即每英寸长度上有 100 个筛孔，能通过 100 目筛的粉末称为 100 目粉。

《中国药典》2005 年版按筛孔内径规定了九种筛号，一号筛孔内径最大，九号筛孔内径最小（见表 1-1）。其筛制按筛孔的内径为根据划分筛号，不受编织物丝径的影响。

表 1-1 《中国药典》2005 年版药筛与筛目对照表

筛号	筛孔直径(平均值)/μm	筛目	筛号	筛孔直径(平均值)/μm	筛目
一号筛	2000±70	10 目	六号筛	150±6.6	100 目
二号筛	850±29	24 目	七号筛	125±5.8	120 目
三号筛	355±13	50 目	八号筛	90±4.6	150 目
四号筛	250±9.9	65 目	九号筛	75±4.1	200 目
五号筛	180±7.6	80 目			

按照药剂生产实际要求，药物粉末分为六种（见表 1-2）。物料的分级分离对药剂生产、保证药品质量有着极其重要的意义。

三、筛分效率

筛分效率是指实际筛过粉末数量与可筛过粉末数量之比。在筛分中，并非所有小于

表 1-2 粉末的分等标准

等 级	分 等 标 准
最粗粉	全部通过一号筛,且混有通过三号筛的粉末不超过 20%
粗粉	全部通过二号筛,但混有通过四号筛的粉末不超过 40%
中粉	全部通过四号筛,但混有通过五号筛的粉末不超过 60%
细粉	全部通过五号筛,但可通过六号筛的粉末不少于 95%
最细粉	全部通过六号筛,但可通过七号筛的粉末不少于 95%
极细粉	全部通过八号筛,但可通过九号筛的粉末不少于 95%

筛孔的粉末一定能通过筛孔，事实上，由于各种原因总是有一小部分可筛过物与不可筛过物混杂在一起而留在筛面上，所以实际筛过粉末总是少于可筛过粉末。实际筛过粉末与可筛过粉末越接近则过筛效率越高。

影响筛分效率的因素很多，如粉粒群在筛面上的运动方式与运动速度、粉层厚度、粉末干燥程度、药物性质、形状、带电性等。其中主要影响因素是粉粒群在筛面上的运动方式与运动速度。

粉末在筛面上的运动有两种方式：跳动与滑动。跳动的粉末与筛网成直角关系，使筛孔暴露在跳动的粉末运动方向之下而顺利通过筛孔；滑动使粉末的运动方向与筛面平行，增大了过筛概率。滑动、跳动同时存在于筛分过程，两者均可提高筛分效率。但两种运动所起的作用并不完全相同，其中跳动更加重要。粉末在筛网上的运动速度要适宜，过快或过慢也影响筛分效率。

四、筛分机械

筛分设备的种类很多，选用时应根据粉末的粗细要求、性质和数量而定。目前药厂广泛使用振动筛。振动筛利用机械或电磁方法使筛或筛网发生振动，按工作原理，振动筛又可分为机械振动筛和电磁振动筛。

（一）机械振动筛

1. 振动筛粉机

如图 1-14 所示，振动筛粉机主要由筛子、木箱、粗细粉接受器、加料斗等组成。它是利用偏心轮对连杆所产生的往复振动而筛选粉末的装置。长方形筛子斜置于木箱中，可以移动。药料由加料斗加入，落入筛子上，借电动机带动带轮，使偏心轮作往复运动，从而使木箱中的筛子往复振动，对药粉产生筛选作用。又因木框碰击两端，故增强了筛分作用。细粉、粗粉分别落入各自的接受器中。本机宜过筛无黏性的植物药或化学药物、毒剧药、刺激性的药物等。

2. 旋振筛

如图 1-15 所示，旋振筛是一种高精度粗细粒筛分设备，筛体的激振源装在筛子的底部，筛底之上装有各层筛框及筛网架，各部件坚固后形成整体参振，参振部件由弹簧隔振支撑，物料由筛顶中间孔给料，排料口在各层筛框侧面，可任意改变位置。可以根据要求更换不同的筛网，电机上端、下端安装有偏心重锤，调节上、下两端的相位角，可以改变物料在筛面上的运动轨迹。

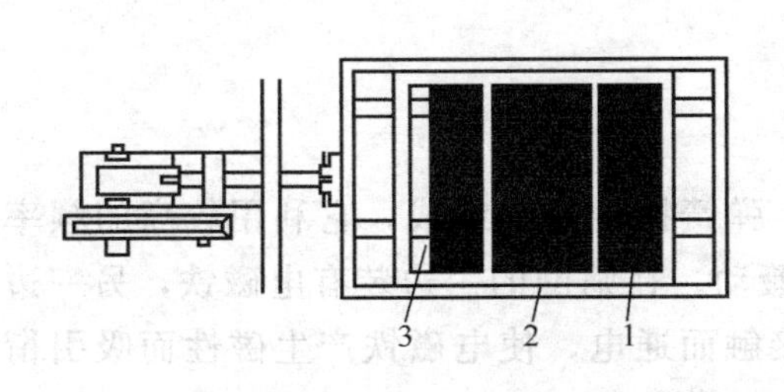

图 1-14　振动筛粉机

1—筛网；2—木框；3—粗粉分离处

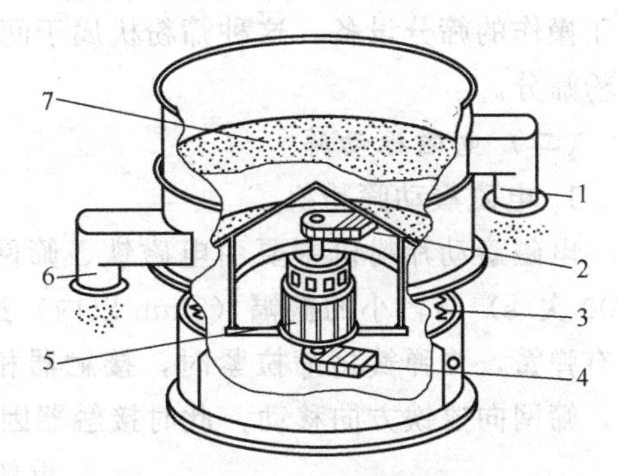

图 1-15　旋振筛

1—粗料出口；2—上部重锤；3—弹簧；4—下部重锤；5—电机；6—细料出口；7—筛网

旋振筛由料斗、振荡室、联轴器、电机组成。振荡室内有偏心重锤、橡胶软件、主轴、轴承等。可调节的偏心重锤经电机驱动传送到主轴中心线，在不平衡状态下，产生离心力，使物料强制改变在筛内形成轨道旋涡，重锤调节器的振幅大小可根据不同物料和筛网进行调节。

旋振筛的特点如下。

① 连续生产、自动分级筛选。

② 封闭结构、无粉灰溢散。

③ 整机结构紧凑、噪声低、产量高、能耗低。

④ 启动迅速、停车极平稳。

⑤ 体积小、安装简单、操作和维护方便。

⑥ 根据不同目数安装丝网，且更换容易。

3. 悬挂式偏重筛粉机

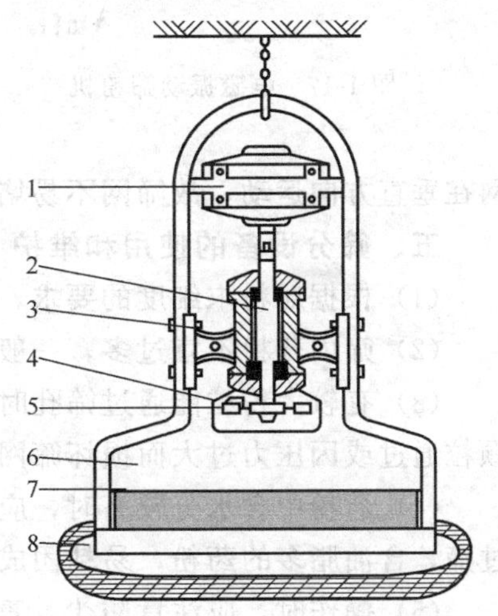

图 1-16　悬挂式偏重筛粉机

1—电机；2—主轴；3—轴座；4—保护罩；5—偏重轮；6—加料口；7—筛自；8—接受器

如图 1-16 所示，悬挂式偏重筛粉机主要由主轴、偏重轮、筛子、接受器等组成。筛粉机悬挂于弓形铁架上，弓形架下边的圆盘可移动，不需要固定。操作时，开动电机，带动主轴旋转，偏重轮随即高速旋转，由于偏重轮一侧焊接着偏重铁，使筛的两侧因不平衡而产生振荡。当药粉装入筛子中，细粉很快通过筛网而落入接受器或空桶里。为了防止筛网堵塞，筛内装有毛刷，以便随时将药粉刷过筛网。在偏重轮外有防护罩。振荡器振幅小，频率高，药粉在筛网上不但作与筛网平行的相对运动，还发生与筛面成垂直方向的跳动。使药物按粉末大小在筛面上分层，使细粉顺利通过筛孔，减少了筛孔堵塞，提高了过筛效率。

生产时，在筛网周围应套上布罩，以防粉末飞扬。当不能通过筛网的粗粉增多时，应停止工作，取出粗粉。悬挂式偏重筛粉机是一种结构简单，占地面积小，使用方便，易于操作的筛分设备。这种筛粉机属于间歇操作，过筛效率较高，适用于无显著黏性的药粉筛分。

（二）电磁振动筛

1. 电磁簸动筛粉机

电磁簸动筛粉机主要由电磁铁、筛网架、弹簧接触器等组成，它利用较高的频率（200 次/s）与较小的振幅（3mm 以内）造成簸动。在筛网的一边装有电磁铁，另一边装有弹簧，当弹簧将筛拉紧时，接触器相互接触而通电，使电磁铁产生磁性而吸引衔铁，筛网向磁铁方向移动，此时接触器因被拉脱而断了电流，电磁铁失去磁性，筛网又重新被弹簧拉回，接触器重新接触而引起第二次电磁吸引，如此连续不停而发生簸动作用，药粉在筛网上跳动，易于通过筛网，加强其过筛效率。电磁簸动筛粉机有较强的振荡性能，适于黏性较强的药粉的过筛。

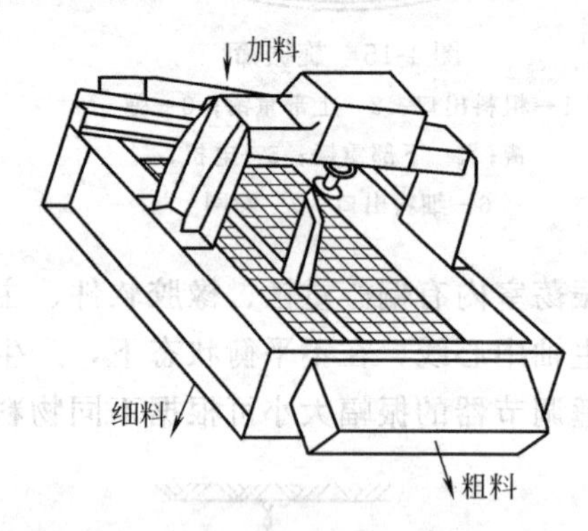

图 1-17　电磁振动筛粉机

2. 电磁振动筛粉机

如图 1-17 所示，该机的原理与簸动筛基本相同，其结构是筛的边框上支撑着电磁振动装置，磁芯下端与筛网相连。操作时，由于磁芯的运动，故使筛网在垂直方向运动。一般振动频率约为 3000～3600 次/min，振幅约 0.5～1mm。由于筛网在垂直方向运动，故筛网不易堵塞。

五、筛分设备的使用和维护

（1）根据对粉末细度的要求，选用适宜号数的药筛。

（2）筛内药粉不宜过多，一般以药筛容积的 1/4 为宜。

（3）有较大粉粒能通过筛孔时，应取出重新粉碎，不可用于挤压，以防不适宜的大颗粒通过或因压力过大而损坏筛网。

（4）药粉中含水分较高时，应充分干燥后再过筛；易吸湿性药粉，应在干燥条件下过筛，含油脂多的药粉，易粘团成块，可于脱脂后过筛。

（5）操作时，应注意防尘，毒剧药及刺激性较强药物过筛时，应在密闭装置中进行，并做好完全防护。

（6）药筛用完后，应用软毛刷刷净，必要时用水冲洗，但应及时晾干。

第三节　混合设备

一、概述

由两种或两种以上的不均匀组分组成的物料，在外力作用下使之均质化的操作称为混合。

混合是固体制剂不可缺少的一道工序，尤其是片剂和胶囊剂生产，混合更加重要。制粒时主药与辅料一般需要经过多次混合才能混合均匀，才能制成松软适度的软材进行制粒，才能使压制出来的片剂含量准确无误。经验证明，片剂的含量差异、崩解时限、硬度等质量问题，多数是由于混合不当引起的。

二、混合机理

混合过程是不同性质的物料或粒子互相交换位置的过程。从混合程度分析，混合过程存在着三种状态：理想的混合状态、随机混合状态和完全不混合的分离状态。图 1-18（a）所示为理想的混合状态，两种物质的粒子处于绝对均匀状态；图 1-18（b）所示为随机混合状态，两种物质的粒子处于随机分布状态；图 1-18（c）所示为完全不混合状态，两种物质的粒子处于完全分离、彼此独立的状态。

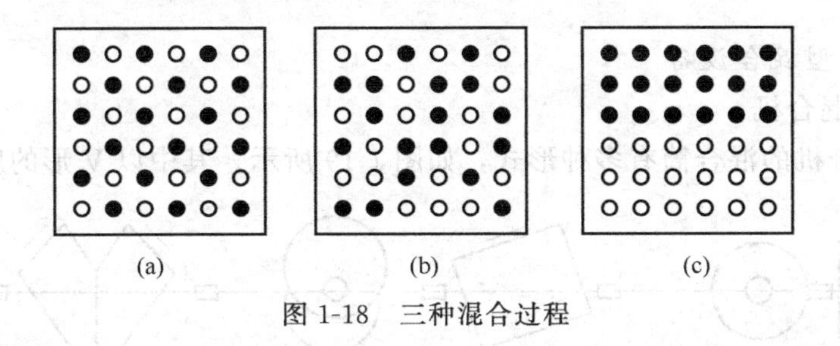

图 1-18　三种混合过程

物料混合的好坏，与混合作用机理有关。一般认为，混合作用机理有三种：对流混合作用、剪切混合作用和扩散混合作用。

（1）对流混合是指粉体在外力作用下相互交换位置而均质化的过程。例如利用旋转螺旋将物料翻转，从一处转移到另外一处，在混合设备内形成物料的循环流，就是一种对流混合。

（2）剪切混合是指在外力作用下在粉粒体界面上发生剪切混合的过程。例如发生在与粉体界面平行方向的剪切力，可使非均质层物料均质化并降低其分离程度；发生在与其交互界面成垂直方向上的剪切力，也能降低其分离程度而达到混合目的。

（3）扩散混合是指混合器中相邻粉粒间位置互换的紊乱运动。能引起颗粒运动的任何方法都能进行扩散混合。

以上三种混合作用几乎在所有混合设备、所有混合过程中都存在，但表现程度不同。水平回转型圆筒混合器以对流混合为主：使用搅拌器的混合器以强制对流混合和剪切混合为主。在选用混合设备时，应注意所选设备的混合作用机理。

任何混合作用都同时存在着分离。当粉体一旦混合后，由于颗粒的形状、粒径和密度等的差别，必然产生分离的倾向。在混合期间，甚至在混合后，物料在以后的处理过程中都会发生这种分离过程。一般来说，混合物中的粒径、密度或形状差别越大，分离程度就越大。所以混合后的物料，要小心处理。

常用的混合方法有很多。对于小量药物的调配，一般是放在容器中用药刀或搅拌棒进行搅拌混合。这种方法操作简便，但是不易混合均匀。把固体组分置于乳体上进行研磨混合，只限于小量生产，尤其适于结晶性药物的混合，但不适于具有引湿性及爆炸性成分的混合。对于大批量生产，一般是采用装有搅拌机的容器或回转型容器进行混合。此外，将各组分经过初步混合后，再经一次或数次过筛，这种方法操作简便，也可以进行混合。但用过筛混合，会出现粉末粗细不均匀现象，需要进行搅拌，才能保证混合均匀。

三、混合机械

混合设备按混合容器是否转动可分为回转型和固定型两类。

回转型混合设备，多数为间歇式操作，其混合均匀度较高，能混合流动性较好的颗粒状或粉状物料，适应性较强。回转型混合器内部较易清洗，特别适用于品种多、批量较小的制剂生产，但生产能力较小。固定型混合设备，在混合操作时可随时添加物料，但容器内部安装有搅拌器，清洗较难，使用时，应防止药物的交叉污染。

（一）回转型混合设备

1. 旋转型混合机

旋转型混合机的混合筒有多种形式，如图 1-19 所示。其中以 V 形的应用最为广泛。

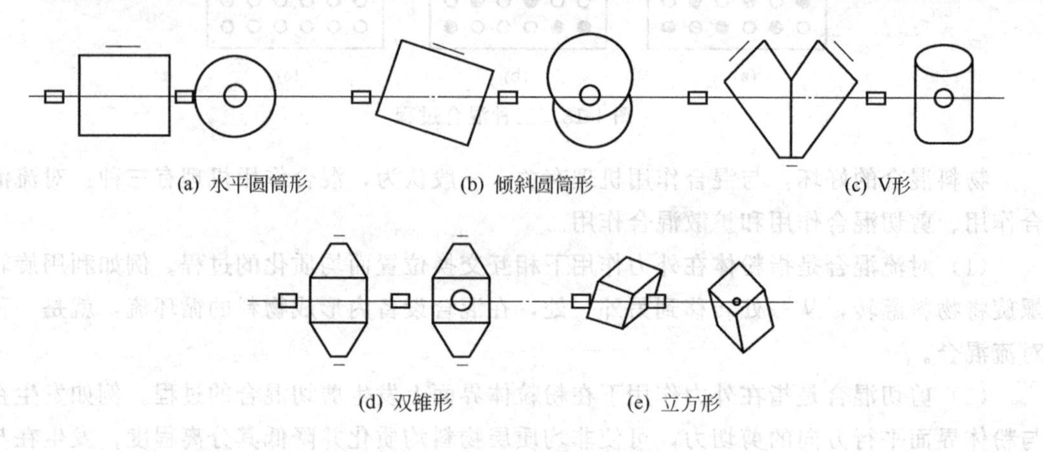

图 1-19　旋转型混合机形式

V 形混合机采用不锈钢材料制作，内外壁抛光处理，以利于混合物料滑动。混合筒由两个不对称的筒体组成，筒体一般采用两个具有斜口的不锈钢圆筒焊接而成，圆筒的直径与长度之比为 0.8～0.9，两圆筒的 V 形夹角为 80°或 81°，对于易结团的粒子，减小筒体的交角可提高混合程度。V 形混合器在旋转时，物料能交替的集中在 V 形筒的底部，当 V 形筒倒过来时，物料又分成两份，即时分时合，其对流和剪切混合作用较双锥形更为强烈。V 形混合器的混合效率高，一般在几分钟内即可混合均匀一批物料。用于流动性较好的干性粉状、颗粒状物料的混合。

工作时，电机通过 V 带、减速器、蜗杆蜗轮带动 V 形混合筒旋转。混合筒的转速一般为 10～15r/min，混合时间约 6～10min。最适宜的容积装量比为 30%～40%。混合器的转速不宜过快，若转速过快，则细粉会发生分离；混合器的转速也不宜过慢，若转速过慢，则混合效率降低，混合时间长。回转型混合器的适宜转速取决于混合器的形式、尺寸及物料的性质。各种形式的回转型混合器均安装有转速调节装置，可根据实际情况加以调节。V 形混合机最适宜的转速可取临界转速的 30%～40%。

V 形系列混合机适用面较宽，如遇易结团块的物料，可在器内安装一个逆向旋转的搅拌器，以适于混合较细的粉粒、块状、含有一定水分的物料。物料可作纵横方向流动，混合均匀度达99%以上。

本机可利用真空吸料，密封状态下作业，图 1-20 所示为全套 V 形混合机组设备流程。机组内配置有 W 形往复式真空泵或 SZ 水环式真空泵，采用真空自动进料和密闭型蝶阀出料，能够实现无粉尘操作。

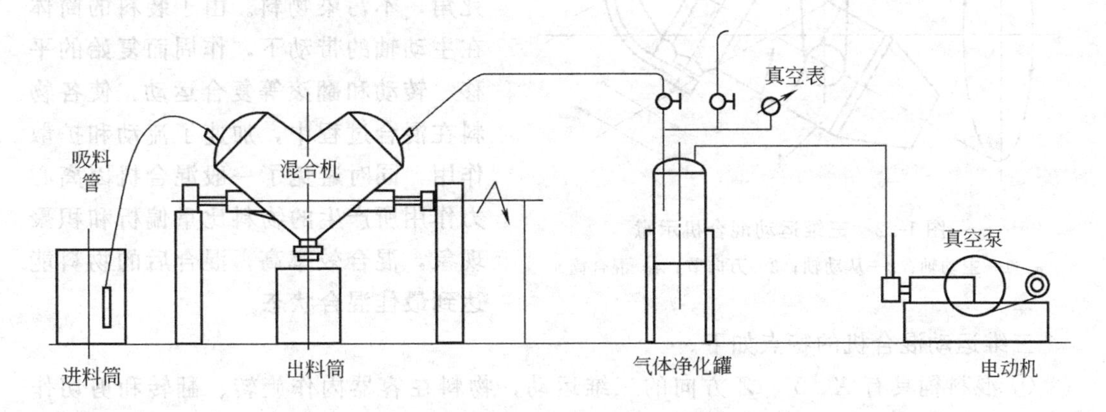

图 1-20　全套 V 形混合机组设备流程

但真空进干料时，易产生静电。安装时，应采取接地措施，以去除静电。

2. 二维运动混合机

如图 1-21 所示，二维运动混合机主要由转筒、摆动架、机架三大部分构成。转筒装在摆动架上，二维混合机的转筒可同时进行两个运动，一个为转筒的自转，另一个为转筒随摆动架的摆动。被混合物料在转筒内随转筒转动、翻转、混合的同时，又随转筒的摆动而发生左右来回的掺混运动，在这两个运动的共同作用下，物料在短时间内得到充分混合。二维混合机适合所有粉、粒状物料的混合。该机具有混合时间短、混合均匀、混合量大、出料便捷等特点。二维运动混合机属于间歇操作设备。

3. 三维运动混合机

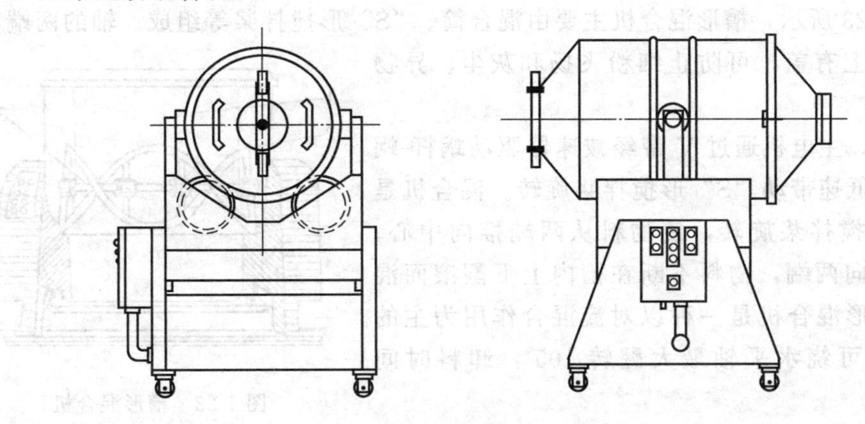

图 1-21　二维运动混合机

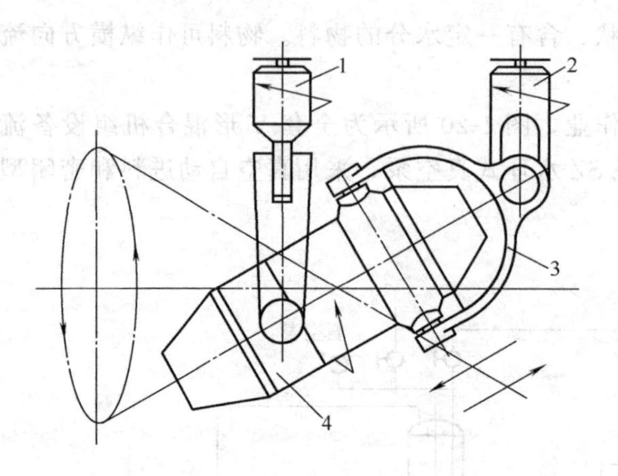

图 1-22 三维运动混合机示意

1—主动轴；2—从动轴；3—万向节；4—混合筒

如图 1-22 所示，三维运动混合机由机座、传动系统、电器控制系统、多向运动机构、混合筒等部件组成。

与物料接触的混合筒采用不锈钢材料制造，桶体内外壁均经抛光，无死角，不污染物料。由于装料的筒体在主动轴的带动下，作周而复始的平移、转动和翻滚等复合运动，使各物料在混合过程中，加速了流动和扩散作用，同时避免了一般混合机因离心力作用所产生的物料比重偏析和积聚现象，混合效率高，混合后的物料能达到最佳混合状态。

三维运动混合机的特点如下。

① 混料桶具有 X、Y、Z 方向的三维运动，物料在容器内作旋转、翻转和剪切作用，使物料在混合时不产生积聚现象，对不同密度和状态的物料混合不产生离心力的影响和比重偏析。

② 各组分可有悬殊的质量比，混合时间仅为 6～10min/次。

③ 混合均匀性可达 99%以上。

④ 混合物最佳装载容量为料桶的 80%，最大装载系数可达 0.9（普通混合机为 0.4～0.6），比普通混合机装载容量提高近一倍。

⑤ 低噪声、低能耗、寿命长、体积小、结构简单，便于操作和维护。

⑥ 根据物料混合要求，与物料混合的同时可进行定时、定量喷液。调节时间继电器可合理利用混合时间。

⑦ 适用于不同密度和状态的物料混合。

（二）固定型混合设备

1. 槽形混合机

如图 1-23 所示，槽形混合机主要由混合筒、“S”形搅拌桨等组成。轴的两端有密封轴承，槽上有盖，可防止细粉飞扬和灰尘、异物等侵入。

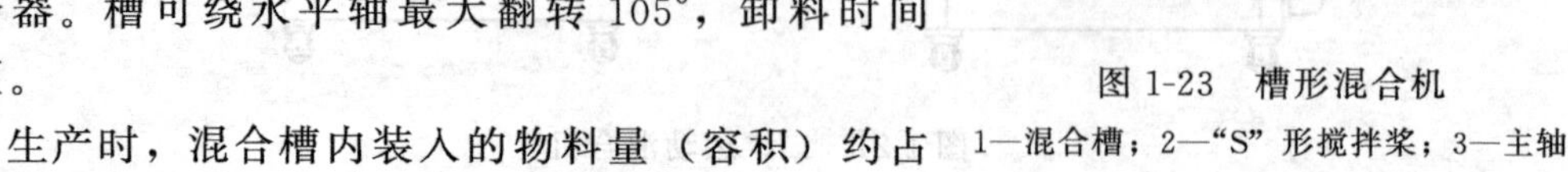

图 1-23 槽形混合机

1—混合槽；2—“S”形搅拌桨；3—主轴

工作时，主电机通过 V 带经减速器驱动蜗杆-蜗轮转动，以低速带动“S”形搅拌桨旋转。混合机是利用槽内的搅拌桨旋转，使物料从两端推向中心，又由中心推向两端，物料不断在槽内上下翻滚而混合均匀。槽形混合机是一种以对流混合作用为主的混合器。槽可绕水平轴最大翻转 105°，卸料时间较短。

生产时，混合槽内装入的物料量（容积）约占槽容积的80%。本机是一种常用的混合干燥物料的设备，也可以用于湿物料的混合。如冲剂、片剂、丸剂、软膏剂等原辅材料团块的捏合和混合。

2. 双螺旋锥形混合机

如图 1-24 所示，双螺旋锥形混合机主要由筒体、减速机构、传动系统、螺旋杆及出料阀等组成。筒体为锥形结构，出料迅速、干净、不积料；筒盖支撑着整个传动部分，筒盖上设有加料口（又是视察混合情况的窗口）；底部设有出料口，出料口上装有底阀，混合时底阀关闭，混合完毕打开底阀出料。混合机工作由顶端的电动机带动摆线针轮行星减速器，输出公转、自转两种速度，主轴以 5r/min 的速度带动转臂作公转，两根螺旋杆以 108r/min 的速度自转。如图 1-25 所示，双螺旋的快速自转将物料自下而上提升形成两股螺柱物料流；同时转臂带动螺杆的公转运动使螺旋外的物料不同程度地混入螺柱形的物料流内，造成锥形筒内的物料不断混掺错位，从而达到全圆周方位物料的不断扩散；被提升到上部的物料再向中心汇合，形成一股向下流动。上述的复合运动可使物料在较短时间内获得均匀的高精度的混合。

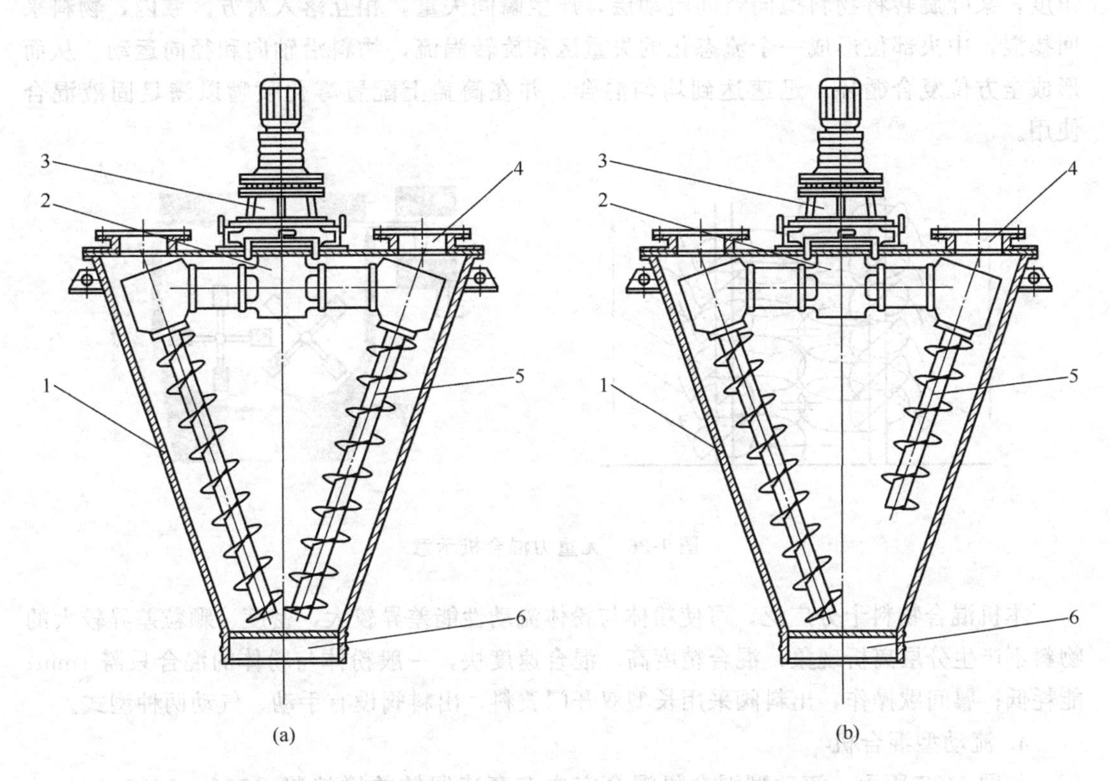

图 1-24　双螺旋锥形混合机

1—锥形筒体；2—传动系统；3—减速器；4—加料口；5—螺旋杆；6—出料口

为抑制双螺旋锥形混合机混合某些物料时产生分离作用，还可以采用非对称双螺旋锥形混合机［见图 1-24（b）］，两根非对称的螺旋轴自转，改善了中心部位的混合，从而快速达到均匀混合的目的。

3. 无重力混合机

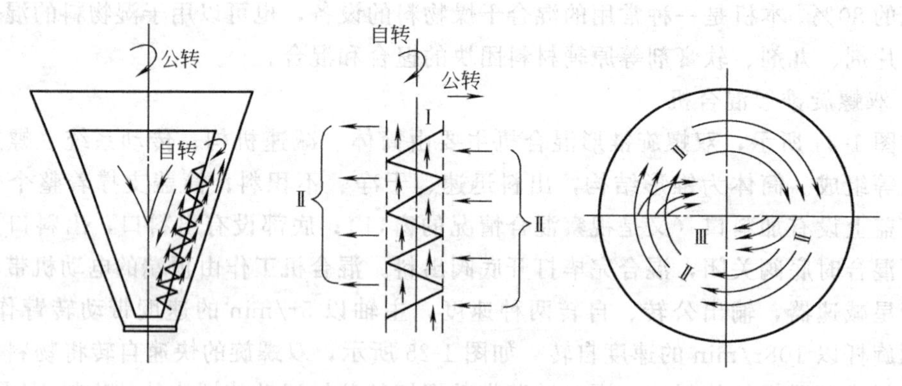

图 1-25 物料在锥形混合机内运动情况

Ⅰ—自下向上螺柱物料流；Ⅱ—全圆周方位物料更新和混掺；Ⅲ—轴线向下物料流

如图 1-26 所示，筒体内装有双轴旋转方向相反的桨叶，桨叶呈重叠状并形成一定角度，桨叶旋转将物料抛向空间流动层，产生瞬间失重，相互落入对方区域内，物料来回掺混，中央部位形成一个流态化的失重区和旋转涡流，物料沿轴向和径向运动，从而形成全方位复合循环，迅速达到均匀混合，并在筒盖上配置雾化喷嘴以满足固液混合使用。

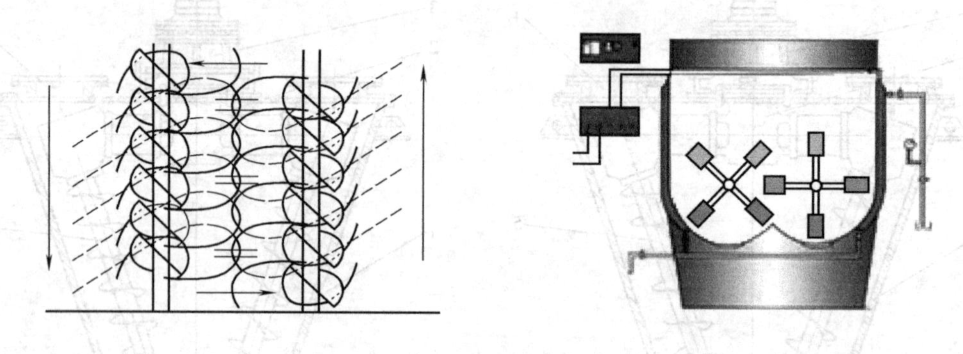

图 1-26 无重力混合机示意

本机混合物料十分广泛，可使粉体与粉体流动性能差异较大，密度、颗粒差异较大的物料不产生分层离析现象；混合精度高，混合速度快，一般粉体与粉体的混合只需 1min；能耗低；属间歇操作，出料阀采用长型双开门放料，出料阀设有手动、气动两种型式。

4. 流动型混合机

如图 1-27 所示，流动型混合机混合室内有高速回转的搅拌桨（500～1500r/min），药物由顶部加入后，受到搅拌桨的剪切与离心作用在整个混合室内产生对流混合。一般在 2～3min 即可完成混合。

5. 回转圆盘型混合机

如图 1-28 所示，被混合的两种药物由加料口加到高速旋转的圆盘上，由于惯性离心作用，粒子被散开，在散开的过程中粒子间相互混合，混合后的药物由排出口排出。回转圆盘的转速达 1500～5400r/min。

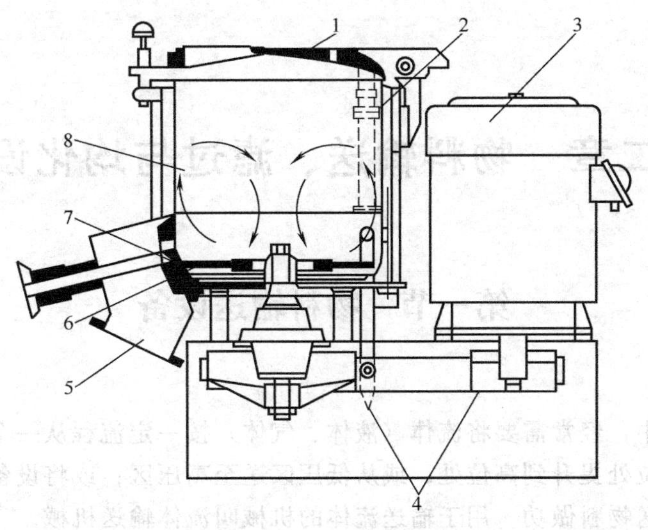

图 1-27　流动型混合机

1—加料盖；2—夹套；3—电机；4—皮带夹；5—排出口；6—搅拌桨；7—排出阀；8—混合室

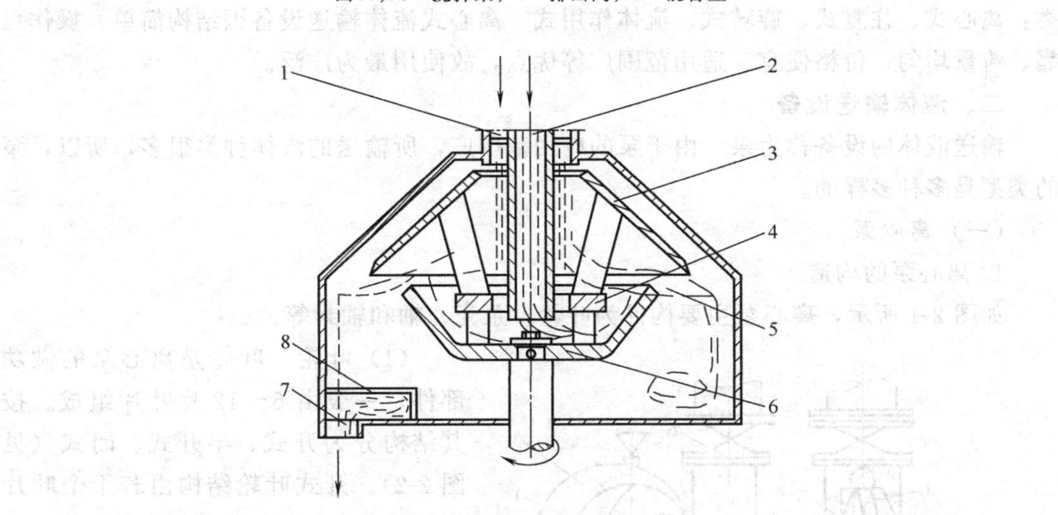

图 1-28　回转圆盘型混合机

1，2—加料口；3—上锥形板；4—环形圆盘；5—混合区；6—下部圆盘；7—出料口；8—出料挡板

第二章　物料输送、滤过与均化设备

第一节　物料输送设备

一、概述

在制药生产中，经常需要将流体（液体、气体）按一定流程从一个设备输送至另一个设备；或从低位处提升到高位处；或从低压区送至高压区；或将设备造成真空，这些都需要外界对输送物料做功。用于输送流体的机械叫流体输送机械。

由于输送的流体黏度、密度、所含杂质、温度、压力及流量等特性均不相同，就出现了不同结构和特性的流体输送设备。按结构及工作原理不同，流体输送设备分为四类：离心式、往复式、旋转式、流体作用式。离心式流体输送设备因结构简单、操作可靠、流量均匀、价格便宜、适用范围广等优点，故使用最为广泛。

二、液体输送设备

输送液体的设备称为泵。由于泵的应用范围广，所输送的液体种类很多，所以，泵的类型是多种多样的。

（一）离心泵

1. 离心泵的构造

如图 2-1 所示，离心泵主要构件为叶轮、泵壳、轴和轴封等。

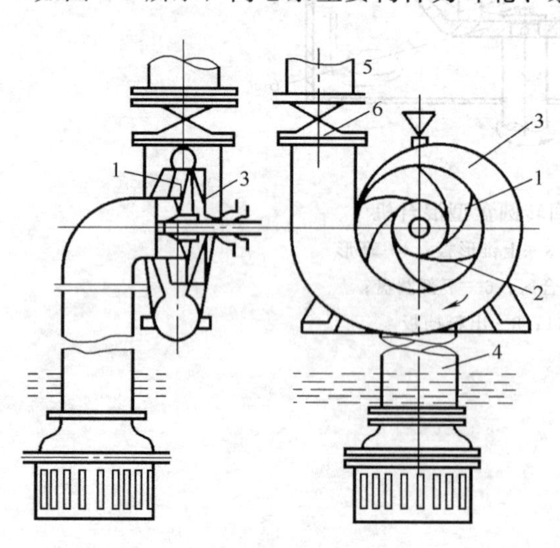

图 2-1　离心泵的构造

1—叶轮；2—叶片；3—泵壳；4—吸入管；5—压出管；6—调节阀

（1）叶轮　叶轮是离心泵的做功部件，一般由 6～12 片叶片组成。按其结构分为开式、半开式、闭式（见图 2-2）。开式叶轮结构由若干个叶片用辐板连在一起，两侧没有盖板，易于清洗，但叶轮甩出的高压液体容易流回叶轮中心吸液区，因此效率较低。适宜输送杂质较多的悬浮液物料。半开式叶轮结构靠吸入口一侧没有盖板，另一侧有盖板，效率比开式叶轮要高，适于输送易沉淀或含有粒状物体的液体。闭式叶轮在叶片两侧均有盖板，液体不易回流，效率较高，适用于输送较为清洁的液体。

（2）泵壳　泵壳呈蜗壳状，当液

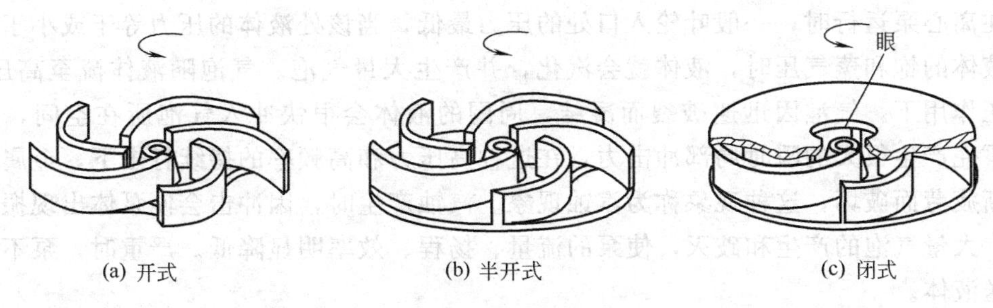

图 2-2 离心泵叶轮

体从叶轮被抛出汇集在蜗壳内时，因流体通道截面积逐步扩大，液体流速就会逐步减少，其部分动能将转换成静压能。因此，泵壳起到汇集高速液体和转换能量的作用。泵壳内表面要求比较光滑，以减少液体在泵壳中流动时与内壁的摩擦而造成的能量损失。

(3) 轴封装置　在旋转的泵轴与固体的泵体之间有间隙，为了防止泵内液体流出，同时也防止空气进入泵内，泵轴与泵壳间用轴封密封。常用的轴封装置有填料密封和机械密封两种形式。

2. 离心泵的工作原理

离心泵在启动之前，需在泵及吸入管内灌满液体，启动电机后，叶轮带动液体作高速旋转，由于离心力的作用，液体从叶轮中心被甩向叶轮边缘，流速可增大到 15～25m/s，当液体进入流道截面逐渐增大的泵壳时，流速会逐渐减小，使部分动能转换成静压能，流体以一定的速度和压力从泵出口进入压出导管。在叶轮中的液体向泵壳运动的同时，叶轮中心处形成局部真空，并与浸没在液体内的吸入管下部形成压差，在压差作用下，液体经吸入管路进入泵内叶轮中心处。由上可知，靠叶轮的离心作用，液体不断流进泵内，在增加了一定的动能和静压能后，被压出泵外，从而达到输送液体的要求。

泵启动时，若泵内没有充满液体或者在运转中发生漏气时，均可使泵体内存有空气，由于空气密度比液体的密度小得多，所以产生的离心力小，在吸入口处所形成的真空度较低，不足以将液体吸入泵内。这时，虽然叶轮转动，却不能输送液体，这种现象称为“气缚”。

为保证灌泵，在吸入管底部安装单向底阀，就是为了使在启动前灌入的或前一次停泵后管路内存留的液体不至漏掉。吸入导管的最下端是滤网，可用来防止液体储器中的杂物进入泵内，影响泵的正常工作。

3. 离心泵的主要性能参数

(1) 流量 V　又称泵的送液能力，指泵单位时间内排出液体的体积，单位为 m^3/s。

(2) 扬程 H　又称压头，指单位质量的液体流经泵后所获得的有效能量，单位为 m。

(3) 有效功率 N_e　指液体流过泵所得的功率，单位为 W。

(4) 轴功率 N　指泵运转所需的功率，单位为 W。

(5) 效率 η　有效功率与轴功率之比，$\eta = N_e/N$。

4. 离心泵的汽蚀现象

在离心泵运行时，一般叶轮入口处的压力最低，当该处液体的压力等于或小于该温度下液体的饱和蒸气压时，液体就会汽化，并产生大量气泡。气泡随液体流至高压区，在高压作用下，气泡因迅速破裂而凝结，周围的液体会很快冲入气泡所在空间，对叶轮、泵壳产生很大的瞬时局部冲击力，在这种高压力和高频率的持续打击下，金属表面因逐渐疲劳而破坏，这种现象称为汽蚀现象。汽蚀产生时，因冲击会使泵体出现振动和噪声，大量气泡的产生和破灭，使泵的流量、扬程、效率明显降低。严重时，泵不能正常输送液体。

为避免产生汽蚀现象，保证离心泵的正常运转，必须选择合理的吸上高度，保证离心泵安全可靠的运转。

5. 离心泵的操作

(1) 开泵之前　检查泵的转动部分是否转动灵活，有无摩擦和卡住现象；检查轴承的润滑油量是否足够，油质是否符合要求；检查各部分的螺栓是否有松动现象；关闭真空表和压力表阀门，关闭泵的压出管阀门，使启动泵的负荷为最小；离心泵在开动前，泵内和吸入管中必须充满液体。

(2) 开泵之后　运行中发生振动或异常声响，应立即停车检查；若运转平稳、可打开压力表和真空表，观察是否正常，如无异常现象，慢慢打开排出阀门，直到需要的开度为止。

(3) 停泵　停泵时，先慢慢关闭排出阀门，关闭真空表和压力表阀门，然后停电；若用机械密封装置，应最后停冷却水及密封液系统；冬季停止使用的离心泵应将泵内液体放尽，防止冻裂。

(二) 往复泵

如图 2-3 所示，往复泵主要由泵缸、活塞和单向阀门等组成。活塞在工作室内作直线往复运动，依此开启吸入阀和排出阀，实现压送液体的目的。当活塞向右移动时，工作室容积增大，压力减小，排出阀受压出管路内流体压力的作用而关闭，吸入阀门由输送介质压力作用而开启，液体进入泵内。当活塞向左移动时，工作室容积减小，由于活塞的挤压，泵内液体的压力增大，吸入阀关闭，排出阀打开，液体被压出泵外。活塞不断作往复运动，液体就会不断从吸入阀进入泵内，通过排出阀又不断被压出泵，达到输送液体的目的。

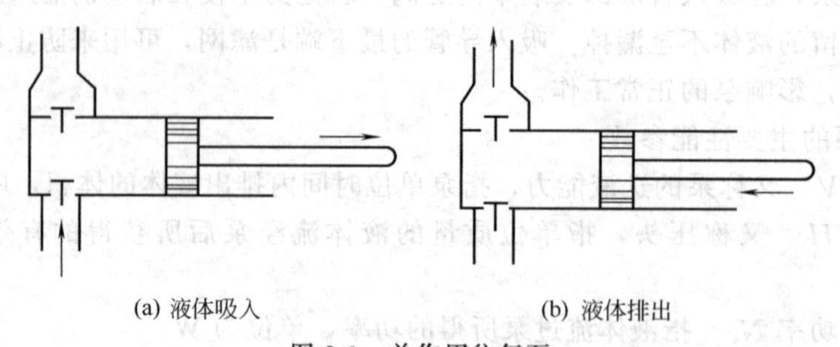

图 2-3　单作用往复泵

按使用方式，往复泵可分为单作用往复泵和双作用往复泵。活塞往复一次，完成吸液和排液各一次的称单作用往复泵。单作用往复泵吸液及排液不连续，另外，活塞的运动速度在其行程中是变化的，液体的流量会随着活塞的变速移动而改变。

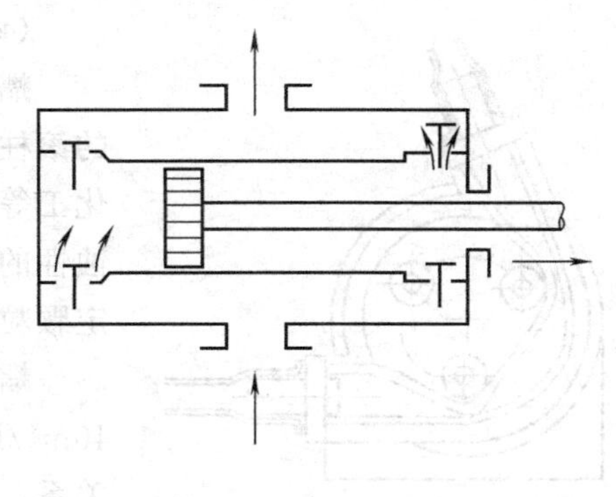
图 2-4 双作用往复泵

为了改善单作用往复泵的排液不均匀，充分利用活塞两边的空间，可使用双作用泵（见图 2-4)。这种泵有四个单向阀，当活塞向右侧移动时，左侧吸液，右侧排液；当活塞向左移动时，左侧排液，右侧吸液。这样，活塞两侧都工作，活塞往复一次，完成吸液和排液各两次的称双作用往复泵。双作用泵排液是连续的，排液量比较均匀。

（三）旋转泵

旋转泵靠泵壳内转子的旋转作用来实现液体的吸入和排出，又称为转子泵。常用的有齿轮泵和螺杆泵。

1. 齿轮泵

如图 2-5 所示，齿轮泵主要由泵壳和一对互相啮合的齿轮组成。其中一个为主动轮，另一个为从动轮，两个齿轮把泵体内分成吸入和排出两个空间。当齿轮按箭头方向旋转时，吸入腔由于两轮的齿互相分开，空间增大，形成低压而将液体吸入。被吸入的液体，进入轮齿间分两路进入到排出腔，在排出腔内，由于两齿轮的啮合，空间缩小，形成高压而将液体排出。

齿轮泵扬程高而流量小，适用于输送黏稠液体，不宜输送含有固体颗粒的混悬液。

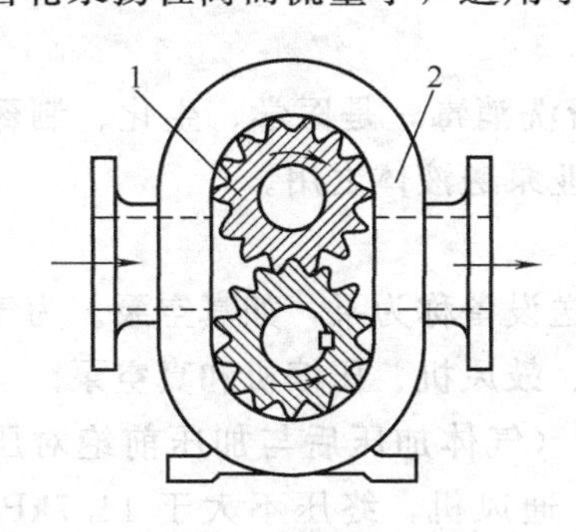

图 2-5 齿轮泵
1—齿轮；2—泵体

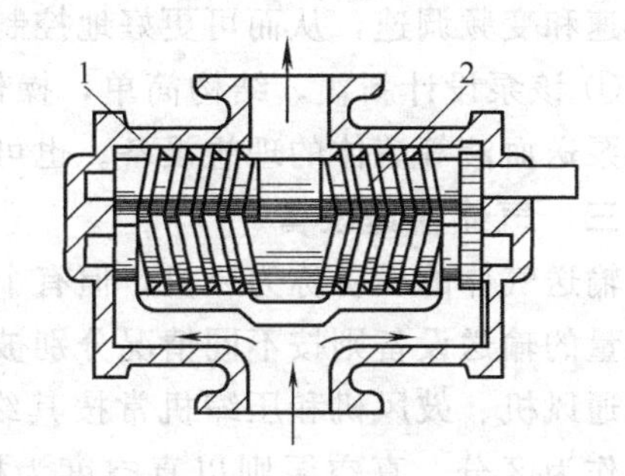

图 2-6 双螺杆泵
1—泵体；2—螺杆

2. 螺杆泵

螺杆泵主要由泵壳和一个或几个螺杆组成。根据螺杆的根数分为单螺杆泵、双螺杆泵和三螺杆泵等。单螺杆泵是靠螺杆在具有内螺纹的泵壳中偏心转动，变化泵体内空间容积将液体沿轴向推动，最后挤压至排出口排出。如图 2-6 所示，双螺杆泵的原理与齿轮泵相似，是利用两根相互啮合的螺杆转动，使泵体内空间容积变化，从而达到输送液体的目的。

螺杆泵的扬程高、效率高、流量连续均匀，运转时，振动和噪声小，适用于在高压下输送黏稠液体。

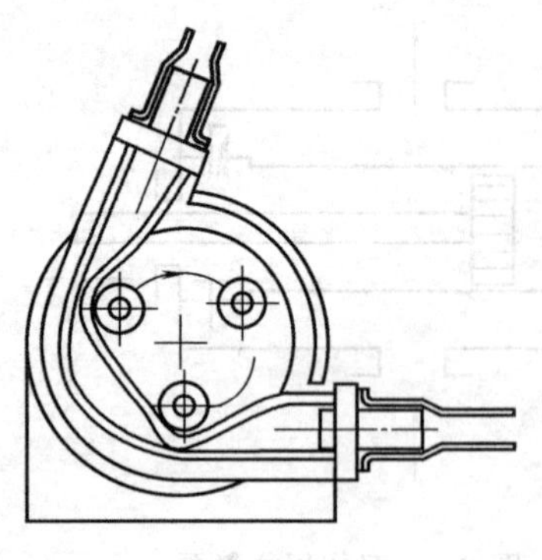

图 2-7 蠕动泵示意

（四）蠕动泵

蠕动泵（见图 2-7），又称软管泵，它是通过旋转的滚柱使胶管蠕动来输送液体的，广泛应用于制药、化工等行业，输送一些带有敏感性的、黏稠的、强腐蚀性的、具有磨削作用的、纯度要求高的以及含有一定颗粒状物料的介质。

蠕动泵作为容积式泵，流量大小一般在 0.15～40m^3/h 的范围内，它的流量和转速是一个线形的恒定关系，即驱动装置输出的转速是一个确定值。由于该泵在结构和材料上的限制，泵的转速不易太高、压力也不易太大，一般为 2～4bar[1]（特殊的设计可达到 15bar）。因此，根据不同的工艺要求、配置不同型号的软管泵就显得尤为重要。

蠕动泵的特点如下。

① 输送的介质不与泵体接触，避免了可能的污染，这样有利于输送一些对金属腐蚀性较强的介质，例如各种酸、碱溶液，或者一些含氯离子的盐溶液。

② 胶管材质经过严格挑选，采用无毒、耐腐蚀性良好的硅橡胶。清洗、拆卸简单快捷。由于介质只在软管内流动，清洗仅针对软管即可，而且蠕动泵软管的安装和拆卸都比较简单。

③ 蠕动泵是通过无级变速来控制流量大小的。用于蠕动泵的电机经过减速机的减速以后，转速都不高，一般最大转速不超过 165r/min，而且在电机的选型上可采用手动调速和变频调速，从而可更好地控制流量。

④ 该泵设计新颖，结构简单，操作方便，易清洗消毒，是医学、生化、制药行业用来泵送血液等流体的理想设备。也可作为其他行业泵送液体之用。

三、气体输送设备

输送气体的设备称为风机，但有个别的气体输送设备称为泵，如真空泵。为气体提供能量的输送设备则按不同情况分别被称为通风机、鼓风机、压缩机和真空泵。

通风机、鼓风机和压缩机常按其终压或压缩比（气体加压后与加压前绝对压力之比）作为区分，真空泵则以真空度为标志。例如：通风机，终压不大于 14.7kPa（表压），压缩比为 1～1.15；鼓风机，终压为 14.7～294kPa（表压），压缩比小于 4；压缩机，终压在 294kPa（表压）以上，压缩比大于 4；真空泵，终压为当时的当地大气压，压缩比由真空度决定。

通风机和鼓风机是常用的气体输送设备，其基本构型及操作原理与液体输送设备颇为类似。

（一）通风机

通风机是一种输送气体的机械。工业上常用的通风机有两种类型：轴流式和离心式。轴流式通风机所产生的风压比离心式通风机小。离心式通风机可根据终压的表压力

---

[1] 1bar＝1×10^5Pa。

大小分为如下三种。

① 低压离心通风机，终压小于 1kPa。

② 中压离心通风机，终压为 1～3kPa。

③ 高压离心通风机，终压为 3～15kPa。

1. 轴流式通风机

如图 2-8 所示，轴流式通风机在机壳内装有一个迅速转动的螺旋形叶轮，当叶轮旋转时，叶片将能量传递给气体，推动气体沿轴向流动。

轴流式通风机通常装在需要送风的墙壁孔或天花板上，主要用做车间通风。

2. 离心式通风机

(1) 离心式通风机的结构　如图 2-9 所示，离心式通风机主要由机壳，叶轮，吸、排口等组成。

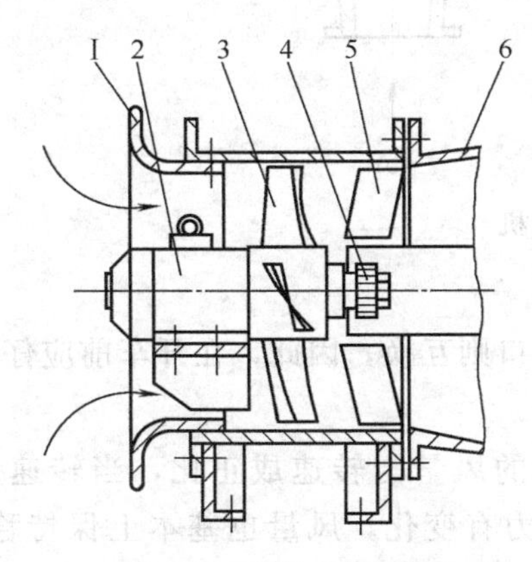

图 2-8　轴流式通风机

1—进气箱；2—电机；3—动叶片；4—动叶调节控制头；5—导叶；6—扩压器

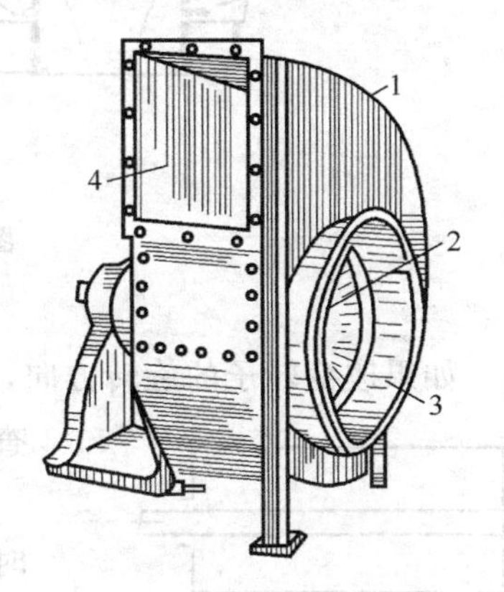

图 2-9　离心式通风机

1—机壳；2—叶轮；3—吸入口；4—排出口

(2) 离心式通风机的性能参数　离心式通风机的主要性能参数为风量、风压、轴功率和效率等。风量是指单位时间内从风机出口排出的气体体积，以 q_V 表示，单位为 m^3/s。风压是指单位体积的气体通过风机时所获得的能量以 H_T 表示，单位为 Pa。风压的大小与风机结构、气体密度和转速等参数有关。

（二）鼓风机

1. 离心式鼓风机

离心式鼓风机又称为透平式鼓风机，其工作原理与离心式通风机相似。由于通风机要求的风压较低，一般为一个叶轮，即单级结构，而鼓风机要求风压较高，单级叶轮达不到要求，所以常采用多级叶轮结构，一般由 3～5 个叶轮串联而成，各级叶轮的尺寸也几乎相等。

鼓风机工作时，气体由吸入口进入机体，经第一级压缩后，由第一级叶轮出口被吸至第二级叶轮中心处，依次经数个叶轮后，由排出口排出。

一般离心鼓风机的风量较大，但风压不太高，出口表压力不超过 300kPa，所以级间压缩比较小，不需加级间冷却装置。

2. 罗茨鼓风机

罗茨鼓风机的构造和与工作原理和齿轮泵相似，如图 2-10 所示。机壳内有两个腰形或三角形转子，转子之间以及转子与机壳之间的缝隙都很小，两个转子朝着相反方向转动，和齿轮泵一样，它使机壳内形成了低压区和高压区，气体从低压区吸入，从高压

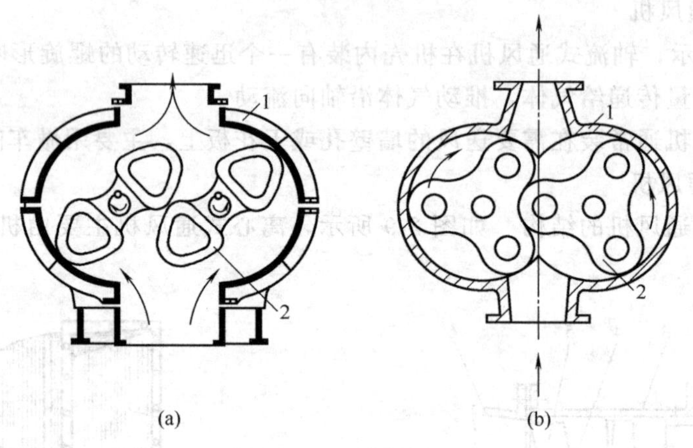

图 2-10　罗茨鼓风机

1—机壳；2—转子

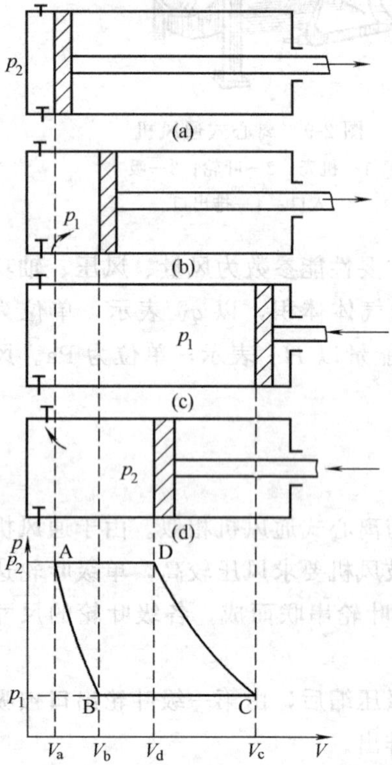

区排出。如果改变转子的旋转方向，吸入口和压出口则互换，因此，在开车前应仔细检查转子的方向。

罗茨鼓风机的风量与转速成正比，当转速一定时，即使出口压力有变化，风量也基本上保持稳定。气体在进入鼓风机之前，应除去尘屑和油污，出口应安装稳压气柜和安全阀，流量用旁路调节，出口阀不能完全关闭。

罗茨鼓风机出口表压力小于 80kPa，流量一般在 $500m^3/min$ 以下，其操作温度不能超过 85℃，否则转子容易因受热膨胀而卡住。

（三）压缩机

1. 往复式压缩机

往复压缩机的构造、操作原理与往复泵相似，即依靠活塞的往复运动，引起工作容积的扩大和缩小，将气体吸入和压出。但在结构上往复压缩机的吸入和压出活门较轻，活塞与汽缸间的间隙较小，各处的结合比往复泵要紧密得多。

现以单动往复压缩机为例，说明压缩机的工作过程。如图 2-11（a）所示，当活塞运动到最左端时，活塞与汽缸盖之间有一很小的空隙存在，此空隙称为余隙。余隙是为了防止活塞与汽缸盖相碰。由于余隙

图 2-11　往复压缩机工作过程

的存在，气体压出阶段完毕后，汽缸内还残留压力为 p_2 的高压气体。如图 2-11（b）所示，当活塞从最左端向右移动时，留在余隙中的高压气体膨胀，体积增大，压力从 p_2 逐渐降至 p_1，此阶段称膨胀阶段。当汽缸内的气体压力开始稍低于 p_1 时，吸入阀开启，吸入压力为 p_1 的低压气体，直到活塞移动到最右端，如图 2-11（c）所示，此阶段称为吸气阶段。

当活塞从最右端向左移动时，吸入阀关闭，汽缸内气体受压缩，体积缩小，压力从 p_1 逐渐升高到 p_2，此阶段称为压缩阶段，如图 2-11（d）所示。活塞继续向左移动，汽缸内的压力增大到稍大于 p_2 时，排出阀开启，气体在压力 p_2 下自汽缸排出，直到活塞移动到最左端，此阶段称为排气阶段。

综上所述，往复压缩机的工作循环分为四个过程：即余气膨胀、吸气、压缩和排气。图 2-11（e）所示的曲线表示在各阶段中，汽缸内气体的压力和体积的变化情况。曲线 AB 对应膨胀阶段；直线 BC 对应吸气阶段；曲线 CD 对应压缩阶段；直线 AD 对应排气阶段。

往复压缩机的分类方法很多，按在活塞的一侧或两侧吸、排气体，可分为单动和双动往复压缩机；按压缩机所产生的终压大小可分为低压（1MPa 以下）压缩机、中压（1～10MPa）压缩机、高压（10～100MPa）压缩机；按压缩机的排气量可分为小型（$10m^3/min$ 以下）压缩机、中型（$10\sim30m^3/min$）压缩机和大型（$30m^3/min$ 以上）压缩机；按压缩气体种类可分为空气压缩机、氨压缩机、氢压缩机、氮压缩机等；按压缩机汽缸的装置形式分立式、卧式等。

2. 离心式压缩机

离心式压缩机也称为透平式压缩机。其结构和工作原理与离心鼓风机相似。只是离心式压缩机的叶轮级数较多，可在 10 级以上，转速较高（3500～8000r/min），气体在多个叶轮中被增压数次，故能产生较大的压力。

由于气体在压缩过程中压力逐渐增大，气体的体积变化较大，所以叶轮的直径应制成不同的大小，一般是将其分成几段，每段包括若干级，每段叶轮的直径和宽度依次缩小。段与段之间设置中间冷却器，以降低气体的温度，保证机器正常工作。

与往复式压缩机相比，离心式压缩机具有体积小、质量轻、占地少、运转平稳，排气量大而均匀，操作维修简单等优点，但也存在着制造精度要求高、不易加工、给气量变动时压力不稳定、负荷不足时效率显著下降等不足。

（四）真空泵

在制药生产中，有许多单元操作通常在低于大气压的情况下进行，如减压浓缩、减压蒸馏、真空抽滤、真空干燥等，真空泵就是获得低于大气压的一种机械设备。

真空泵从结构上可分为往复式、旋片式、水环式、喷射式等几种。

1. 往复式真空泵

往复式真空泵的工作原理与往复压缩机基本相同，在结构上差异也很小，只是所用的活塞必须更轻一些。往复式真空泵汽缸内有一个活塞，活塞上装有活塞环，保证被活塞间隔的汽缸两端气密。活塞在汽缸内作往复运动时，不断改变汽缸两端的容积，吸入和排出气体。活塞和气阀的联合作用，周期地完成真空泵的吸气和排气作用。但当所要

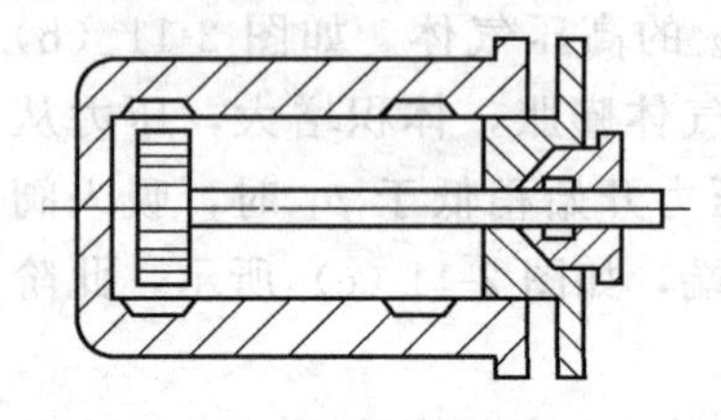

图 2-12　平衡气道

求达到的真空度较高时（例如要得到95%的真空度），其压缩比将达 20 以上，此种情况会使余隙中残留气体的影响更大。为降低余隙的影响，可在汽缸左右两端之间设置平衡气道，如图 2-12 所示，在真空泵汽缸的两端，加工出一个凹槽，使活塞运动到终端时，左、右两室短时连通，以使余隙中残留的气体从活塞的一侧流到另一侧，降低余隙气体压力，以提高生产能力。目前，常用 W 型、WY 型往复真空泵，它们是获得低真空的主要设备。

2. 旋片式真空泵

如图 2-13 所示，旋片式真空泵的主要部件是一个旋转的偏心轮（或叫转子）和一个用弹簧压紧的活板，活板将泵壳与转子间的空隙分成两部分，转子沿箭头方向旋转，带动转子槽内滑动的旋片旋转，由于弹簧及离心力的作用，转子外端紧贴真空室的内表面滑动，吸入端的空隙逐渐扩大，被抽气体通过吸气口进入泵内；同时，压出端的空隙逐渐减小，压力升高，随后冲开排气阀，气体穿过油液从泵的排气口排出。

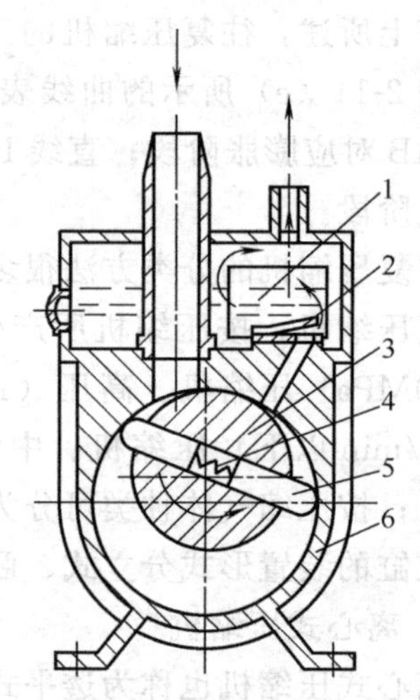

图 2-13　旋片式真空泵

1—油；2—排气阀；3—转子；4—弹簧；5—活板；6—泵体

为使密封各部件的间隙及使各部件得到润滑，旋片泵的活动部分均浸没在油内。由于泵的工作都是与油联系在一起的，所以它不适用于抽除含氧量过高的、有毒的、有爆炸性的、侵蚀黑色金属的和对真空油起化学作用的各种气体。可用于抽除干燥气体或含有少量可凝性蒸气的气体。该真空泵的抽气量较小，可在一般化学实验室、制剂室及小型制药设备上应用此类型的真空泵。

3. 水环式真空泵

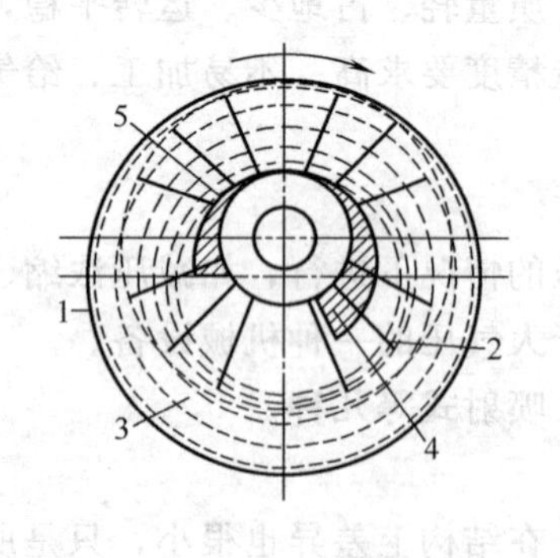

图 2-14　水环式真空泵

1—外壳；2—叶片；3—水环；4—吸入口；5—排出口

如图 2-14 所示，水环式真空泵主要由泵盖、泵体、叶轮等组成。叶轮偏心安装在泵体内，因此当叶轮旋转时，水受离心力的作用而在泵体内壁形成一旋转水环，水环上部内表面与轮毂相切，沿箭头方向旋转，在前半转过程中，水环内表面逐渐与轮毂脱离，因此在叶轮叶片间与水环形成封闭空间，随着叶轮的旋转，该空间逐渐扩大，空间气体压力降低，气体被吸入空间；在后半转过程中，水环内表面渐渐与轮毂靠近，叶片间的空间逐渐缩小，空间气体压力升高，当高于排气口压力时，叶片间的气体被排出。如此叶轮每转动一周，叶片间的空间吸排一次，许多空间不停的工作，泵就连续不断的抽吸或压送气体。

由于在工作过程中，必须不断给泵供水，以冷却和补充泵内消耗的水，满足泵的工作要求。在抽吸具有腐蚀性、易燃、易爆的气体时，不易发生危险，所以其应用更加广泛。

4. 喷射式真空泵

喷射式真空泵是利用工作介质做高速流动时静压能和动压能之间的相互转变来实现气体或液体输送的。喷射泵的工作流体可以是蒸汽或水，也可以是其他液体。如图2-15所示，喷射式真空泵主要由喷嘴，混合室、扩压管等组成。工作蒸汽在高压下经喷嘴以很高的速度喷出，在喷嘴口处形成低压而将流体吸入，吸入的流体与工作蒸汽一起进入混合室，然后流经扩大管，流速逐渐降低，压力随之升高，最后从压出口排出。单级喷射泵所产生的真空度较小，最高仅能达到90％的真空。若把几个喷射泵串联起来，成为多级喷射泵，便可得到更高的真空度。

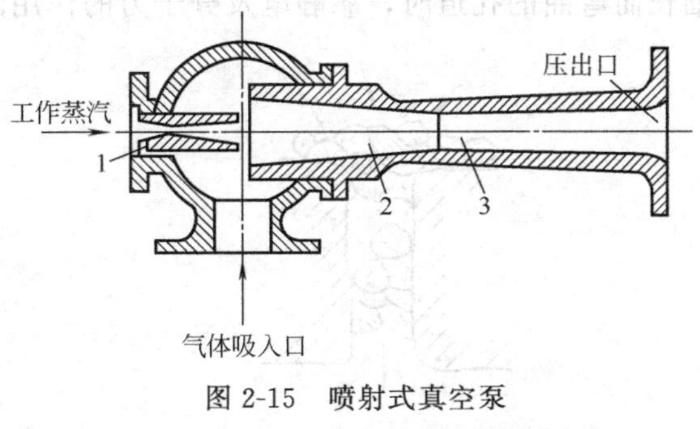

图2-15　喷射式真空泵

1—喷嘴；2—混合室；3—扩压管

喷射真空泵构造简单、紧凑，无活动部件，但工作流体消耗量大，效率较低，仅为10％～25％。适用于抽吸腐蚀性气体或有毒气体。

第二节　过滤设备

一、概述

在药剂生产中，广泛采用过滤操作来分离悬浮液以获得澄清液体或固体物料。过滤是指以某种多孔物质作为介质，在外力的作用下，使流体通过介质的孔道而固体颗粒被截留下来，从而实现固液分离的操作。

通常，将待澄清的悬浮液称为滤浆（料浆），过滤操作中采用的多孔介质称为过滤介质或滤材，被过滤介质截留的固体颗粒层称为滤饼，通过过滤介质流出的液体称为滤液，洗涤滤饼所得的溶液称为洗涤液。过滤的目的是获得洁净的液体或获得作为产品的固体颗粒。完整的过滤过程包括过滤、洗涤、机械去湿及卸料。

（一）过滤机理

1. 筛析作用

固体粒子的粒径大于滤材的孔径，微粒被截留在介质表面，过滤介质起了筛网的作用。常用的过滤介质有微孔滤膜、超滤膜和反渗透膜等。

2. 表面过滤（饼层过滤）

若悬浮液中固体颗粒的体积分数大于1％，则过滤过程中在过滤介质表面会形成固体颗粒的滤饼层。在饼层过滤中，由于悬浮液中的部分固体颗粒的粒径可能会小于介质孔道的孔径，因而在过滤开始时会使液体浑浊，但随着操作的继续进行，颗粒会在孔道内很快发生“架桥”现象（见图 2-16），会有一些细小颗粒穿过介质，并开始形成滤饼层，滤饼不断增厚，由于滤饼中的孔径通常比过滤介质的孔道小，所以真正起截留颗粒作用的是滤饼层而不是过滤介质，过滤一段时间后滤液由浑浊变为清澈。

3. 深层过滤

深层过滤适用于悬浮液中固体颗粒的体积分数小于 0.1%且固体颗粒粒径较小的场合。深层过滤中，由于悬浮液的粒子直径小于床层孔道直径，当颗粒随液体进入床层内细长而弯曲的孔道时，靠静电及分子力的作用附在孔道壁上而被截留（见图 2-17）。

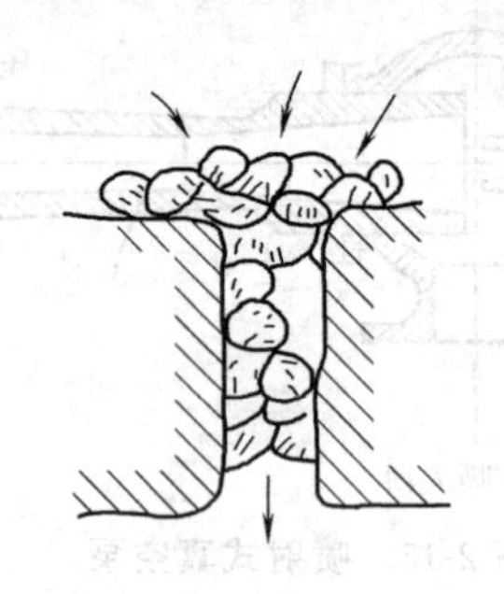
图 2-16 “架桥”现象

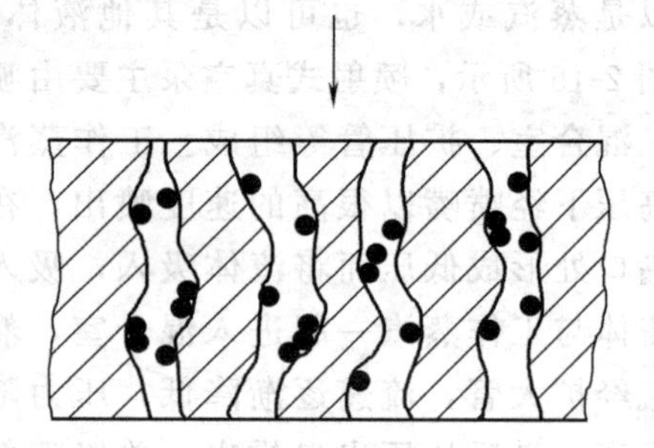
图 2-17 深层过滤

（二）过滤介质

过滤介质是滤饼的支撑物，它应具有足够的机械强度（用来承受过滤压力）；惰性物质，低吸附性；尽可能小的流动阻力。常用的过滤介质主要有以下几类。

1. 织物介质

它包括由棉、毛、丝、麻等天然纤维及由各种合成纤维制成的织物以及由玻璃丝、金属丝等织成的网。

2. 粒状介质

包括细砂、木炭、石棉、硅藻土等的堆积层，多用于深层过滤。

3. 多孔介质

它是具有很多微细孔道的固体材料，如多孔陶瓷，多孔塑料及多孔金属制成的板状或管状介质。

（三）助滤剂

对于可压缩性滤饼，饼层颗粒间的孔道会变窄，流动阻力加大，生产能力下降，有时会因颗粒过于细密而将通道堵塞，为了避免此情况，可将某种质地坚硬且能形成疏松床层的另一种固体颗粒预先涂于过滤介质上，或者混入悬浮液中，以形成较为疏松的滤饼，使滤液得以畅流，这种物质称为助滤剂。常用的助滤剂有硅藻土、活性炭、珍珠岩、石棉等。

二、过滤推动力

实现过滤的推动力是靠滤饼与过滤介质两侧的压力差。过滤推动力有重力、加压、真空及离心力。以重力作为推动力的操作，设备简单，但过滤速度慢，生产能力低；加压过滤可以在较高的压力差下操作，可加大过滤速率，但对设备的强度、紧密性要求较高；真空过滤推动力的大小与真空度成正比，过滤速率比较高，但它受到大气压力和过滤时温度的限制；离心过滤产生的离心力较大，滤速快，滤饼中的含液量较低。

三、过滤设备

制剂生产中使用的过滤设备有各种形式，按操作方式不同可分为间歇式和连续式；按过滤推动力性质不同可分为加压过滤、真空过滤和离心过滤等。

（一）板框式压滤机

如图 2-18 所示，板框式压滤机主要是由若干滤板、滤框交替排列组装的。板、框都用支耳架在一对横梁上，用压紧装置压紧或拉开。每机所用滤板和滤框的数目视生产能力和悬浮液的情况而定。

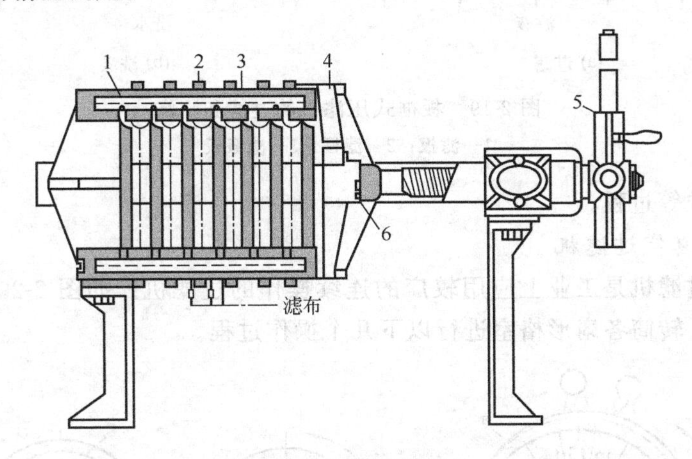

图 2-18　板框式压滤机

1—固定板；2—滤框；3—滤板；4—压紧板；5—压紧手轮；6—滑轨

滤板和滤框做成方形，角端均开有小孔，板与框合并压紧后构成供滤浆或洗涤水流通的孔道。当框的两侧盖以滤布时，空框与滤布就成了容纳滤液和滤饼的空间。滤板两侧表面做成纵横交错的沟槽，而形成凹凸不平的表面，凸部用来支撑滤布，凹槽是滤液的流道。进行过滤时，料液在一定压力下通过滤框上的进料孔进入滤框的空间内，滤液穿过滤布沿滤板的凹槽流至每个滤板下角的阀门排出。固体颗粒积存在滤框内形成滤饼，直到框内充满滤饼为止。

滤板有两种，一种是洗涤水通道与两侧表面的凹槽相通，使洗水流进凹槽，这种滤板称为洗涤板；另一种是洗涤水通道与两侧表面的凹槽不相通，称为非洗涤板。为了避免板和框的安装次序有错，在铸造时常在板与框的外侧面分别铸有一个、两个或三个小钮。非洗涤板为一个钮，滤框为两个钮，洗涤板为三个钮。滤板与滤框组合时，按钮数以 1、2、3、2、1…的顺序排列。

在洗涤时，需先将悬浮液进口阀和洗涤板下方的滤液出口关闭，然后打开洗涤水进口阀门。洗涤水压入洗涤水通道，经洗涤板角上的暗孔进入板面与滤布之间，经过滤布穿过滤饼，再通过框另一面的滤布，最后从非洗涤滤板下端出口排出，如图 2-19 所示。洗涤阶段结束后，旋开压紧装置，卸出滤饼，洗涤滤布及板、框，然后重新组装，进行下一个操作循环。板框压滤机的操作是间歇式的，每个操作循环周期有装合、过滤、洗

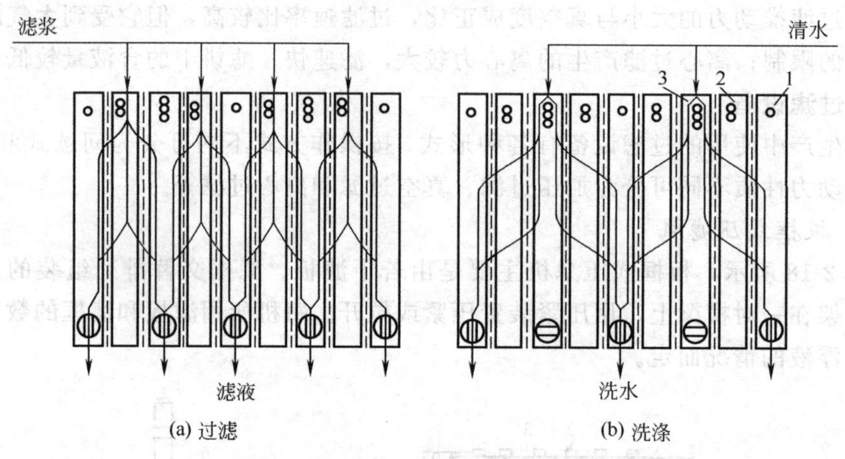

图 2-19　板框式压滤机的过滤和洗涤

1—滤板；2—滤框；3—洗涤板

涤、卸渣、清洗等过程。

（二）转筒真空过滤机

转筒真空过滤机是工业上应用较广的连续操作的过滤机。如图 2-20 所示，在工作时的某一瞬间，转筒各扇形格室进行以下几个操作过程。

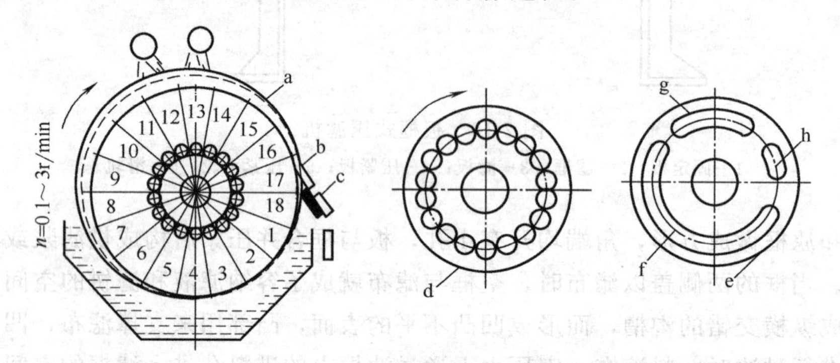

图 2-20　转筒及分配头的结构

a—转筒；b—滤饼；c—刮刀；d—转动盘；e—固定盘；f—吸走滤液的真空凹槽；g—吸走洗水的真空凹槽；h—通入压缩空气的凹槽

（三）钛棒过滤器

钛棒过滤器使用的是钛粉末烧结滤心，一般用于粗滤或中间过滤。此滤心具有精度高、耐高温、耐腐蚀、机械强度高等优点，在医药行业广泛应用，外壳材料为 316L 或 304 不锈钢，符合 GMP 标准。

（四）砂滤棒

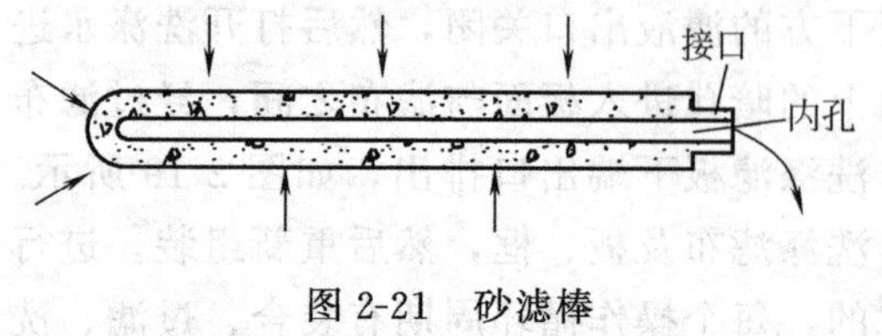

图 2-21　砂滤棒

如图 2-21 所示，砂滤棒是由硅藻土、石棉及有机胶黏剂在 1200℃高温下烧结而成的。砂滤棒的微孔径约为 10μm。相同尺寸的砂滤棒依微孔直径的不同，可分为细号、中号、粗号几种规格，细号的滤速小于300ml/min，中号的滤速约为300～500ml/min，粗号的滤速大于500ml/min。过滤时，将砂滤棒的密封接口与真空系统连接，置于药液中则可完成过滤。砂滤棒价格低，滤速快，但较易脱砂，对药液有较强吸附性和能改变药液pH值等缺点。一般只作为大量生产粗滤之用。

（五）垂熔玻璃滤器

垂熔玻璃滤器由硬质玻璃细粉在高温下烧结而成，通常有垂熔玻璃漏斗、垂熔玻璃滤球和垂熔玻璃滤棒三种。

垂熔玻璃滤器化学性能稳定，对药液无吸附作用，且与药液不起化学作用，不影响药液pH值，易于洗涤。使用新的垂熔玻璃滤器时需先用铬酸清洗液或硝酸钠液抽滤清洗后，依次再用清水（蒸馏水）及去离子水抽洗至中性。以垂熔玻璃漏斗为例（见图2-22），依滤板微孔径的大小分为小于2μm、2～5μm、5～15μm、15～40μm、40～80μm、80～120μm六种规格。微孔径越小，滤速越慢，这类过滤器的总处理量较小。由于垂熔玻璃滤器的孔径较为均匀，所以在注射剂生产中常作为精滤或膜滤前的预滤。

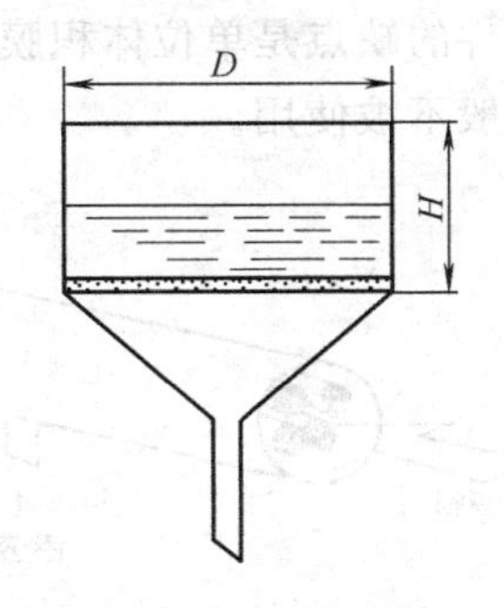

图2-22 垂熔玻璃漏斗

（六）微孔膜滤器

微孔滤膜过滤是一种新型的膜过滤技术，它以压力差为推动力（操作压差一般为0.02～0.2MPa），利用微孔薄膜作为过滤介质，对液相中分子体积较大的微粒、微生物、细菌等进行筛分截留，达到分离、提纯的目的。微孔滤膜的孔径范围较宽，从0.025μm到14μm，分成多种规格，广泛应用于注射剂生产中。

如图2-23所示，微孔膜滤器采用高分子材料制作滤膜，置于滤网孔板上，使滤膜能承受足够的压力。

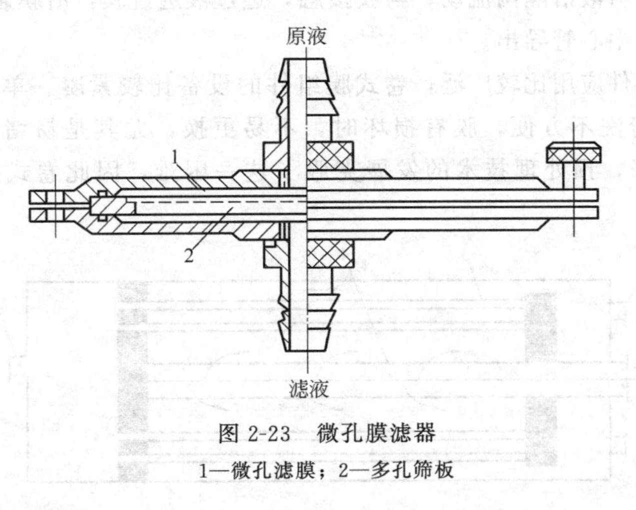

图2-23 微孔膜滤器

1—微孔滤膜；2—多孔筛板

微孔滤膜的特点如下。

① 孔径小、均匀，孔隙率高（孔隙率占薄膜总体积的80%左右），过滤阻力小，截流能力强。

② 过滤速度快，与同样截留指标的其他过滤介质相比，滤速要快数十倍。

1. 板框式膜组件

在每块板的两侧各放一张膜，然后一块块叠在一起。膜紧贴板面，在两张膜间形成流道，料液从进料通道送入板间两膜间的通道，透过液透过膜，经过板面上的孔道，然后从板侧面的出口流出。

2. 管式膜组件

管式膜组件由圆管式的膜及膜的支撑体构成，管式膜分为外压和内压两种，外压即为膜在支撑管的外侧，应用较少；膜在管内侧的则为内压管式膜（见图 2-24）。管式膜组件的缺点是单位体积膜组件的膜面积少，一般仅为 33～330m^2/m^3，除特殊场合外，一般不被使用。

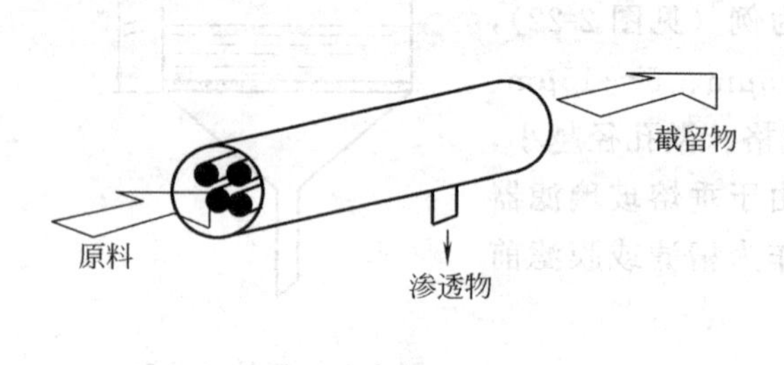

图 2-24　管式膜组件

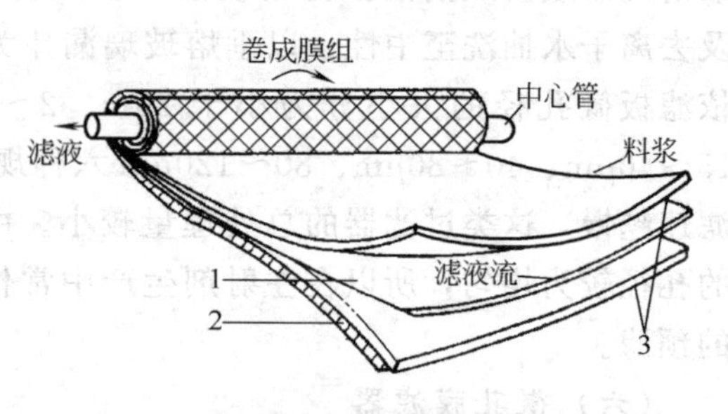

图 2-25　卷式膜组件

1—多孔支撑材料；2—料液隔网；3—膜

3. 卷式膜组件

如图 2-25 所示，在多孔支撑材料的两面覆以平面膜，将两片膜的三边密封，再衬上起导流作用的料液隔网，然后用钻有小孔的多孔管缠绕成卷，装入耐压的圆筒中即构成膜组件。使用时料液沿隔网流动，与膜接触，透过液透过膜，沿膜袋内的多孔支撑流向中心管，然后由中心管导出。

目前卷式膜组件应用比较广泛，卷式膜组件的设备比较紧凑、单位体积内的膜面积大。其缺点是清洗不方便，膜有损坏时，不易更换，尤其是易堵塞，因而限制了它的发展。近年来，预处理技术的发展克服了这一困难，因此卷式膜组件的应用将更为广泛。

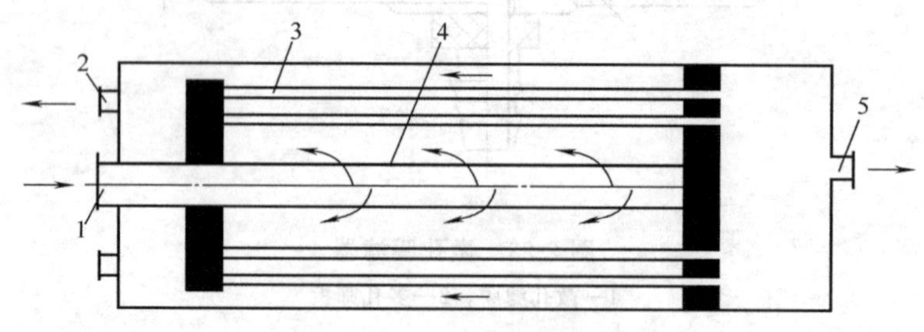

图 2-26　中空纤维式膜组件

1—进料口；2—浓缩液排出口；3—纤维束；

4—中心分布管；5—透过液口

4. 中空纤维式膜组件

中空纤维超滤组件的超滤膜呈中空毛细管状，管壁密布微孔。使原液在压力作用下于呈中空细管状壁上有密布微孔的膜内或膜外流动。让其中的溶剂或小分子透过膜成为透过液，而其中的高分子物质、胶体微粒等则被截留在膜面成为浓缩液，从而实现原液中物质的分离，达到浓缩和提纯的目的。又根据膜的致密层是在中空纤维的内表面或者外表面，分为内压式和外压式，如图 2-26 所示。

第三章　药材提取、浓缩和干燥设备

第一节　药物成分的提取设备

在药剂生产过程中，选用合适的溶剂和工艺将药材中的有效成分提取出来是一个重要的单元操作过程。提取也叫浸出，又称固液萃取，是用液体提取固体原料中有效成分的分离操作。浸出的可溶成分称溶质，不溶于溶剂的固体称载体或惰性物质。我国自商代就有用水煮药材得到汤剂来服用治病的记载，以后又有药酒、煎膏剂问世，后来又增加了酊剂、流浸膏、浸膏、冲剂和注射剂等剂型。可以说这些都是中药浸出制剂的发展成果。近年来，由于中药生产污染小，疗效确切，各国医药界对中药浸出制剂给予更多的关注，在制备方法上不断采用一些新技术、新设备，使药品内在质量有所提高，这许多中药剂型在制作过程中的首要步骤就是中药有效成分的提取。本节主要介绍浸提取的基本原理、操作和设备在药剂生产中的应用。

一、提取原理

（一）提取过程

用一定的溶剂浸出药材中能溶解的有效成分的过程称为中药成分提取过程，简称提取过程。提取过程可分为如下四个步骤。

1. 浸润渗透

中药材在提取前一般已被干燥粉碎，细胞已萎缩，经溶剂浸泡后组织变软，溶剂得以渗透到细胞中。

2. 溶解

溶剂在细胞内将有效成分溶解而形成溶液。

3. 扩散

细胞内溶液浓度逐渐增高，在细胞膜内外出现较大浓度差，细胞内浓度大的溶液开始向细胞外扩散，并向固液界面移动。

4. 转移

溶液从固液界面向溶剂主体转移，有效成分被提取。

（二）影响提取速率的因素

提取速率是指单位时间内，药物中有效成分扩散至溶剂的质量。它一般与固液接触面积、浓度差和温度成正比，与扩散距离和溶剂的黏度成反比。在中药浸出中影响提取速率的因素有以下几方面。

1. 药材的粉碎程度

药材粉碎得越细，固液相接触的面积越大，一般来说，提取速率会提高。但药材若是过细，大量的细胞被破坏，细胞内一些不溶物和树脂等也进入溶剂，使其黏度增大，反而会降低提取速率，故对花、叶等疏松药材应粉碎得粗一些，对根、茎和皮类药材宜粉碎得细一些。

2. 浸出溶剂

选出适当的溶剂对提取速率有很大影响。一般来说，对溶剂的要求有如下几方面

① 有很好的选择性，即对有效成分和无效成分的溶解度有较大差别。

② 溶剂易回收，如用蒸馏回收则需要在组分间有较大的相对挥发度。

③ 表面张力稍大一些，黏度小些，无毒，且不与药材发生化学反应。

④ 价廉，易得。

3. 浸出温度

一般说温度高，浸取速率高。但过高的浸出温度会使一些有效的热敏性成分被破坏，另外有可能使一些无效成分在较高温度时浸出，从而影响浸出液的质量。

4. 浸出时间

一般说浸出有效成分的质量与浸出时间成正比。但当扩散达到平衡时，随时间增加，浸出量不会再增加。此外，时间过长，还会导致大量杂质浸出，故应针对具体情况，通过实验办法求出最佳浸出时间。

5. 浸出溶剂的 pH 值

在浸出过程中，溶剂的 pH 值有时与浸取速率有很大关系。如用低 pH 值溶剂提取生物碱，高 pH 值溶剂提取皂苷才会得到较好的浸出效果。

6. 流体的湍动程度

用搅拌或增加液体的压强来提高液体的湍动程度，可降低浸出阻力，提高提取速率；改善浸出设备的结构也可达到提高液体湍动程度的目的。

二、浸出方法及设备

在中药生产中，浸出过程的原料多是经炮炙的饮片，浸出产品是提取了有效成分的浸出液。具体浸出方法按操作条件可分为煎煮提取、浸渍提取、渗漉提取及回流等。

(一) 煎煮提取

煎煮是指在一容器中放置被处理的饮片，加适量水后，将其煮沸至一定时间，饮片中的有效成分扩散至水中形成浸出液，将浸出液倒出，再加水煎煮两三次后，弃掉药渣即可得到提取了有效成分的浸出液。

1. 煎煮提取的操作

(1) 适量的水　一般加水要没过药材一成左右。

(2) 加热的温度　一开始温度要高，待煮沸后可降温使液体微沸即可。

(3) 煎煮的时间　根据饮片的硬度、粒度等性质决定。

对硬度高、粒度大的饮片煎煮时间稍长，一般来说煎煮时间为沸后 20～40min；煎煮的次数主要视饮片类别而异，如人参鹿茸之类的补药煎煮时间可长一些，次数多一些，一般情况下要煎两次。

2. 煎煮设备

（1）传统容器　一般用来煎煮中药饮片的容器只要不与药材成分发生化学反应即可。木材、搪瓷、陶瓷、铜及不锈钢制的容器均可。图 3-1 所示为木制煎煮器，为便于除去药材中杂质，可在容器下部加热器上放一带筛孔的活板，此活板称为假底，煎煮的饮片放在假底之上，加水冷浸一段时间后，开启加热器加热，沸腾后降低加热温度，继续煎煮，此时将图中所示的三通阀开在通口与向上导管连通的位置，使煎煮器下方的浸液返回上方，再次与药材接触，增加浸出液浓度，待返回浸液浓度符合要求时，煎煮操作完成，将三通阀转向通口与水平导管连接的位置，浸出液由此通入汤剂储罐或进蒸发器浓缩。传统的煎煮器设备简单，操作方便，常在药剂室和小批量生产场合使用，但由于间歇操作生产量不大、固体药材与水接触不充分、浸出率不高、开放煮沸无法保证药品质量等原因，一般正式中药工业生产厂家较少采用。

（2）多能提取罐　工业生产的煎煮提取操作多采用多能提取罐，如图 3-2 所示。多能提取罐的罐体下方为一斜锥形，下半部外面用一夹套装置来通蒸汽以加热药液，罐体中心有一带料叉的轴可上下移动，用来翻动药材，罐体下端有一带筛板的活底。浸出操作时打开顶部进料口，将需煎煮药材倒入并堆放于活底的筛板之上，加入水没过药面，冷浸一段时间后通入直接蒸汽将水煮沸，然后用夹套间接蒸汽慢“火”煎煮，如药材无挥发油则不用冷凝冷却器和油分装置，只需打开放空阀，当浸出液达到规定的浓度要求时，可从罐底排液口排出，同时通过汽动装置开启中心轴，中心轴上下移动来翻动药渣，并将其从下部卸出。

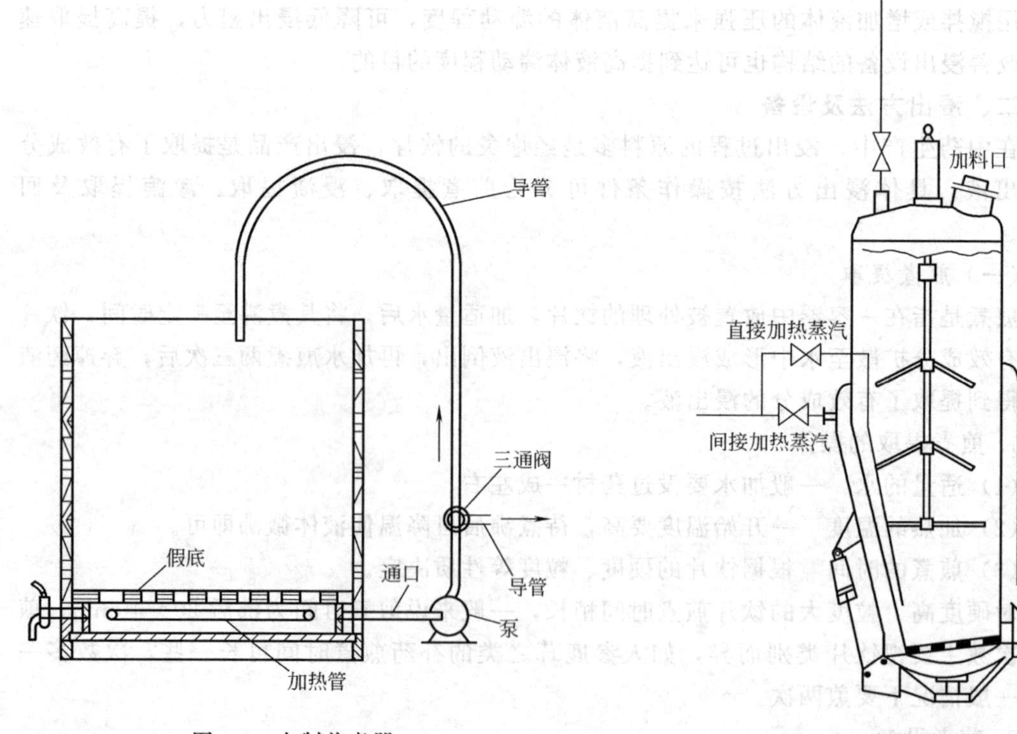

图 3-1　木制煎煮器

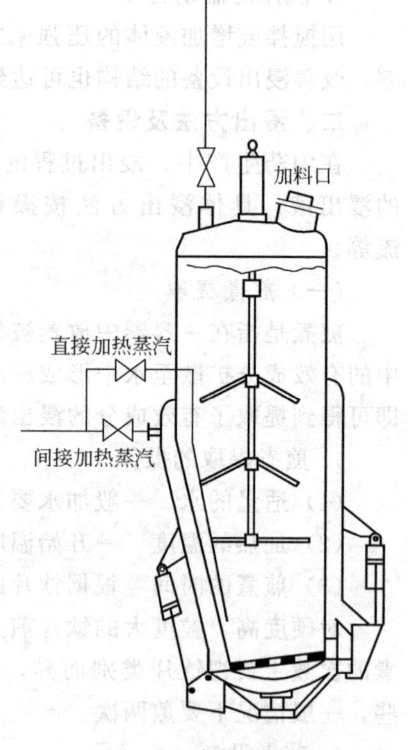

图 3-2　多能提取罐

多能提取罐现出厂规格有 0.5m^3、1m^3 和 3m^3 三种规格，其主要技术参数为：夹套内允许压力为 300kPa（表压），气动装置空气压力为 600～700kPa（表压），夹套加热面积为 2.4～3m^2，中心轴上下行程为 400mm。

多能提取罐由于具有容器密闭、液体自动进出、加热温度易控制、功能较多（除浸出外尚能提取挥发油和进行水蒸气蒸馏等）等优点，在中药生产中得到比较广泛的应用，但其饮片投料和药渣排出仍需人工，且也属间歇操作，故尚有待改进之处。

（二）浸渍提取

浸渍法是用一定量的溶剂在常温或低温下浸泡药材，使药材中的有效成分溶解至溶剂中，从而得到有一定药物浓度的浸出液。该法由于低温操作故非常适用于热敏性药物的提取。

1. 浸渍提取的工作原理

将粉碎的中药材置于浸渍容器中，再加入定量的溶剂，加盖密闭，在规定的时间内（几日或几十日）不时晃动，使药材中有效成分尽快被浸出。浸渍完成后，收取浸取液过滤，得到滤液，将药渣和滤渣一起经压榨机压榨，尽量将渣内的残留浸液全部压出，与滤液一并成为浸渍产品。由于浸渍法浸出过程的推动力小，药材中的有效成分往往浸出不完全，致使浸取效率较低，故在浸渍操作中，人们常采用重浸渍法。

重浸渍法又称多次浸渍法，就是将一定量的溶剂分为若干份，再将每一份溶剂依次对同一药材进行反复浸渍，使药材中有效成分充分被浸出。依靠压榨机挤压，只是得到残留于药材组织之外的浸出残液，而用重浸渍法可以得到更多的组织内的有效成分，从而提高浸出效率。以上讲的浸出效率是由下式定义的。

浸出效率＝得到浸出液体积/溶剂体积×100％

例 4-1 现以 600ml 溶剂分别用浸渍、二次浸渍和三次浸渍对同样药材进行浸渍，若药渣吸收溶剂量均为 20ml，设药材中被浸出的有效成分为 100g，试比较三种方法得到的浸出液量。

解：① 一次浸渍法

浸出效率＝得到浸出液/溶剂量＝(600－20)/600×100％＝96.67％

得到浸出有效成分量为 96.67g。

② 二次浸渍法　分两次浸出，每次投入溶剂量 300ml。

第一次　　浸出效率＝(300－20)/300×100％＝93.33％

第二次　　浸出效率＝300/(300＋20)×100％＝93.75％

得到浸出药效成分量　第一次为 100×93.33％＝93.33g

第二次为 (100％－93.33％)×93.75％＝6.25g

二次浸渍得到有效成分总量为 96.58g。

③ 三次浸渍法　分三次浸出，每次投入溶剂为 200ml

第一次　　浸出效率＝(200－20)/200×100％＝90％

得到有效成分量为 90g。

第二次　　浸出效率＝200/(200＋20)×100％＝90.9％

得到有效成分量为（100－90）×90.9％＝9.09g

第三次　　浸出效率＝200/(200＋20)×100％＝90.9％

得到有效成分量为（100－90－9.09）×90.9％＝0.87g

三次浸渍法得到有效成分总量为 90＋9.09＋0.87＝99.96g

从三种浸渍方法看，每多一次浸渍，浸出有效成分得到量就多一些，但每多一次的操作耗时也要多，故二次浸渍的综合效果（收率和时间消耗）最佳。

2. 浸渍提取设备

浸渍提取设备与煎煮药设备的材料及形式基本相同，只是要密闭容器，可以防止溶剂挥发，要求木制容器要一药一桶，以防一种药的成分渗入木桶后在浸另一种药时渗出，影响药液质量。为提高药材中有效成分的浸出率，往往在浸渍容器中加有搅拌装置，如图 3-3 所示。工业生产中通常在浸渍器底部装有假底，其上铺有滤布，其作用是防止较细药渣堵塞下口出料管和阀门，同时对浸出液也起到一次粗滤的作用。

浸渍提取的辅助设备上有压榨药渣的压榨机。被压榨的药渣先装在能排出药液的铁桶中，上面的压头略小于铁桶的内断面，对压头施加压力时，压头向下挤压，将残留在药渣内的药液榨出。压头的压力由机械部件（如图 3-4 所示的螺旋压榨机或液压机）提供。

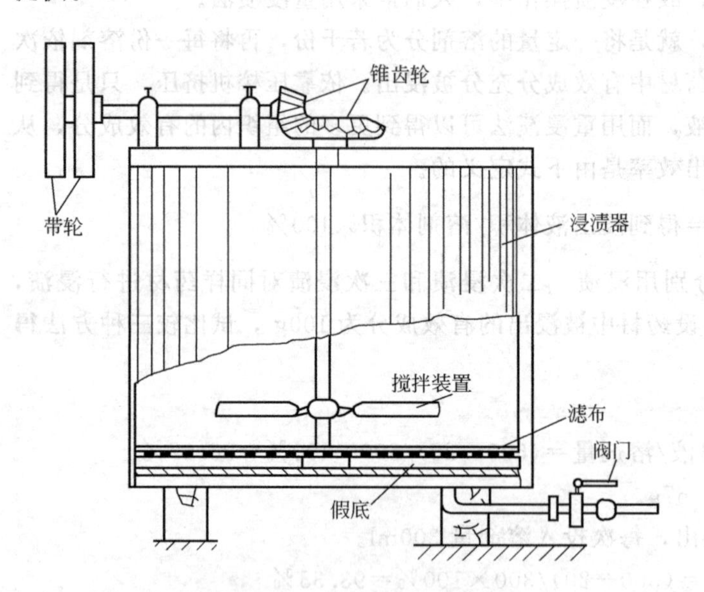

图 3-3　装有搅拌的浸渍器

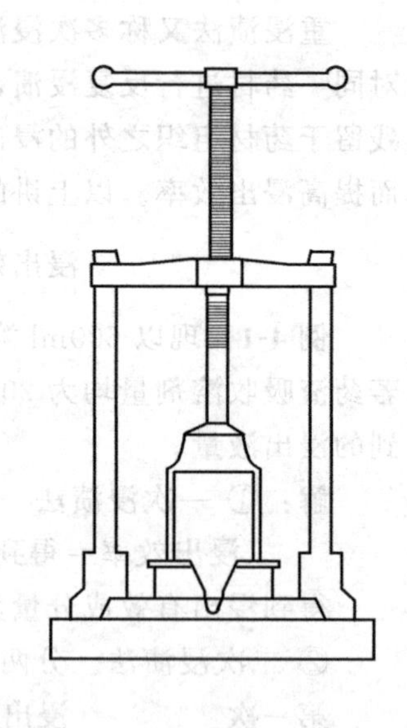

图 3-4　螺旋压榨机

（三）渗漉提取

渗漉提取是溶剂不断加在装有较大湿度药材的渗漉容器内，通过溶剂与药材的接触将有效成分浸出的提取方法。

1. 渗漉提取的操作方式

渗漉按操作方式可分为一次渗漉、重渗漉（多次渗漉）、逆流渗漉和加压渗漉。

（1）一次渗漉　先用为药材质量 60％～70％的溶剂将药材均匀润湿，密闭静置数小时，使药材膨胀起来备用。再用精制棉浸泡溶剂后铺在渗漉桶底部的出口上面，棉层上可压些洁净的石英砂，棉与砂的作用是过滤浸出液和防止细药渣堵塞出液口的阀门。将膨胀好的药材分几次装入渗漉桶，每装一次后，需用木制工具压平，压实程度视溶剂而异，酒则可压实些，水则应松些。装好药材后，将纱布覆盖在药上，并压些玻璃珠等重物，防止一些轻药材浮于溶剂之上。准备工作做好后，向渗漉桶慢慢加入溶剂，并打开浸出液出口的阀门，待溶剂从中流出一段时间后，再关闭出液阀，开始流出的溶剂不是滤出液，它的作用在于赶走桶内的空气，这部分溶剂需返回渗漉桶。当渗漉桶内所加溶剂没过药粉一段高度后，再静置1～2天，使固-液充分接触、渗透和扩散，药材中的有效成分尽可能多的被浸出。开始渗漉时缓缓打开底部出液阀，控制滤出液流量为1～3ml/min或3～5ml/min（药材量按1kg记），滤出液流出的同时，以同样流量在渗漉桶上方补充新的溶剂，当溶剂耗量达到要求时（此量要确保药材中有效成分多被浸出，可由实验确定，一般是药材量的4～8倍）即可停止加溶剂，待渗漉液全部流出，则渗漉操作完成。

（2）重渗漉　重渗漉是溶剂连续通过串联的几个渗漉桶，最后得到较高浓度的浸出液。该过程相当于溶剂通过几个桶高的流程，与药粉接触时间较长，故浸出率（浸出的有效成分量与药材存在的有效成分量之比）较高，具体操作如图3-5所示。若对1kg药材分三次浸漉，欲得到1000ml滤出液，可按图中方案做，即药材按5∶3∶2分三份置

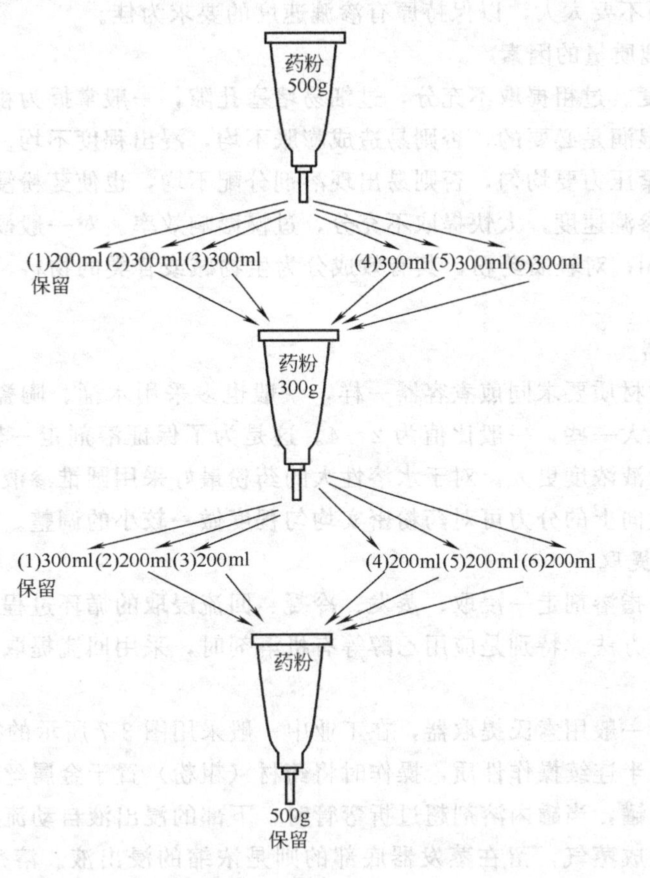

图3-5　重渗漉法

于三个渗漉桶中，取溶剂倒入第一筒，取最初浓浸液200ml，保留为成品，以后每流出300ml就换一个容器，按顺序排好。然后按顺序将一次渗漉液倒入第二渗漉筒，仍取最初浓浸液300ml保留为成品，以后每流出200ml就换一个容器，也按顺序排好。再按顺序将二次渗漉液倒入第三个渗漉筒，取最初的浓浸液500ml，将三次渗漉剩余的渗漉液合并供渗漉新药使用。而三次保留为成品的量之和恰为1000ml。

逆流渗漉是利用高位储罐里溶剂的静压强将溶剂从渗漉筒下部通入，慢慢向上流动，由筒上口取出渗漉液的方法。此法因溶剂不是靠自身重力流下，所以不存在溶剂在横截面上分配不均匀的问题，因此浸漉效果要好一些。图3-6所示为双效逆流渗漉装置，按渗漉装填药粉方法将药粉放入渗液罐，A是装溶剂的高位槽。进行渗漉时，阀门先全闭，开阀1、3、7，待7阀流出液体时，说明罐Ⅰ排放空气已完成，即可关阀，再开阀5、4、8，溶剂从渗液筒筒Ⅰ流向渗液筒筒Ⅱ，待阀8见液体时说明罐也已排净空气，关阀8开阀6，渗漉液流入渗漉液储罐B。因为渗液筒加的是纯溶剂，与药材中有效成分浓度差比渗液筒Ⅱ大，因此浸出更充分，故在渗液筒药粉提取充分后，关掉阀1、3、5，开阀2使溶剂直接流入渗液筒Ⅱ至药粉提取充分为止。渗液筒Ⅰ、Ⅱ也可交替使用，但管路与阀门要合理安排。

加压渗漉是通过给溶剂以一定的压强，增强溶剂对药粉的渗透能力，以提高渗漉效果。但注意压强不要太大，以保持原有渗漉速度的要求为佳。

2. 影响渗漉质量的因素

① 药粉粒度。过粗提取不充分，过细易堵塞孔隙，一般掌握为粗粉（5～20目）。

② 药粉的湿润是必要的，否则易造成膨胀不均，浸出程度不均。

③ 药粉拍紧压力要均匀，否则易出现溶剂分配不均，也使药粉浸出程度不均。

④ 控制好渗漉速度，太快提取不充分，过慢影响效率。对一般硬质药粉采用慢漉，即每分钟1～3ml；对轻质药粉，其有效成分为生物碱或苷类的物料，可用快滤，即3～5ml/min。

3. 渗漉容器

渗漉容器的材质要求同煎煮容器一样，一般也多采用木桶、陶瓷、铜或不锈钢等，但要求长径比要大一些，一般比值为2～4。这是为了保证溶剂走一较长的路线使药粉提取充分，渗漉液浓度更大。对于水溶性大的药粉最好采用圆锥渗液筒，锥筒受药粉膨胀压力时，产生向上的分力可对药粉密实均匀程度做一较小的调整。

（四）回流提取

回流提取是指溶剂走一浸取、蒸发、冷凝、回流浸取的循环过程，使药材中有效成品被充分浸出的方法。特别是应用乙醇等有机溶剂时，采用回流提取可以减少消耗，节省溶剂用量。

在实验室中一般用索氏提取器，在工业中一般采用图3-7所示的循环回流冷浸提取设备，该装置属半连续操作性质，操作时将药材（粗粉）置于金属丝编织篮中，溶剂自储液筒加入提取罐，当罐内溶剂超过折弯管时，下部的浸出液自动流入蒸发器。溶剂在蒸发器中被蒸发成蒸气，留在蒸发器底部的则是浓缩的浸出液。溶剂蒸气通过三通阀时，如三通阀处于“┤”的状态，则部分上升蒸汽经冷凝器被冷凝成液体，部分溶剂蒸

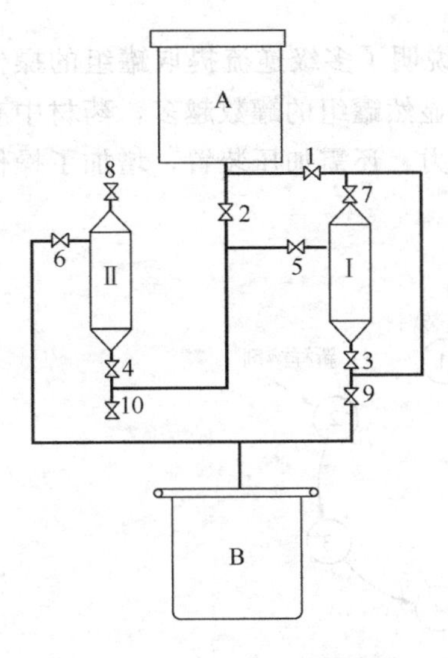

图 3-6　双效逆流渗漉装置

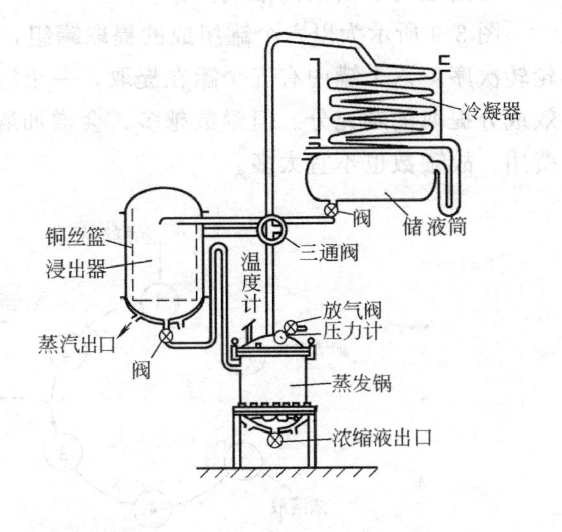

图 3-7　循环回流冷浸提取设备

汽送至提取罐，可用来提高浸出温度，以提高提取速率，此工艺称“温浸”；如三通阀处于“⊢”的状态，则全部溶剂蒸汽都进入冷凝器被冷凝成液体，再返回提取罐中，此生产工艺称为“冷浸”。选择哪一种生产工艺要视药材与溶剂的性质而定。

（五）多级逆流提取

多级逆流提取是指几个提取罐均放置药材，新鲜溶剂的走向与固体药材“走向”相反的工艺路线，该工艺既可连续操作也可间歇操作。在中药生产中常采用的是半连续操作的多级逆流提取罐组，其工作原理如图 3-8 所示。设有 4 台提取罐组成一组，其中罐 1、2、3 提取，罐 4 进行卸药渣和装料，新鲜溶剂首先通过下一次要卸渣装料的罐 1，最后通过新装料的罐 3，所排放出的浸出液送到蒸发器浓缩，溶剂蒸汽到冷凝器冷凝后返回储液筒。待罐 1 药材充分浸出后，卸渣装新料。此时通过阀门的启闭如图 3-8（b）所示，新鲜溶剂进入罐 2，浸出液最后从新装料的罐 4 流出。如此循环往复完成浸取操作。溶剂在罐组中的这种相对物料的逆向运动，可使各罐的浸出都保持一定的浓度差，

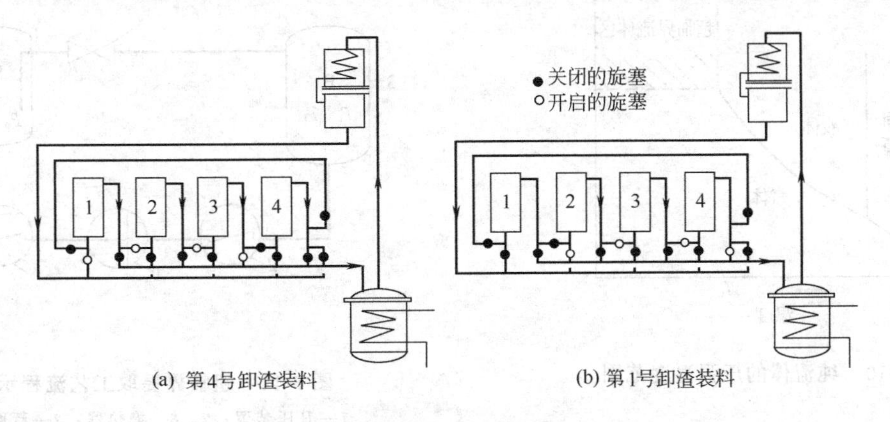

(a) 第4号卸渣装料　　(b) 第1号卸渣装料

图 3-8　多级逆流提取罐组

从而提高最终浸出液的浓度。

图 3-9 所示为以六个罐组成的提取罐组，它进一步说明了多级逆流提取罐组的操作轮转次序：六个罐中有五个罐在提取，一个罐轮空。很显然罐组的罐数越多，药材中有效成分提取的越充分。但罐数越多，会增加溶剂流动阻力，还需加压装置，增加了操作费用，故罐数也不宜太多。

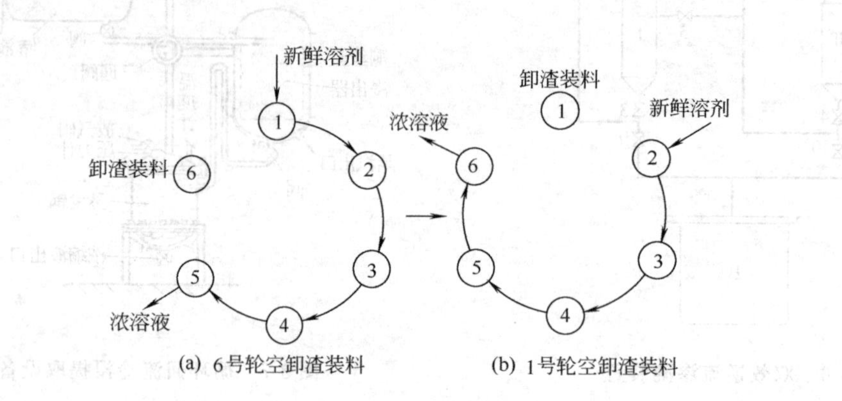

图 3-9 逆流多级提取

多级逆流罐组与单一的浸出设备相比有节约溶剂，节省能源，有效成分提出率高等优点，所以得到越来越广泛的应用。

（六）超临界提取

超临界萃取（supercritical fluid extraction，简称 SFE）在 20 世纪 70 年代成为世人关注的分离工艺，它具有精馏和液相萃取等优点，是一种高效节能的分离技术。这项技术主要是根据超临界流体所独有的性能而开发的。

1. 超临界流体的性质

当流体的温度和压强均超过其临界值时，则称该状态下的流体为超临界流体，图 3-10 所示的阴影部分即为超临界流体的范围。

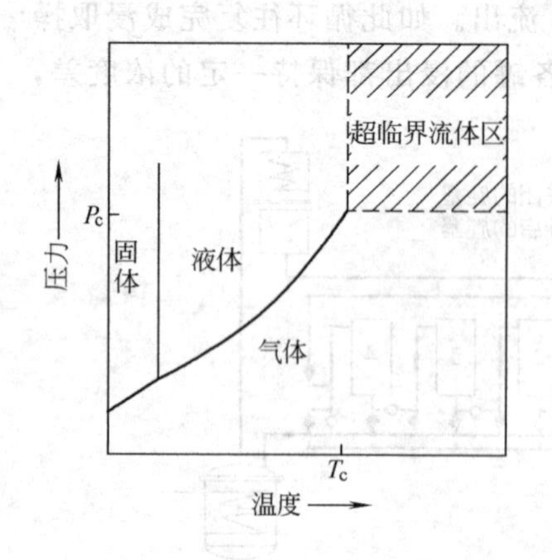

图 3-10 纯流体的压强温度范围

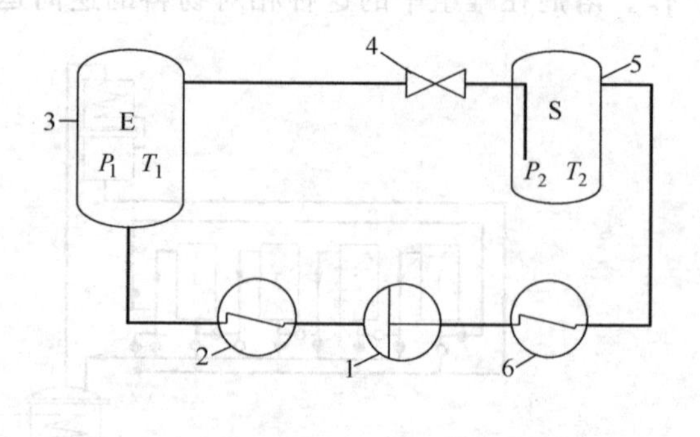

图 3-11 超临界提取工艺流程示意

1—升压装置；2，6—换热器；3—萃取器；4—降压阀；5—分离器

超临界流体具有以下特征。

① 超临界流体的密度接近于液体。因为溶质在溶剂中的溶解度多与溶剂的密度成正比，所以超临界流体的萃取能力比气体大数百倍，而与液体相近。

② 超临界流体的传递性能与气体相似，在萃取时的传质速率远大于液态时的溶剂提取速率。

③ 状态接近临界点的流体，蒸发热的数值非常小，若在此状态下进行分离操作，耗费很小的热量液体就会汽化，经济效益和节能效益十分明显。

④ 处在临界点附近的流体，当压强和温度有一很小变化时，就会导致流体密度的很大变化，即溶质在流体中的溶解度有很大变化。

2. 超临界提取的工艺流程

通过加压泵（或压缩机）将溶剂增压而成为超临界流体，然后进入提取器与固体药材接触进行超临界提取，提取出的药物成分随超临界流体经降压阀降压，超临界流体减少密度后，在分离器中与提取物分离，分出的溶剂经加压泵加压到超临界状态再重复上述提取-分离过程，直到达到一定的提取率。图 3-11 中的换热器 2 和 6 可提供溶剂所必须的温度。

3. 可用于超临界提取的溶剂

目前用于超临界提取的溶剂绝大多数是二氧化碳，这主要是由 CO_2 的如下特性决定的。

① CO_2 的临界温度为 31.1℃，最佳操作温度是临界温度的 1.1～1.4 倍，因此特别适合分离热敏性物料。

② CO_2 的临界压强为 7.38MPa，此压强是目前工业水平可以达到的。

③ CO_2 具有无毒、无味、不腐蚀、易回收和有抗氧化灭菌作用等优点，有一定的环保优势，故广泛用做超临界提取剂。

4. 超临界提取的实际应用

超临界提取应用在药物提取过程多采用间歇操作，将 2～3 个提取器并联在一起，其中一个进行卸料和装料，实际流程如图 3-12 所示。

超临界提取与传统的提取工艺相比具有以下特点。

① 属绿色工艺，具有很好的环保性能。

② 操作容易控制。溶剂对药物的溶解和分离可以通过调节压强和温度，改变流体的密度来实现。

③ 溶剂可循环使用。溶剂的回收率一般高于传统提取工艺，同时，在提取速度、提取效率和能耗等方面均有优势。

④ 适用于热敏性物质，并可实现无溶剂残留。

例如用超临界 CO_2 提取穿心莲内酯（中药穿心莲的有效成分），在提取物收率、内酯含量和脱水穿心莲内酯含量三项指标上，分别为 8.30%、19.79%和 12.27%；而采用乙醇冷浸工艺，则此三值仅为 6.15%、15.72%和 4.35%。又如超临界 CO_2 提取中药当归的有效成分，其提取时间和收膏率分别为 2h 和 4.05%；而用渗漉法提取，其收膏率虽可达 3.82%，但提取时间却要 36h。由此两例可明显看出超临界提取的优越性。

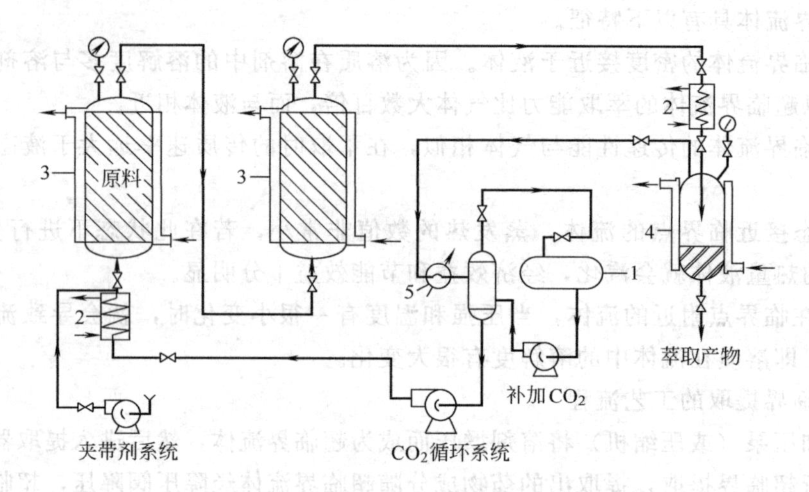

图 3-12　中试规模的超临界提取工艺流程

1—CO_2；2—加热器；3—萃取器；4—分离器；5—冷凝器

超临界提取尽管是一项绿色高效的工艺过程，但是它所涉及的压强较高，设备问题不易解决，有关理论和实践的积累尚有一段距离，因此对其进入产业化领域尚需科学对待。

第二节　药液的浓缩设备

一、药液浓缩的基本原理

药液的浓缩在化工操作单元中称为蒸发，因其含义更为广泛，故下面均称为蒸发。

（一）蒸发的定义

蒸发是通过汽化除去溶液中溶剂的操作过程。

在药剂生产中蒸发主要在应用于三个方面：药液的浓缩、回收浸出操作的有机溶剂和制取饱和溶液，为溶质析出结晶创造条件。

进行蒸发操作的适用条件为：在单元操作中，通过液体的汽化作用来分离混在一起的两种物质的有蒸发、蒸馏和干燥等。适用于蒸发操作的必要条件如下。

① 工作对象是溶液，溶剂为挥发性物质，加热后可汽化。

② 溶质为不挥发物质，即加热后也不能汽化。如果溶质与溶剂均为挥发性物质，且挥发度不同，则可用蒸馏的方法分离，如固体与附于其上的液体分离就要采用干燥操作。

（二）蒸发的分类

(1) 按加热的方式可分为直接加热蒸发与间接加热蒸发。直接加热蒸发是将热载体直接通入溶液之中，使溶剂汽化；间接加热蒸发是热能通过间壁传给溶液。

(2) 按操作压强大小分可为常压蒸发、加压蒸发和减压蒸发。常压蒸发是指蒸发操作在大气压下进行，设备不一定密封，所产生的二次蒸气自然排空；加压蒸发是指蒸发操作在一定压强下进行，此时设备密封，溶液上方压强高，溶液沸点也升高，所产生的二次蒸气可用来作为热源重新利用；减压蒸发是指蒸发在真空中进行，溶液上方是负压，溶液沸点降低，这就加大了加热蒸汽与溶液的温差，传热速率提高，很适于热敏性溶液的浓缩。

(3) 按蒸发的效数可分为单效蒸发与多效蒸发：单效蒸发是指二次蒸气不再用做加热溶液的热源；多效蒸发是指二次蒸气用做另一蒸发器的热源。

(三) 单效蒸发的流程

单效蒸发是本节讨论的重点，现介绍单效蒸发操作的生产工艺流程。图 3-13 所示为一典型单效蒸发流程，料液进入蒸发器的蒸发室，接受加热蒸汽的热量并开始沸腾，从而产生二次蒸气，经蒸发室上方除沫器，二次蒸气与所夹带的雾沫进行分离，此后进入冷凝器凝结成液体，不凝气经真空泵排出。

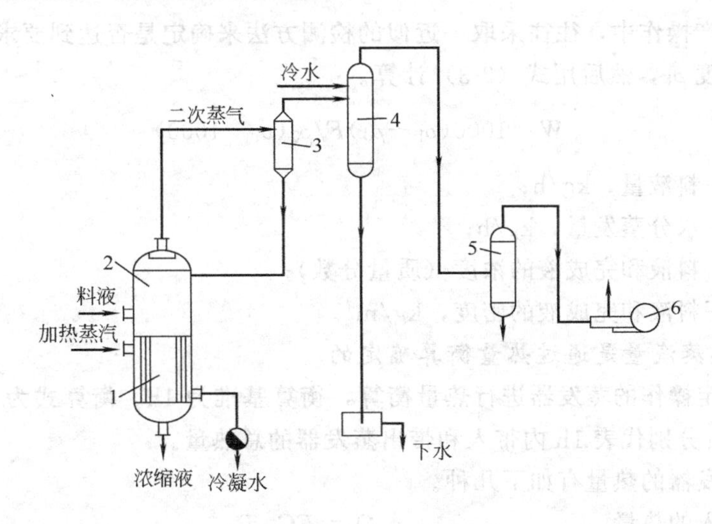

图 3-13　单效蒸发的流程

1—加热室；2—蒸发室；3—分离室；4—混合冷凝器；5—真空缓冲罐；6—真空泵

从蒸发的原理和流程中的主要设备蒸发器上看，它很像一个加热器，而实际上蒸发操作是传热性质的操作过程。但它必须使料液汽化，且还有除沫、冷凝及二次蒸气的热能再利用等一系列问题。此外，在中药生产中通过蒸发来浓缩药液往往是一个很重要的步骤，故有必要单独详细介绍。

二、单效蒸发的蒸发量，加热蒸汽和蒸发器传热面积的确定

(一) 蒸发量是通过对蒸发器的物料衡算确定的

对连续稳定操作的单效蒸发器（见图 3-14），首先设单位时间内所得完成液的质量 R 与二次蒸气的质量 W 之和等于进料液的质量 F，即

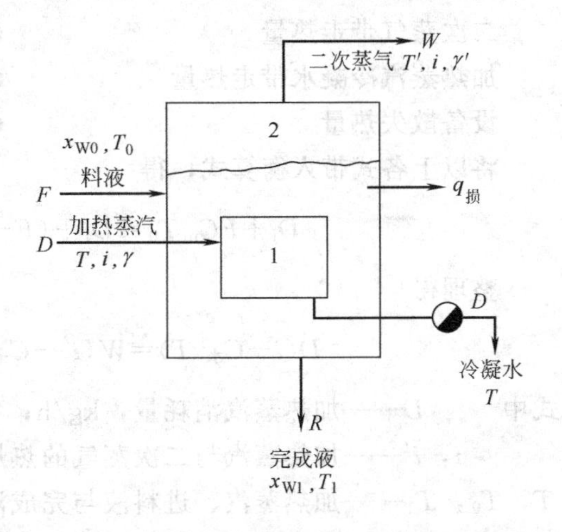

图 3-14　单效蒸发的物料及热量衡算示意图

1—加热室；2—蒸发室

$$F=W+R$$

在蒸发操作中溶质始终存在于料液中，既不增加又没减少，则在单位时间内有

$$FX_{w0}=RX_{w1}=(F-W)X_{w1}$$

则水分蒸发量为

$$W=F(1-X_{w0}/X_{w1}) \tag{3-1}$$

完成液的浓度为

$$X_{w1}=FX_{w0}/(F-W) \tag{3-2}$$

在实际生产操作中，往往采取一近似的检测方法来确定是否达到要求的蒸发量，即测量完成液密度 ρ_1，然后用式（3-3）计算。

$$W=1000(\rho_1-\rho_0)F/\rho_0(\rho_1-1000) \tag{3-3}$$

式中　F——料液量，kg/h；

W——水分蒸发量，kg/h；

X_{w0}，X_{w1}——料液和完成液的浓度（质量分数）；

ρ_0，ρ_1——料液和完成液的密度，kg/m^3。

（二）加热蒸汽量是通过热量衡算确定的

对连续稳定操作的蒸发器进行热量衡算，衡算基准为1h。衡算式为 $Q_入=Q_出$，式中的 $Q_入$ 与 $Q_出$ 分别代表1h内带入和带出蒸发器的总热量。

属带入蒸发器的热量有如下几种。

原料液带入的热量　$Q_1=FC_mT_0$

加热蒸汽带入的热量　$Q_2=D_i$

属带出蒸发器的热量有如下几种。

完成液带走热量　$Q_3=RC_mT_1=(F-W)C_mT_1$

二次蒸气带走热量　$Q_4=Wi$

加热蒸汽冷凝水带走热量　$Q_5=DC_水\ T$

设备散失热量　$Q_6=q_损$

将以上各式带入衡算式，得

$$D_i+FC_mT_0=D_i+(F-W)C_mT_1+DC_水\ T+q_损$$

整理得

$$D(i-C_水\ T)=W(i'-C_mT_1)+FC_m(T_1-T_0)+q_损$$

式中　D——加热蒸汽消耗量，kg/h；

i，i'——加热蒸汽与二次蒸气的热焓量，kJ/kg；

T，T_0，T_1——加热蒸汽、进料液与完成液的温度，K；

C_m，$C_水$——料液与水的平均比热容，kJ/(kg·K)；

$q_损$——单位时间内蒸发器散失的热量，W。

$$i - C_{水}T = \gamma$$

$$i' - C_m T_1 = \gamma'$$

式中 γ，γ'——加热蒸汽与二次蒸气的汽化潜热。

$$D\gamma = W\gamma' + FC_m(T_1 - T_0) + q_{损}$$

二次蒸汽消耗量为

$$D = [W\gamma' + FC_m(T_1 - T_0) + q_{损}]/\gamma \quad (3\text{-}4)$$

若物料为沸点进料，则

$$T_0 = T_1$$

$$D = (W\gamma' + q_{损})/\gamma \quad (3\text{-}5)$$

若忽略蒸发器热损失，则

$$D = W\gamma'/\gamma \quad (3\text{-}6)$$

在估算蒸发器的加热蒸汽用量时可用加热蒸汽与二次蒸气的汽化潜热之比，计算更加方便快捷。在单效蒸发器中 γ'/γ 的值总是大于 1，即 1kg 加热蒸汽产生不了 1kg 二次蒸气。

（三）蒸发器传热面积

蒸发系传热性质的操作过程，其工作效率取决于传热速率，计算蒸发器的传热速率就可以用总传热速率方程 $q = KA\Delta T_m$ 来计算，传热面积为

$$A = q/K\Delta T_m$$

式中 q 用加热蒸汽传热量 $D\gamma$ 计；总传热系数根据不同形式的蒸发器由表 3-1 查选。

表 3-1 各种蒸发器的总传热系数

蒸发器型式	总传热系数 K /W·m^{-2}·K^{-1}	蒸发器型式	总传热系数 K /W·m^{-2}·K^{-1}
夹套锅式	350～2320	竖管强制循环式	1160～6970
盘管式	580～2900	倾斜管式	930～3480
水平管式(管内蒸汽冷凝)	580～2320	升膜式	580～5800
水平管式(管内蒸汽冷凝)	580～4640	降膜式	2320～3480
标准式	580～2900	外加热式	3480～5800
标准式(强制循环型)	1160～5800	刮板式[μ=1－100(cP)]	1740～6970
悬筐式	580～3480	刮板式[μ=1000－10000(cP)]	700～1160
旋液式	930～1740	离心(叠片)式	3480～4640

ΔT_m 为加热蒸汽的饱和温度与溶液的温度之差，由于进料液浓度与完成液浓度有较大差别，故溶液的沸点只能由实验测定。

三、多效蒸发

（一）多效蒸发的原理

在单效蒸发过程中。从料液中蒸发出 1kg 的水需要消耗大于 1kg 的加热蒸汽，当

大量蒸出二次蒸汽时耗能很大。由于常用能源不可再生，故节能问题十分突出，因此多效蒸发则应运而生，多效蒸发是将一个蒸发器产生的二次蒸汽通入另一个蒸发器作为加热蒸汽使用，由于所产生的二次蒸气的压强和温度都比原加热蒸汽的低，但只要第二个蒸发器的料液压强和沸点比第一个低（存在温差），即可用来加热，此时第二个蒸发器的加热室相当于第一个蒸发器产生二次蒸气的冷凝器。第一个蒸发器称一效，第二个蒸发器称二效。如第二效产生的二次蒸气再做另一个蒸发器的加热蒸汽使用则是三效了。这就是多效蒸发的原理，很显然效数越多对节能来说越有利，但设备投资费用越大，耗电越多。因此还需综合考虑设备费与操作费的经济合理性。

（二）多效蒸发的流程

按加热蒸汽和二次蒸气走向与原料液走向的相对关系，多效蒸发的流程可分为并流操作、逆流操作和平流操作三种流程。

1. 并流流程

如图 3-15 所示，溶液与二次蒸气的流向都是从第一效至第二效，再至第三效。这种流程由于后一效蒸发器的压强低于前一效，故前一效的溶液可在此压强差下自动流入后一效蒸发器中，可省去效间溶液加压泵装置。缺点是后效的溶液浓度大，黏度也大，传热系数 K 值较小，而加热蒸气的温度却较低。

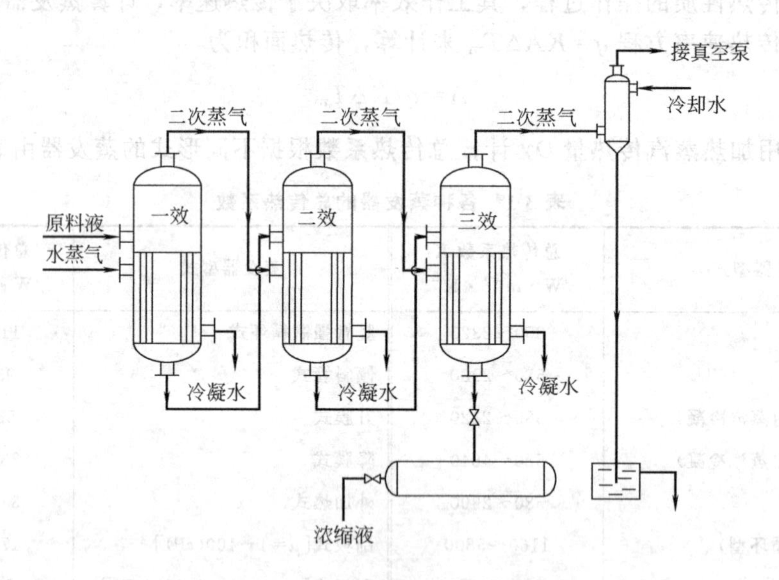

图 3-15　并流的多效蒸发流程

2. 逆流流程

图 3-16 所示为逆流操作的多效蒸发流程。从图中可知溶液流向与二次蒸气流向相反。这种流程由于后一效蒸发器的压强低于前一效，故溶液不能自动从后效进入到前一效。因此必须由效间加压将溶液泵入各效蒸发器。优点是后效溶液浓度增大，沸点虽增高，但加热蒸汽温度也高，因此各效传热动力——温度差与传热系数相差不大。在最后一效料液所含水分最多时，二效的二次蒸汽做三效的加热蒸汽温度也最低，故溶剂的蒸

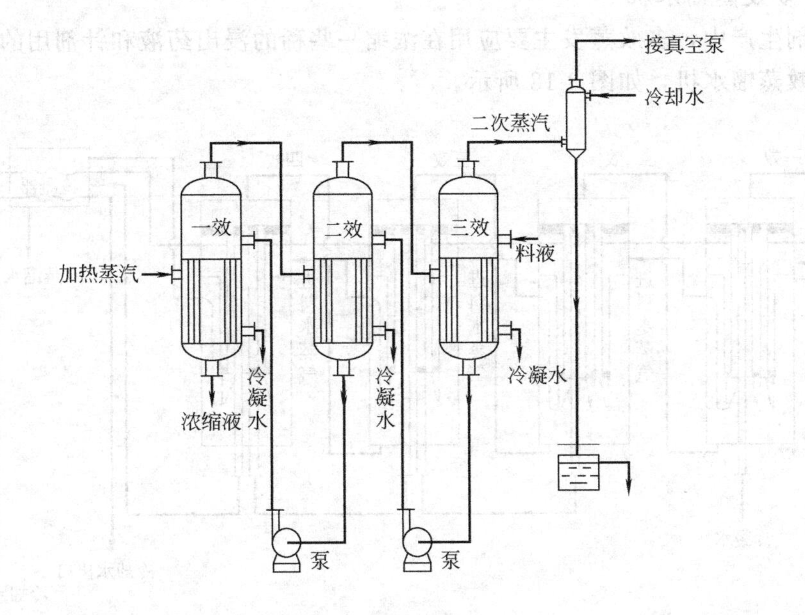

图 3-16　逆流操作的多效蒸发流程

发量不如并流的大。

3. 平流流程

图 3-17 所示为平流操作三效蒸发流程。此流程进入每效蒸发器的料液都是新鲜原料液，只是加热蒸汽除第一效外，皆是前一效的二次蒸汽。完成液也是从每效蒸发器中取出的，此流程只适用于在蒸发过程中有结晶析出的过程，因为料液中一旦有固体析出，则不能在多效间输送。

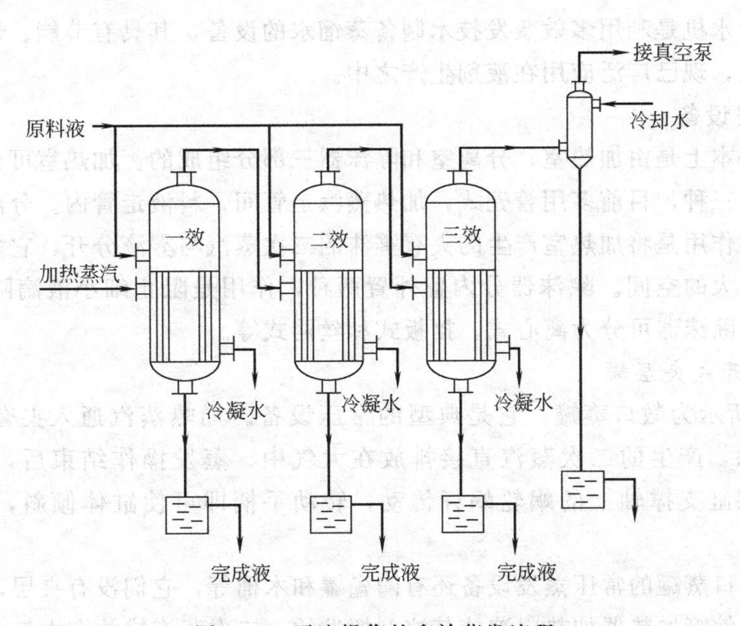

图 3-17　平流操作的多效蒸发流程

（三）多效蒸馏水机

在药剂生产中，多效蒸发主要应用在浓缩一些稀的浸出药液和针剂用的蒸馏水的制备，即多效蒸馏水机，如图 3-18 所示。

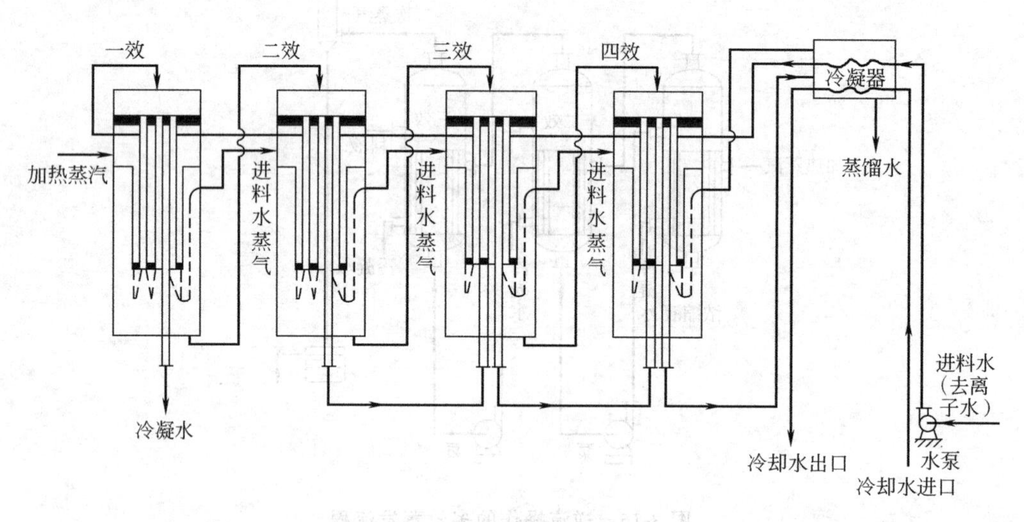

图 3-18 多效蒸馏水机

多效蒸馏水机的原料液是去离子水，经加压泵至冷凝器预热到四效预热，三效预热，二效预热至一效预热后进入一效蒸发室，产生二次蒸汽进入二效加热室空间，未蒸发液体进入二效蒸发室，如此传至四效。从四效出来的二次蒸汽以及二效、三效、四效的加热蒸汽（均是前一效的二次蒸汽）冷凝液一起进入冷凝器冷凝冷却，得到成品蒸馏水，冷凝器未能冷凝的不凝气和在各效内未被蒸发的含较多杂质的料液被放掉。

多效蒸馏水机是利用多效蒸发技术制备蒸馏水的设备，其具有节能、运行可靠、水质纯净等优点，现已广泛应用在液剂生产之中。

四、蒸发设备

蒸发器基本上是由加热室、分离室和除沫器三部分组成的。加热室可分夹套式、蛇管式和管壳式三种，目前多用管壳式，加热蒸汽走管间，料液走管内。分离室也称蒸发室，分离室的作用是将加热室产生的夹有雾沫的二次蒸汽与雾滴分开，它多位于加热室上方的一个较大的空间。除沫器分内置外置两种，作用是阻止细小液滴随二次蒸汽溢出。从结构上除沫器可分为离心式、挡板式和丝网式等。

（一）敞开式夹层罐

图 3-19 所示为敞口蒸罐，它是典型的常压设备。加热蒸汽通入夹套，冷凝水从夹套底部排除，产生的二次蒸汽直接排放在大气中。蒸发操作结束后，完成液的排出可通过夹层缸支撑轴上的蜗轮蜗杆传动，转动手柄即可使缸体倾斜，而将完成液倒出。

类似于敞口蒸罐的常压蒸发设备还有陶瓷罐和木桶等，它们没有夹层，因此加热是通过浸沉式的蛇管加热器加热料液使其溶剂挥发的，二次蒸汽排放在大气中。

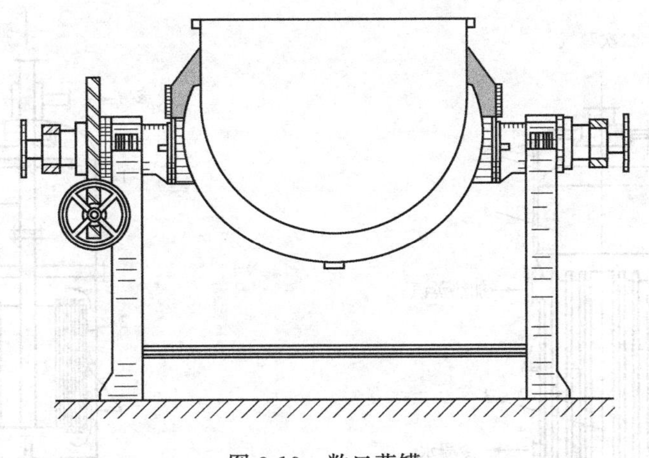

图 3-19 敞口蒸罐

由于这类设备的二次蒸汽放空，故被蒸发的溶剂必须是无毒的、不可燃的，且经济价值不大，膏剂的传统生产方法就是用这种设备对浸出液加以浓缩。

古老的蒸发设备用直接火来加热一些容器，此法虽方便，但温度不宜掌握且生产效率和热效率都非常低。为使加热温度恒定，常用水浴和盐浴锅加热。水浴温度可达95℃；在盐浴加热中，氯化钠饱和水溶液可达179℃，不同比例氯化钠与氯化钙混合物的饱和水溶液的沸点不同，通过调配两种盐的比例可以得到不同的加热条件。

（二）循环式蒸发器

1. 中央循环管式蒸发器

中央循环管式蒸发器如图 3-20 所示，加热室为一管壳式换热器，换热器中央装一管径比列管大得多的中央循环管。由于管径大，管内横截面积大，单位体积溶液的传热面积小，接受的热量就少，温度相对较低，中央管的液体密度相对列管中的液体要大，这样在加热室内形成了液体从各管上升，从中央管下降的自然循环，其流速可达 0.5m/s 左右，传热系数可达 600～3000W/m² · K。

此种蒸发器优点在于构造简单，设备紧凑，便于清理检修。它适用于黏度较大的料液。由于应用广泛，中央循环管式蒸发器又称为标准式蒸发器。

2. 悬筐式蒸发器

图 3-21 所示为悬筐式蒸发器，此种蒸发器的结构与中央循环管的不同之处在于加热室中的列管制成一体，悬挂在蒸发室的下方，加热蒸汽通过中央的管子进入加热室的管间。另一不同之处是不设较粗的中央循环管，而是在加热室与壳体之间形成一横截面积较大的环隙，此环隙由于面积较大，其内的液体在外壁一侧不受热，故其温度较管内液体低。因此加热室的液体由列管向上再由四周环隙向下循环流动。

该蒸发器的循环效果比中央循环管的要好，但构造较复杂，价格较昂贵，适用于易结垢或有结晶析出的溶液。

3. 外加热式蒸发器

图 3-22 所示为外加热式蒸发器，与前两种蒸发器相比，加热室与蒸发室分为两个

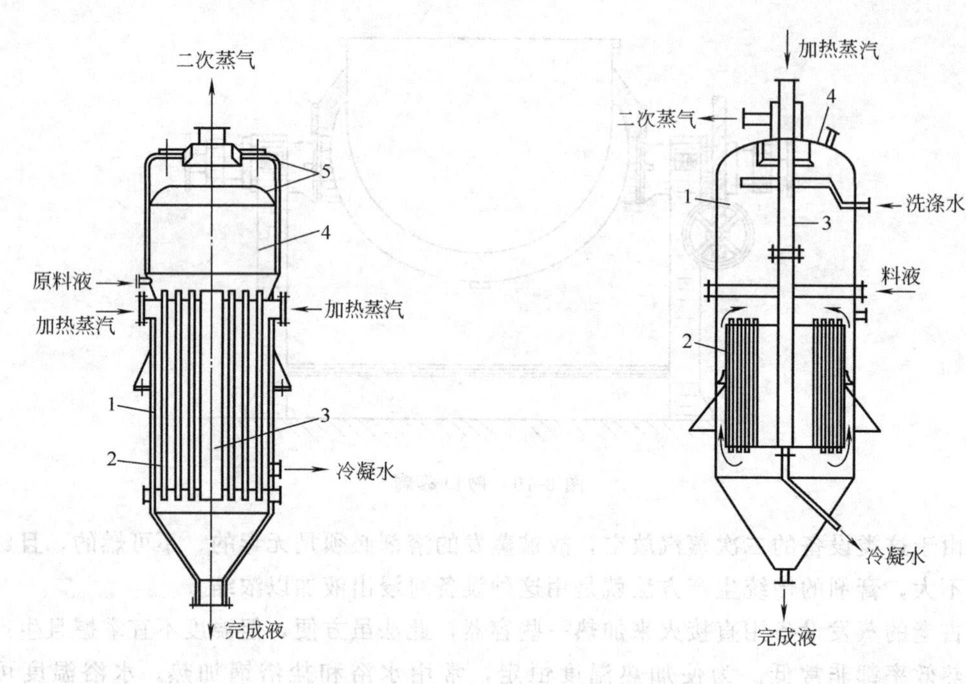

图 3-20 中央循环管式蒸发器
1—外壳；2—加热室；3—中央循环管；4—蒸发室；5—除沫器

图 3-21 悬筐式蒸发器
1—外壳；2—加热室；3—加热蒸汽管；4—除沫器

设备。受热后沸腾溶液从加热室上升至蒸发室，分离出的液体部分经循环管返回加热室。因循环管内液体不受热，使此处料液密度比加热室料液大很多，故而加快了循环速率，流速高达 1.5m/s，传热系数也相应提高至 $1400\sim3500\mathrm{W/m^2\cdot K}$。

此种蒸发器与前者相比除有较高的传热速率外，还能降低整个蒸发器的高度，适应能力强，但结构不紧凑，热效率较低。

4. 强制循环蒸发器

图 3-23 所示为强制循环蒸发器。以上介绍的三种蒸发器均属自然循环蒸发器，即靠温差造成的密度差使液体循环。而强制循环蒸发器中液体流动靠泵的外加动力，即在外加热式蒸发器加热室下方设一循环泵，料液通过泵打入列管加热室至蒸发室，经除沫后二次蒸汽向上排出，所余料液经循环管进入循环泵入口，这样可使流动速率比前者大，一般可达 1.5～3.5m/s，传热系数 K 值也相应提高至 $900\sim6000\mathrm{W/m^2\cdot K}$。

此种蒸发器的特点是蒸发速率较高，料液能很好的循环，故适用于黏度大、易出结晶、泡沫和污垢的料液；缺点是增加了动力设备和动力消耗。

（三）单程式蒸发器

在药剂生产中，有些料液在较高温度条件下或持续受热时间较长时，会破坏药物中的有效成分，从而降低药效，我们称这种物料为热敏性物料。对于热敏性物料的浓缩如采用循环式的蒸发器就不适合了，因为循环式蒸发器的料液要不断循环加热才能形成完成液，致使料液受热时间长，影响药物的质量，故需要采用一种物料受热时间短至几秒

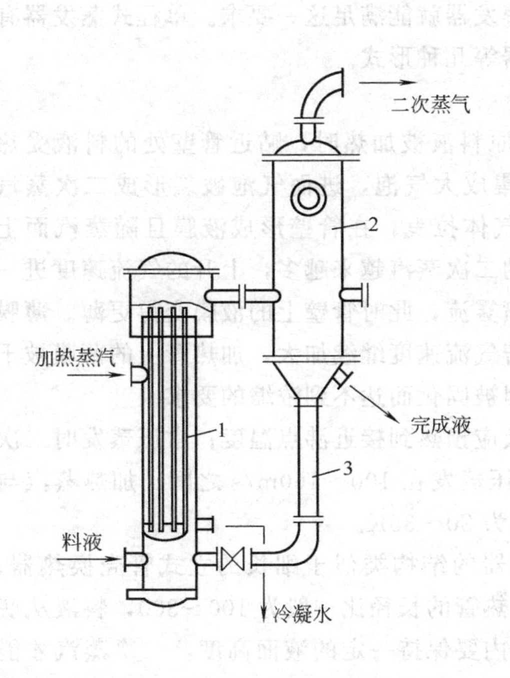

图 3-22　外加热式蒸发器

1—加热室；2—蒸发室；3—循环管

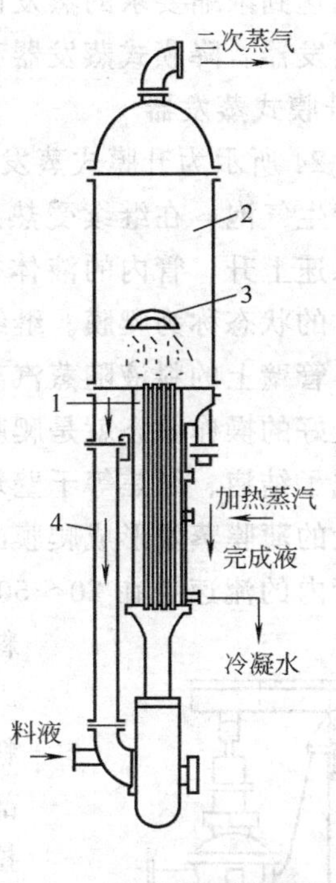

图 3-23　强制循环蒸发器

1—加热室；2—蒸发室；3—除沫器；4—循环管

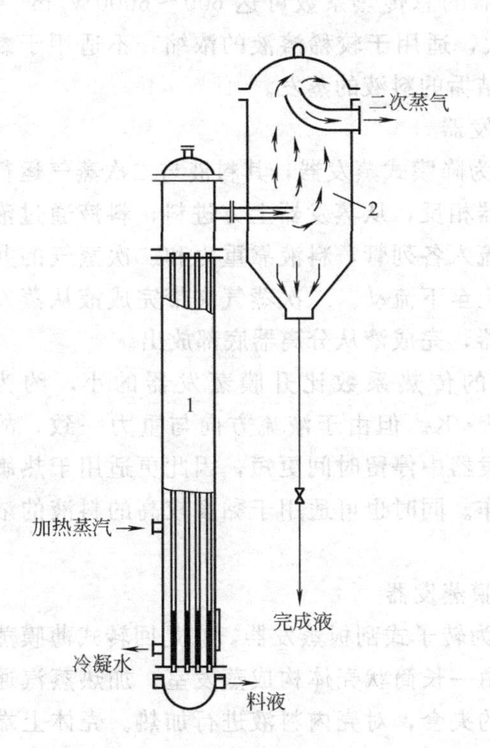

图 3-24　升膜式蒸发器

1—蒸发室；2—分离室

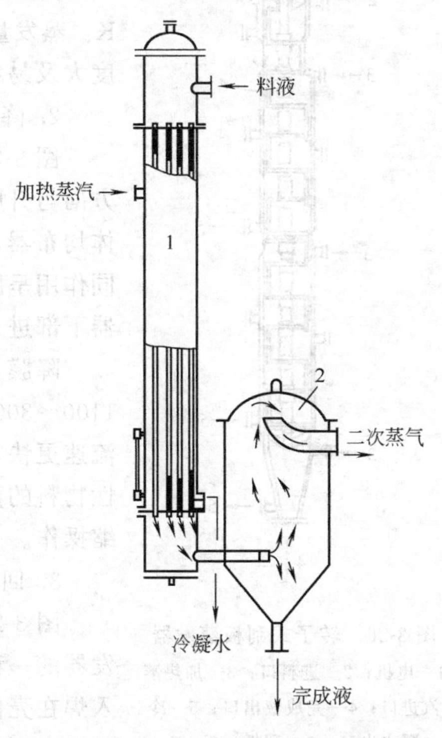

图 3-25　降膜式蒸发器

1—蒸发室；2—分离室

钟，就能达到浓缩要求的蒸发设备，单程式蒸发器就能满足这一要求。单程式蒸发器有升膜式蒸发器、降膜式蒸发器和回转式蒸发器等几种形式。

1. 升膜式蒸发器

图 3-24 所示为升膜式蒸发器，当管内的原料液被加热时，贴近管壁处的料液受热沸腾后产生气泡，在继续受热后，小气泡汇集成大气泡，进而气泡破裂形成二次蒸汽柱，并急速上升，管内的液体被迅速上升的气体拉曳，在管壁形成液膜且随蒸汽而上升，此时的状态称为爬膜。继续加热时产生的二次蒸汽越来越多，上升的气流速度进一步加大，管壁上的料液随蒸汽离开液膜变成喷雾流，此时管壁上的液膜变得更薄。薄膜蒸发器最好的操作状态就是爬膜和喷雾流，若气流速度继续加大，加热管上的薄膜被干燥，形成了结疤、结焦等干壁现象，料液会因被固化而达不到浓缩的要求。

一般的薄膜蒸发形成爬膜的条件为：溶液应预热到接近沸点温度；常压蒸发时二次蒸汽在管内的流速要在 20～50m/s 之间，减压蒸发在 100～160m/s 之间；加热蒸汽与料液的温度差应为 20～35K。

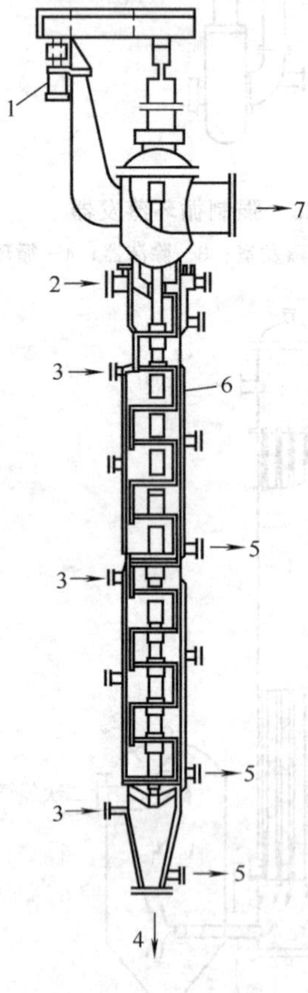

升膜式蒸发器的结构类似于细长的立式管壳换热器，料液走管内，加热管的长径比一般为 100～300，料液从底部加入，蒸发器内要保持一定的液面高度，二次蒸汽才能拉曳料液在管壁形成液膜。完成液由蒸汽带至分离器被分离成产品，溶液在管内停留时间仅为几秒。

升膜式蒸发器的总传热系数可达 $600 \sim 6000 W/m^2 \cdot K$。蒸发量非常大，适用于较稀溶液的浓缩，不适用于黏度大及易结晶或结垢的料液的蒸发。

2. 降膜式蒸发器

图 3-25 所示为降膜式蒸发器，其料液与二次蒸气运行方向与升膜蒸发器相反，从蒸发器上方进料，料液通过液体均布器，平均流入各列管，料液靠重力和二次蒸气的共同作用呈膜状由上至下流动。二次蒸气夹带完成液从蒸发器下部进入分离器，完成液从分离器底部放出。

降膜蒸发器的传热系数比升膜蒸发器的小，约为 $1100 \sim 3000 W/m^2 \cdot K$。但由于液流方向与重力一致，故流速更快，在蒸发器中停留时间更短，因此更适用于热敏性物料的蒸发操作。同时也可适用于黏度较高的料液的浓缩操作。

3. 回转式薄膜蒸发器

图 3-26 所示为转子式刮板蒸发器，它是回转式薄膜蒸发器的一种。它由一长筒状壳体构成蒸发室。加热蒸汽通入焊在壳体外壁的夹套，对壳内料液进行加热。壳体上端装有电机带动的转动轴。通过联轴器，立轴一直通过壳体中心，轴上装有刮板状的搅拌浆，刮板可以摆动的称转子

图 3-26 转子式刮板蒸发器
1—电机；2—进料口；3—加热蒸汽进口；4—完成液出口；5—冷凝水出口；6—刮板；7—二次蒸气出口

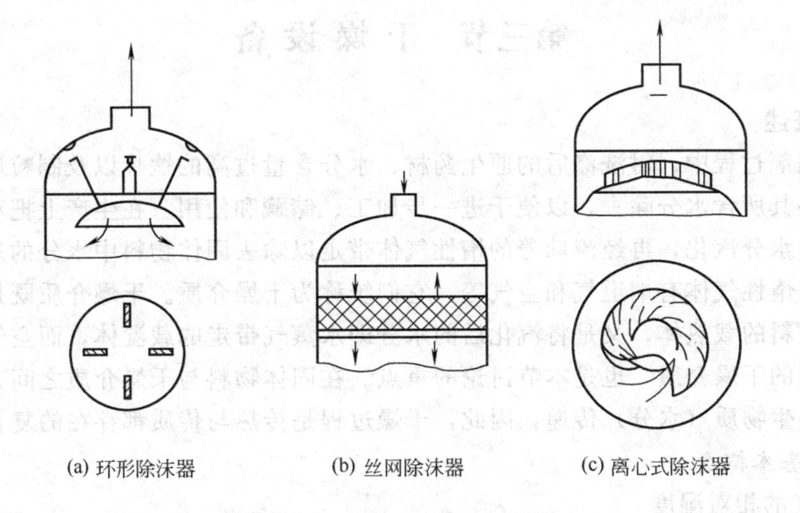

图 3-27　工业上常用的除沫装置

式刮板蒸发器，刮板固定的称刮板蒸发器。

料液从壳壁上方切向进入，在转动刮板、重力和离心力作用下，料液在壳壁形成旋转下降的液膜，并接受壁面传入的热量而蒸发，所形成的二次蒸气从壳体上方排出。

这种形式的蒸发器由于膜的形成需要机械作用故操作弹性大，特别适用于易结晶、结垢和高黏度的热敏性物料。缺点是设备加工精度高，刮板至壳壁的间隙仅为 0.8～2.5mm；消耗动力比较大；传热面积小，一般只有 3～4m^2，最大也不超过 40m^2，故蒸发量比较小。

（四）蒸发器的辅助设备

1. 除沫装置

蒸发室产生的二次蒸气携带有液滴和雾沫，这些恰是浓度高的完成液，故需在二次蒸气出口前安装除沫装置，其作用在于使液体从二次蒸气中分离出来，以减少产品损失。工业上常用的除沫装置如图 3-27 所示，有环形除沫式丝网除沫式和离心除沫式等。

2. 凝气与不凝气排除装置

蒸发出的二次蒸气是有机溶剂，可用间壁冷凝器冷凝成液体回收使用，当二次蒸气为水蒸气时，则经冷凝后排出的仅是不凝气。水蒸气的冷凝可采用汽水直接接触的混合式冷凝器。在减压蒸发时，冷凝器下方必须连接一根大于 10m 的排水管，俗称“大气腿”，否则在大气压的作用下，空气会从排出管下方进入冷凝器，使冷凝液不能自行排放。高位逆流混合式冷凝器如图 3-28 所示。

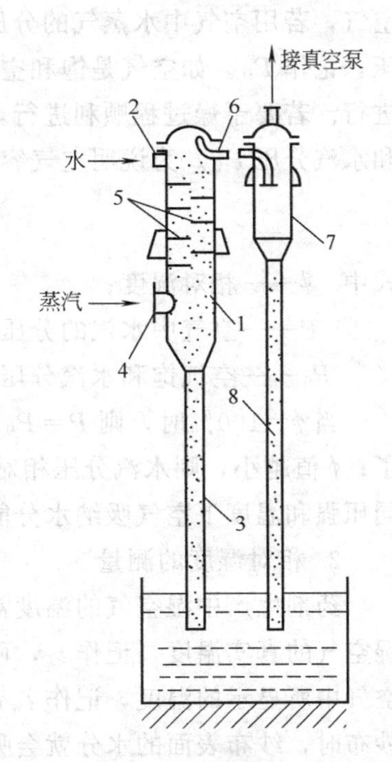

图 3-28　高位逆流混合式冷凝器

1—外壳；2—进水口；3，8—气压管；4—蒸汽进口；5—淋水板；6—不凝气引出管；7—分离器

第三节 干燥设备

一、概述

药物制剂过程中，对洗涤后的原生药材、水分含量过高的饮片以及制粒后的半成品等都需要将其所含水分除去，以便于进一步加工、储藏和使用。在生产上把利用热能对湿物料中的水分汽化，再经流动着的惰性气体带走以除去固体物料中水分的过程称做干燥。常用的惰性气体有烟道气和空气等，它们统称为干燥介质。干燥介质既是将热量传递给固体物料的载热体，又是将汽化后的水分即水蒸气带走的载湿体，而空气是中药生产中最常用的干燥介质，也是本节讨论的重点。在固体物料与干燥介质之间，既发生热能传递又发生物质（水分）传递，因此，干燥过程是传热与传质都存在的复合过程。

（一）基本概念

1．空气的相对湿度

传热过程的进行需要有传热动力，即温度差，也就是说只要空气的温度高于湿物料的温度，就能保证空气向物料传递热量，使物料中的水分得以汽化成水蒸气，水蒸气被空气带走的过程是传质过程。我们知道空气中能携带的水蒸气量不是无限的，在温度与空气总压一定时，空气中能携带的水蒸气有一最大值，携有最大值水蒸气的空气称饱和空气，若用空气中水蒸气的分压来表示水蒸气量时，饱和空气中的水汽分压称饱和水汽压，记作 P_0。如空气是饱和空气，它就不能携带水蒸气离开固体物料了，干燥就无法进行。若要干燥过程顺利进行，则必须使作为干燥介质的空气中水汽的分压 P 小于饱和水汽分压 P_0。为说明空气容纳水汽可能性的大小，在这里引入相对湿度的概念，即

$$\phi = P/P_0 \times 100\% \tag{3-7}$$

式中 ϕ——相对湿度；

P——空气中水汽的分压，kPa；

P_0——空气饱和水汽分压，kPa。

当 $\phi=100\%$时，则 $P=P_0$，表示空气中水汽分压达到饱和，不能再继续吸纳水分了；ϕ 值越小，则水汽分压相对饱和分压越小，表示该空气能继续吸纳更多的水分。不同压强和温度下空气吸纳水分能力不同，因此 P_0 随空气和温度的变化而异。

2．相对湿度的测量

药剂生产中湿空气的温度常用干湿球温度来测量。干球温度就是用普通温度计测得湿空气的真实温度，记作 t_1，而湿球温度则是用湿纱布包着水银温度计的水银球，在湿空气中所显示的温度，记作 t_w，它的工作原理是这样的：当湿空气流经包水银球的湿纱布时，纱布表面的水分就会吸收纱布内水分的热量而汽化，并被湿空气带走，使得原来纱布周围温度相同的空气比纱布中水的温度高，因此发生空气向纱布水分传热，当二者达到平衡时，包纱布的水银温度计就显示出湿球温度。很显然，湿空气中的相对湿度 ϕ 值越低，汽化并携走纱布上水分越多，吸收纱布内水分的热量越多，湿球温度也就越低；反之，ϕ 值越高，湿空气带走的水分越少，吸收纱布水分热量越少，湿球温度越

高。当空气的 $\phi=1$ 时，湿空气不能带走纱布中的水分，包水银球纱布中水分的热量也就带不走，水分温度等于空气温度，则干湿球温度相等，即 $t_1=t_W$。

当空气压力、干球温度与湿球温度确定后，即可用图 3-29 查得湿空气的相对湿度。

（二）物料中所含水分的性质

在干燥过程中，一般选用具有一定温度和湿度的空气作为干燥介质。当空气与被干燥的湿物料接触时，单位时间内物料的水分汽化并被空气带走的量在干燥过程中会越来越少，最后物料被湿空气带走的水分量与从湿空气中吸收的水分量相等，此时的物料水分量称为平衡水分，平衡水分是不能通过干燥去除的。影响平衡水分的因素一是物料的种类，二是干燥介质的性质。第一种影响因素是由物料中水分与物料的结合状态决定的。若以湿空气做干燥介质那么第二个影响因素就成为空气的温度和相对湿度了。

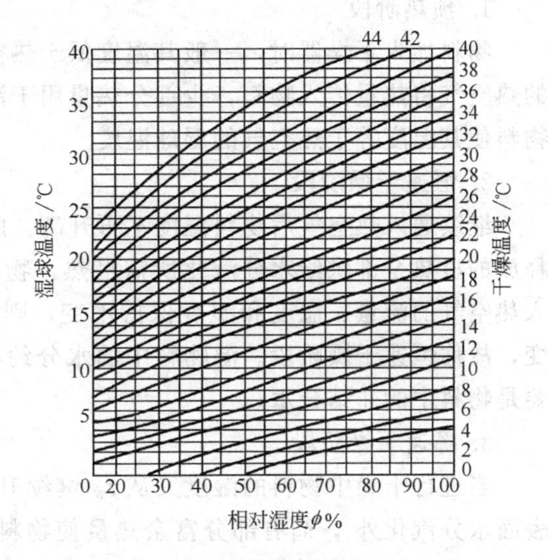

图 3-29　相对湿度与干湿球温度的关系

物料和水分的结合方式有化学结合、物化结合与机械结合三种：化学结合是指一些矿物中所含的结晶水不能通过干燥方法来去除；物化结合方式是指细小毛细管吸附和渗透到物料细胞组织内的水分与物料结合得比较强，不容易被干燥去除；机械方式结合的水分是指表面润湿水分，粗大毛细管和孔隙中的水分，这些水分容易通过干燥去除掉。物料与水分结合的方式不同，用干燥去除的难易程度不同，由此可将物料中的水分划分为结合水分与非结合水分两种。

1. 非结合水分

以机械结合方式存留于物料之中的水分，包括物料表面的润湿水分与粗大毛细管内及孔隙中的水分，通过干燥容易去除掉。

2. 合水分

以物化结合方式存留于物料之中的水分，包括细小毛细管吸附的水分和渗透到细胞组织内的水分，它们与物料结合得较紧，故通过干燥不易去除。

（三）固体物料的干燥机理

湿物料的水分在未与干燥介质接触时均匀分布在物料中，当通入干燥介质后，湿物料表面的水分开始汽化，且与物料内部形成一湿度差，物料内部的水分就会以扩散的形式向表面移动，至表面后再被汽化，由干燥介质连续不断地将汽化的水蒸气带走，从而使湿物料完成干燥过程。

从以上分析看，水分在物料内部扩散和在表面汽化是同时进行的，但在干燥过程的不同时间内，物料的温度、湿度变化不尽相同，通常可将其分成预热、恒速干燥和降速干燥三个阶段。

1. 预热阶段

物料加入干燥器时，一般其温度低于热空气的湿球温度，在干燥过程开始时，通入的热空气将热量传入物料，少部分热量用于汽化物料表面的水分，大部分热量用于加热物料使其温度等于热空气的湿球温度。

2. 恒速干燥阶段

继续通入热空气后物料温度不再升高，此时意味着进入恒速干燥阶段。此时热空气释放的显热全部供给水分汽化所需潜热，物料不再吸收热量而一直保持为 t_w，只要通入热空气的流量、温度和湿度保持不变，则在一定时间内水分汽化并被带走的量就不变，故称恒速干燥阶段。湿物料中的水分约有 90%是此时被除去的，该阶段去掉的主要是物料中的非结合水。

3. 降速干燥阶段

当进行干燥中物料的湿度又从 t_w 继续升高，这意味着热空气释放的显热除供物料表面水分汽化外，尚有部分富余热量使物料温度提高，这是因为物料中的非结合水基本去除干净了，结合水不能通过扩散很好的移至物料表面，以至润湿表面逐渐干枯，汽化表面向内部转移，此时除去的主要是结合水。与恒速阶段相比去除同样水分需要几倍的干燥时间且随物料水分减少，去除时间会延长，故称其为降速阶段。

通过对干燥机理的分析可知，影响干燥的因素一是物料性质，二是干燥介质，三是干燥器。

(四) 干燥速率

对于传热与传质问题，我们应该关注的不是传递的绝对量，而是单位时间的传递量，即速率问题，因此以下讨论干燥速率。

干燥速率的定义是：单位时间内在单位干燥面积上被干燥物料所能汽化的水分质量，即

$$U=U_c(C_1-C_2)/TA \tag{3-8}$$

式中 U——干燥速率，kg/(m^2·h)；

A——固体物料干燥表面积，m^2；

T——干燥时间，h；

U_c——物料中去除水分的绝干物料量，kg；

C_1，C_2——物料中最初与最终湿度（以干物料为基准)，kg 水分/ kg 绝干物料。

由式 (3-8) 可知，干燥所需时间与干燥速率成反比，故干燥速率是干燥设备生产能力的重要影响因素。

在实际生产中，影响干燥速率的因素主要是物料、干燥介质和设备，具体内容如下。

1. 物料的性质

湿物料的结构、化学组成、形状及大小、水分的结合方式和物料的堆积方式等。

2. 物料的初始湿度与最终湿度的要求

物料初始湿度高，需干燥水分多，干燥时间长，对速率有影响。最终湿度要求尤

为重要，此值太小则要除去难于汽化的结合水，应使干燥速率降低很多。

3. 物料的温度

物料温度越高，水分汽化越快，干燥速率越高。在恒温干燥阶段，物料最高温度为干球温度，此时要注意物料的热敏性。

4. 干燥介质的温度

干燥介质温度越高，传热推动力越大（热空气与湿物料的温差），传热速率越高，水分汽化越快，干燥速率越高。在操作中，干燥介质进出温差越小、平均温度越高，干燥速率越高。

5. 干燥介质的湿度和流速

我们通常采用热空气为干燥介质，其相对湿度越小，吸纳水分的空间就越大，传质推动力就越大，水分汽化越快；介质流速越大，带走水汽越快，这两者均可使干燥速率提高，很明显介质的这一性质主要影响恒速干燥阶段。

6. 干燥介质流向

流动方向与物料汽化表面垂直时，干燥速率最快，平行时则较差，这是因为前者更容易更新润湿表面上方的空气状态，汽化后的水分可很快被空气带走。

7. 干燥器的结构

干燥设备为物料与干燥介质创造接触的条件，它的结构设计以有利于传热、传质的进行为原则，因此好的干燥设备能提供最适宜的干燥速率。选用干燥器时要针对具体情况全面分析，解决主要矛盾才能选好。

（五）干燥的热效率和干燥效率

在干燥系统中，空气必须经过预热器和加热器获得热量 Q_1，提高温度后才能作为干燥介质去干燥物料。它在干燥器内放出热量 Q_2，一部分热量 Q_3 用来汽化水分，其余用来加热湿物料和补偿干燥器热量损失。将干燥器的热效率定义为

$$\eta=\frac{\text{干燥器内汽化水分耗热}}{\text{耐干燥系统加入热量}}=\frac{Q_3}{Q_1}\times 100\%$$

而干燥效率的定义则为

$$\eta=\frac{\text{干燥器内用于汽化水分耗量}}{\text{空气在干燥器放出热量}}=\frac{Q_3}{Q_2}\times 100\%$$

干燥器是热能消耗很大的设备，热效率不太高，一般为30%～70%，因此需考虑干燥设备的节能问题，通常从以下几方面采取措施来减少能耗。

(1) 湿物料的预处理。通过离心分离、膜分离等非加热性操作来降低湿物料的湿度，因为一般机械方法脱水的能耗较低，约为8.4～12.6kJ/kg水，而干燥的能耗约为2500kJ/kg水。

(2) 采用较低废气出口温度和较高湿度的操作条件。这样会使传热传质动力降低，故一般选废气出口温度比湿空气湿球温度高20K为好。

(3) 将废气部分循环。这样做可节省热量和空气量，但会降低推动力，故权衡其利弊适当处理。

(4) 将废气排空之前进入预热器，作为热载体先加热冷空气。

(5) 注意设备及管道保温，以减少热能损失。

二、常用干燥设备

(一) 简述

在中药生产中，由于被干燥的物料性状、生产能力的大小不同，物料的初始湿度与最终湿度也各不相同，所采用干燥设备的结构形式也是多种多样的，因此不能说哪种干燥器更好，而只能根据具体情况选用最适合的设备。

1. 对干燥器结构性能的一般要求

① 保证达到产品的工艺要求。如干燥程度、质量均匀，有的要保持晶形，有的要求不能龟裂变形等。

② 干燥速率高。以保证设备较高的生产能力。

③ 热效率高。提高热能有效利用率，不仅有经济效益，还有很大的环保效益和社会效益，这是任何耗能设备都必须关注的，而干燥器耗热量大，是特别需要重视的。

④ 系统流体流动阻力小。这样可降低运输气体设备的能耗。

⑤ 结构简单。操作控制及维修方便，体积小占地面积不大，造价低廉。

2. 干燥设备的分类

干燥设备可根据不同的关注方面采用以下几种分类方法。

① 按操作压力可分为常压干燥和减压干燥。

② 按操作方式可分为连续式和间歇式。

③ 按干燥介质性质可分为空气干燥和烟道气干燥。

④ 按传热方式可分为传导干燥、辐射干燥和对流干燥。

某一具体干燥器可以兼有以上不同类别的特点，如一密闭干燥箱，它可以是空气对流减压间隙式干燥器。

(二) 厢式干燥器

又称干燥箱，图 3-30 所示为干燥箱的示意。工作时将湿物料放入若干托盘内，把托盘置于厢内各层隔板上，作为干燥介质的空气通过厢顶部的鼓风机进入箱内，经过加热器加热后进入托盘间的空隙，干燥室用隔板隔成若干层（图中是 5 层），空气在隔板的导引下，经历若干次加热、干燥、加热、干燥后，携带物料汽化的水汽，由下方经右侧通道作为废气排出。为节省热能和空气，在排空之前由气流调节器控制将部分废气返回鼓风机进口与新鲜空气汇合再次被用来作为干燥介质。

厢式干燥器的特点是结构简单，操作方便，对各种不同性质的物料如粉粒状、浆状、膏状和块状等的适应能力较强。缺点是劳动强度大、劳动环境（温度与粉尘）差，尽管在厢体周围及热管道进行保温，但热效率仍不高，设备占地面积大，物料干燥不均匀等。干燥厢是一种性能较差、结构较简单的设备，但由于它适应于中药工业的间歇性、小批量、多品种、一些较贵重的药品不能流失等特点，所以目前仍为厂家所采用。

与厢式干燥器结构和原理相近的还有烘房及隧道式干燥器（见图 3-31），湿物料在盛料的小车内可连续进料出料，通过小车运行速度控制干燥时间，且加热热源可由蒸汽换成微波、远红外等形式，对大批量连续操作和能源急缺的场合，适应能力相当强。

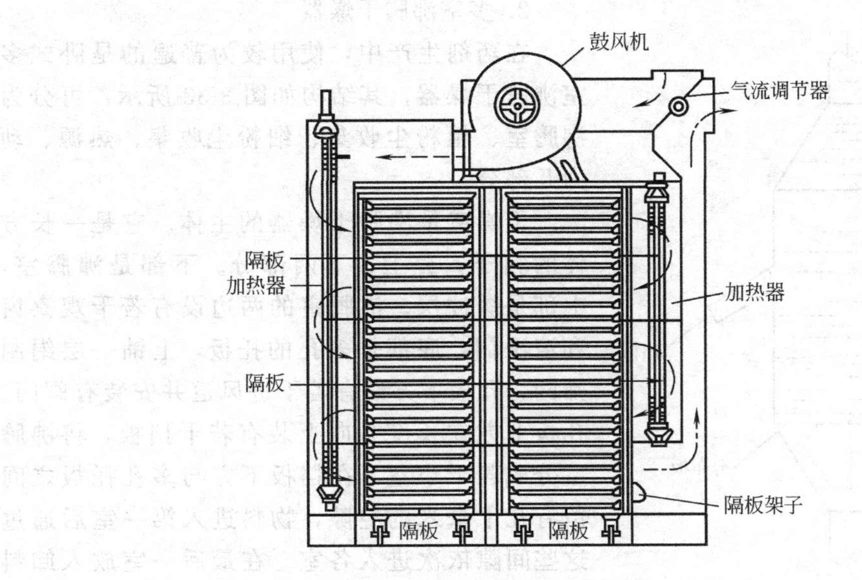

图 3-30　厢式干燥器

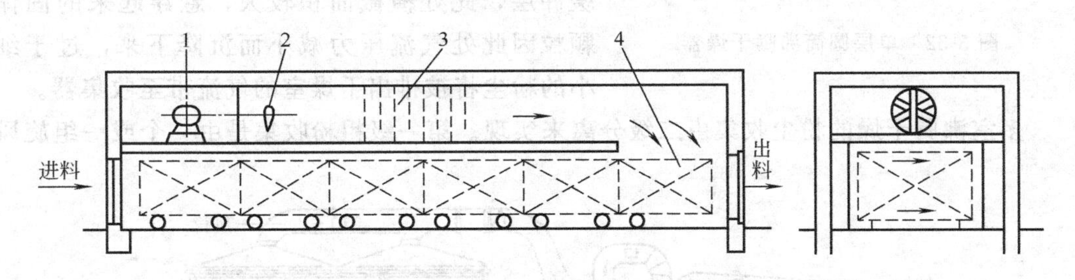

图 3-31　隧道式干燥器

1—电动机；2—风机；3—加热器；4—装卸车

（三）沸腾干燥器

1. 沸腾干燥器的工作原理

沸腾干燥器的理论基础是流态化技术，容器中放好固体颗粒，气体从托板下方吹上通过颗粒的间隙，由于容器下部颗粒堆积密度较大，气体通道截面积较小，气体压强较高，固体颗粒受气流作用而悬浮起来。当颗粒浮至上方，气体通道面积加大，压强降低，颗粒又落至托板上，并再一次被气流托起。固体颗粒如此上下翻动，容器内固体颗粒层体积增大，并能沿着压力差方向移动，性能颇似流体，故称之为流态化。因为此情况与液体沸腾状态相似，又称沸腾化。而沸腾状态可使固气充分接触，利于高效传质传热。最简单的沸腾干燥器是单层圆筒干燥器。颗粒状湿物料由容器左侧加入，热气流通过下部多孔分布板进入干燥室与物料接触，当气流速度足够大时固体层沸腾，二者进行传热传质，干燥后的物料从沸腾层上方侧管引出，而干燥后的废气先经顶部旋风分离器回收夹带的粉尘后自旋分中心管排出。单层圆筒沸腾干燥器（见图 3-32）是分批投料的，干燥时间也可自由调整，适应性较强。但其辅助性操作时间长，生产能力不高，热效率较低，经济效益差。

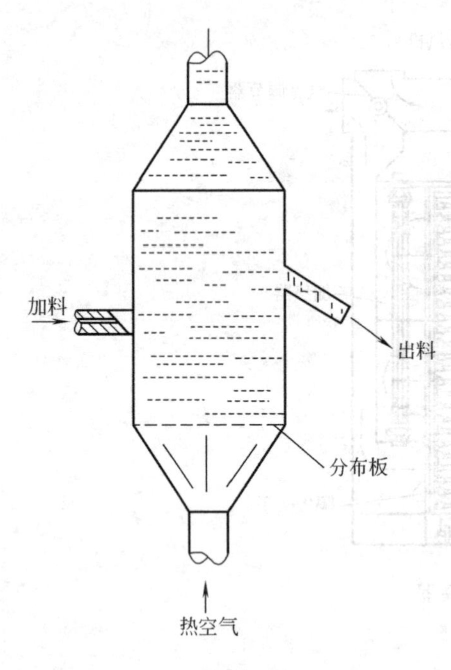

图 3-32　单层圆筒沸腾干燥器

2. 多室沸腾干燥器

在药剂生产中，使用较为普遍的是卧式多室沸腾干燥器，其结构如图 3-33 所示，可分为沸腾室、粗粉尘收集、细粉尘收集、热源、动力几部分。

干燥室是沸腾干燥器的主体。它是一长方体的箱子，分上、下两部分。下部是沸腾室，上部是缓冲层。沸腾室的两边设有若干观察窗和清洗门，底部是多孔的托板，上铺一层绢制筛网，孔板下方设有若干进风道并安装有阀门。孔板上方在长度方向上装有若干挡板，将沸腾室分成若干小室，在挡板下方与多孔托板之间留有几十毫米的空隙，物料进入第一室后通过这些间隙依次进入各室。在最后一室放入卸料管，将干燥后的成品取出。干燥室的上方是一缓冲层，此处横截面积较大，悬浮起来的固体颗粒因此处气流压力减小而沉降下来，过于细小的粉尘将被排出干燥室的气流带至收集器。

多室沸腾干燥的粉尘收集由二级分离来实现。第一级粗粉收集是由一个或一组旋风

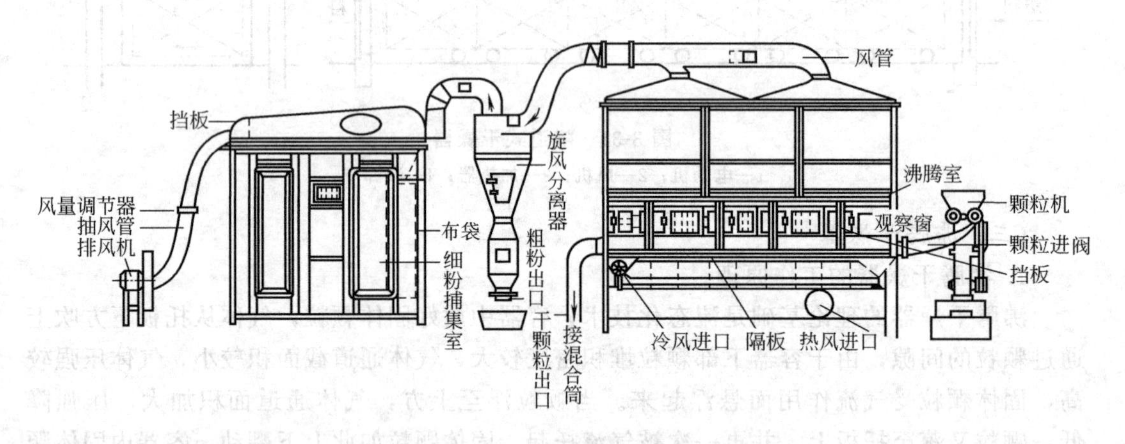

图 3-33　多室沸腾干燥器

分离器来实现的。二级分离使用袋滤器，即将气流通入一个或若干个布袋，气流由排风机穿过布袋纤维缝隙排空，固体粉尘则被布纤维截留下来。热源是用高效换热装置来加热空气，使空气湿度升至 80～100℃，作为干燥介质从托板下方通入干燥室来干燥湿物料。

多室沸腾干燥多用于连续式操作，工作时先将一些湿物料放在托板上，将沸腾层两侧的观察窗和清洗门关好，开排风机将系统内冷气抽空，再开热风鼓风机及相应各室阀门，逐渐加大风量使湿物料在托板上上下翻腾，快速进行热量与质量的传递，稍开启一

点出料口，检验湿度是否合格，待完全合格后，按与进料速度对应的速度出料，即形成正常操作运行状态。

3. 多室沸腾干燥器的特点

① 颗粒与气流在高度湍流状态下进行传热传质，故传热传质速度很高。体积传热系数一般可达 2000～7000$W/m^3 \cdot K$。

② 沸腾床使物料充分混合、分散，故其产品质量均一。

③ 生产能力大，传热传质系数高，干燥速率高，处理物料量大，特别适合干燥大批量的湿物料。

④ 结构简单，造价较低，维修方便。

⑤ 因其停留时间一般在几分到几十分钟，对热敏性物料要慎用，对易结块的物料因它们不易形成流态化状态，故不适宜用此法干燥。

（四）喷雾干燥器

1. 喷雾干燥的工作原理

喷雾干燥是将液体物料在传热介质中雾化成细小液滴，使得气液两相传热传质面积得以增加，液体物料中的水分在几秒内就能迅速汽化并被干燥介质带走，使雾滴被干燥成粉状干料。中药制剂中的一些溶解度较高的冲剂可利用喷雾干燥技术来生产。

喷雾干燥虽然能在数秒钟内完成，但其干燥过程实际上仍是分三个阶段进行的。

（1）料液雾化　即液体物料通过雾化器分成细小的液滴。料液雾化有两项要求，即雾滴均匀与雾滴直径大小，若雾滴不均匀，会使小颗粒已干，而大颗粒尚未达到湿度要求。雾滴直径太大会使产品湿度大，故一般控制为 20～60μm。

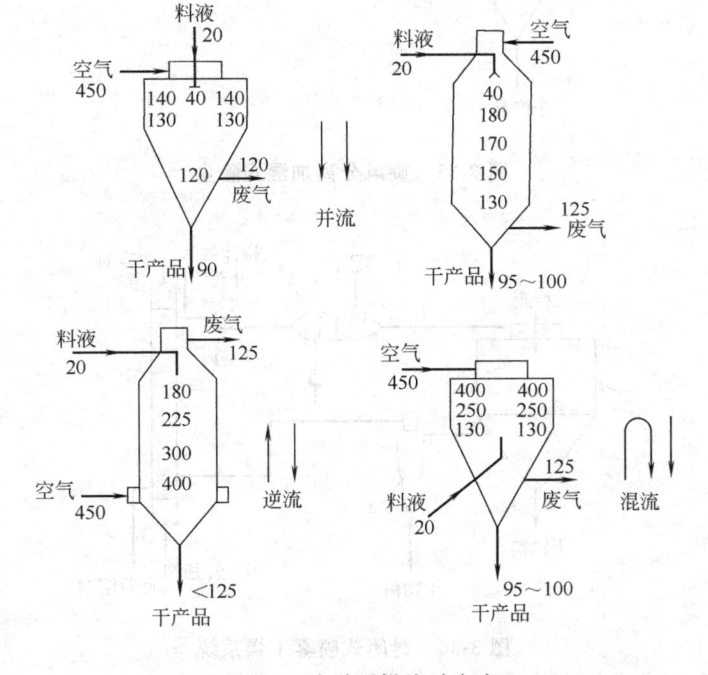

图 3-34　喷雾干燥流动方向

（2）雾滴与热空气的接触　喷雾干燥的干燥介质也多用热空气，雾滴相对热空气的流向有并流、逆流和混流三种，如图 3-34 所示，由于流向不同，干燥室内湿度分布、物料干燥时间以及干燥质量均不相同，故所适应的湿物料也不同。并流时，热空气先与湿度大的物料接触，因而温度降低，湿度增加，故干燥后物料温度不高。由于一开始温差大，湿度差也大，水分蒸发迅速，液滴易破裂，故干燥产品常为非球颗粒，质地较疏松。逆流时，刚雾化的料液滴与即将离开干燥室的热空气相遇，温度差在干燥过程中变化不大，且其平均温差也高于并流，液滴在干燥室停留时间较长，传质传热效果也较好，热效率较高，适用于非热敏性物料。混流时固液传质传热特性介于并流、逆流之间，惟其停留时间最长，故对能耐高温的物料最适用。

（3）雾滴的干燥　喷雾干燥与固体颗粒的干燥一样，既有恒速和降速干燥两个阶段，也有水分在液滴内部向表面扩散和在表面蒸发两个过程，只是速度要高一些。

2. 喷雾干燥的工艺流程

（1）一级喷雾干燥系统　热空气作为干燥介质通入干燥室将湿物料的水分及干燥后的固体颗粒一起带出干燥器。进入气固分离部分，气固分离有三种形式，图 3-35 所示为旋风分离加湿式除尘，经此法分离或排放的废气中含尘可在 $25mg/m^3$ 以下；另一种

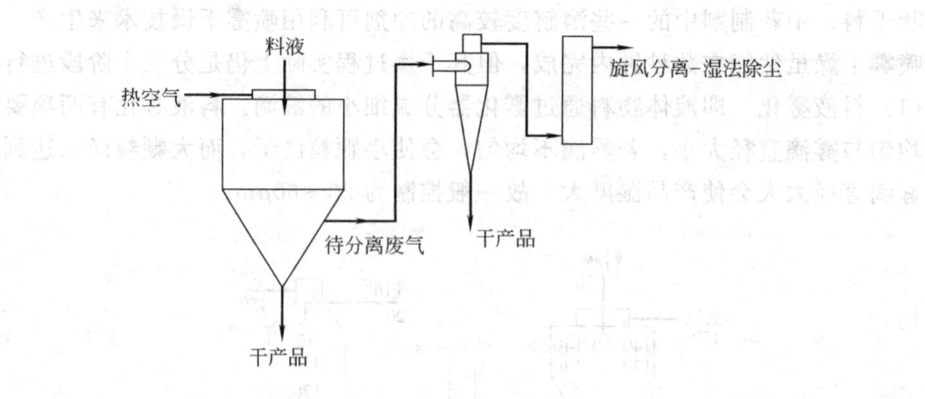

图 3-35　旋风分离加湿式除尘

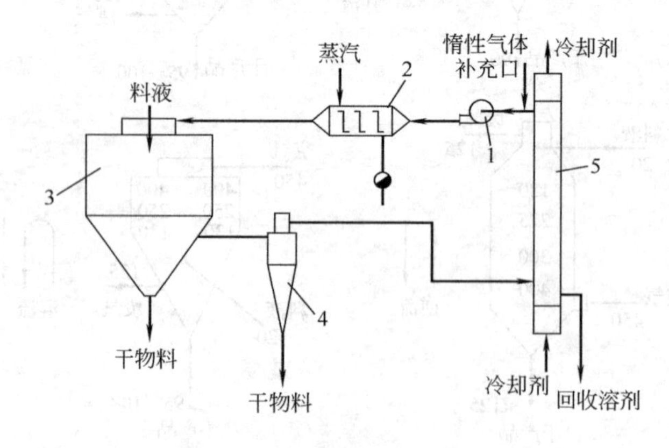

图 3-36　封闭式喷雾干燥系统

1—风机；2—预热器；3—干燥器；4—旋风分离器；5—冷凝器

方法是旋风分离加袋滤器，此法排放废气含尘一般小于 $10mg/m^3$；第三种方法是使用电除尘器，该法分离效率高，但耗能大，投资高，适用于粉尘的性质对空气污染较严重或是操作压强要求较低的场合。如液体原料含有机溶剂，应选氮气或二氧化碳做干燥介质，并且要回收循环使用，这就需采用图 3-36 所示的封闭式喷雾干燥系统。

(2) 二级喷雾干燥系统（见图 3-37） 由于喷雾干燥气液接触时间少，往往干燥后物料的湿度达不到规定要求，需在喷雾干燥后加一级沸腾干燥，形成二级喷干系统。二级喷干系统与一级相比干燥速率高，热效率高，含水量降至很低，温度也低，便于直接包装。

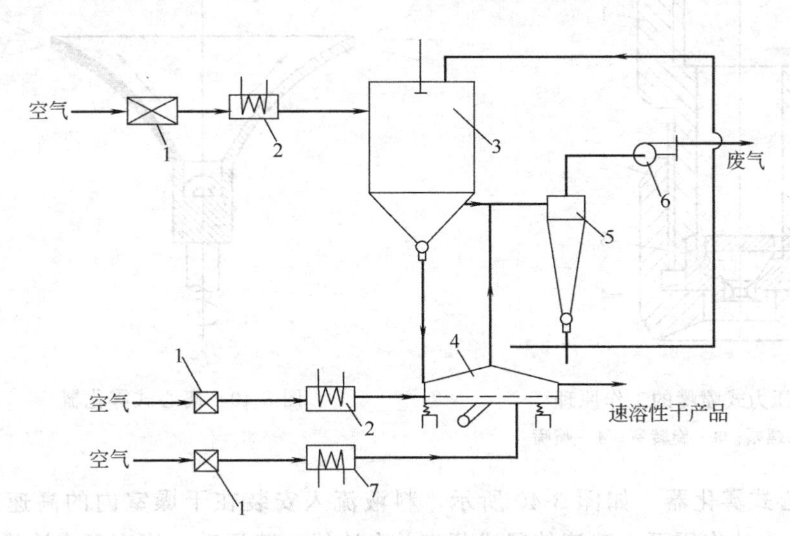

图 3-37 二级喷雾干燥系统

1—过滤器；2—预热器；3—喷雾干燥器；4—振动硫化干燥器；5—旋风分离器；6—风机；7—冷凝器

3. 雾化器

喷雾干燥最大的特点就是将液体物料经雾化器喷成极细的雾滴，使气液传热传质面积增大许多倍，能在很短时间内完成内部扩散，是通过表面汽化和带走水汽的干燥过程。因此能否将液体物料雾化得很细、很均匀是决定喷干效果的关键。而雾化的效果就取决于雾化器的结构性质以及对料液的适应程度。

雾化器又称喷嘴，按工作原理上可分为气流式、压力式和离心式三类。

① 气流式雾化器 图 3-38 所示为气流式喷嘴，其中有气液两个通道，分别通入流速差异很大的气体和液体。气体流速约 200～340m/s，液体流速小于 2m/s，如此之大的流速差使其在接触

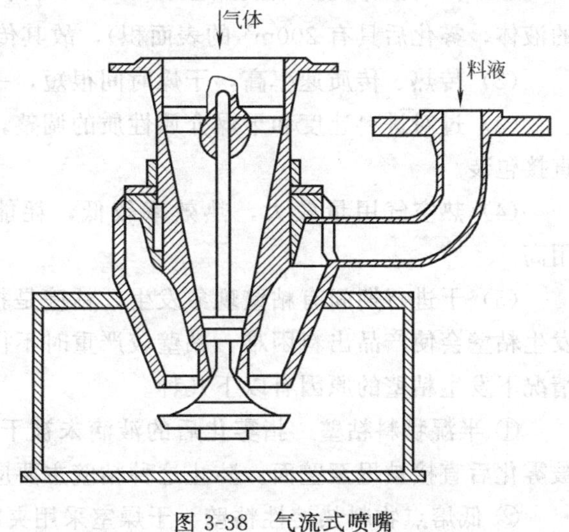

图 3-38 气流式喷嘴

时产生很大的摩擦力，从而将液体物料雾化。

② 压力式雾化器　图 3-39 所示为压力式喷嘴的工作原理，压力为 2～20MPa 的液体物料从通道中的切向入口进入旋转室，并沿室壁形成锥形薄膜。当从喷嘴孔中喷出时压力突然变小，液膜伸长变薄，进而分裂成细小雾滴，导引液体切向进入旋转室的零件称喷嘴芯，喷嘴芯有斜槽形、螺旋槽形和旋涡槽形等结构，以适应不同的液体物料。

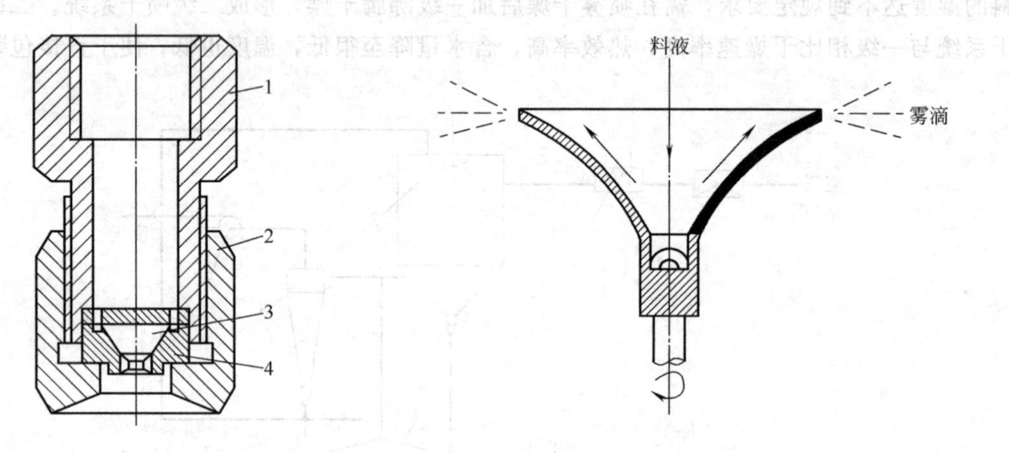

图 3-39　压力式喷嘴的工作原理

1—接头；2—螺帽；3—旋转室；4—喷嘴

图 3-40　离心式雾化器

③ 离心式雾化器　如图 3-40 所示，料液流入安装在干燥室内的高速旋转的盘子上。在离心力的作用下，液流伸展成薄膜并向边缘加速运动，当离开盘边缘时，分散成雾滴。盘的转速和液体流速对雾滴的大小与均匀有很大的影响。盘的圆周速度一般取 90～150m/s，此值过低或过高均会导致雾滴大小不均匀。离心式雾化器没有前两种雾化器的效果好，但其最大的特点是不易堵塞，适用于成浑浊液的液体物料。

4. 喷雾干燥的特点

(1) 因料液雾化成液滴后直径很小（约为 10～60μm），表面积很大（$1\times10^{-3}m^3$ 的液体，雾化后具有 $200m^2$ 的表面积），故其传热、传质速率极高。

(2) 传热、传质速率高，干燥时间很短，一般物料在干燥室只停留 3～10s。

(3) 过对进料速度和干燥介质性质的调整，可对成品的粒度、水分进行控制，从而直接包装。

(4) 热空气用量较大，热效率较低，耗能多，干燥 1kg 水约需 4200kJ，操作费用高。

(5) 干进行期间有粘壁现象发生，粘壁是指被干燥物料黏附于干燥室内壁的现象。发生粘壁会使产品出料困难，粘壁较严重时不得不停工清理，导致生产效率降低。一般情况下发生粘壁的原因有以下几种。

① 半湿物料粘壁　指雾化后的液滴未被干燥即与干燥室壁面所致，原因多是液滴被雾化后直接被甩至壁面。防止这种粘壁主要应调整雾化器。

② 低熔点物料热熔性粘壁　干燥室采用夹层结构，便于用冷却水冷却干燥室壁面。

③ 干粉表面黏附　此种现象不可避免，但稍施振动即可脱落，此外提高干燥室内壁面的粗糙度也可加大这种粘壁。

（五）其他干燥器

1. 气流干燥器

气流干燥器主体设备为一长管，下部置一多孔托板，托板下方吹入热空气，当热空气的流速足够大时，将湿物料颗粒吹起并带至上方。湿颗粒在长管中与热空气做并流运动的同时，也完成了自身的干燥过程。气流和固体颗粒出干燥管后，再采用旋分和袋滤进行固气分离，使废气排出至大气。

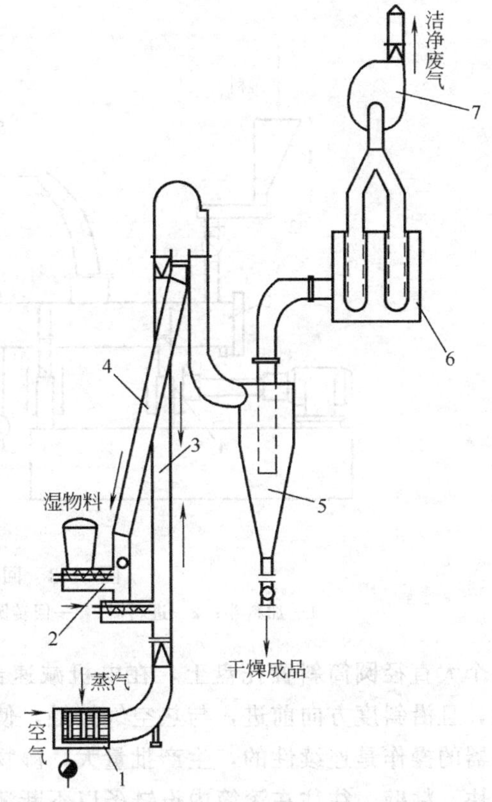

图 3-41　气流干燥系统的工艺流程

1—预热器；2—加料器；3—干燥管；4—回流管；5—旋风分离器；6—袋滤器；7—风机

气流干燥系统的工艺流程如图 3-41 所示。直立管出口中间斜管常用来将部分干物料返回湿物料加料器，以将湿物料分散成颗粒，便于气流操作。气流干燥器有如下特点：因颗粒在气流中高度分散，传热传质表面很大，传热传质速度很高，干燥时间极短，一般仅为数秒；气固两相并流操作，空气温度可取 400℃，而物料温度仅为 60～70℃，传热动力大；结构简单；生产能力大；占地面积小等。缺点是气流阻力大，动力消耗大，操作费用高。

2. 筒式干燥器

滚筒式干燥器的结构如图 3-42 所示，其主体是干燥室，内有两个圆筒做慢速、匀速圆周运动，筒内通以加热物质，两圆筒上部放悬浮状或膏状物料，粘在筒壁上的物料不断从滚筒表面得到热量，使本身水分汽化。汽化后的水由干燥室下部放出的空气带走。当湿物料随滚筒转至 3/4 圆时，本身达到干燥要求而被安装在室壁上的刮刀刮下，成为产品。

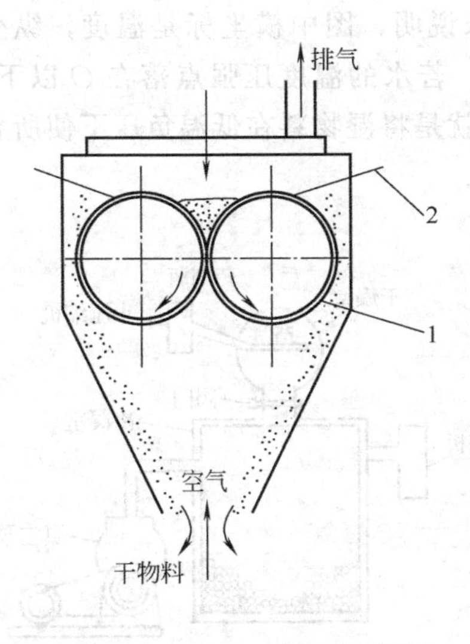

图 3-42　滚筒式干燥器的结构

1—转筒；2—刮刀

滚筒式干燥器适用于悬浮状及膏状物料。即湿物料能粘在圆筒上，通过调整转速（1～20r/min）和加热物质的温度，使物料达到干燥后的湿度要求，生产效率比厢式高，且能连续操作，一般生产能力为 10～20kg/h・m^2。

另外还有一种回转圆筒式干燥器（见图 3-43），

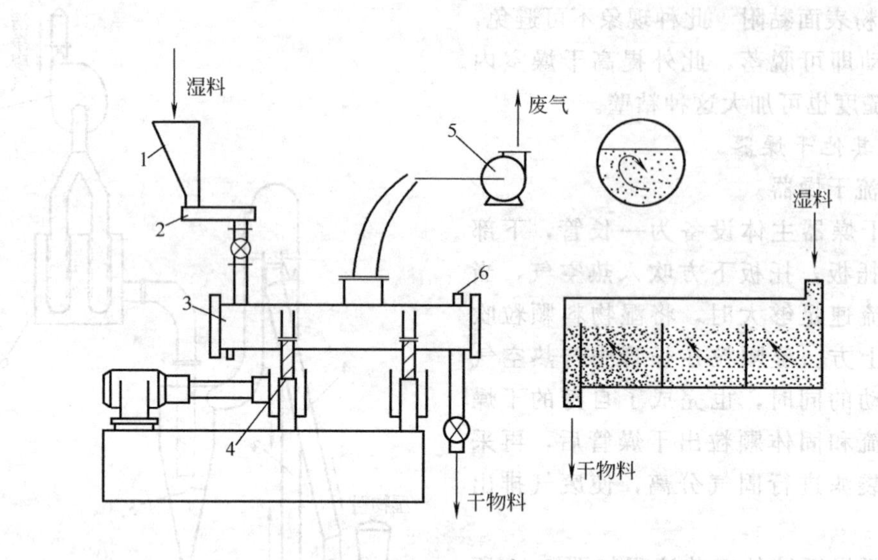

图 3-43 回转圆筒干燥器

1—加料斗；2—进料器；3—回转圆筒；4—托轮；5—风机；6—排料管

一个大直径圆筒斜置托盘上，在电机减速器带动下缓慢转动，物料在内部不断上下翻滚，且沿斜度方向前进，与热空气接触，使部分水分汽化，并被干燥介质带走。这种干燥器的操作是连续性的，生产批量大，湿物料必须是固体且含水分不能太高，为防止其结块、粘壁，往往在滚筒内设链条以不断清理壁面。

3. 冷冻干燥

冷冻干燥是将被干燥物料冷冻至冰点以下，使水分结冰，然后置于高真空的冷冻干燥器内，物体中的水分由固态升华至气态进而变成水汽被除去，使物体达到干燥目的。

冷冻干燥的原理可由水的三相图（见图 3-44）来说明，图中横坐标是温度，纵坐标为压强。*OA* 线为固液平衡曲线，*O* 为三相平衡点。若水的温度压强点落在 *O* 以下，则加热水可由固相直接变为气相，即升华，冷冻干燥就是将湿物料在低温负压下使所含水分结冰，然后稍加热，使水分升华，物料得以干燥。

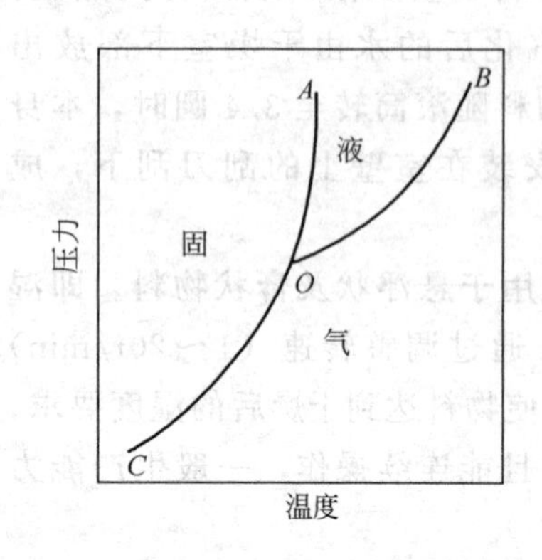

图 3-44 水的三相图

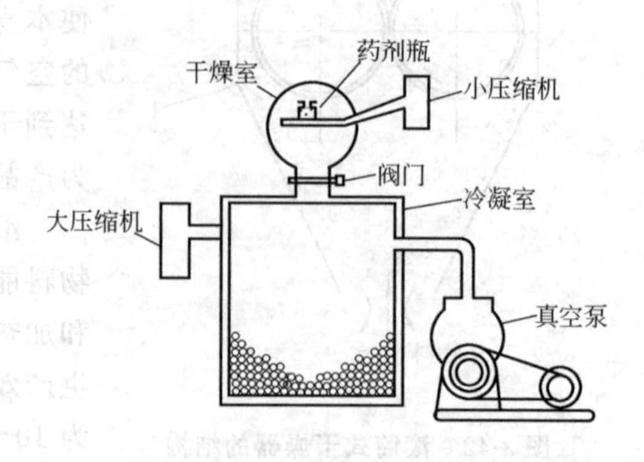

图 3-45 冷冻干燥的设备

冷冻干燥的设备如图 3-45 所示，其主体为一干燥室，湿物料放在干燥室分层金属板上，密闭后抽真空至 0.01mmHg[1] 以下，用冷冻机将冷凝室的温度降至－40℃以下。此时物料的水分不但结冰，且状态点在三相图 O 点以下。然后将加热板缓慢加热，使湿物料升温至－20℃，物料水分升华为蒸汽，湿物料得以干燥。与冷凝室用阀门隔开的密闭容器是冷凝器。它除起真空的缓冲作用外，由于在干燥中保持－40℃，还可使升华的水分在此结成冰，待干燥完成后化水排出。

冷冻干燥的优点如下。一是干燥后的物料能保持原有的化学组成和物理形态。如胶体物料用其他方法干燥时，由于干燥温度在水与物料的共融点以上，干燥后成品失去原有胶体性质，因此对一些生物制剂只能采用冷冻干燥的方法去湿。二是设备散发流失热量少，热效率高。

冷冻干燥的缺点是投资大，生产能力低。故只应用在一些生物制品如血浆、疫苗、以中药为原料的止血海绵及天花粉针等制剂的干燥上。

4. 辐射干燥

辐射干燥传递热量的方式是辐射。红外线干燥与远红外线干燥均属此类。

当物体被加热时，就会发出波长不同的光线，其中包括有红外线和远红外线。红外线的波长为 0.4～40μm，一些专门发出红外线的灯泡、热金属辐射板和陶瓷辐射板等，在输入电能或热能时，即能发出红外线。通过红外线形式将热能辐射到湿物料上，加热水分，使其蒸发，并被通入的空气流带走，以达到干燥的目的。

图 3-46 所示为红外线干燥器，其主体为干燥室，物料上方设有若干红外线灯泡 4。

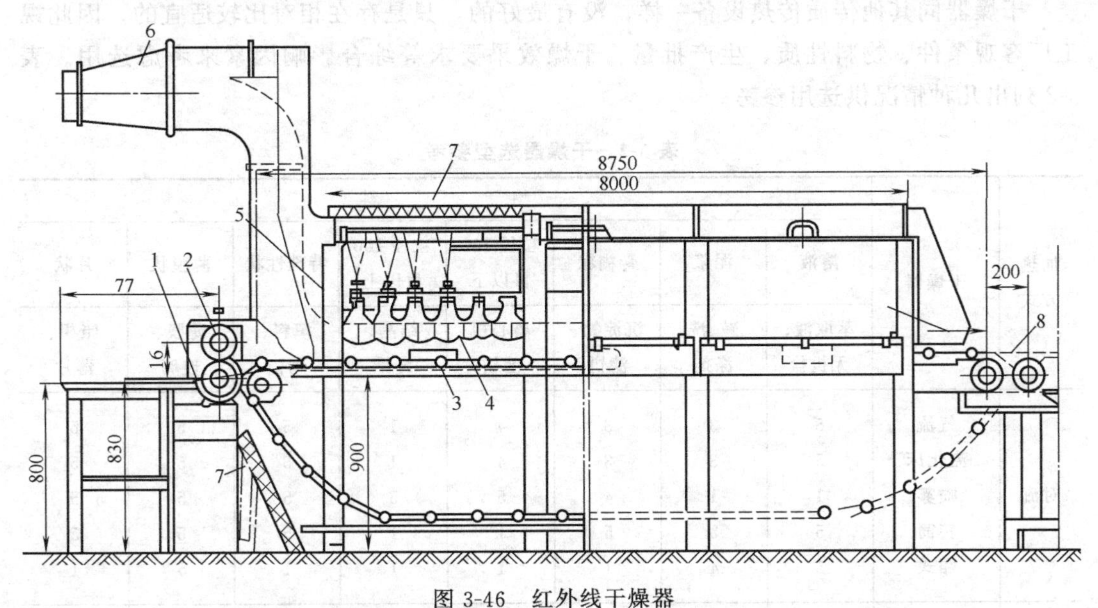

图 3-46 红外线干燥器

1—涂料槽；2—涂料滚；3—链条输送机；4—红外线灯泡；5—干燥器架；6—风道；7—传热板；8—传热装置

[1] 1mmHg＝133.322Pa。

通过链条输送机 3 不断将湿物料带入干燥室，同时将干燥后的物料带出来。

红外线干燥设备紧凑，能连续生产，生产能力大，产品干燥后的质量均匀、洁净，干燥时间少。缺点是电能消耗大，效率不高。

远红外干燥的机理同红外线干燥，只是远红外线的波长比红外线更长，辐射的能量被水吸收更迅速，干燥耗时更少，与红外线干燥相比，占地面积更少，设备投资更少，劳动环境更好一些。

5. 微波干燥器

微波是指频率为 300MHz 到 300kHz，波长为 1mm 到 1m 之间的电磁波。它与高频电流加热原理相近，水分子在强电场作用下会极化，极性都趋向于与电场方向一致，整齐排列。若外电场消失，水分子又恢复到原来无序原始状态。若加一反向电场，水分子又会按新的电场方向重新排列。外电场若不断变化，水分子就会不断转动，使得分子间不断摩擦碰撞，转化热能。微波实际的作用是形成一高频交变电场，能使湿物料中水分生热、汽化，湿物料本身被干燥。

微波干燥器工业上使用的设备结构与红外线干燥器相近，只是将红外线灯泡换成微波发生器，并在物料进出口处遮住外泄微波，因它对人体有伤害。

微波干燥的优点在于干燥速度快，干燥时间短，物料加热均匀，热效率高，一般可达 80%左右；控制灵敏以及操作方便。缺点是微波发生器价格较高，操作工人的劳动保护不易解决。

（六）干燥器的选型

干燥器同其他传质传热设备一样，没有最好的，只是存在相对比较适宜的。因此视工厂客观条件、物料性质、生产批量、干燥效果要求等综合影响因素来考虑选用。表 3-2 列出几种情况供选用参考。

表 3-2 干燥器选型参考

加热方式	干燥器	物料							
		溶液	泥浆	膏糊状	粒径 100 目以下	粒径 100 目以上	特殊性状	薄膜状	片状
		萃取液、无机盐	碱、洗涤剂	沉淀物、滤饼	离心机滤饼	结晶、纤维	填料、陶瓷	薄膜、玻璃	照相、薄片
对流	气流	5	3	3	4	1	5	5	5
	流化床	5	3	3	4	1	5	5	5
	喷雾	1	1	4	5	5	5	5	5
	转筒	5	5	5	1	1	5	5	5
	厢式	5	4	1	1	1	1	5	1
传导	耙式真空	4	1	1	1	1	5	5	5
	滚筒	1	1	4	4	5	5	适用多滚筒	5
	冷冻	2	2	2	2	2	5	5	5

续表

加热方式	干燥器	物料							
		溶液	泥浆	膏糊状	粒径100目以下	粒径100目以上	特殊性状	薄膜状	片状
		萃取液、无机盐	碱、洗涤剂	沉淀物、滤饼	离心机滤饼	结晶、纤维	填料、陶瓷	薄膜、玻璃	照相、薄片
辐射	红外线	2	2	2	2	2	1	1	1
介电	微波2	2	2	2	1	2	2	2	

注：1. 适合。

2. 经费许可时才适合。

3. 特定条件下适合。

4. 适当条件时可应用。

5. 不适合。

第四章　蒸馏设备与制水设备

第一节　蒸馏设备

一、概述

（一）蒸馏在制药生产中的应用

在制药生产中需处理的中间体或粗产品有相当一部分是两组分或多组分的混合液，生产上要求将这些混合液分离成接近纯净的单一组分而成为下一工序的原料或是合格的产品；在有些药材的萃取工艺里，出于经济效益的考虑，要求将一些有机溶剂的混合液提纯回收，这些操作都属于液体混合物的分离过程。

液体混合物的分离有很多方法，每种方法都是依据组分间某种性质有较大差异而形成的，应根据分离对象进行正确选用，当组分间的挥发性有明显的差异时，也就是说组分间的沸点相差较大时，可考虑用蒸馏来分离混合液。换言之，蒸馏就是基于各组分间具有不同的挥发性而实现分离的过程。如在乙醇与水的混合液中，乙醇的挥发性较好，称挥发度较高，同一温度下的饱和蒸气压比水要大，即相同压力下的沸点较低，于是就称其为易挥发组分；而水的饱和蒸气压较低，沸点相对较高，故称其为难挥发组分。从乙醇-水混合液中回收乙醇就可采用蒸馏的方法：将混合液加热到一定程度时，由于乙醇沸点比水低，挥发性比水好，故在混合蒸气中乙醇的浓度要比原混合液中的浓度高，而留在液相中的乙醇浓度要比原混合液中的低，从而使混合液在一定程度上得以分离，这就是用蒸馏的方法进行分离的过程。

（二）蒸馏的分类

蒸馏可按不同的方式分类。按操作方式可分为简单蒸馏、平衡蒸馏（闪蒸）、精馏和特殊蒸馏。简单蒸馏和平衡蒸馏适用于分离程度要求不高的场合，精馏则用于高分离程度的情况，特殊精馏则用于普通精馏难于分离的混合液。按操作流程可分为间歇蒸馏和连续蒸馏。按操作压强可分为常压蒸馏、减压蒸馏和加压蒸馏。按混合液组分个数可分为两组分蒸馏和多组分蒸馏，鉴于二者的原理相同，且两组分蒸馏是多组分的基础，故本章只介绍两组分蒸馏过程。

蒸馏技术开发历史较长，理论成熟，应用广泛，其优点是工艺流程简单，不仅能分离液体混合物，通过加压液化还可分离气体混合物，如对液态空气的蒸馏，可得到纯净的氧和氮。蒸馏的缺点在于耗能大，有些场合需用高温高压操作，技术较为复杂。

（三）蒸馏的基本原理

1. 两组分的气液平衡关系

混合液中两组分气液平衡关系是指：当混合液与其上方的蒸气处于平衡状态时，气液的温度（t）与气液两相组成（x 和 y）的关系。当用函数式形式表达此关系时称气液平衡关系式，用相图形式表达时称 t-x-y 图。

（1）理想溶液气相分压与溶液浓度的关系—拉乌尔定律　理想溶液是指不同组分与相同组分的分子间作用力都相等的溶液。一般来说组分性质相近与浓度较低的溶液都可看成理想溶液。理想溶液遵循拉乌尔定律。拉乌尔定律是指气液平衡时，理想溶液上方某组分的蒸气分压等于同温度下该纯组分饱和蒸气压与液相中该组分的摩尔分率的乘积，即

$$p_A = p_A^0 x_A \tag{4-1(a)}$$

$$p_B = P_B^0 x_B = P_B^0 (1 - x_A) \tag{4-1(b)}$$

（2）理想气体总压与各组分分压之间的关系——道尔顿分压定律　根据道尔顿分压定律，混合液上方气相中某组分的分压等于总压与该组分在气相中摩尔分率的乘积，即

$$p_A = P y_A \tag{4-2(a)}$$

$$p_B = P y_B \tag{4-2(b)}$$

$$P = p_A + p_B \tag{4-3}$$

（3）理想溶液的气液平衡关系式　当气液两相平衡时，气相分压应与液相分压相等，即

$$p_A^0 x_A = P y_A \tag{4-4}$$

以上式（4-1）～式（4-4）即为理想溶液气液平衡关系式。

（4）平衡温度-组成图　用坐标图的形式来表达理想溶液的气液平衡关系称平衡温度组成图，又称 t-x-y 图。

图 4-1 所示为在总压为 101.37kPa 下，苯和甲苯混合液的平衡温度-组成图，图上的纵坐标为平衡温度 t，横坐标表示气相与液相的浓度 x 和 y（本章中没有特别说明时，所说浓度均指含易挥发组分的浓度），图中有 1、2 两条曲线，上方的曲线为 t-y 线，反映混合液的沸点与平衡气相组成 y 的关系称饱和蒸气线。下方的曲线为 t-x 线，反映混合液沸点与液相组成 x 的关系称饱和液体线。两条曲线将整个相图分成三个区域，即：过热蒸气区——饱和蒸气线以上的区域，此区的状态代表已成过热蒸气；液相区——饱和液体线以下的部分，处于此区的状态表示尚未沸腾的液体；气液共存区——两曲线中间围成的区域，此区的状态表示气体与液体同时存在。

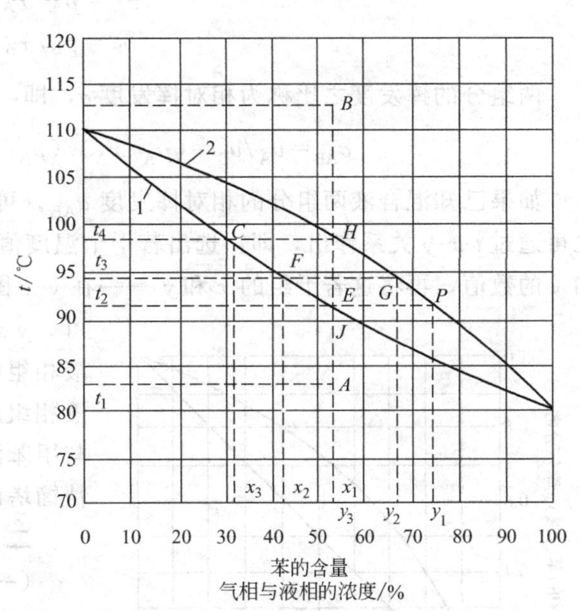

图 4-1　苯与甲苯的 t-x-y 图

2. 蒸馏的基本原理

利用 t-x-y 可清楚的分析蒸馏的原理，图中示出浓度为 x_1 的苯与甲苯混合液，将其加热至 A 点，所对应的温度为 t_1，此时混合液全部是液体。继续加热至 J 点，其对应的温度为 t_2，此时混合液中开始出现第一个气泡，故 t_2 又称泡点温度，t-x 线又称泡点线，这一气泡中的气体浓度为 P 点所对应的 y_1。再加热至 E 点，此时混合液处于气液共存状态，液相的浓度为 F 点对应的 x_2，气体的浓度为 G 点对应的 y_2，从图中可看出 $y_2 > x_1$，$x_2 < x_1$，这说明欲分离一液体混合物时，可将其加热至气液共存状态，得到的蒸气凝液浓度高于原混合液浓度，而所余液相浓度低于原混合液浓度，这样可使混合液得到一定程度的分离。

如果将处于 B 点的苯与甲苯过热蒸气冷却至 H 点所对应的温度 t_4 时，会出现第一滴液体，t_4 称为露点温度，故 t-y 线又称露点线，再继续降温至 E 点对应的温度 t_3，又会出现气液共存的情况，气液的浓度会出现同样的差异，使混合蒸气得到一定程度的分离。以上就是简单蒸馏的原理。

（四）挥发度与相对挥发度

纯净的单一组分液体的挥发性能可直接用一定温度下该液体的饱和蒸气压来表示，而对双组分溶液中各组分挥发性能的量化表示，则需引入一新的参量——挥发度。挥发度是指混合液中某组分在蒸气中的分压和与之平衡液相中的摩尔分率之比，即

$$\upsilon_A = p_A / x_A \quad [4\text{-}5(a)]$$

$$\upsilon_B = p_B / x_B \quad [4\text{-}5(b)]$$

两组分的挥发度之比称为相对挥发度 σ，即

$$\sigma_{AB} = \upsilon_A / \upsilon_B = (p_A / x_A) / (p_B / x_B) = p_A x_B / p_B x_A \quad (4\text{-}6)$$

如果已知混合液两组分的相对挥发度 α_{AB}，可很容易作出该混合液的 y-x 图，该图也可通过 t-x-y 关系作出，即：选出若干个温度值，通过 t-x-y 图或关系式求得相应的 x 和 y 的数值，再将这若干组的 x 和 y 一一在 y-x 图中标出若干点，将这些点连成曲线即可。y-x 图反映了平衡状态下的气相组成与液相组成的关系。图 4-2 所示为苯与甲苯的液相组成与平衡气相组成的关系曲线，即苯与甲苯混合液的 y-x 图，它可用于图解计算精馏塔的理论塔板数。

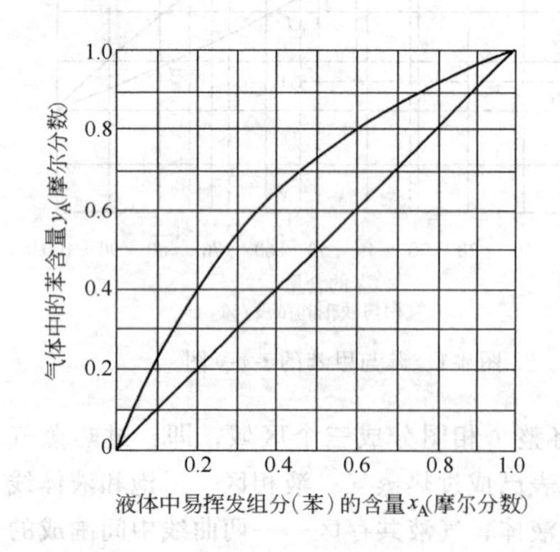

图 4-2　苯和甲苯混合液的 y-x 图

二、精馏

（一）精馏原理

简单蒸馏仅是经过一次部分汽化和冷凝，使馏出液（蒸馏设备上方得到的浓度较高的冷凝液）与釜残液（留在蒸馏釜下方浓度较低的混合液）的浓度分别高于和低于原混合液的浓度，使混合液得到初步的分离，但远不能分出两个纯组分来，若想通过蒸馏得到

几乎纯净的单一组分就必须采用多次的部分汽化和部分冷凝的精馏过程。

图 4-3 左下方所示为一蒸馏器，混合液进口浓度为 x_F，部分汽化的蒸气浓度为 y_1，釜残液的浓度为 x_1，将 y_1 的蒸气全部冷凝后作为第二个冷凝器的原料液进行再次部分汽化，得到的气相组成为 y_2，残液浓度为 x_2，此时必然有 $y_2>y_1$。如将 y_2 继续全部冷凝进入第三个蒸发器进行部分汽化，得到浓度为 y_3 的气相，同样应有 $y_3>y_2>y_1$，还有浓度为 x_3 的残液。如此重复的部分汽化次数越多，最后得到的蒸气浓度越高，直到最后蒸出的几乎是纯净的易挥发组分。同理如将第一个蒸发器的釜残液倒入另一个蒸发器，蒸走部分蒸气后，再倒入下一个蒸发器，如此继续下去，最后也可得到几乎纯净的难挥发组分。

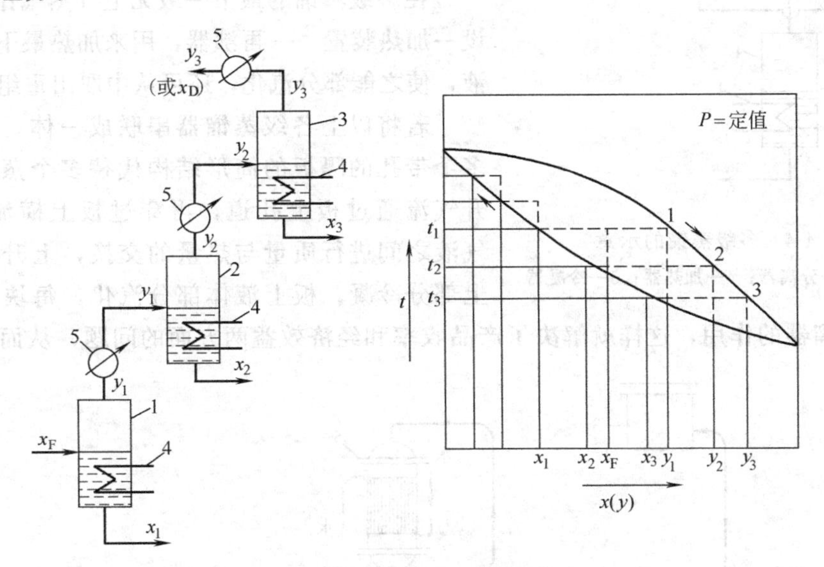

图 4-3 多次部分汽化过程

1，2，3—分离器；4—加热器；5—冷凝器

以上描述的是通过简单的多次部分汽化和冷凝将混合液分离成几乎纯净的单一组分。但是如此操作尚存在两方面的问题：其一是产品收率太低，若将一定量的原料液加进第一个蒸发器，如果部分汽化料液量仅为进料量的一半，通过 n 次的部分汽化，最后得到的轻组分产品仅为原料液的 $(1/2)^n$，如此低的收率肯定在生产中没有实际意义；其二是经济不合理，以上流程中每 一级蒸馏器都有加热器，每一级间都有冷凝器，这使得设备投资、能源和水资源的消耗都很大，经济效益很差。若想在生产中应用多次汽化流程就必须解决这两方面的问题。

如图 4-3 所示，每上一级蒸出的蒸气中易挥发组分含量要比下一级高，即沸点温度要低，则有 $t_1>t_2>t_3$，因同级气液相温度基本相等，则可让 x_3 残液回流至第二个蒸馏器与上升到第二蒸馏器的气相 y_1 接触，由于 y_1 的温度 t_1 高于 x_3 的温度 t_3，因此在第二个蒸馏器发生了上升蒸气的部分冷凝和回流液体的部分汽化。同样将 x_2 回流至第一个蒸发器与上升的气相接触换热，这样做不仅省去了许多级间加热器和冷凝器，而且还使 x_1、x_2 等每一级的残液得到了充分的利用，大大提高了收率。最上一级蒸馏器没有回流液体，为保证精馏操作的连续进行，需设一冷凝器将最上一级产生的蒸气全部冷

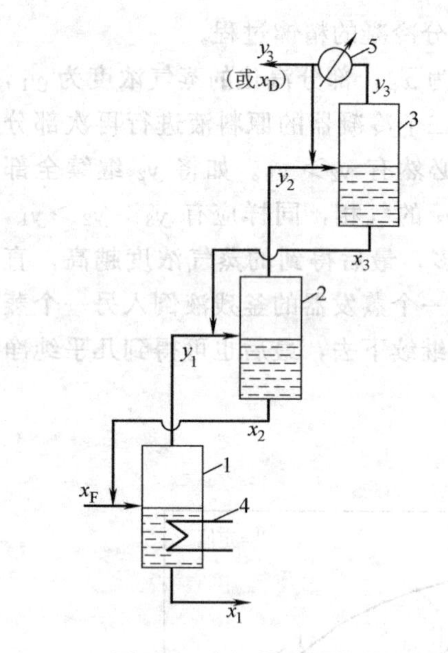

图 4-4　多级蒸馏的示意

1，2，3—分离器；4—加热器；5—冷凝器

凝，一部分凝液引出作为产品，所余部分作回流液，如图 4-4 所示。现设回流液量 L，取出产品量为 D。

将二者之比称为回流比，记作 R，即

$$R=L/D \tag{4-7}$$

式中　D——产品产量，kmol/h；

L——回流量，kmol/h；

R——回流比，无因次。

在多级蒸馏的最下一级无上升蒸气作热源故需设一加热装置——再沸器，用来加热最下一级回流液，使之能部分汽化，还可从中取出重组分产品。

若将以上各级蒸馏器串联成一体，并用装有多个带孔的隔板的筒形结构代替多个蒸馏器，上升气流通过板上孔道，再穿过板上横流的液体，气液之间进行质量与热量的交换，上升蒸气在板上部分冷凝，板上液体部分汽化，每块板都起到了一个蒸馏器的作用，这样就解决了产品收率和经济效益两方面的问题，从而形成能将

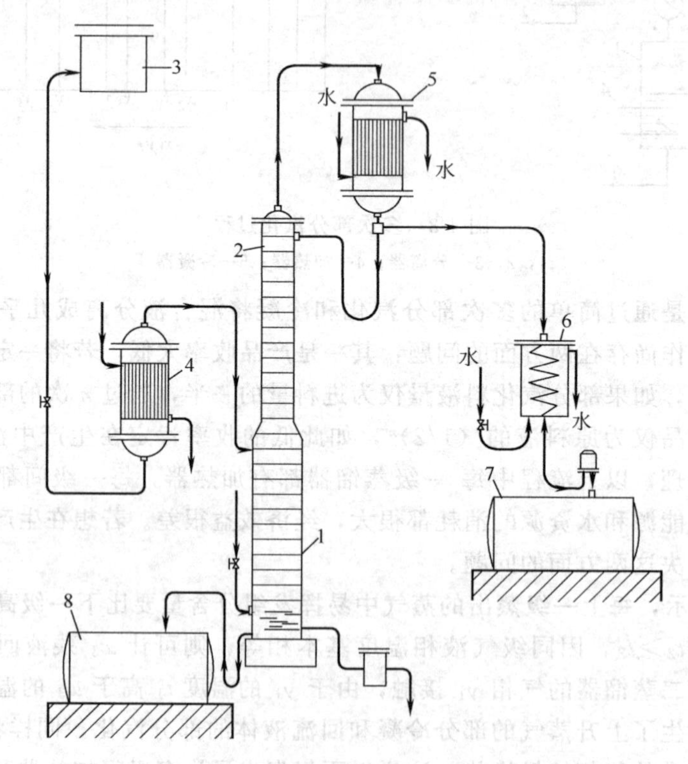

图 4-5　精馏工艺流程

1—提馏段；2—精馏段；3—高位槽；4—原料液预热器；5—分凝器；

6—冷凝冷却器；7—馏出液储槽；8—残液储槽

混合液分离成纯净组分且可用于生产实际的多级蒸馏过程——精馏，该筒形设备称精馏塔。精馏是利用组分间挥发度的差异，同时进行多次部分气化和部分冷凝的过程。精馏与普通蒸馏的本质区别在于回流，因为回流实现了有实际意义的多次部分汽化和部分冷凝的过程。

（二）精馏流程

按操作方式精馏可分为间歇精馏和连续精馏，连续精馏的工艺流程如图 4-5 所示。

连续精馏中的主体设备为精馏塔，精馏塔按结构可分为板式塔和填料塔两类，今以板式塔为例，说明连续精馏的工艺流程。待分离的原料液预热后是从塔中部某板上加入塔内的，该板称为加料板，加料板以下的塔体称提馏段，加料板以上的塔体称精馏段，因为提馏段要蒸馏回流液和原料液两部分液体，故一般情况下，塔径较粗。塔底装有蛇管或U形管的蒸气加热器，产生的冷凝水通过疏水器排出。有些精馏塔塔釜和加热装置放于塔外，称为再沸器，釜残液作为重组分产品在此引出。再沸器产生的蒸气返回塔内最下层塔板的下方。塔顶设一蒸气冷凝器，冷凝液按设计的回流比，一部分作为回流液（L）返回塔顶，其余部分作为馏出液（D），产品经冷却器流至轻组分产品储槽。原料液经预热达到设计要求的状态后连续加入精馏塔，轻重组分产品也按设计的 D 和 W 的量连续取出，此时塔内各点的温度、压强和浓度均不随时间变化，形成稳定的运行状态。

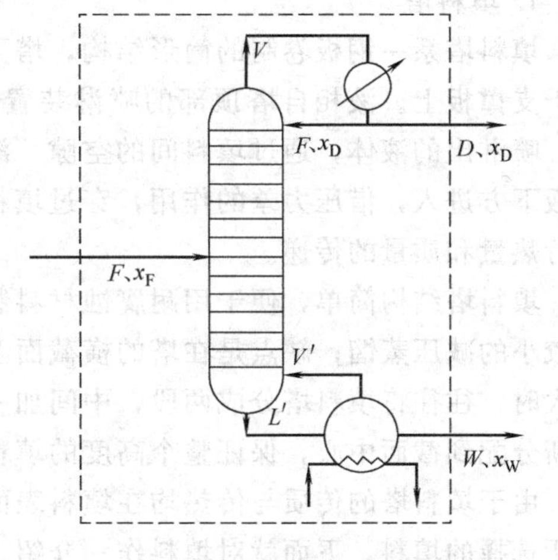

图 4-6　精馏塔的物料衡算

（三）精馏塔的物料衡算

通过对精馏塔全塔的物料衡算，可求出精馏产品的数量、质量和收率等。

今以图 4-6 所示的全塔（虚线框内部分）为对象，以单位时间为基准，进行物料衡算。

总物料量
$$F=D+W \tag{4-8(a)}$$

易挥发组分量
$$Fx_F=Dx_D+Wx_W \tag{4-8(b)}$$

式中　F——原料液流量，kmol/s；

D——馏出液（轻组分产品）量，kmol/s；

W——釜残液（重组分产品）量，kmol/s；

x_F，x_D，x_W——原料液、馏出液、釜残液中易挥发组分的摩尔分率。

一般情况原料液的流量和组成是已知的，而 x_D 和 x_W 为设计要求，通过将式(4-8(a)) 和式 (4-8(b)) 联立可很容易计算出轻重组分的产量 D 和 W，即

$$D=(x_F-x_W)F/(x_D-x_W) \tag{4-9(a)}$$

$$W=(x_D-x_F)F/(x_D-x_W) \tag{4-9(b)}$$

三、精馏设备与操作

（一）精馏设备

精馏流程的主体设备是精馏塔，其主要作用是为上升蒸气与回流液体提供充分接触进行传热和传质的条件，能达到此目的的塔设备结构形式有很多种，但应用在工业生产上的精馏塔必须尽量满足下列要求。

① 有较高的生产能力　单位塔截面积的料液处理量大。

② 分离效率高　达到规定分离要求的塔高要低。

③ 有较高的操作弹性　气体和液体负荷的允许变化范围要尽量大。

④ 气体阻力小　此点对减压蒸馏尤为重要。

⑤ 结构简单、造价低廉。

完全满足以上要求的塔设备是不存在的，但可根据生产实际的要求，结合不同塔型的特点，突出解决主要矛盾，选择合适的塔型。按结构分精馏塔可分为填料塔和板式塔两种。

1. 填料塔

填料塔系一钢板卷制的筒形结构，塔下部置一支撑栅板，填料体以整砌或乱堆方式布于支撑板上。液相自塔顶部的喷淋装置均匀的喷洒在整个塔的横截面上。当塔运行时，喷淋出的液体，通过填料间的空隙，沿填料表面流下，自塔底引出。气相自塔底支撑板下方进入，借压力差的作用，穿过填料的空隙，在填料湿润的表面与液相接触，并进行热量和质量的传递。

填料塔结构简单，便于用耐腐蚀材料制造，气相流动阻力较小，特别适用于要求压降较小的减压蒸馏；缺点是在塔的横截面上，气液两相分配不均，因此当填料堆积高度较大时，往往将填料塔分成两段，中间加一液体再分布器，用来将因沿塔壁流下的液体重新分配到截面中心，保证整个高度的填料表面都能很好的润湿。

由于填料塔的传质与传热均在填料表面进行，故填料塔的运行质量很大程度上取决于所选择的填料，下面就对填料作一介绍。

（1）对填料的基本要求

① 能提供较大的气液接触面积，衡量这项要求的指标是填料的比表面积σ，它的定义为单位体积的填料层所具有的表面积，单位是m^2/m^3。

② 要求气体通过时的阻力尽量小。这就意味着填料能为气体提供更大的通道面积，因此衡量阻力大小的指标是填料自身具有的孔隙率ε，它的定义为单位体积的填料层具有空隙的体积，单位是m^3/m^3。

③ 要求操作弹性要大。填料提供的空隙越大，通道面积就越大，往往此时提供的表面积就越小，因此要综合考虑两方面的要求，综合考虑的指标叫填料因子，记作$\Phi=\sigma/\varepsilon^3$，操作时的$\Phi$称湿填料因子，其值由实验测定。填料的$\Phi$值小，阻力就小，同时可使填料具有更大的气流操作范围，即操作弹性更大。

④ 要求单位体积的填料质量轻，强度高，价格便宜。衡量此项要求的指标是单位体积的填料个数n、单位体积填料具有的质量（称堆积密度）和单价。堆积密度的单位是kg/m^3。

(2) 填料的种类　近年来填料的结构形式有很大改进使流通阻力不断减小，气液接触情况不断改善，分离效率不断提高。但一些传统填料因其技术成熟，性能稳定，也还有不少应用，如今对各种填料及其特点做一简单介绍。填料的种类大致可按以下方式分类。

- 实体填料
  - 环形填料（拉西环鲍尔环）
  - 鞍形填料（弧鞍形和矩鞍形）
  - 栅板填料
  - 波纹填料（金属成塑料波纹板）
- 网状填料
  - 网环与双层网环
  - 鞍形环
  - 金属网体波纹填料

① 拉西环　拉西环如图 4-7(a) 所示，为外径与高相等的圆环，拉西环在填料塔内的堆积形式分乱堆与整砌两种，一般情况下，环外径小于 75mm 时，采用乱堆方式，这样装卸方便，但流体阻力大；外径大于 100mm 时，采用整砌，此种方式耗费人工劳力大，但流体阻力小。拉西环的优点在于结构简便、技术成熟、价格便宜。但拉西环填料工作时存在严重的沟流和壁流，尤其是在大塔径和填料层较高的情况下，此种现象尤为严重，会导致分离效率降低，气体阻力增大。

② 鲍尔环与阶梯环　鲍尔环如图 4-7(b) 所示，其构造是在拉西环的壁上开出两排长方形的窗口，被切开筒片的一侧与筒壁相连，另一侧向环内弯曲至筒中心。鲍尔环的 σ 和 ε 与拉西环相差不多，但它提高了环内空间及环内表面的利用率，气相阻力降低，液体分布更均匀，改善了沟流和壁流的状况，因此传质效率比拉西环高。操作弹性更强，但价格却较高。

阶梯环是在鲍尔环基础上改进发展起来的，如图 4-7(c) 所示，阶梯形的高度仅为直径的一半，环形一侧做成喇叭口状，这样做可使填料强度提高，气体阻力减小，分离效果更好。

③ 弧鞍形与矩鞍形填料　弧鞍形与矩鞍形填料的构造特点是表面全部敞开，如图 4-7(d)、(e) 所示，因其不分内外，故表面积利用率高，气体阻力也小，分离效果较

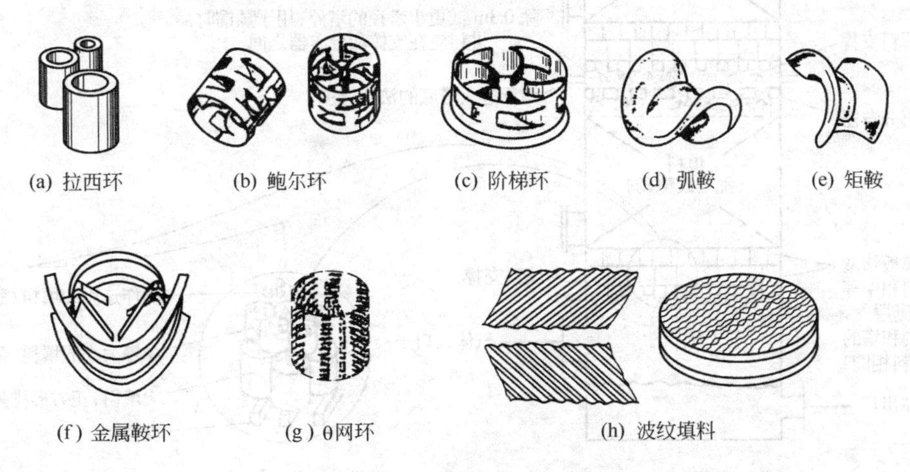

(a) 拉西环　(b) 鲍尔环　(c) 阶梯环　(d) 弧鞍　(e) 矩鞍

(f) 金属鞍环　(g) θ网环　(h) 波纹填料

图 4-7　几种填料的形状

好。以上几种填料在填料尺寸和操作条件基本相同的情况下，分离效果从高到低的排列顺序依次为：金属鲍尔环、陶瓷矩鞍、陶瓷弧鞍、金属拉西环、陶瓷拉西环。

④ 金属鞍环　金属鞍环的构造是综合了环形和鞍形填料的优点发展起来的，具体形状如图 4-7(f) 所示，它既有环形填料的圆环、开孔和内弯的叶片，也有矩鞍形填料的鞍形表面，因此气液分布更均匀，表面利用率更高，分离效果更好。

⑤ 纹填料　波纹填料如图 4-7(h) 所示，是一种新型高效填料，分实体和网状两种，波纹实体填料的形状为波纹板，多由陶瓷，塑料和金属制成，堆积方式为整砌，波纹与水平方向呈 45°角，相邻两板的波纹倾斜方向垂直，堆砌成 40～60mm 高的圆饼状，圆饼直径略小于塔的内径，波纹板具有很大的比表面积，上升气体和下降液体在流动过程中不断重新分布，故传质效率高，流动阻力也比较小，其缺点是不适于处理黏度高及有沉淀物的物料，造价较高。

波纹网体填料是由金属丝网制成的，丝网较密，比表面积大，孔隙率也较高，传质效率很高，每一米填料层可相当于 10 块理论板，气流阻力低，操作弹性大，由于波纹网体填料具有如此多的优点，尽管有造价很高、不适于处理高黏度物料的缺点，但在工业上的应用仍有很大的发展前景。

(3) 填料塔的构造　图 4-8 所示为填料塔的结构示意，主要由塔体、液体分布装置、液体再分布器、支撑板和液体出口装置等几部分组成，下面分别介绍。

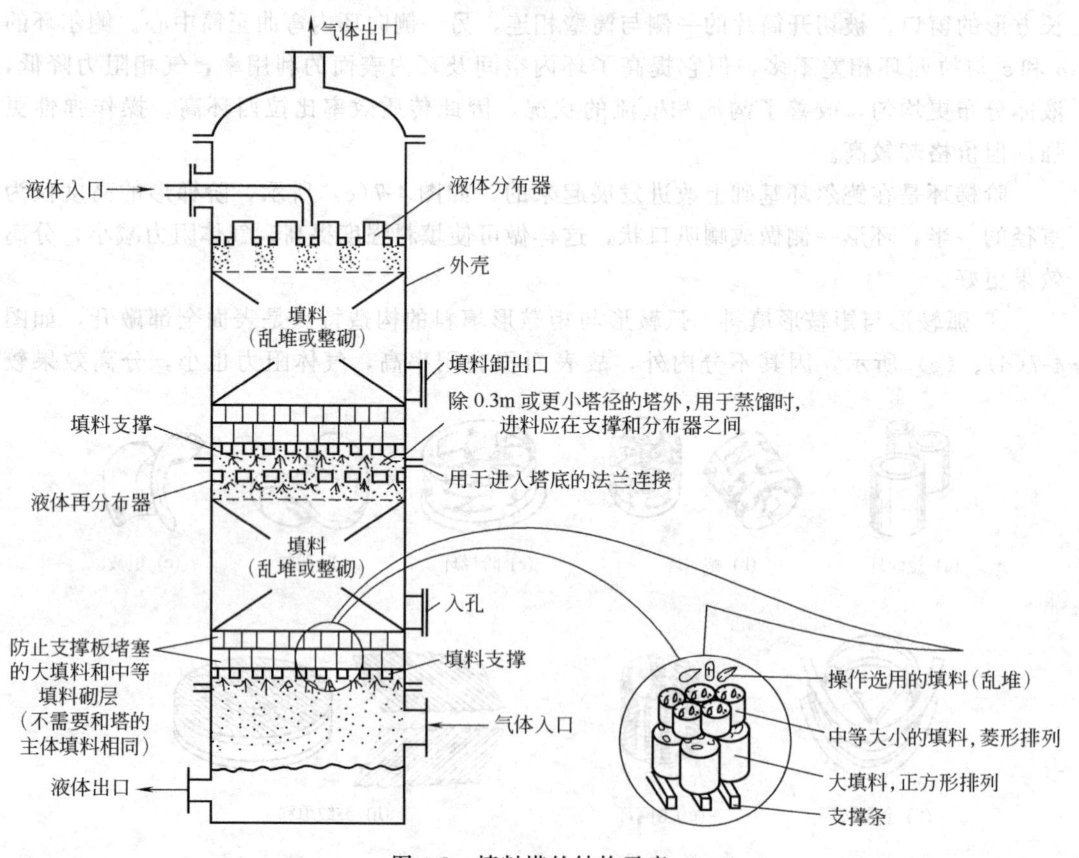

图 4-8　填料塔的结构示意

① 塔体　一般由钢板卷制而成，当塔较高时，为便于安装制造，可将全塔分成几段，每一段称为一个塔节，塔节之间用垫圈、螺钉连接密封，在塔体安装时，必须保证最下一节上端面的水平，以上各节靠塔节两端面的制造允许误差来保证，这样是为了使塔顶喷淋下的液体能在填料的横截面上分布均匀。

② 液体分布装置　液体分布装置的作用是将液体均匀的喷淋在填料层上，以润湿填料表面，使上升气流在填料湿表面上与液相进行传热传质，如液体分布装置均布效果不好，就会降低气液两相有效接触面积，导致传质效率降低。生产上常用的分布装置有弯管式喷淋器、莲蓬头式喷淋器和盘式分布器。

弯管式喷淋器如图 4-9(a) 所示，液体由外管直接引入塔内，端部呈下弯状，为使液体更均匀的分布，在管出口下部加一圆形挡板。弯管式喷淋器结构简单，但均布效果不理想，只适用于塔径小于 300mm 的填料塔。

莲蓬头式喷淋器［见图 4-9(b)］在进水管端部装一个带有许多小孔的莲蓬头，小孔直径为 3～10mm。装在距填料最上层为半个至一个塔径的距离，喷淋角小于 80°。它适用于直径在 600mm 以下的中型填料塔。

盘式分布器如图 4-9(c) 所示，将液体流至分布盘上，分布盘装有若干个直径大于 15mm 的溢流管，液体通过各溢流管均匀的喷淋在整个塔截面上，此分布器均布效果好，但加工精度高，尤其是喷淋管的高度允许误差小，每个喷淋管的上端面要保证在一个水平面上。此分布器多用在塔径大于 800mm 的大型填料塔上。

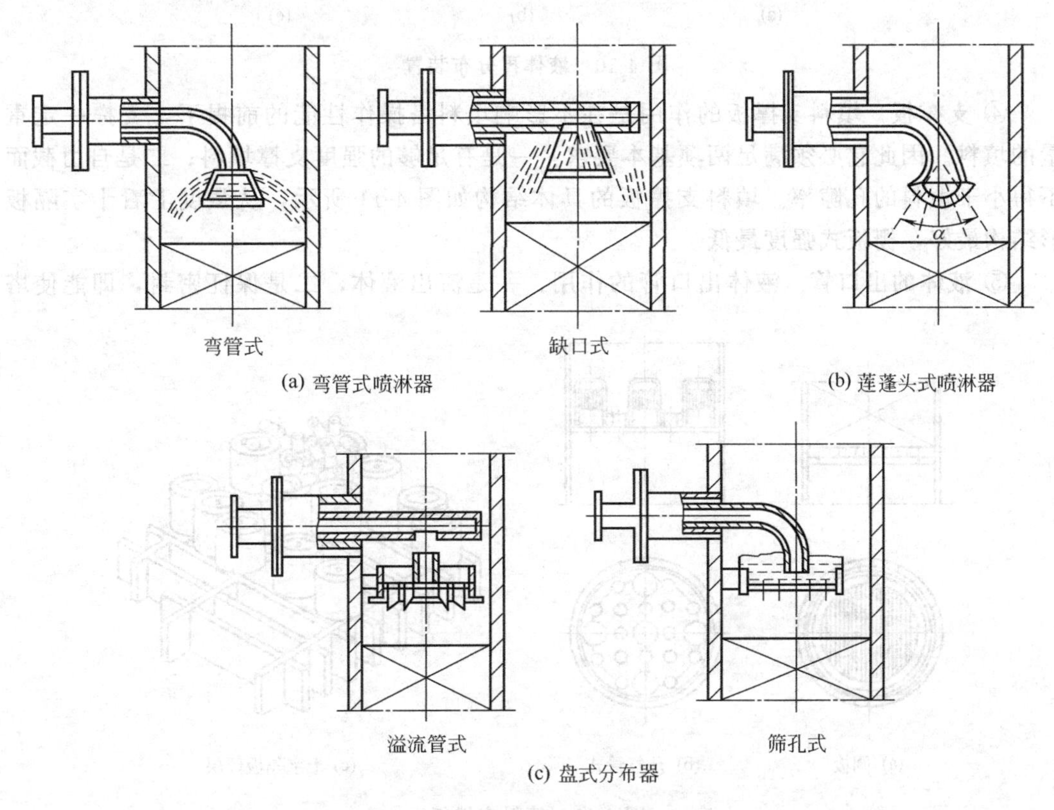

图 4-9　填料塔的液体分布装置

③ 液体再分布器　填料塔运行时，从上流下的液体一经接触塔壁就不会因脱开而沿壁流下，这是由于气流在管壁处流速小，液体淋下的阻力小，这种现象称壁流。壁流严重时会导致塔下方的填料表面有效接触面积降低，从而使传质效率降低，为防止壁流需将沿壁流下的液体重新分布，工业上常用的再分布装置主要有图 4-10 所示的 3 种。

一种是锥形分布装置，如图 4-10(a) 所示，锥面与塔壁的夹角为 35°～45°，锥台下方直径为塔径的 0.7～0.8 倍。另一种是槽形再分布器，如图 4-10(b) 所示。槽内装有若干根短管，将壁上流入槽内的液体引向塔中心，第三种是在一定高度的填料中重新安装一个液体分布器［见图 4-10(c)］，这种结构多用于塔径大于 800mm 的大型填料塔。

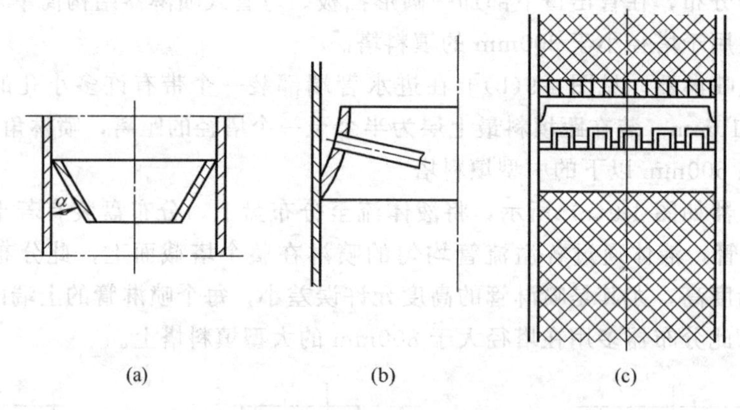

图 4-10　液体再分布装置

④ 支撑板　填料支撑板的作用是在不影响填料塔操作性能的前提下，支撑一定重量的填料。因此它必须满足两项基本要求：一是有足够的强度支撑填料；二是自由截面不得小于填料的孔隙率。填料支撑板的具体结构如图 4-11 所示，从强度上看十字隔板形结构最好，栅板式强度最低。

⑤ 液体的出口管　液体出口管的作用，一是流出液体，二是保证密封，即能使塔

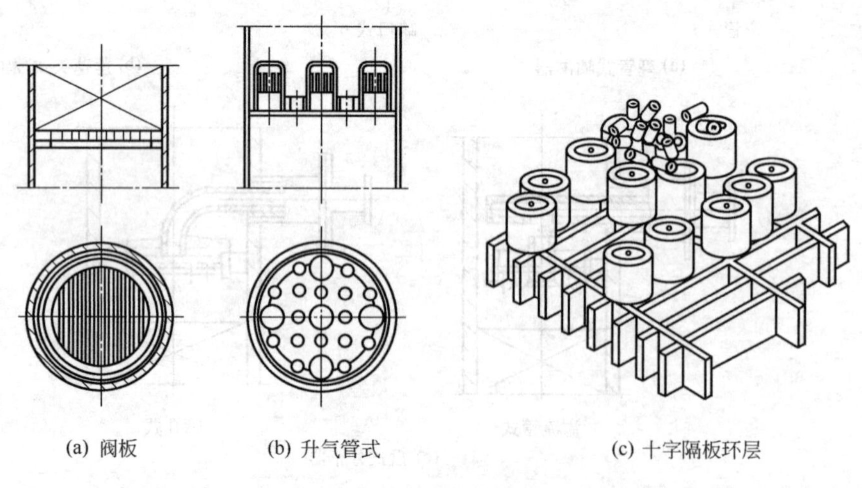

图 4-11　填料支撑板

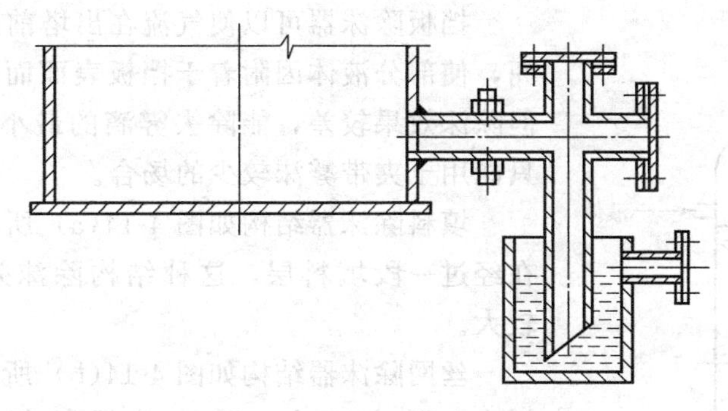

图 4-12　液体出口装置

内空间与外界环境隔离。图 4-12 所示为比较简单的液封装置。

⑥ 气体进口管（见图 4-13）　其作用是保证气体流畅的进入塔内，而且在整个塔截面上均匀分散，因此，不宜将管端直接向上弯，而是向下切一斜口或封死端面在管下方的开口。

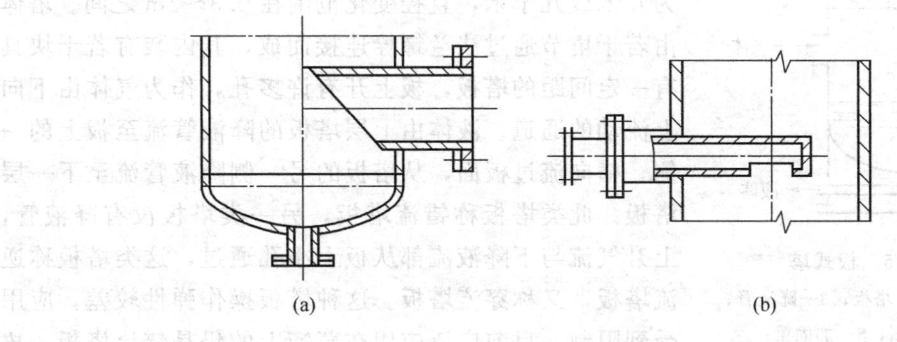

图 4-13　气体进口装置

⑦ 气体出口装置　气体出口装置的作用是保证塔内气体流出通畅，同时尽量除去所夹带的雾沫，为此，在顶部的气体出口处，多附设有除沫装置，生产上常用的除沫装置有挡板型、填料型和丝网型 3 种。

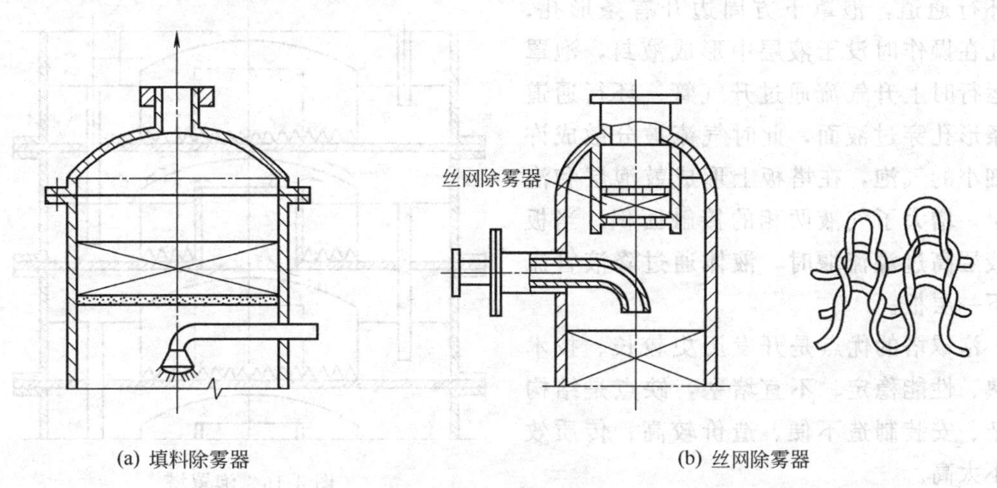

图 4-14　除沫装置

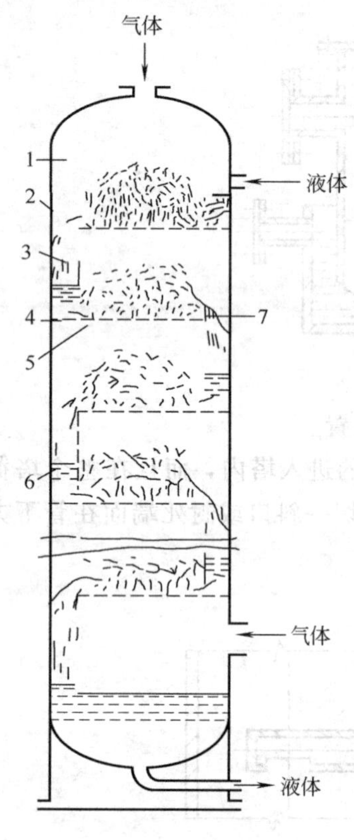

图 4-15　板式塔

1—壳体；2—塔板；3—降液管；4—支撑圈；5—加固梁；6—泡沫层；7—溢流堰

挡板除沫器可以使气流在出塔前进入多层弯曲挡板间，使部分液体因附着于挡板表面而留下，此结构简单但除沫效果较差，能除去雾滴的最小直径约为 0.5mm，只能用于夹带雾沫较少的场合。

填料除沫器结构如图 4-14(a) 所示，在气体出塔前在经过一段填料层，这种结构除沫效果较好，但阻力较大。

丝网除沫器结构如图 4-14(b) 所示，由于它占用空间小，阻力不大，除沫效果较好，对于直径大于 0.05mm 的雾滴除沫效率可达 98%～99%，目前应用最为广泛。

2. 板式塔

板式塔（见图 4-15）为立式圆筒形结构，塔高一般为几米或几十米，直径变化范围在 0.3～2m 之间。塔体由若干塔节通过法兰螺栓连接而成，其内装有若干块具有一定间距的塔板，板上开有许多孔，作为气体由下向上流动的通道。液体由上层塔板的降液管流至板上的一侧，横向流过板面，从塔板的另一侧降液管流至下一层塔板。此类塔板称错流塔板，另一类塔板没有降液管，上升气流与下降液流都从板上小孔通过，这类塔板称逆流塔板，又称穿流塔板。这种塔板操作弹性较差，应用受到限制。目前广泛应用在蒸馏上的仍是错流塔板，故本章只对此种结构做介绍。

(1) 泡罩塔　泡罩塔的结构如图 4-16 所示，塔板上装有若干短管作为上升蒸汽通道，该短管称为升气管，其上覆有钟形泡罩，因泡罩内径大于升气管外径，二者之间形成环行通道，泡罩下方周边开有条形孔，该孔在操作时没于液层中形成液封，泡罩塔运行时上升气流通过升气管、环行通道和条形孔穿过液面，此时气流被分散成许多细小的气泡，在塔板上形成鼓泡层和泡沫层，增大了气液两相的接触面积，当板上液层高过溢流堰时，液体通过降液管流至下一层板。

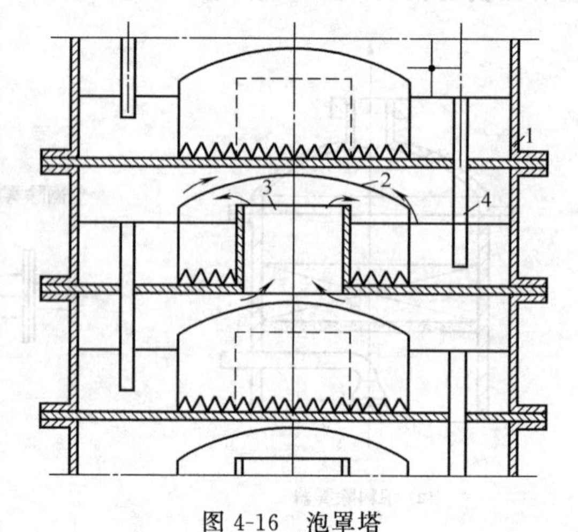

图 4-16　泡罩塔

1—塔板；2—泡罩；3—升气短管；4—溢流管

泡罩塔的优点是开发历史较长、技术成熟、性能稳定、不宜堵塞，缺点是结构复杂、安装制造不便、造价较高、传质效率不太高。

(2) 筛板塔　筛板塔在板式塔中结构

最简单，塔板仅为一块开有若干小孔的金属板，孔径为 3～8mm，按正三角形排列，降液管与溢流堰的结构以及气液在塔内流动的方式与泡罩塔相同。

筛板塔在操作时，液体从部分筛孔流下，在气速较低时，筛板上没有液层。当气速渐渐增大时，液体从筛孔流下受阻，板上开始形成液层。当继续增加气速时，从筛孔漏下的液体会越来越少，板上液层增高，当液面超过溢流堰时，板上液体会从降液管流下。气速再增加时，筛板液层上方出现鼓泡层、泡沫层，扩大气液两相接触面积，此时传质效果最好，是最佳操作状态。再提高气速，则会形成大量雾沫，导致上升气流夹带大量液体至上层塔板，这样就破坏了塔内液相浓度的正常分布，进而破坏了正常的分离过程，使精馏塔无法操作，此时的状态称液泛。

筛板塔的优点是结构简单、造价低，但弹性范围小、筛孔容易堵塞、不宜处理高黏度及有沉淀的物料。

(3) 浮阀塔　浮阀塔是一种性能较好的、应用广泛的错流塔板，从 20 世纪 50 年代开始在工业上投入使用。浮阀塔板在板上开有若干个孔（标准孔径为 39mm），在每个孔上都装有一个可以在一定距离内上下浮动的阀片，当气速较低时，气流穿过阀片与塔板间的空隙，以鼓泡的形式与板上的液体接触，继续增大气流，阀片的开度随气流负荷的增加而加大，直至阀片全部打开，气流通过环行缝隙涌出，以上情况均属正常操作，故有较大的气流操作范围。浮阀的结构形式很多，目前国内采用的有 5 种，但最常用的是 F_1 型和 V_4 型。F_1 型浮阀如图 4-17(a) 所示，其结构简单，阀片下方有 3 条腿，安装时，将其置于板上阀孔后，将底脚弯 90°，阀片周边上冲出 3 个略向下折的定距片，使阀片静止于板面时，片与板之间仍有 2.5mm 的空隙，阀片最大的抬升高度为 8.5mm。阀片有轻重之分，重阀片厚 2mm，质量为 33g；轻阀片厚 1.5mm，质量为 25g，由于轻阀的操作稳定性差，除减压蒸馏外，很少采用。

浮阀塔的优点为：生产能力比泡罩塔高 20%～40%，操作弹性大，塔板效率高，气体阻力小，造价一般为泡罩塔的 60%～80%，是筛板塔的 1.2～1.3 倍，缺点是不宜

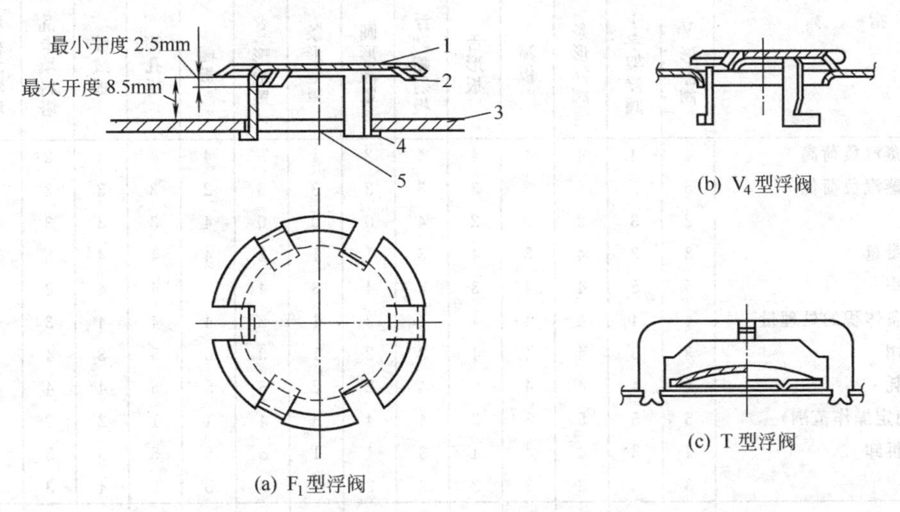

图 4-17　几种浮阀型式

1—阀片；2—定距片；3—塔板；4—底脚；5—阀孔

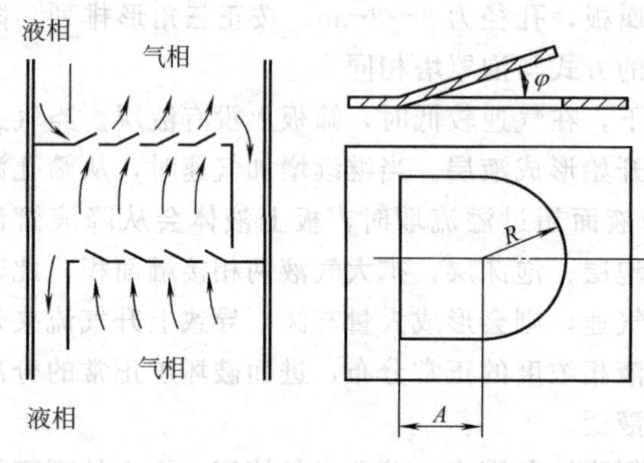

图 4-18　舌形塔板示意

处理易结垢、黏度大的流体。

(4) 喷射塔　以上 3 种塔板有一共同特点，当气流速度较大时，引起严重的雾沫夹带，甚至发生液泛，导致生产能力受到限制。喷射塔就是基于此点而开发出来的，今以舌形塔板（见图 4-18）为例做一说明。

舌形塔板的结构是在塔板上冲出许多舌形孔，舌片与板面成一定的角度，向塔板的溢流方向张开，舌孔成三角形排列，塔板上没有溢流堰，只有降液管。操作时，上升气流穿过舌孔，以 20～30m/s 的速度向斜上方喷出，板上液体流过舌孔时，被分散成小液滴，随气流冲至降液管上方的塔壁后，沿壁面流入降液管。

舌形塔板的生产能力大，雾沫夹带小，板上流体流向一致，没有返混现象，塔板阻力小，但不适用于气流速度较低的场合，为此，又开发出浮舌塔板，使舌片在低汽速时不开口，这样就扩大了操作范围。

在生产中选用不同形式的塔设备时，除应考虑物料的性质和使用场合的条件外，还应考虑各种塔型的自身特性，表 4-1 对几种塔的特性做了简单的介绍，供选用时参考。

表 4-1　几种塔设备特性的比较

指　标	塔板结构														
	溢流式									无溢流（穿流）式			填料塔		
	V形浮阀	十字架浮阀	条形浮阀	筛板	舌形板	浮动喷射板	圆形泡罩	条形泡罩	S形泡罩	栅板	筛孔板	波纹板	乱堆填料塔	波纹填料塔	波纹网填料塔
液体和蒸汽负荷高	4	4	4	4	4	4	2	1	3	4	4	4	2	4	4
液体和蒸汽负荷低	5	5	5	2	3	3	3	3	3	2	3	3	3	4	4
压力降	2	3	3	3	2	4	0	0	0	4	3	3	3	4	5
雾沫夹带量	3	3	4	3	4	3	1	1	2	4	4	4	5	5	5
分离效率	5	5	4	4	3	3	4	3	4	4	4	4	3	5	5
单位设备体积的处理量	4	4	4	4	4	4	2	1	3	4	4	4	3	5	5
制造费用	3	3	4	4	4	3	2	1	3	5	5	3	4	3	1
材料消耗	4	4	4	4	5	4	2	2	3	5	5	4	4	4	3
弹性（稳定操作范围）	5	5	5	3	3	4	4	3	4	1	1	2	2	4	4
安装和拆卸	4	3	4	4	4	3	1	1	3	5	5	3	3	1	1
维修	3	3	3	3	3	3	2	1	3	5	5	4	3	1	1
对脏的物料	2	3	2	1	2	3	1	0	0	2	4	4	2	0	0
备注	符号说明：0—不适用；1—尚可；2—合适；3—较满意；4—很好；5—量好结构														

（二）精馏塔的操作

1. 间歇精馏与连续精馏的正常操作过程

间歇精馏工艺流程与连续精馏基本相同，只是没有原料液预热装置。在间歇精馏操作时，首先将原料液一次性加入到蒸馏塔釜（或再沸器）中，通入间接蒸气加热，产生的蒸气上升至塔顶的分凝器，得到的冷凝液部分返回精馏塔，另一部分凝液与未凝蒸气通过冷凝冷却器全部冷凝成液体。并降至沸点以下温度，经观察罩流入储罐。观察罩中装有比重计，可测得凝液中轻组分的浓度，如需要得到不同浓度的成品液，则要准备若干个储罐，在蒸馏的不同阶段，分别收集，依靠观测罩中比重计的实测数据来控制操纵不同储罐的切换装置。间歇精馏过程的结束是根据釜残液中的浓度减少到规定组成即行停止精馏。

连续精馏流程如图 4-5 所示。精馏过程开始时，首先在进料板加一批原料液，流至塔釜加热沸腾并部分汽化，原料液同时按一定量连续加入，上升蒸气与下降的原料液在提馏段接触进行传质传热，最后升至塔顶，经分凝器后将冷凝液全部回流，此时的状态称全回流。这样上升蒸气即可在全塔内与下降液体进行接触，通过维持一段时间的全回流后，全塔各处的温度和组成趋于稳定，进料液量达到了正常操作值，釜残液的组成也达到了规定的要求，就可将冷凝液部分回流，另一部分作为产品取出，这样就逐渐形成了正常稳定的操作状态。连续精馏的稳定操作意味着塔内的温度、压强、组成仅是位置的函数，而不随时间变化。在连续精馏要结束时，先要停止进料，停止回流上升蒸汽的凝液全部作为产品，下降的液体流至釜内作为残液排出，连续精馏过程即结束。

2. 精馏塔的非良好操作现象

精馏塔在运行时，塔内每一点的工作状态并不是都处在理想的状态，理论状态是回流液由上一层降液管流至板上，向该板另一侧降液管的方向流动，在板上通过每个板孔和阀件时与气体进行接触，而气流穿过板上开孔流经液层时，与液体进行接触后再升至上一板。气液流在塔内的实际情况，并非完全如此，部分气泡可能被液流裹入降液管而流向下一板：部分液滴也可能被气流带至上一板，这种现象往往是不可避免的，但对这种现象的程度应有一严格的控制，否则会严重影响分离效率，甚至破坏精馏塔的正常运行。下面就对这些现象作一说明。

(1) 返混　在精馏塔运行过程中，气体与液体发生与宏观运动方向不同的现象称为返混，根据流动的主体不同，返混可分为气体返混合液体返混。

液体返混是指塔板上的液体以液滴或泡沫的形式被上升气流夹带至上一层塔板，板上部分液体作与主流方向不同的流动。板上液体流动形成的返混是由塔板结构和布局造成的，在塔板设计时要力求减少。其上升气流夹带液体所形成的返混，主要是因为操作气速过高和板间距过低引起了雾沫夹带。在实际操作中，板上返混或雾沫夹带是必然的，但需控制在一定范围内，规定的允许值为每千克气体夹带 0.1kg 的雾沫，若超出此值则会导致塔板效率严重下降。另外在塔板设计时要选用合理的板间距。

(2) 漏液　当上升气流和板间压强差不足以挡住液体时，塔板上的液体会从开孔处向下泄漏，这种现象称为漏液。在气流速度由高向低变化时，最早出现漏液的瞬间称漏液点，漏液点的气速为精馏塔运行时的最低值。漏液严重时会使板上液层高度降低，甚至不能流过整个塔板，这就减少了气液接触机会，降低了分离效率。漏液严重时，塔板上不能积液，完全破坏了正常操作。

气体通过板上开孔的实际速度 u_0 与漏液点气速 $u_{0_{min}}$ 之比为稳定系数 K，即

$$K=u_0/u_{0_{min}} \tag{4-10}$$

为保证精馏塔的正常运行，K 值应大于 1，最好在 1.5～2 之间，这样才能保持塔具有较高的操作弹性。要提高稳定系数、减少漏液，需在设计时减少塔板开孔或降低溢流堰高度。在操作时，要将气速控制在合理的范围内。

(3) 液面落差　液体从降液管下降至板上，横向通过板面，由于板上存在各种流动阻力，因此板面上必然有液面高度的差异，这差异称为液面落差。液面落差的存在会使上升气流分布不均，高液面处气流少、气速低，容易产生漏液；低液面处则有较大气流通过，容易引起严重的雾沫夹带，会使板的效率降低。液面落差是不可避免的，只能在设计时减少板面阻力，尽量控制落差值。

(4) 液泛　塔内压强合理的梯度分布是自下而上逐板减少的，气体在压强差的推动下由下向上流动，液体以其重力大于压强差的部分作推动力，由上向下流动。当流体流速超出正常操作范围时，许多气泡被快速液流卷入降液管，致使管内液体密度降低，此时只有管内液面不断升高才能使液体流到下一层板，在流体速度继续增大时管内液体与上层板上液体相通，板上液面上升，又使再上层降液管的液面提高，这种现象依次向上发展，最后全塔空间都被液体充斥，这种现象称为液泛，又称淹塔。液泛完全破坏了塔的正常运行，在操作中必须避免。液泛时的气速称液泛速度，操作时需将气速控制在液泛速度之内。影响液泛速度的因素有气液流量、流体的性质、塔板结构和板间距等，较大的板间距会提高液泛速度，同时也使塔高增加，故应通过全面考虑来确定板间距。

(5) 负荷性能图　通过对精馏塔操作非良好情况的介绍可知，在精馏塔运行过程中，控制气液流速（又称气液负荷）非常重要。对气速来说，过高则引起严重的雾沫夹带，过低则易发生严重漏液；对液速来讲，太高会产生液相返混，太低则使板上液流分布不均，板效率降低。因此必须将气液负荷控制在一定范围之内，塔才能正常运行。通常可用一直角坐标系来表示气液负荷的操作范围。

图 4-19 所示为塔板负荷性能图，纵坐标和横坐标分别反映气速和液速，图中的封闭线框由五条线组成。

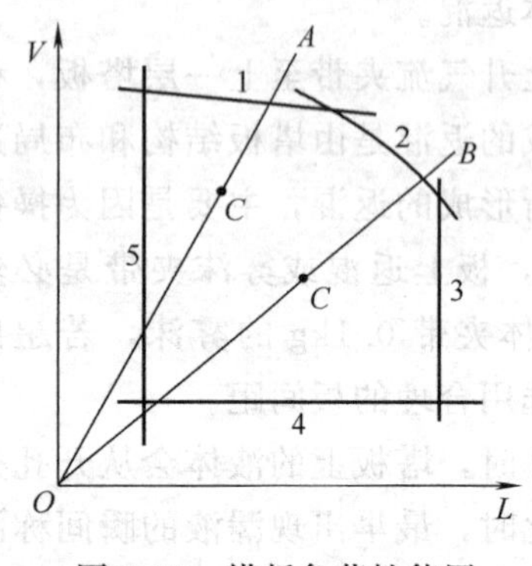

图 4-19　塔板负荷性能图

① 雾沫夹带线　气速超出此线则产生严重雾沫夹带，板效率严重下降。

② 液泛线　气速和液速高过此线，则会发生淹塔。

③ 液相负荷上限　液速高过此线，意味液体裹走大量气泡进入降液管，形成严重的气相返混，板效率严重下降。

④ 漏液线　气速低于此线，则发生漏液超标，板效率下降。

⑤ 液相负荷下限　液速低于此线，板上液体则不能均匀分布，致使气液接触不良，板效率降低。

以上五条线包围的区域是塔的适宜操作范围。每一个塔和每一种料液的负荷性能图形都不一样，需通过计算得出，塔的负荷性能图可用来指导精馏塔的操作，以保证其正常运行。

3. 精馏塔运行中出现的部分情况分析

(1) 塔顶、塔底产品浓度达不到规定要求，即：塔顶产品浓度低，塔底浓度高。这种情况从相关仪表反映出的变化是塔顶温度提高，塔底温度下降，这说明精馏段和提馏段的分离能力都不足，最方便的解决方法是加大回流比，产品质量可迅速提高。需要注意的是 R 增大后，蒸馏釜和冷凝器的热负荷会加大，应作相应调整。

(2) 塔顶产品不合格，塔底产品超过要求。这说明精馏段分离能力小，提馏段分离能力大，可考虑降低进料位置，减少提馏段板数，相应增加精馏段板数，如果调整了进料位置后效果不大，可进一步考虑提高回流比。

(3) 进料状态的变化。进料状态的变化主要影响精馏段和提馏段的板数分配，进料液的焓值降低，则精馏段所需板数减少，提馏段所需板数增加；如进料液焓值提高，则需减少提馏段板数，增加精馏段板数。

精馏塔运行中的问题还很多，应结合具体情况，运用基本原理进行分析，解决问题。

第二节　制药用水的制备设备

一、概述

水对于人类的生存与发展有着十分重要的作用，每个人在其生命活动中出于不同的目的所需的水不仅是数量不同，而且质量也不相同；在生产活动中则更是如此，生产不同的产品，不同的生产岗位，不同的生产用途对水质的要求有很大的区别，这就要根据不同的要求选用合适的水处理工艺来制备不同质量的水。

制药工业用水比其他生产行业对水质的要求范围更宽，与其他行业相同的是都要用到清洗水、饮用水、循环水、洗涤水等，不同的是还要用到高品质的行业专用的制药用水。根据 2005 年版《中国药典》规定：制药用水分饮用水、纯化水、注射用水、灭菌注射用水三种。以上三种不同水质的水，其制取工艺也有所规定：纯化水为采用蒸馏法、离子交换法、反渗透法或其他适宜的方法制得的水；注射用水为纯化水经蒸馏所得的水。目前国内外多数制药企业采用离子交换、电渗析和反渗透等方法制得纯水，再经蒸馏制取注射用水。以上几种方法各具特点：离子交换法的最大特点是除盐率高，但离子交换树脂再生时要产生大量的废酸和废碱，严重污染环境，破坏生态平衡。反渗透属膜分离技术对水中的细菌、热原、病毒及有机物的去除率可达 100%，但其脱盐率仅为 90%，因此它对原料水的含盐率有很高的要求。电渗析是将原料水通过直流电场，在阴阳离子交换膜和静电的作用下除去原水中电解质离解出的阴阳离子而得到纯水，该法耗电能大，除盐率不十分高，故常用于纯水制取的初级脱盐工序。

20世纪90年代，国际上逐渐发展起来了一种新型纯水制备技术，称做电去离子技术（electrodeionization，简称EDI），它将电渗析和离子交换技术有机地结合起来，可连续地制得高质量的超纯水，有很大的发展前途，目前我国已研制成功该技术并投入生产使用。

无论采用哪种制水技术，GMP对制药用水设备都有统一的要求，具体内容如下。

① 结构设计简单可靠，拆装方便。

② 设计时尽量采用标准化、通用化、系统化零部件。

③ 设备内外壁表面要光滑平整、无死角易清洗灭菌、避免使用油漆。

④ 设备材料尽量采用低碳不锈钢，应定期清洗并验证清洗效果。

⑤ 注射用水接触的材料必须是优质低碳不锈钢，应该定期清洗和验证效果。

⑥ 纯化水储存周期不得大于24h，储罐应用不锈钢材料制得，内壁要光滑，接口与焊缝不应有死角和砂眼，要定期清洗和验证效果。

下面我们对几种制备纯水的工艺方法及设备分别作简单介绍。

二、离子交换法

（一）离子交换法的工作原理

应用离子交换技术制备纯水是依靠阴、阳离子交换树脂中含有的氢氧根离子和氢离子与原料水中的电解质离解出的阳、阴离子进行交换，原水中的离子被吸附在树脂上，而从树脂上交换出来的氢离子和氢氧根离子则化合成水，并随产品流出。

1. 离子交换树脂

离子交换法制备纯水的关键在于离子交换树脂，离子交换树脂是一类疏松的、具有多孔的网状固体，既不溶于水也不溶于电解质溶液，但能从溶液中吸取离子进行离子交换，这是因为离子交换树脂是由一个很大的带电离子和另一个可置换的荷电离子组成的，现以钠离子交换树脂Na_2R为例说明离子交换过程。Na_2R中的R代表一个很大的带电离子，Na^+表示可被置换的阳离子，当它与含有Ca^{2+}的水接触时，树脂中的Na^+与Ca^{2+}交换而进入水中，水中的钙离子则被吸附在树脂上，不难看出这种离子交换过程实质上就是发生了一个化学反应，即

$$Ca^{2+}+Na_2R \longrightarrow CaR+2Na^+$$

离子交换的原理也就是在电解质溶液和不溶性的电解质之间发生的负分解反应。上例讲的也是钠离子交换树脂软化水的机理。

2. 离子交换树脂的种类

按树脂中被交换活性基团的不同，离子交换树脂可分为阳离子交换树脂和阴离子交换树脂两大类。阳离子交换树脂的活性基团是酸性的，在水中可电离出氢离子，与溶液中其他的阳离子发生复分解反应，进行等摩尔的离子交换，这样，氢离子就在进入溶液中的同时将溶液中电解质的阳离子交换到树脂上，即

$$2R—OH+Ca^{2+} \longrightarrow (R—O)_2Ca+2H^+$$

常用于制纯化水的阳离子交换树脂有R—OH和R—COOH等。

阴离子交换树脂的活性基团是碱性的，在水中可与水发生水合反应，其产物能离解出氢氧根离子，再与溶液中其他的阴离子发生复分解反应，进行等摩尔的离子交换。今

以阴离子交换树脂 $R-NH_2$ 为例，它含有碱性的活性基团 $-NH_2$，遇水后发生水合反应。

$$R-NH_2+H_2O=R-NH_3^+OH^-$$

此反应产物中的氢氧根离子与水溶液中的阴离子发生复分解反应

$$R-NH_3^+OH^-+Cl^-=R-NH_3Cl^-+OH^-$$

反应后酸根离子附于阴离子交换树脂上，氢氧根离子则进入溶液中。

当含有电解质的原水进入阴、阳离子交换柱（盛有阴、阳离子交换树脂的罐）时，原水中电解质的阴、阳离子全被树脂中的 H^+ 和 OH^- 所置换，最后得到的就是不含离子的纯水了，故又称纯水为去离子水。

3. 选择离子交换树脂的注意事项

① 粒度　树脂颗粒直径大，单位体积交换面积小，交换速率小。

② 耐磨性、耐热性　树脂的这些性能较好，使用寿命长。

③ 水溶性　不溶于水是对离子交换树脂的基本要求之一，否则就不能起到分离离子的作用。

（二）离子交换设备（见图 4-20）

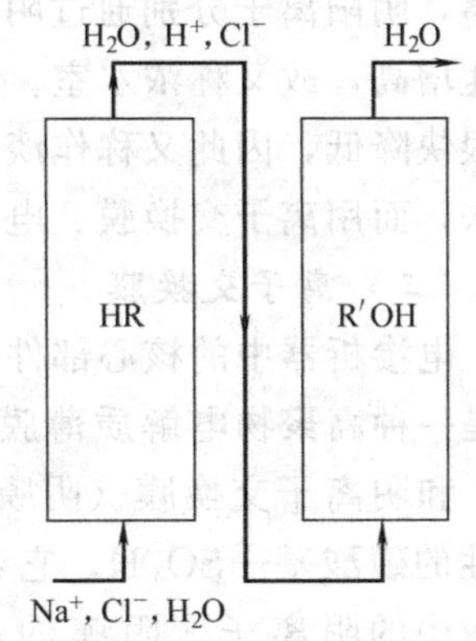

图 4-20　离子交换设备示意

离子交换法制备纯水的设备主要用两个罐，罐内分别装有能离解出 H^+ 的阳离子交换树脂（记作 HR）和能离解出 OH^- 的阴离子交换树脂（记作 R′OH）。这两个罐分别称为阳离子交换柱和阴离子交换柱。制纯水时将含有电解质（如 NaCl）的原水从下部先通过阳离子交换柱，这时原水中的 Na^+ 被树脂的 H^+ 交换生成 NaR 而附于固体树脂上。从阳离子交换柱上方出的水，只带有 H^+ 和 Cl^- 了，将其再引入阴离子交换柱，水中的 Cl^- 被树脂的 OH^- 交换，生成 R′Cl 而附于阴离子交换树脂上，从阴离子交换柱上方得到的就是去除电解质离子的纯化水了。由此可知，纯水的制取过程就是电解质水溶液的去离子过程。

离子交换树脂经过一段时间的工作后，树脂与原水接触面上的 HR 和 R′OH 均生成 NaR 和 R′Cl，如继续工作则会使水中电解质离子的去除率逐渐降低，为此需将树脂表面上的 NaR 和 R′Cl 恢复成原来的 HR 和 R′OH，我们称此过程为树脂的再生。

阳离子树脂的再生方法是用浓盐酸淋洗，当 HCl 与附在树脂上的 NaR 接触时，会发生化学反应

$$H^++NaR=HR+Na^+$$

树脂表面上的钠又呈离子状态，随淋洗酸液而排出柱外，此时阳离子树脂恢复了去离子的活性。阴离子树脂的再生则是用 NaOH 溶液来淋洗，所发生的反应为

$$OH^-+RCl=ROH+Cl^-$$

阴离子树脂上的 RCl 中的氯成为离子状态，随淋洗碱液排出柱外，阴离子树脂也恢复了活性。

用离子交换法制取纯化水最大的优点是除盐率高，一般为 98%～100%，因此，对

于深度除盐来说，离子交换是不可替代的，但其最大缺点是树脂再生时耗用的浓盐酸和氢氧化钠的量较大，致使制水成本提高且污染环境，故在使用发展上受到较大限制。

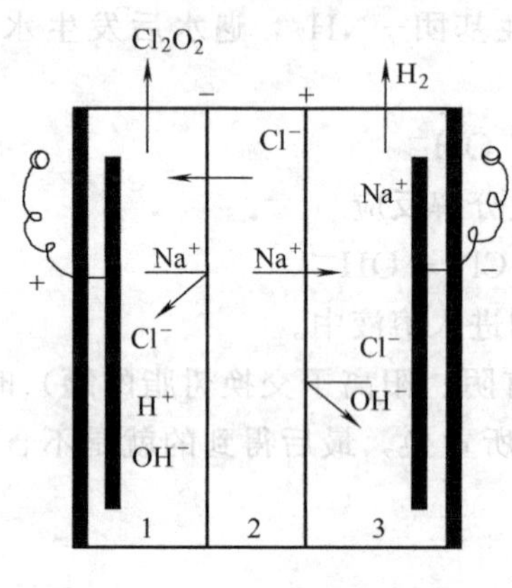

图 4-21　三槽电渗析器

三、电渗析法

（一）电渗析制纯水的工作原理

三槽形容器的两侧分别放置阳、阴两块极板并通以直流电，如图 4-21 所示，在槽内则形成直流电场，靠近阴极极板处装一只能通过阳离子的阳离子交换膜，在靠近阴极极板处装一只能通过阴离子的阴离子交换膜，水槽则被两膜分成阳极室、中间室和阴极室三部分。当原水从图中下方向上流过时，水中电解质电离出的阴阳离子与所有荷电的小分子有机物在直流电场的作用下发生定向迁移，阴阳离子分别通过阴阳离子交换膜进入阳极室和阴极室，此两室水中的离子浓度迅速增高，故又称浓水室。中间室水中的离子可分别通过两膜向浓水室迁移，故离子浓度很快降低，因此又称作淡水室，从淡水室排出的即为纯化水，此制水方法称电渗析脱盐法，而用离子交换膜、电极板和隔板等组装起来的设备称电渗析器。

（二）离子交换膜

电渗析器中的核心部件是具有选择性、透过性、良好导电性的阴、阳离子交换膜，它是一种高聚物电解质薄膜。按膜能透过离子带电的不同，可分为阳离子交换膜（阳膜）和阴离子交换膜（阴膜）两大类，阳膜的材质通常是磺酸型树脂，活性基团为强酸性的磺酸基—SO_3H，它容易离解出 H^+。阳膜表面有大量的负电基 SO_3^-，故排斥溶液中的阴离子。阴膜的材质通常是季胺型树脂，活性基团为强碱性的季氨基—$N(CH_3)_3OH$，它容易离解出 OH^-。阴膜表面有大量的正电基—$N(CH_3)_3^+$，故排斥溶液中的阳离子。

这两种膜的主体是网状结构的高分子骨架，网孔间相互沟通形成微细的曲折的通道，通道的长度远大于膜的厚度。在电场作用下，溶液中的阳离子可通过阳膜的微细孔道进入膜的另一侧（向阴极方向），阴离子则通过阴膜进入相反的另一侧（向阳极方向）。电渗析器中有许多阳膜和阴膜交错排列，配对成许多组合，在每一对阴膜和阳膜之间离子从它的两侧进入，形成离子集中的浓水室，在它们的外侧形成淡水室。在两端的电极室温度较高且有氧化反应，要用特殊的离子交换膜或纤维布。

离子交换膜的各项性能是影响电渗析器工作质量的重要因素，故对其有如下要求。

① 树脂膜要平整光滑，厚度要适当，要有很好的强度和韧性。

② 树脂膜在一定的温度下不变形。

③ 树脂膜要耐酸、耐碱，以适应用稀酸清洗除垢。

④ 树脂膜应有较高的离子交换容量，通常膜的交换容量高者，强度较低。

⑤ 树脂膜要有良好的导电性。

⑥ 树脂膜要有良好的选择透过性，即它对同名的离子有很高的透过性，对异名离

子则透过性极低。此外，膜对水的透过性也要低，以免降低电渗析的出水率。

离子交换膜使用前应保存在湿润的环境中或用清水浸泡，以防干燥变形。若保存时间长，需加入少量防腐剂（如甲醛）于水中，防止细菌滋生。

（三）电渗析器

电渗析器是由紧固装置、电极室、膜堆三部分组成的。膜堆是由若干对膜和膜板按阳膜—A型隔板—阴膜—B型隔板—阳膜……的顺序组成。膜堆的两端有电极室，电极室中装有电极、极框、电极托板和橡胶垫板。电极一般是将石墨或不锈钢制成极框放在电极与极室膜之间，它可作为电极室进出水的通道和排出电极反应物。紧固装置通过若干个紧固螺栓和上下压板将电极室和膜堆均匀地紧固成一整体，确保电渗析器在正常压力下工作时不泄漏。

膜堆中的隔板是用聚氯乙烯和聚丙烯制得的，厚度为1～2mm，分A型板和B型板两种。在组成膜堆时，将A型板置于阴阳膜间形成的淡水室中，B型板放在两膜间形成的浓水室中。隔板的作用有两个：一是隔开和支撑离子交换膜，二是排出淡水和浓水。在板上有许多平行曲折的通道，液体可沿通道流入由膜和隔板上的孔组成的淡水通道和浓水通道，A、B两隔板通过结构的变化，分别与淡水通道和浓水通道连通，A、B板的结构与板框过滤机中的板和框相似。

电渗析器可组合成卧式，也可组合成立式。卧式安装方便，立式便于运行时排出电极电解出的气体。电渗析器在正常运行时，一般不需人工操作，只是在使用相当一段时间后需用酸、碱将膜清洗除垢。

四、反渗透法

反渗透（reverse osmosis，简称RO）同电渗析一样也属膜分离技术，它是通过反渗透膜把水溶液中的水分离出来，而电渗析是将溶液中的电解质分离出来。

（一）反渗透的工作原理

渗透现象在自然界是可以经常见到的，如腌制一些蔬菜时，需将菜放入盐水中，过一段时间蔬菜的体积就会变小，这就是说菜中的水分进入了盐水中，这种水分进入盐水溶液的现象被称为渗透。今取一水槽，用隔板将其分成两部分，隔板下方开一大孔，用一个只能透过水的半透膜将大孔严密覆上，如图4-22所示，在隔板两侧分别注入纯水和盐水，让其达到同一高度。过一段时间就会发现纯水一侧的液面降低，而盐水一侧的

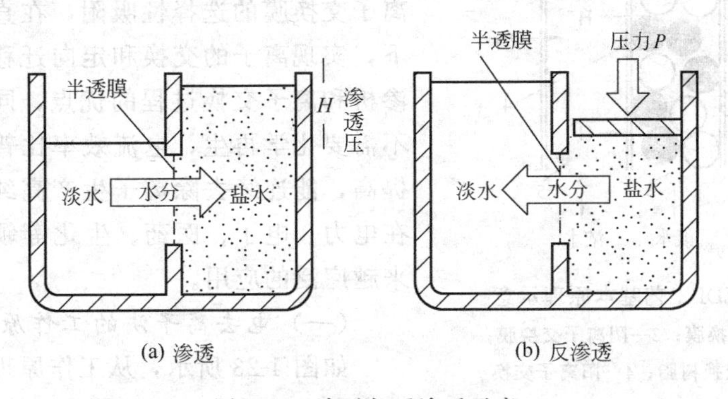

图4-22　渗透与反渗透示意

液面升高，把水分子透过膜迁移到盐水中的现象称为渗透现象。盐水一侧的液面升高并不是无限的，升到一定高度时就会停止，达到平衡，此时在隔膜两侧的液面高度差所代表的压强就称为渗透压。若在以上系统达到平衡后，在盐水一侧液面上施加一定的压强P，就会发现纯水液面逐渐升高，这说明水分子从盐水侧转移到纯水侧。在膜隔开的盐水-纯水系统中的盐水侧，施一大于渗透压的压强，盐水中的水分子透过膜向纯水侧迁移的过程称为反渗透，这也正是反渗透法制取纯化水的原理。

（二）反渗透膜

从反渗透的工作原理可知，它的核心元件是反渗透膜。我们知道一般细小的悬浮微粒直径范围为0.5～10μm，大分子量的分子为10～500nm，小分子量分子和无机物离子为0.1～10nm，细菌为0.2～2μm，各种蛋白质的分子直径为1～200nm，用反渗透制纯水则要求膜只能透过水，而截留住无机物离子和分子量低于300的有机物，截留的最小粒径为0.1～1nm，因此要求膜的微孔直径很小。

反渗透膜按结构分，主要有非对称性膜、复合膜和中空纤维膜三种；制造材料是各种纤维素，如醋酸纤维素（CA膜）、三醋酸纤维素和各种聚酰胺（脂肪酸和芳香族）等。

非对称性反渗透膜的表面有很细的微孔，孔径约2nm，厚度为0.2～0.5μm，底层为海绵结构，孔径为0.1～1μm，厚度为50～100μm，这种膜的透水速率为$0.6m^3/m^2\cdot d$。复合膜的表层是超薄膜，厚度仅为0.04μm，用多孔支撑层和纺织物加强，透水速率可达$1m^3/(m^2\cdot d)$。中空纤维反渗透膜的直径很小，外径约为25～150μm，表层厚0.1～1μm，壁厚由工作压强决定，外径与内径之比一般为2，由于壁厚相对管径较大，故不需支撑即能承受较大的工作压强。

反渗透机的结构因膜的形式而异，一般有框式、管式、卷式和中空纤维四种，均可用于纯化水的制取。其反渗透的推动力为膜两侧的压强差，一般情况下此值的范围为2～10MPa。

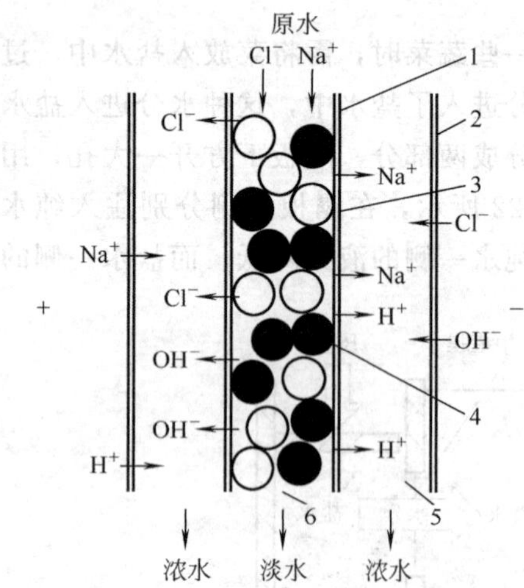

图4-23　EDI工艺基本原理示意

1—阳离子交换膜；2—阴离子交换膜；3—阴离子交换树脂；4—阳离子交换树脂；5—浓缩室；6—淡化室

五、电去离子法

目前，制药用水较先进的制备工艺是电去离子技术（electrodeionization，简称EDI）。电去离子技术是一项新型高效的膜分离技术，该技术是通过离子交换树脂的交换吸附以及阴阳离子交换膜的选择性吸附，在直流电场的作用下，实现离子的交换和定向迁移，它结合了电渗析和离子交换过程的优点，同时还具有树脂不需要化学再生，电流效率比普通电渗析显著提高，能连续去除离子生产高纯水等特性，故在电力、电子、医药、生化等领域将会得到越来越广泛的应用。

（一）电去离子法的工作原理

如图4-23所示，从工作原理上看电去离子法实质上就是在电渗析器中的淡水室中填充阴、阳离子交换树脂，当原水从图中上方进入直流电场向下方流出时，发生以下几个过程。

① 在直流电场的作用下，水中的电解质电离出的阴、阳离子通过阴、阳离子交换膜做定向迁移。

② 阴、阳离子交换树脂对水中的离子进行吸附和交换，同时由于离子交换树脂的导电性比水高得多，所以它还能起到加速水中离子移动的作用。

③ 在树脂、膜和水的界面上的极化，使水电离成的 H^+ 和 OH^- 与离子交换树脂产生的 H^+ 和 OH^- 均可对离子交换树脂进行再生。

因此，电去离子技术的工作原理就是离子迁移、离子交换和电再生三个子过程的有机组合，且是一个相互促进、共同作用的过程。

（二）电去离子法的特点

① 离子交换树脂用量少，仅为普通离子交换法的 1/20。

② 离子交换树脂不用化学再生，节约了酸碱和废水处理过程。

③ 设备连续运行，不需停产再生树脂，故水质稳定。

④ 产水质量高，其电导率接近纯水的指标。

⑤ 由于树脂强化了离子迁移，因此提高了电流效率，降低了产水成本。

⑥ 系统紧凑、安装方便。

⑦ 自动化管理。日常运行操作简单方便。

特别应该说明的是以上各种制纯水的方法都有自己的特点，因此工业生产上制取纯水很少采用一种方法，而是将几种方法和其他的水处理技术组合成一个符合生产要求的工艺流程，以此来制取纯化水。以下为一种制高纯水的工艺流程：

吸附→超滤→活性炭→软化→反渗透→电去离子→高纯水。

第五章 灭菌设备

第一节 概 述

中国《药品生产质量管理规范》对灭菌设备的规定为：灭菌柜应具有自动检测、记录装置，其能力应与生产批量相适应等具体的一些要求，对产品（包括最终容器及包装）而言，选择何种灭菌方法和灭菌设备必须经验证合格方可使用。所以正确选择灭菌设备对保证灭菌产品的质量就显得尤为重要。

一、概念

灭菌法是指用热力或其他适宜方法将物体或介质中一切存活的微生物杀死或除去的方法。灭菌法是制药生产的一项重要操作。尤其对灭菌制剂、敷料和缝合线等。生产过程中的灭菌是保证用药安全的必要条件。灭菌的目的是：既要杀死或除去药剂中的微生物，又要保证在灭菌过程中药物的理化性质和治疗作用不受任何影响。因此，选择灭菌方法时必须结合药物的性质全面考虑。灭菌方法对保证产品质量有着重要的意义。

灭菌的方法基本上分为三大类：物理灭菌法（干热灭菌法、湿热灭菌法、射线灭菌法、滤过灭菌法）、化学灭菌法（气体灭菌法、化学杀菌剂灭菌法等）和无菌操作法，其中物理灭菌法最常用。

二、灭菌参数

灭菌设备的验证是通过有关参数对灭菌方法进行可靠性验证的。下面介绍一些灭菌的参数。

1. D 值

D 值是微生物的耐热参数，是指在一定温度下，将 90%微生物杀菌所需的时间。以分钟表示。美国药典用 D 值表示灭菌程度。一般来说，灭菌后的微生物残存率应达到 1×10^{-6}。D 值越大，该温度下微生物的耐热性就越强，在灭菌中就越难杀灭。对某一种微生物而言，在其他条件保持不变的情况下，D 值随灭菌温度的变化而变化。灭菌温度升高时，杀灭 90%的微生物所需的时间就短。不同的微生物在不同环境下具有不相同的 D 值。

2. Z 值

Z 值是灭菌温度系数，是指降低一个 $\lg D$ 所需的温度数。在一定温度范围内（100～138℃）与温度 T 呈直线关系。

$$Z=\frac{T_1-T_2}{\lg D_2-\lg D_1} \tag{5-1}$$

Z 值被用于定量地描述微生物对灭菌温度变化的“敏感性”。Z 值越大，微生物对温度变化的“敏感性”就越弱。在没有特定的要求时，Z 值通常取 10℃。

3. F_T 值与 F_0 值

F_T 值是指一个给定 Z 值下，灭菌程序在温度 T 下的等效灭菌时间，以分钟表示。其数学表达式为

$$F_T = \Delta t \sum 10^{\frac{T-T_0}{Z}} \tag{5-2}$$

F_0 值是一定灭菌温度下 Z 为 10℃所产生的灭菌效果与 121℃时 Z 为 10℃所产生的灭菌效果相同时所相当的时间，即：$T=121℃$、$Z=10℃$ 时的 F_T 值。121℃为标准状态，F_0 值为标准灭菌时间。由定义可知其数学表达式为

$$F_0 = \Delta t \sum 10^{\frac{T-121}{Z}} \tag{5-3}$$

由于 F_0 值能将不同的受热温度折算成相当于 121℃灭菌时的热效应，对于验证灭菌效果极为有用，故 F_0 值的计算在蒸汽热压灭菌过程中最为常用。

一般规定 F_0 值应控制在 8min 以上，实际操作应将 F_0 控制为 12min。对热极为敏感的产品，可允许 F_0 值低于 8min。但要采取特别的措施确保灭菌效果。

4. 灭菌率 L

L 值是指在某温度下灭菌 1min 所相应的标准灭菌时间（分钟），即 F_0 和 F_T 的比值。当 $Z=10℃$ 时，不同温度下的 L 值是不同的，不同 Z 值下的灭菌率均可在《中国药典》2000 年版的附录 XⅦ 的表 2 中查到。

5. 无菌保证值（SAL）

无菌保证值是为灭菌产品经灭菌后微生物残存概率的负对数值，表示物品被灭菌后的无菌状态。按国际标准规定，灭菌后的微生物存活概率$\leqslant 1\times10^{-6}$，即不得大于百万分之一。

三、灭菌设备的分类

针对灭菌方法的不同，灭菌设备可分为如下几类。

1. 干热灭菌设备

干热灭菌设备是产生高温干热空气进行灭菌的设备。干热灭菌设备可按如下方法分类。

(1) 按使用方式分　一种是间歇式，即干热灭菌柜、烘箱等，在整个生产过程中是不连续的，适用于小批量的生产。另一种是连续式，即隧道式干热灭菌机。整个生产过程是连续进行的，前端与洗瓶机相连，中间由相对独立的三部分组成：预热干热灭菌、冷却。后端设在无菌作业区。自动化程度高，生产能力强，适用于大规模的生产。

(2) 按干热灭菌加热原理分　一种是热空气平行流灭菌，即热层流式干热灭菌机。它是将高温热空气流经高效空气过滤器过滤，获得洁净度为百级单向流空气，然后直接加热。另一种是红外线加热灭菌，即辐射式干热灭菌机。它采用远红外石英管加热，利用辐射的热传递原理，获得百级垂直平行流空气屏保护，不受污染，可直接进行灭菌。

2. 湿热蒸汽灭菌设备

湿热灭菌设备是利用产生高压蒸汽或常压流通蒸汽进行灭菌的设备。湿热灭菌设备可按如下方法分类。

（1）按蒸汽灭菌的方法分　高压蒸汽灭菌器和流通蒸汽灭菌器。

（2）按灭菌工艺分　高压蒸汽灭菌器、快冷式灭菌器、水浴式灭菌器、回转水浴式灭菌器。

（3）按灭菌柜的形状可分　长方形和圆形灭菌柜。

3. 射线灭菌设备

（1）辐射灭菌设备　辐射灭菌设备是以放射性同位素放射的γ射线杀菌的设备。将最终产品的容器和包装通过暴露在适宜的放射源（^{60}Co或^{137}Cs）中辐射或在适宜的电子加速器中达到杀灭细菌的辐射器。辐射灭菌的特点是不升高产品温度，穿透性强，适合于不耐热药物的灭菌。辐射灭菌设备也应经过验证。它已成功应用于维生素类、抗生素、激素、肝素、羊肠线、医疗器械以及高分子材料等物质的灭菌。

辐射灭菌设备费用高，对某些药品可能产生药效降低、产生毒性物质或发热物质，且溶液不如固体稳定，用时要注意安全防护等问题。中国对γ射线用于中药灭菌还在研究应用中。

（2）紫外线灭菌设备　紫外线灭菌设备是利用紫外线灯管产生的紫外线照射杀灭微生物的设备。紫外线的灭菌机理是紫外线作用于核酸蛋白质，促使其变性，同时空气受紫外线照射后产生微量臭氧而起共同杀菌作用。一般用的紫外线波长为200～300nm，灭菌能力最强的波长是254nm。

紫外线进行直线传播，可被不同的表面反射，穿透力微弱，但较易穿透清洁空气及纯净水，适用于物体表面的灭菌、无菌室空气的灭菌。不适用于药液的灭菌和固体物质深部的灭菌。装于容器中的药物也不能灭菌，因为普通玻璃可吸收紫外线。紫外线对人体照射过久会发生皮肤烧伤、红斑结膜炎等现象，故一般在操作前开启1～2h灭菌，而操作开始时应关闭。若必须在操作中使用时，则应加以防护措施。

（3）微波灭菌设备　微波灭菌设备是利用产生频率为300MHz到300kHz之间的电磁波杀灭细菌的设备。其灭菌原理是由于极性水分子可强烈的吸收微波，在交流电场中，随着电压按高频率交替的变换方向，正负电场的方向每秒钟改变几亿次或几十亿次，极性水分子发生剧烈的旋转振动并发热，由于分子间的摩擦而产生的热能达到灭菌的效果。微波能穿透到介质的深部，适用于水性注射液的灭菌，有些对高压蒸汽灭菌不稳定的药物（如维生素C和阿司匹林等）用微波灭菌就比较稳定。

国内研制的微波灭菌机是利用微波的热效应和非热效应（生物效应）相结合而成的。其中热效应使细菌体内蛋白质变性；非热效应能干扰细菌正常的新陈代谢，破坏细菌生长的条件，起到物理、化学灭菌所没有的特殊作用，并且能在低温（70～80℃左右）达到灭菌的效果。微波灭菌具有低温、常压、省时（灭菌速度快，一般为2～3min）、高效、加热均匀、保质期长、节约能源、不污染环境、操作简单、易维护等优点。

4. 滤过除菌设备

滤过除菌设备是在无菌操作过程中用于液体或气体除菌使用的过滤器，是一种机械除菌的方法。它主要适用于对热不稳定的药物溶液、气体、水等的灭菌。

滤过除菌法的原理是利用细菌不能通过致密具孔滤材的原理，除去对热不稳定的药品溶液或液体物质中的细菌，从而达到无菌要求。

滤过除菌的特点如下。

① 不需要加热，可避免因过热而破坏分解药物成分。

② 滤过不仅将药液中的微生物除去，而且可除去微生物尸体，减少药品中热源的产生。

③ 加压、减压过滤均可以，但在生产中一般采用加压过滤。

5. 化学灭菌设备

化学灭菌法是指用某些化学药品直接作用于细菌而将其杀死，同时不损害制品质量的灭菌方法。常用的方法有气体灭菌法和化学杀菌剂灭菌法。用于杀灭细菌的化学药品称为杀菌剂。以气体或蒸汽状态杀灭细菌的化学药品称为气体杀菌剂。

气体灭菌法是用化学药品的气体或蒸气对药品、材料进行杀灭细菌的方法。它常用的灭菌化学药品为环氧乙烷、戊二醛等。常用的设备是环氧乙烷灭菌设备。

环氧乙烷灭菌设备是以环氧乙烷的混合气体（环氧乙烷 10%、$CO_2$90%，或环氧乙烷 12%、氟里昂 88%）或环氧乙烷纯气体为灭菌介质杀灭细菌的设备。操作过程是：将待灭菌的物品置于环氧乙烷灭菌器内，用真空泵抽出空气，在真空状态下预热到55～65℃，当真空度达到要求后，输入环氧乙烷混合气体，保持一定的浓度、温度和湿度。灭菌完毕，用真空泵抽出灭菌室中的环氧乙烷，通入水中，生成乙二醇。然后通入无菌空气驱走环氧乙烷。

环氧乙烷灭菌设备主要适用于医用高分子材料、医用电子仪器、卫生材料等对湿、热不稳定的药物，还用于灭菌塑料容器、注射器、注射针头、衣服、敷料及器械对环氧乙烷稳定的物品。灭菌后的物品应存放在受控的通风环境中并用适当的方法对灭菌后的残留物质加以监控，以使残留气体环氧乙烷和其他易挥发性残渣降至最低限度。此灭菌过程需进行验证。

四、灭菌标准

（一）国际标准

国际标准规定湿热灭菌法的无菌保证值（*SAL*）不得低于 6，即灭菌后的微生物存活的概率不大于 1×10^{-6}，它是指灭菌后产品达到的无菌状态。

（二）国家标准

《中国药典》（2005 版）的灭菌法已与国际标准接轨，规定热稳定性较差产品的标准灭菌时间 F_0 一般不低于 8min。如产品的热稳定性很差时，可允许湿热灭菌的 F_0 低于 8，此情况下，应在生产过程中，对产品中污染的微生物严加监控，并采取各种措施降低微生物污染水平，确保被灭菌产品达到无菌保证要求。

（三）验证

GMP 和《大容量注射剂实验药品生产质量管理指南》中都有规定：灭菌设备安装完毕后，应对设备规格、性能、公用工程系统、附件、仪表等进行安装确认，然后进行运行确认和性能确认，验证合格方可使用。验证应有记录并保存。灭菌所用的热电偶温度计、多点温度记录仪、压力计等附属设备必须定期校正、按计划保养。

灭菌设备包括蒸汽灭菌设备和干热灭菌设备。蒸汽灭菌设备必须进行热分布试验(空载和满载)、热穿透试验、生物指示剂验证试验。干热灭菌设备必须进行热分布试验(空载和满载)、热穿透试验、灭菌、去热原验证试验。

蒸汽灭菌设备验证的具体项目如下。

1. 仪表校正

(1) 校正的温度指示、传感器、温度记录仪读数值与标准热电偶指示值之间的误差应不大于 0.5℃。

(2) 校正的时间记录仪与标准时间指示装置之间的误差应不大于±1%。

(3) 校正的压力表/真空表与标准表之间的误差应不大于±10%。

2. 热分布试验

热分布实验可以了解灭菌柜内温度均匀性，确定柜内“冷点”位置和“冷点”温度滞后的时间。这项试验分两步进行，即空载热分布试验和装载热分布试验。

空载热分布试验是应用至少 10 支经过校正的标准热电偶作温度探头，固定在柜内不同位置，其中蒸汽进口、冷凝水出口、柜的温度记录和控制探头处各固定一个探头，在空载状态下连续灭菌 3 次或 3 次以上，以证明空载灭菌柜腔室内各点（包括最冷点）的温度，每次灭菌程序运行过程中的差值应不大于±1℃。

装载热分布试验是将灭菌产品以不同的装载方式装在灭菌柜中，温度探头固定在产品附近，每种装载方式通汽灭菌 3 次，从中确定“冷点”位置，且“冷点”和柜内平均温度差值要小于±2.5℃。

3. 热穿透试验

热穿透试验是将温度探头插于待灭菌产品内，探头位置与热分布试验相同。但其中一支位于“冷点”，通过热穿透试验可了解灭菌条件对不耐热产品的适用性。

① 最大负载状态下，最冷点灭菌物品暴露时间为 121℃时，应不少于 15min，即 $F_0 \geqslant 15$。对于大输液，最冷点灭菌物品暴露时间为 121℃时，应不少于 8min，即 $F_0 \geqslant 8$。

② 微生物存活率概率不大于 1×10^{-6}。

4. 生物指示剂验证试验

生物指示剂验证试验即将一定量耐热孢子接种入待灭菌产品中，在设定灭菌条件下进行灭菌，验证满足产品的 F_0 值。

热穿透试验和生物指示剂验证试验至少应连续 3 次。

干热灭菌设备的验证，不需要做生物指示剂的验证试验，因为微生物的存活率远低于 1×10^{-6}，一般需进行热分布实验，热穿透试验和灭菌、去热原验证。

干热灭菌设备的验证方法与蒸汽灭菌设备的验证方法相似。在低于 250℃时，柜内空载各点温差应不大于±15℃。

一般干热灭菌的目的是除热原，对玻璃容器除热原需保证 250℃、30min，此时对于微生物已属于过度灭菌。

在变更处方、灭菌工艺、灭菌设备的情况下，应进行再验证。一般每年应作一次再验证。

五、灭菌设备的要求

1. 干热灭菌设备的要求

(1) 设备应能够保证待灭菌品所需的灭菌温度和时间。温度通常在250～350℃之间，灭菌时间可自动控制和调节。

(2) 为了防止灭菌时的热量损失，干热灭菌设备的外表面应为良好的隔热保温层。

(3) 设备上应配置有各种验证仪表，应有自动检测的记录装置。

(4) 应有温度控制系统和记录系统。各个功能段均设有温度传感器和记录装置、温度设定器、时间控制器、微压力传感器、压力表，以确保灭菌温度的准确。其记录系统将温度探测、传感系统的温度读数准确无误的记录清楚。

(5) 应有传送带（仅适用于连续法）速度控制器，它能保证传送带的速度与灭菌温度相适应，确保灭菌产品在设定的温度下通过干热灭菌机。应明确规定各种灭菌过程中传送带运行速度的范围，并且此范围是经过验证确定的。

(6) 灭菌产品的灭菌与干燥均在100级单向流洁净空气下进行，并保证设备内部空气处于正压状态，使外界空气不能侵入。

(7) 设备箱体应密闭，内部结构便于拆卸、易于清洗，保证灭菌产品在运转过程中不受污染。

2. 湿热灭菌设备的要求

(1) 严格按照国家有关的压力容器标准制造，设备能够承受灭菌工艺所需的蒸汽压力。灭菌柜的形式以方形和圆形最为普遍。

(2) 保证灭菌柜内具有蒸汽热分布均匀性，在灭菌柜内部任何一点的温度都应达到工艺规定的温度。特别是恒温阶段，温差不大于0.5℃。在升温、保温、降温的3个阶段中，温度波动很小，分布均匀。

(3) 保证灭菌柜适应于不同规格和不同的包装容器，并且有不同的装载方式。

(4) 应有蒸汽夹套及隔热层，以便在使用蒸汽灭菌前使设备预热，有利于降低能耗，减少散热。内壁选用不锈钢，主体外表面采用优质保温材料包裹，保证外表温度不超过55℃。

(5) 灭菌柜应有自动计算温度、压力、F_0值控制检测系统，保证灭菌柜压力调节，确保灭菌温度。

(6) 灭菌柜应有必要的检测记录仪表装置，包括温度传感器、温度计、压力传感器、压力表、F_0值指示仪表和记录仪表等。要有周期定时器、顺序控制器，同时应配有灭菌车等。

(7) 筒体和大门均应有安全连锁保护装置，保证灭菌柜密封门不能打开。

第二节　湿热灭菌设备

一、湿热灭菌原理与要求

湿热灭菌是指物质在灭菌器内利用高温高压的水蒸气或其他热力学灭菌手段杀灭细

菌的方法。由于蒸汽比热容大、穿透力强、容易使蛋白质变性或凝固，故其灭菌可靠、操作简便、易于控制，具有灭菌效率高，经济实用等特点。它是目前制剂生产中应用最广泛的一种灭菌方法。

1. 湿热灭菌原理

当被灭菌物品置于高温高压的蒸汽介质中时，蒸汽遇冷物品放出潜热，把被灭菌物品加热，当温度上升到某一温度时，就有一些沾染在被灭菌物品上的菌体蛋白质与核酸等一部分由氢键连接而成的结构受到破坏，尤其是细菌所依靠、新陈代谢所必须的蛋白质结构——酶，在高温和湿热的环境下失去活性，最终导致微生物灭亡。

从上面所讲内容可知灭菌的根本条件是温度和湿度。各种微生物对湿热的抵抗力各有不同，湿热的温度越高，则杀灭细菌所需的时间就越短。我们知道，一个大气压只能支持100℃的水蒸气，要想得到更高的温度就必须提高蒸汽的压力。所以在灭菌操作中，只要调整蒸汽的压力就能达到控制灭菌温度的目的。饱和水蒸气的温度与饱和蒸汽压有一定的关系，见表5-1。可根据药品的性质来选择所需的温度与该温度下的饱和蒸汽压及灭菌时间。

表5-1　饱和蒸汽压和温度的关系及灭菌时间

温度/℃	绝对压力/kPa(kg·cm^{-2})	表压力/kPa(kg·cm^{-2})	时间/min
115.5	166.7(1.7)	68.6(0.7)	30
121.5	196.0(2.0)	98.0(1.0)	25
125.5	235.2(2.4)	137.2(1.4)	15

2. 湿热灭菌设备的要求

由于湿热灭菌法中有关参数（无菌保证值和F_0值、灭菌率L等）都提出了要求。因此在药品生产的各个环节中，均应采取各种有效的手段来降低待灭菌品的微生物污染。无菌保证值是表示物品被灭菌后的无菌状态，微生物可存活概率的负对数值。按国际标准规定，湿热灭菌法的无菌保证值不得低于6，即灭菌后微生物存活的概率不得大于百万分之一。F_0值为灭菌过程的比较参数。因此湿热灭菌法对湿热灭菌设备提出了一些要求。湿热灭菌设备的要求如下。

① 根据不同规格和不同的包装，容器设计出不同的大小和形状以及不同的装载方式；放入灭菌器的物品排列不可过密，以保证药品在灭菌柜内的热分布均匀性和合理的产量。

② 升温和冷却时间。升温和冷却时间与灭菌对象有关，应考虑到容器的传热系数，使容器内的药液都达到规定的灭菌温度所需的时间。冷却时考虑温差，不能骤冷、骤热，避免产生爆瓶或容器变形。

③ 压力调节。由于药品在灭菌过程中所用的包装材料不同，对温度、压力比较敏感的材料，需用调节压力的办法以保证药品在灭菌过程中不致遭到破坏。另一方面，在灭菌过程中从升温到降温，容器内外的压力差也需压力调节，避免发生爆破。

④ 仪表装置。灭菌柜必须有需要检测的仪表，如真空、压力、温度、记时、F_0值等指示仪表和记录仪表，以及反映灭菌器内各项技术参数的装置。随着微型计算机的发

展，它有自动的控制程序，可以对灭菌过程的 F_0 值进行计算，并对柜内的温度、压力和时间进行补偿和调节。

由于湿热灭菌法中蒸汽比热容大，穿透力强，容易使蛋白质变性，故其灭菌可靠、操作方便、简单、容易控制，所以湿热灭菌是制药生产中应用最广泛的、公认可靠的一种灭菌方法。缺点是不适用于对湿热敏感的药物。灭菌工序对保证灌封后药品的质量起着至关重要的作用。国外特别重视这一方面的研究，特别是近 20 年来，灭菌技术发展很快，目前国际上采用的灭菌方式有高压蒸汽灭菌和水浴式灭菌两种。常用的湿热灭菌设备有高压蒸汽灭菌器，还有引进国外先进技术、国内仿制创新的水浴式灭菌器、回转式水浴灭菌器，从设备上保证了灭菌的质量。下面重点介绍常用的几种湿热灭菌设备。

二、湿热灭菌设备

（一）高压蒸汽灭菌器

高压蒸汽灭菌器是应用最早、最普遍的一种灭菌设备。常用的有：手提式、卧式、立式热压灭菌器等。重点介绍卧式热压灭菌器。

1. 基本原理

高压蒸汽灭菌器是以蒸汽为灭菌介质，用一定压力得饱和蒸汽，直接通入灭菌柜内，对待灭菌品进行加热，冷凝后的饱和水及过剩的蒸汽由柜体底部排出。

2. 系统介绍

高压蒸汽灭菌器如图 5-1 所示。全部用坚固的合金制成，带有夹套的灭菌柜内备有带轨道的格车，分为若干格，车上有活动的铁丝网格架。格架上可摆放待灭菌物品。另附有可推动的搬运车，可将格车推至搬运车上，送至装卸地点。灭菌柜顶部有两只压力表，一只指示蒸汽夹套的压力，另一只指示柜内的蒸汽压力，两压力表中间是反映柜内温度的温度表，灭菌柜上方还装有安全阀和里柜放气阀。在灭菌器的一侧装有总来气阀、里柜进气阀、外柜排气阀以及外柜放水阀等。

3. 主要特点

(1) 它广泛的使用于输液瓶、口服液的灭菌，操作简单、方便。

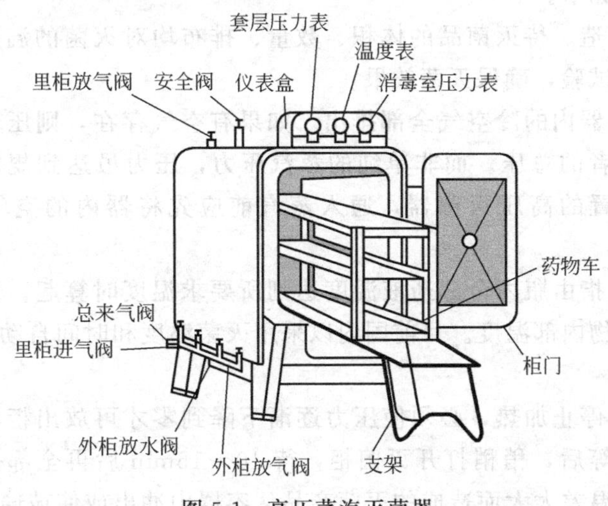

图 5-1 高压蒸汽灭菌器

(2) 升温、保温阶段靠在入口处控制蒸汽进口，用阀门产生的节流作用来调节进入柜内的蒸汽量和蒸汽压力，降温时截断蒸汽，随柜冷却到一定温度值才能开启柜门，自然冷却。

(3) 柜内空气不能完全排净，传热慢，使柜内温度分布不均匀，尤其是柜体的上、下死角部分温度相对较低，极易造成灭菌不彻底。

(4) 降温靠自然冷却，时间长，容易使药液变黄。

(5) 开启柜门冷却时，温差大，容易引起爆瓶和不安全事故。

4. 工作过程

先打开夹套，用蒸汽加热 10min，以除去夹套中的空气，在夹套压力上升至所需压力时，将待灭菌的物品置于铁丝网上，排列于格车架上，推入柜室，关闭柜门并锁紧。待夹套加热完成后，再将蒸汽通入柜内。当温度上升至规定温度（如 115.5℃）时，此时刻为灭菌开始时间，柜内压力表应固定在规定压力（如 70kPa）。在灭菌完成后，先将进气阀关闭，逐渐打开排气阀，当压力降至零时，排气阀中没有余气排出，柜门即可开启，冷却后将物品取出。

5. 动力参数

灭菌温度　　115.5℃

压力　　70kPa

6. 设备操作

(1) 待灭菌品装在格车上后，再推入灭菌柜内，关闭柜门。

(2) 打开蒸汽阀，同时打开排气阀，预热 10～15min，排净冷空气，当柜下部温度达到 100～101℃时（排气孔没有雾状水滴），即可关闭排气阀，等柜内温度上升至比规定温度低 1～2℃时，调节进气阀，维持达到要求的灭菌温度。

(3) 到达灭菌时间后，关闭进气阀，渐渐打开排气阀，大约 5min 内表压下降到零，待排气阀中没有余气排出时，可将柜门稍稍打开，但不能全开。待 10～15min 后再全部打开。稍冷却后，即可将格车推出。

操作注意事项如下。

① 灭菌器的构造、待灭菌品的体积、数量、排布均对灭菌的温度有一定影响，故应先进行灭菌条件试验，确保灭菌效果。

② 必须将灭菌器内的冷空气全部排出。如果有空气存在，则压力表上所表示的压力是蒸汽与空气二者的总压。而非单纯的蒸汽压力，压力虽达到规定值，但温度达不到。对附有真空装置的高压灭菌器，通入蒸汽前应先将器内的空气抽出，提高灭菌质量。

③ 灭菌时间是指由瓶内全部药液温度达到所要求温度时算起。通常测定灭菌器内的温度，不是灭菌物内部温度。目前国内以采用灭菌温度和时间自动控制、自动记录的装置。

④ 灭菌完毕后停止加热，必须使压力逐渐下降到零才可放出柜内残余蒸汽，使柜内压力与大气压相等后，稍稍打开灭菌柜，待 10～15min 后再全部打开。这样可避免因内外压差太大和温差太大而造成的灭菌产品从容器中冲出或使玻璃瓶炸裂。

7. 维护保养

(1) 高压蒸汽灭菌器为压力容器，必须按照压力容器规范进行维护保养。

(2) 定期校对压力表、安全阀、温度计。

(3) 保持箱内清洁，定期消毒。每班要清理灭菌室和消毒车，用自来水冲洗干净，取下灭菌室底部前端的排气过滤网，清洗干净后装入。

(4) 灭菌室清洗干净后将门关闭，但不要锁紧，以防密封圈因长期压迫而失去弹性。

(二) 快速冷却灭菌器

快速冷却灭菌器采用了先进的快速冷却技术，设备的温度、时间显示器符合GMP要求，具有灭菌可靠、时间短、节约能源、程序控制先进等优点。它是广泛用于对瓶装液体、软包装进行消毒与灭菌的设备。下面主要介绍PPQ-1.2型快速冷却灭菌器，其工作原理如图5-2所示。

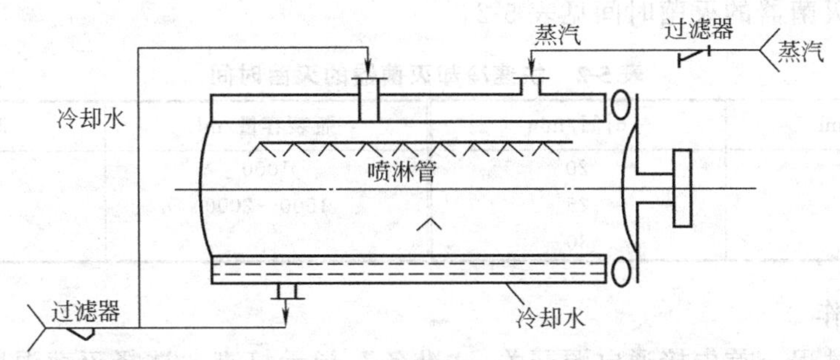

图5-2 PPQ-1.2型快速冷却灭菌器工作原理示意

1. 基本原理

快速冷却灭菌器是通过饱和蒸汽冷凝放出的潜热对玻璃瓶装液体进行灭菌，并通过冷水喷淋冷却、快速降温的，灭菌温度、灭菌时间、冷却温度均可调，而且柜内设有测温探头，可测任意两点灭菌物内部的温度，并由温度计录仪反映出来，全自动三挡程序控制器能按预选灭菌温度、时间、压力自动检测补偿完成升温、灭菌、冷却等全过程。

2. 系统介绍

整机结构由卧式矩形灭菌室、蒸汽系统、冷却系统、PC机控制系统，压缩空气系统等组成。卧式矩形灭菌室上装有超压泄放安全阀，密封门上有安全联锁装置，保证灭菌室内有压力和操作未结束时，密封门不能被打开。灭菌室采用不锈钢制成，外部设有保温层和外罩，便于保温和隔热。室内还设有不锈钢消毒车，用于摆放消毒物品，灭菌室能够防止锈蚀、污染，保证消毒物品的洁净。蒸汽系统由蒸汽管道、过滤器、阀门等组成。冷却系统由冷却水箱、过滤器、喷淋管、冷却水管道、阀门等组成。控制系统由PC机、压力开关、温度传感器、测量仪表等组成。

3. 主要特点

(1) 该设备的温度、时间显示器符合GMP要求。

(2) 具有灭菌可靠、时间短、节约能源、控制程序先进等优点。

(3) 它采用了以冷水喷淋冷却、快速降温的方式进行灭菌。喷雾水冷却20min，瓶内药液温度可冷却到50℃，缩短受热时间可防止药品变质。

(4) 柜门为移动式电动双门，并设有互锁及安全保护装置。

(5) 主要缺点是，目前仍未解决柜内温度不均匀的问题，快速冷却还容易引起爆瓶现象。

4. 动力参数

最高工作压力	0.14MPa
最高工作温度	125℃（可调）
蒸汽供给压力	0.3～0.6MPa
水源供给压力	0.15～0.3MPa
压缩空气压力（软包装）	0.4～0.8MPa
灭菌室容积（长×宽×高）	1500mm×750mm×1050mm
外形尺寸为（长×宽×高）	1975mm×1190mm×1965mm

快速冷却灭菌器的灭菌时间见表5-2。

表5-2 快速冷却灭菌器的灭菌时间

瓶装容量/ml	时间/min	瓶装容量/ml	时间/min
75	20	1000	35
250	25	1500～2000	45
500	30		

5. 设备操作

(1) 准备过程　首先接通电源开关，“准备”指示灯亮。选择灭菌温度值和温度下限值，设定好置换和灭菌时间等参数。装入待灭菌物品，关闭灭菌室大门，打开进蒸汽阀、排气阀。当蒸汽压力表、水源压力表有显示时（大约5min），关闭进、排气阀。打开进水阀，向室内进水，水位到达水位标志处。打开进气阀，时间显示器显示置换时间大约10s后，打开高排口电磁阀，进入升温过程。

(2) 升温过程　当置换时间达到设定值后，“升温”灯亮，进入升温过程，进气阀继续打开，高排口电磁阀脉动输水。当瓶内控制温度传感器的温度值达到灭菌设定的温度值时，进入灭菌过程。

(3) 灭菌过程　当达到灭菌设定的温度值时，灭菌灯亮。灭菌时间显示器开始工作，在升温和灭菌过程中，进气阀进入的蒸汽量受灭菌温度和压力测量仪控制，自动调整进汽量，始终保证将灭菌室内温度自动调整在设定值的范围之内。高排口电磁阀继续脉动输水。当达到灭菌时间时，排气灯亮，打开慢排气阀，关闭蒸汽阀。当排气时间达到设定值时，冷却指示灯亮，进入冷却过程。

(4) 冷却过程　这时打开进水阀，开启循环泵，进冷水、喷淋，并循环。当瓶内温度降至冷却设定温度时，关闭进水阀，打开排泄阀，排水维持一定时间后，关闭循环泵，进入结束过程。

(5) 结束过程　结束时间到，结束灯亮，蜂鸣器报警。打开柜门取出灭菌物品。这时蒸汽阀、进水阀应全部关闭。

6. 维护保养

（1）每天做好日常的维护工作。每班前应打开排水阀，将管路中的冷凝水排尽，班后应切断电源、汽源和水源。每天清洗灭菌室和消毒车。每天清洗排气过滤器，清洗干净装好，以便下次再用。

（2）严格执行压力容器的操作规程以及维护保养的程序。

（3）门的操作很重要，严格执行该设备的操作程序。清洗完毕将门关闭，但不要锁紧，以防损坏门的密封圈。

（4）每隔一个月检查安全阀，以防失灵。

（5）每月应定期清洗蒸汽过滤器和水过滤器，清洗干净滤网后，再装入。

（6）一般应每三个月检查一次压力表，必要时应到计量部门校对。定期校对温度传感器探头。

（7）每半年将六根喷淋管拆下，清除水垢及污垢，以防喷淋管堵塞，影响灭菌效果。

（8）水位探针是测量水位高度用的，应经常检查其表面是否有水垢和污垢，以免影响观察。

（9）定期用生物指示剂等检测灭菌效果，以防灭菌效果达不到要求。

（10）灭菌柜每年应做一次再验证。

7. 设备操作注意事项

（1）严格执行设定的工作程序，灭菌的全过程由 PC 机按设定程序控制。

（2）为保证安全，冷却温度的设定原则上不允许高于 65℃，瓶内药液温度冷却到 50℃。

（3）为保证灭菌效果，先进行空载实验，确认工作程序，然后进行满载实验，同时放入留点温度计，生物指示剂等检测物品在灭菌效果检测合格后，方可使用。

（4）确认灭菌室压力降为 0MPa，室内温度降至 50℃以下方可打开柜门。

（5）操作时，检查电源、水源、汽源是否正常，检查管道中阀门的开启情况。严格按照设备的操作规程来进行。

（6）使用完毕后应先关闭进汽阀、排泄阀等，再关闭电源。

（三）水浴式灭菌器

水浴式灭菌器广泛用于安瓿瓶、口服液瓶、大输液瓶等制剂的灭菌，还可用于塑料瓶、塑料袋的灭菌，也适用于食品行业的灭菌。它采用了计算机控制，可实现 F_0 值的自动计算监控灭菌过程，灭菌质量高，先进可靠。它采用高温热水直接喷淋方式灭菌，灭菌结束后，又采用冷水间接喷淋进行冷却，既能保证药品温度降至 50℃以下，又克服了快速冷却容易引起的爆瓶事故。下面重点介绍国家消毒灭菌设备研制中心，山东新华医疗器械股份有限公司生产的 PSM4000 型大输液水浴灭菌器。

1. 基本原理

水浴式灭菌器流程如图 5-3 所示。它以国际上通用的去离子水为载热介质对输液瓶进行加热、升温、保温（灭菌）、冷却。加热和冷却都是在柜体外的板式热交换器中进行的。

加热时是由锅炉送来的蒸汽加热去离子水，通过水淋浴方式对输液瓶进行加热，将

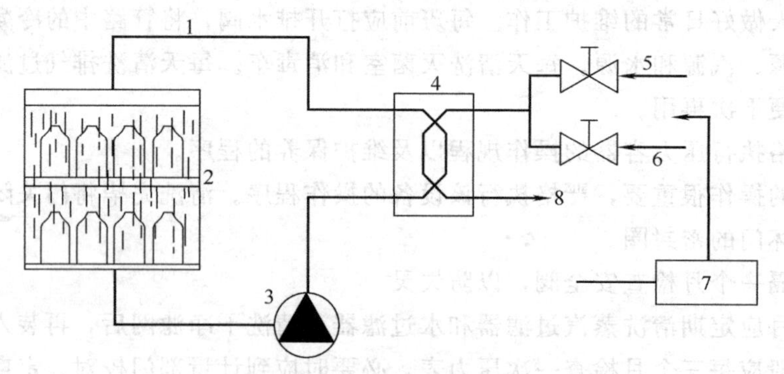

图 5-3　水浴式灭菌器流程

1—循环水；2—灭菌柜；3—热水循环泵；4—换热器；5—蒸汽；
6—冷水；7—控制系统；8—排冷却水

药液中的微生物杀灭。冷却时是由冷却水在板式热交换器中将去离子水的热量间接带走，再通过冷却水间接喷淋冷却，对药液瓶进行强制冷却，使之达到冷却的目的。

2. 系统介绍

水浴式灭菌器主要由柜体、密封门、管路系统、控制执行系统和装载车等组成。

(1) 柜体　采用卧式矩形箱体结构，箱体带有加强筋，灭菌室可承受 0.2MPa 的工作压力。内壁采用进口优质耐酸不锈钢 304 制造，外壁及加强筋采用优质碳钢板制造；主体外表面采用优质保温材料包裹，外敷碳钢喷塑保温罩，保证外表面的温度不超过 55℃。

(2) 密封门　有前门（有菌端）、后门（没菌端）。采用气动平移式密封门。用气动方式实现左右平移，到密封位后压缩空气将密封圈推出实现密封，灭菌结束后，先用真空泵将密封圈抽回密封槽，然后驱动汽缸将密封门移开。该密封结构可全自动操作，省力可靠。双门可实现安全联锁，以保证灭菌室内有压力时和操作未结束时，密封门不能被打开。

(3) 管路系统　灭菌器的管路系统是按灭菌程序的要求进行设计的。主要动作阀中有十个阀门和一台循环泵、板式换热器以及其他阀件等。十个阀门分别是：进压缩气阀、进蒸汽大阀、进蒸汽小阀、进冷却水大阀、进冷却水小阀、进循环水阀（去离子水）、排循环水阀（去离子水）、疏水阀（排冷凝水）、排冷却水阀、排汽阀。

(4) 控制执行系统　由工业 PC 机、控制系统、编程系统、记录仪、智能打印机等组成。它采用世界上最先进的自动控制方式，键盘指令操作，微机屏幕显示工作流程，工作过程中的程序动作情况在显示屏上一一提示。

3. 主要特点

(1) 灭菌工艺和设备符合 GMP 的要求　由于采用独立的循环去离子水，灭菌时对药品不会产生污染。因为去离子水在升温及保温灭菌阶段与被灭菌的输液瓶一样也作为灭菌热负载的一部分，保证了被灭菌药品外部的卫生要求，杜绝了二次污染。同样在降温阶段利用冷却水在柜外的板式换热器中将去离子水的热量间接带走，达到了冷却的目的，也避免了冷却水直接冷却造成的药液瓶爆炸事故的发生。

灭菌设备所用的主要部件如柜体、板式换热器、热水循环泵、水汽管路均为不锈钢材料制成，无污染、耐腐蚀，保证了药品、车间环境的卫生要求。

(2) 灭菌过程采用全自动程序控制　水浴式灭菌器的工作过程为全自动程序控制，配置有专用的自动控制设备，采用了工业 PC 机、四通道记录仪、智能打印机，计算机预定程序可以针对不同灭菌物的性质，选择编入相应的灭菌工艺程序，灭菌全过程由计算机按设定程序控制，对温度、压力、F_0 值的灭菌参数都由数字式仪表和 F_0 值监控仪显示。监控灭菌过程保证了灭菌的质量。也可以把温度、压力曲线用 A4 纸打印出来，便于分析，易于整理保存。

(3) 灭菌过程中柜内压力自动调节　柜内压力达到上限，补气气动阀自动关闭，自动进入恒压状态。当压力继续升高，并可能超过饱和水压时，控制系统自动打开排气阀。如柜内压力过低，控制系统自动打开压缩空气阀，使压缩空气进入柜内，达到规定压力值后自动关闭。这样压力控制系统能自动补偿因蒸汽凝结所产生的压力差。如灭菌物为塑料瓶（袋）时，通过预定的程序可有附加压缩空气进入柜内，以此克服升温或降温时因瓶（袋）内压力不等于瓶（袋）外压力而产生变形的压力差。

(4) 安全可靠　灭菌结束或发生故障时均会发出信号。同时在内室设有安全阀，当压力超限时，安全阀启爆，排出内部压力，安全可靠。

4. 工作过程

(1) 装料过程　需灭菌的瓶装药品用消毒车经送瓶轨道，将消毒车输送到灭菌柜室的规定区域，消毒车在灭菌室内按双排并列方式排放。然后启动手动按钮、关闭柜体密封门。

(2) 注水过程　启动注水泵，打开进去离子水阀和排汽阀，向柜内注入去离子水。

(3) 升温过程　待水位达到水位计上限，程序转入升温阶段，进去离子水阀和排汽阀关闭。启动循环热水泵，同时大、小进蒸汽阀及疏水阀打开。通过板式换热器将去离子水加热至灭菌温度。当柜内压力超过程序设定的压力上限时，排汽阀打开，压力低于程序设定压力下限时，排汽阀关闭。当上部测温点 T_2 达到设定的转换温度时，大进蒸汽阀间断关闭、开启，如此动作。

(4) 灭菌过程　当下部 T_1 测温点达到灭菌温度下限，程序转入灭菌阶段。大进蒸汽阀和疏水阀关闭。当上部测温点 T_2 低于灭菌设定下限时，小进蒸汽阀打开。当内室压力低于灭菌设定压力值时，内室进压缩空气阀打开；当内室压力高于灭菌设定的压力值时，内室进压缩空气阀关闭。

(5) 冷却过程　当 T_1 和 F_0 值达到程序设定值，灭菌时间达到程序设定值，程序转入冷却阶段。大、小进蒸汽阀关闭，小进水阀、内室进压缩气阀以及排水阀开启，循环水泵一直运行。当 T_1 温度低于设定的转换温度时，大进冷却水阀打开，以加快冷却速度，缩短降温时间。

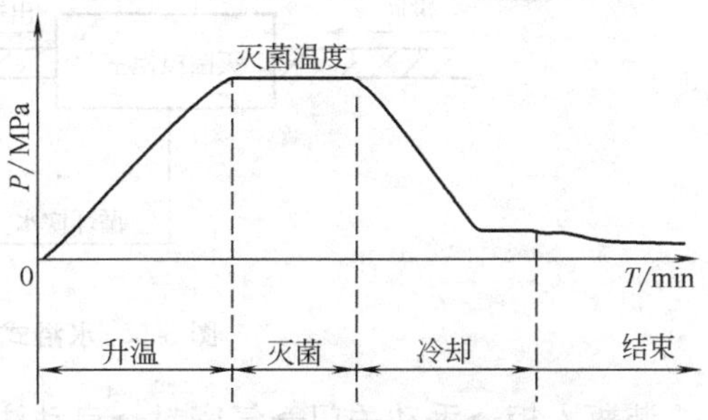

图 5-4　水浴式灭菌器工作过程

(6) 排去离子水过程　当 T_1 温度降

到设定的冷却终温时，冷却过程结束，程序转入排去离子水阶段。大、小进冷却水阀、排水阀、进压缩空气阀关闭，循环水泵停止运行，同时，排去离子水阀打开，利用柜内余压将离子水排出。等排水完毕后，打开排气阀使柜内压力降到 0.002MPa，关闭排去离子水阀，程序结束。整个工作过程如图 5-4 所示。

5. 动力参数

设计压力	0.20MPa
最高工作压力	0.16MPa
设计温度	140℃
最高工作温度	127℃
工作温度范围	70～121℃
蒸汽源压力	0.3～0.5MPa
压缩空气压力	0.4～0.6MPa
去离子水压力	0.15～0.3MPa
冷却水源压力	0.2～0.4MPa
行程周期	≤90min
电源	AC380V/50Hz/11kW
	AC220V/50Hz/1kW
内室尺寸（长×宽×高）	4000mm×1640mm×1400mm

6. 设备操作

水浴式灭菌器操作过程如图 5-5 所示。

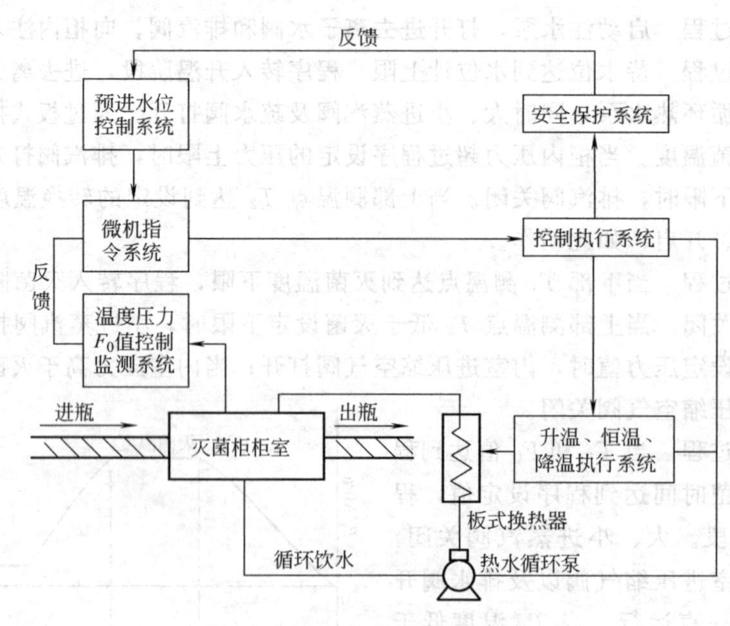

图 5-5 水浴式灭菌器操作过程

装瓶入柜→手动关门→气密封→启动注水泵→将去离子水注入柜内→升温→蒸汽阀打开→热水循环泵启动→通过板式换热器将去离子水加热至灭菌温度→保温灭菌→F_0

值监控→降温→蒸汽阀关闭→冷水阀打开→通过板式换热器将去离子水冷却到出瓶温度→冷水阀关闭→循环泵停止运行→排水阀打开→高排气动阀打开→使柜内压力降为常压→去离子水排尽→真空泵启动向门的密封槽抽真空→O形密封槽退回槽内→手动开门→灭菌玻璃瓶推出柜外，灭菌过程完毕。灭菌全过程除开门和关门手动之外，其余均实行自动控制。

需灭菌的瓶装药品用消毒车经送瓶轨道推进灭菌柜室内，启动手动按钮，关闭柜体密封门，由一台辅助供水泵将去离子水注入柜内到指定水位，预进水位控制系统发出工作信号，输入微机指令系统。再由微机指令系统按预定的程序指令控制执行系统，使之进入工作状态。首先启动热水循环泵，水循环流动直至整个灭菌过程结束。循环水通过板式交热器进行热交换，将循环水加热，使之升温至灭菌温度。在去离子水加热过程中温度、压力、F_0值控制系统和控制执行系统均按所接受的预定程序进行升温、恒温、降温的控制和数字显示。在灭菌过程中出现过压、超温等情况时，由温度、压力、F_0值控制系统输出反馈信号至微机指令系统，使之发出自动调节信号，由温度、压力、F_0值控制系统自动调节到所需的温度和压力。灭菌过程达到F_0值后，由F_0值监测仪发出的信号反馈到微机指令系统，指令温控系统进入降温工作状态。有自来水进入板式换热器把热量带走，将循环去离子水的温度迅速冷却到规定的数值。然后启动手动按钮，打开出瓶端的密封门，同时安全保护系统进入工作状态，当柜内温度没有达到规定低温时，密封门不能打开。当指令是出瓶门打开时，进瓶门就不会自动打开。这样一来安全保护系统既可保证人身安全，又可防止灭菌前、后药品的混装。出瓶端的密封门打开后，灭菌后的药品推出柜外。然后，出瓶密闭门关闭，进瓶端的门打开。整个灭菌工作周而复始的进行。

7. 维护保养

(1) 日常维护。清洗灭菌室及消毒车，至少每天一次，待灭菌室冷却到室温后，将灭菌室内消毒车污物清理干净，如有破碎的瓶子残片、胶塞及其他填物，应及时清除，否则将影响灭菌和冷却的效果。

(2) 灭菌室内有5个温度探头，用于测控瓶内的温度，探头内探测元件为易碎件，使用时应避免碰撞。灭菌室外探头连线不得用力拉扯，并防止挤压碾伤。

(3) 每半个月将灭菌室内顶部八个喷淋盘拆下，清洗盘内污垢，清洗完毕再安装好。

(4) 每月将灭菌室内底部的底隔板拆下，清洗水箱内的污垢，清洗完安装好。在安装中严禁将紧固螺钉落入底部的水箱，误入管路，以免损坏循环水泵和板式换热器。

(5) 定期检查压力表，一般每三个月检查一次。定期校对温度传感器探头。

(6) 每个月检查一次安全阀，将安全阀放汽手柄拉起反复排汽数次，防止长时间不用发生粘堵。

(7) 每天排放压缩空气管路上的分水过滤器内存水，经常注意观察换热器，疏水阀的情况。

(8) 每隔半年清洗一次管路系统上的蒸汽及水过滤器的过滤网。

(9) 循环水泵的维护和保养。

① 检查循环水泵转向是否正确，如反转，应调节电源线。

② 水泵严禁无水运转，在试车空转时，时间不宜超过2s。

③ 若泵长期停用应放尽泵内积水，以防生锈，有时还在泵腔内注油。

④ 定期检查电机、电流值，电流不得超过额定电流。

(10) 密封门的维护　每周向前后门的滑动槽内涂凡士林、黄油；每次关门前检查密封门的下滑道槽有无异物，每次关门前将驱动气路中的水放空，在清洗设备时，注意保护汽缸的表面，不得有障碍物妨碍汽缸行走；密闭圈的表面应保持干净，每天开门时及时检查有无聚集物，密闭圈损坏或失效应及时更换密闭圈。

(11) 每月定期检查内容（见表5-3）

表5-3　每月定期检查内容

检查项目	检查事项	处理
主体、门	① 主体、门有无泄露、锈蚀、破裂、膨胀 ② 关门机构的给油部位有无锈蚀、松动 ③ 门的密封材料有无损伤 ④ 压力表的指示是否正常及连接管状态	① 详细检查外观可见范围内的全部项目 ② 目视检查滑动部位的注油及螺纹紧固情况 ③ 损伤漏汽时要更换 ④ 不使用时指示值为0MPa
配管及配管元件	① 配管及接口部分有无泄露损伤 ② 安全阀工作状态有无泄露 ③ 给水、给蒸汽过滤网有无杂物	① 对螺纹部分进行加固 ② 确认蒸汽有无泄露 ③ 取下滤网清洗
电气系统	① 电源软线的损伤、安装状态 ② 保护接地线的损伤及安装状况 ③ 各元件工作状态及有无损伤 ④ 本软线有无损伤及松动	① 损伤时更换，松动时加固 ② 损伤时更换，松动时加固 ③ 工作不良及损伤时要更换 ④ 损伤时更换，松动时加固

8. 常见的故障及排除（见表5-4）

表5-4　常见的故障及排除

故障现象	原因分析	排除方法
微机不能启动	① 未接通电源 ② 微机故障	① 检查电源 ② 请微机专业技术人员检修微机
微机不能进入操作界面	① 鼠标损坏 ② 控制程序文件丢失	① 更换或检修鼠标 ② 与制造商联系或重装程序文件
灭菌室不能进水	① 压缩气源未达到规定的压力 ② 未打开水源阀门 ③ 水位传感器故障 ④ 水过滤器阻塞	① 保证压缩气源压力不低于0.4MPa ② 打开水源阀门 ③ 检修或更换水位传感器 ④ 拆修水过滤器
灭菌室进水不停止	① 水位传感器故障 ② 进水阀F1、F7未关严	① 检修或更换水位传感器 ② 检查阀门或程序
升温速度太慢	① 汽源压力低 ② 蒸汽饱和度低	① 汽源压力不得低于0.3MPa ② 使用饱和水蒸气
灭菌过程温度及压力不能恒定	① 汽源压力低 ② 灭菌室内异常进水	① 汽源压力不得低于0.3MPa ② 检查阀门或程序
冷却开始时有爆瓶现象	① 冷却水温太低 ② 换热器泄露 ③ 小进水阀前的调节阀未调好	① 保证冷却水的温度不低于15℃ ② 检查和更换换热器 ③ 重新调节进水阀的开度

续表

故障现象	原因分析	排除方法
冷却速度太慢	① 冷却水温太高 ② 循环泵因气蚀而打空 ③ 外排水管道不畅	① 保证冷却水的温度不高于35℃ ② 暂停循环泵3～5s后再启动 ③ 疏通外排水管道
排水速度太慢	① 室内压力过低 ② 循环水管道不畅	① 检查压缩气情况 ② 疏通循环水管道

（四）回转式水浴灭菌器

回转式的水浴灭菌器既有水浴式灭菌器的性能和特点，又有自身独特的优点。它也采用工业计算机控制整个灭菌过程，循环水也通过热交换器对药液瓶进行喷淋，完成加热、灭菌、冷却三个阶段，全过程自动控制，温度、压力、F_0值计算机屏幕显示，超限自动报警，灭菌参数实施自动打印。但其灭菌柜内有一旋转内筒，通过减速机构带动其旋转，循环水可以从上面和两侧向药液瓶喷淋，这样药液传热快，温度均匀，提高了灭菌的质量，也防止了爆瓶、爆袋现象的发生。下面介绍XPSM1000回转式水浴灭菌器。

1. 基本原理

回转式水浴灭菌器工作原理如图5-6所示。回转式水浴灭菌器是以去离子水为循环水，通过换热器对循环水进行加热，循环水从上面和两侧通过水喷淋对药液瓶加热升温和灭菌，药液瓶随柜内的旋转内筒转动，再加上喷淋水的强制对流，形成了强力扰动的均匀趋化温度场，使药液传热快，灭菌温度均匀，提高了灭菌质量，缩短了灭菌时间。灭菌后进入冷却阶段，冷却水进入热交换器把热量带走，循环水通过热交换器循环冷却到出瓶温度，这样依靠循环水的间接降温确保了无爆瓶、爆袋现象，也可避免在灭菌后的冷却过程中由于冷却水不洁净而造成的二次污染现象。

2. 系统介绍

回转式水浴灭菌器主要由柜体、旋转内筒、减速传动机构、热水循环泵、热交换

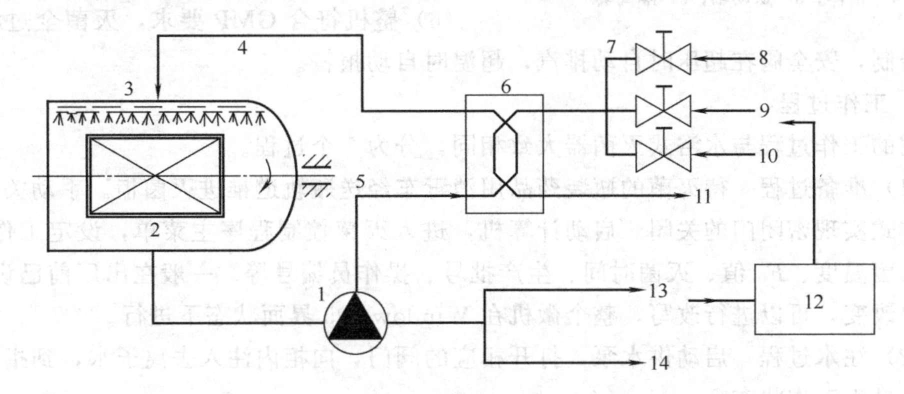

图5-6　回转式水浴灭菌器工作原理

1—热水循环泵；2—回转内筒；3—灭菌柜；4—循环水；5—减速机；6—换热器；7—执行阀；8，9—蒸汽；10—冷水；11—排冷却水；12—工业计算机控制系统；13—排色水；14—排水

器、工业计算机控制柜、管路系统、消毒车、密封门等组成。该灭菌器与水浴式灭菌器的主要区别是有一减速传动机构，它可以使旋转内筒和消毒车相对固定，并且一起旋转，它的结构与水浴式灭菌器基本相同，在此不详细介绍。

3. 主要特点

(1) 柜内设有旋转内筒，采用变级调速控制旋转内筒的转速。内筒旋转有准停位置，方便小车进出柜内。

(2) 玻璃瓶紧固在小车上，随旋转内筒一起旋转，使瓶内的药液在灭菌过程中处于旋转状态，药液传温快，灭菌温度均匀，不会产生沉淀和分层。

(3) 采用先进的密封装置——磁力驱动器。磁力驱动器是由外磁钢、隔离套、内磁钢组成的。如图 5-7 所示，外磁钢与减速机输出轴相连，内磁钢与内筒输入轴相连，中间用不锈钢隔离套隔开，动力由减速机输出，带动外磁钢旋转，利用磁力线穿越隔离套带动内磁钢旋转，从而带动从动轴上的内筒转动。利用隔离套可以把柜外的减速机与柜体内筒的转轴无接触隔离，改动密封为静密封，使灭菌柜处于全封闭状态，保证了灭菌过程无泄露、无污染。

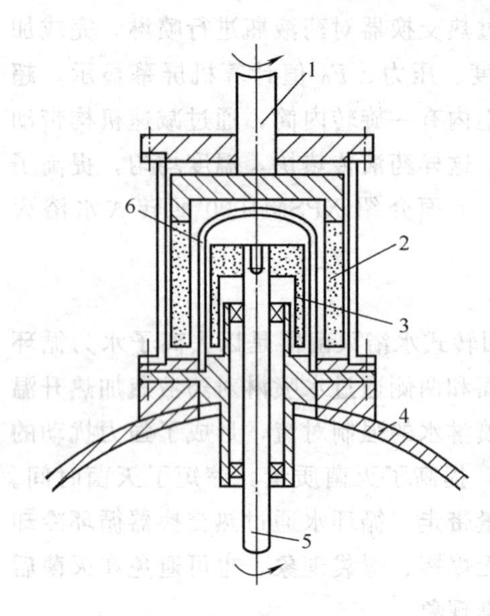

图 5-7　磁力驱动器

1—主动轴；2—外磁钢；3—内磁钢；4—柜体；5—从动轴；6—隔离套

(4) 主控制系统是根据制药工艺要求而专门设计的，操作过程中的温度、时间、压力、F_0 值、生产批号等参数均在屏幕上显示，并以曲线和报表的形式打印，也可存盘备查，触摸屏操作，微机后台监控，易实现信息网络化管理，使控制系统先进、可靠，更适于实际需要。

(5) 可控制升温和降温梯度，以满足药品制剂对灭菌的不同要求。

(6) 整机符合 GMP 要求，灭菌全过程由计算机控制，安全阀在超压时自动排汽，超温时自动报警。

4. 工作过程

它的工作过程与水浴式灭菌器大致相同，分为 7 个过程。

(1) 准备过程　待灭菌的瓶装药品用消毒车经送瓶轨道推进灭菌柜。手动关门，用气动方式实现密闭门的关闭。启动计算机，进入灭菌控制程序主菜单，设定工作参数，包括灭菌温度、F_0 值、灭菌时间、生产批号、操作员编号等。一般在出厂前已设置好，若用户改变，可以进行改写，整个微机在 Windows 95 界面状态下进行。

(2) 注水过程　启动供水泵，打开相应的阀门，向柜内注入去离子水，到指定的水位限，进入工作状态。

(3) 升温过程　去离子水注入柜内，转入升温阶段。传动装置启动，内筒开始旋转；启动热水循环泵，打开蒸汽阀及疏水阀，通过热交换器将去离子水加热至灭菌温度。

(4) 灭菌过程　加热温度达到灭菌温度的下限即进入灭菌阶段，计算机监控 F_0 值，屏幕跟踪显示灭菌温度、压力、F_0 值，压力小时自动打开压缩空气阀，高于灭菌压力时，自动关闭压缩空气阀。

(5) 冷却过程　关闭蒸汽阀，打开进冷水阀，循环水泵一直运行，通过热交换器循环冷却到出瓶温度。

(6) 排水排汽过程　关闭冷水阀、压缩空气阀门，同时打开排去离子水阀，利用柜内余压将离子水排尽，旋转内筒停止转动，并且停在出瓶位置，方便出瓶。打开排气阀，使柜内压力降至常压，循环水排尽，关闭排去离子水阀。

(7) 结束过程　真空泵启动，密封门打开，手动开门，松开灭菌小车锁紧装置，将车推出柜外，灭菌过程结束。

5. 动力参数

灭菌室尺寸	ϕ2000×3150
容积	9.9m^3
最大蒸汽耗量	580kg/次
最大水耗量	15000kg/次
消毒车	2
外形尺寸（长×宽×高）	3650mm×4000mm×2700mm

6. 设备操作

灭菌操作过程：装瓶入柜，锁紧灭菌小车→手动关门→密封圈推出密封槽→挤压在密封板上→启动供水泵→循环水注入柜内→升温→传动装置带动减速机构工作，使内筒旋转→热水循环泵启动→蒸汽阀打开→以喷淋方式的循环水通过热交换器加热旋转筒内的药液到灭菌温度→保温→灭菌、F_0 值监控→计算机屏幕跟踪显示灭菌温度、压力、F_0 值→达到程序设定的灭菌时间→降温→蒸汽阀关闭→冷水阀打开→循环水通过热交换器循环冷却到 50℃左右→若出瓶温度设定在 20℃以下，冷水阀关闭→冷冻水或 5℃以下低温水阀打开→循环水通过热交换器冷却到出瓶温度→低温水阀关闭→循环水泵停止工作→旋转内筒停止在出瓶位置→循环水排出阀打开→高排气动阀打开，使柜内压力降为常压→排尽循环水→真空泵启动，向门内密封槽抽真空→密封圈退回槽内→手动开门，松开灭菌小车锁紧装置，将灭菌装瓶车推出柜外，整个灭菌过程结束。

7. 维护保养

回转式水浴灭菌器与水浴式灭菌器的结构基本相同，维护保养的内容也基本相同，在此简单介绍。

(1) 回转式水浴灭菌器也为Ⅰ类压力容器，应严格按照压力容器的操作规程来进行，为保证安全，应由专人管理，专人操作。

(2) 定期检查压力表，一般每三个月检查一次，定期校对温度传感器探头。

(3) 做好日常维护，每天清洗灭菌室及消毒车，如有杂物应及时清理。

(4) 每月清理水箱内污垢，每半个月清洗喷淋盘，检查安全阀及管路系统等。

(5) 定期检查密封门，严格按照产品的使用说明书中的密封门的操作来进行。发现破损或老化要及时更换密封的密封圈，并定期加注凡士林、黄油。

(7) 定期检查主体门、配管系统、电气系统、并做好记录。与前面水浴式灭菌器相同。

第三节　干热灭菌设备

一、干热灭菌设备的原理和要求

1. 干热灭菌设备的原理

干热灭菌是指物质在干燥空气中加热可以破坏蛋白质与核酸中的氢键，导致蛋白质变性或凝固，核酸破坏，酶失去活性，使微生物死亡，达到杀灭细菌的方法。干热灭菌设备的原理主要是以传热的三种方式，即对流、传导和辐射对物品进行灭菌的设备。

(1) 对流传热　在灭菌设备中通过加热组件以对流的方式将空气进行加热，加热后的空气将热量转移到温度比热空气温度低的待灭菌物品中，完成热量的传递，达到灭菌的效果。

(2) 传导传热　传导是另一种能量传递的方式，将能量从高温物料传递到低温物料，使物体温度升高。空气是不良的热导体，但是当热空气与良好的热导体如金属接触时，就会产生相当快的热传导。

(3) 辐射传热　辐射传热的原理是由适宜放射源（通常用^{60}Co）辐射的γ射线，不带电荷，即光子；γ射线穿透能力很强，光子像电磁波一样，向四周散播辐射能，将能量传递给待灭菌物品，完成了能量的传递，达到理想的灭菌效果。

由于干热灭菌是在空气中加热，产生的热空气比热容低，热传导的效率差，穿透力差，温度分布不均匀，待灭菌品的加热和冷却很慢，在干燥状态下微生物的胞壁耐热性强，如繁殖性细菌用100℃以上的干热空气1h可被杀死。所以干热灭菌所需的温度较高，时间较长。干热空气灭菌还存在一种温度分层的趋向，灭菌周期内温差较大，在设备中常采用鼓风机、电风扇等促进空气的流动，加快热空气的循环速度，使灭菌物品迅速加热。空气循环使冷空气从灭菌室或加热区尽快排出，避免了温度分层趋向，又可缩短灭菌的时间。

干热灭菌温度高，时间较长，容易影响药物的理化性质。在生产中除极少数药物采用干热空气灭菌外，大多用于耐热品的灭菌和去热原（如玻璃容器）以及湿热不易穿透的物质或易被湿热破坏的药物如甘油、液状石蜡、油类、油混悬液及脂肪类、软膏基质或粉末等的灭菌。

2. 干热灭菌的要求

必须保证值 F_H 大于 170℃、60min 或 180℃、30min，即

$$F_H = \Delta t \sum 10^{\frac{T-T_0}{Z}}$$

$$\Delta t = t_1 - t_2$$

式中　F_H——$T_0 = 170$℃下的标准干热灭菌时间；

Z——温度系数，对干热灭菌 $Z = 20$；

t_1——物品升温至100℃的时间；

t_2——物品降温至100℃的时间；

T——物品的温度。

（1）热分布均匀性　对于干热灭菌设备它的热分布试验需空载和满载，将10支以上测温探头分布于腔室内。

（2）热穿透试验　它与热分布的满载试验同时进行，将测温探头接触到待灭菌容器内部的表面，以证明在“冷点”区域的 F_H 值达到要求。

（3）灭菌去热原能力　在每列瓶中各加入1000单位的细菌内毒素，经干热灭菌后，检查瓶内细菌内毒素的残存量。计算干热灭菌是否达到了使细菌内毒素至少降低了3个对数单位的要求。

《中国药典》2005年版对于干热灭菌要求的灭菌条件为：160～170℃×120min以上、170～180℃×60min以上或250℃×45min以上，也可采用其他温度和时间参数。对于稳定的产品灭菌污染菌的存活率应小于 1×10^{-12}。

二、干热灭菌设备

干热灭菌设备有两大类：一类是间隙式干热灭菌设备，即烘箱；另一类是连续式干热灭菌设备，即隧道式干热灭菌机。重点介绍连续式干热灭菌设备。

连续式干热灭菌设备主要是对洗净的玻璃瓶进行杀灭细菌和除热原的干燥设备。其形式有两种：一种是热空气平行流灭菌，所用的设备是电热层流式干热灭菌机，另一种是远红外线加热灭菌，所用的设备是辐射式干热灭菌机，两种机型均为隧道式。下面重点介绍这两种机型。

（一）电热层流式干热灭菌机

电热层流式干热灭菌机主要用在安瓿洗烘灌封联动机上，可连续对经过清洗的安瓿或各种玻璃药瓶进行干燥灭菌除热原。下面介绍SZA620/43型安瓿灭菌烘干机。

1. 基本原理

电热层流式干热灭菌机采用的是热空气平行流的灭菌方式。常温空气经粗效及中效过滤器过滤后进入电加热区加热，高温热空气在热箱内循环运动，充分均匀混合后经过高效过滤器过滤获得100级的平行流空气，直接对玻璃瓶进行加热灭菌，在整个传送带宽度上，所有瓶子均处于均匀的热风吹动下，热量从瓶子内外表面向里层传递，均匀升温，然后直接对瓶子进行加热灭菌。

2. 系统介绍

SZA620/43型安瓿灭菌烘干机结构示意如图5-8所示，电热层流式干热灭菌机整体为隧道式结构，根据灭菌工艺过程，它可分为如下三部分。预热部分由前层流箱体、空气高效过滤器、前层流风机组成。高温灭菌部分可分为两体，一体为烘箱箱体，另一体为烘箱上箱。烘箱上箱由箱体和初级过滤器组成，整个箱体密封，其一端与预热部分层流箱体的上腔连通。烘箱箱体主要由高温灭菌箱体、热风机、热空气高效过滤器、不锈钢加热管、排风机组成；冷却部分由后层流箱、后层流风机、空气高效过滤器、排风机组成。安瓿从洗瓶机进入本机隧道——由一条水平输送带和两条垂直输送带组成的输送通道，通道宽度为620mm，同步输送安瓿。隧道下部有排风机，并有调节阀门，可调

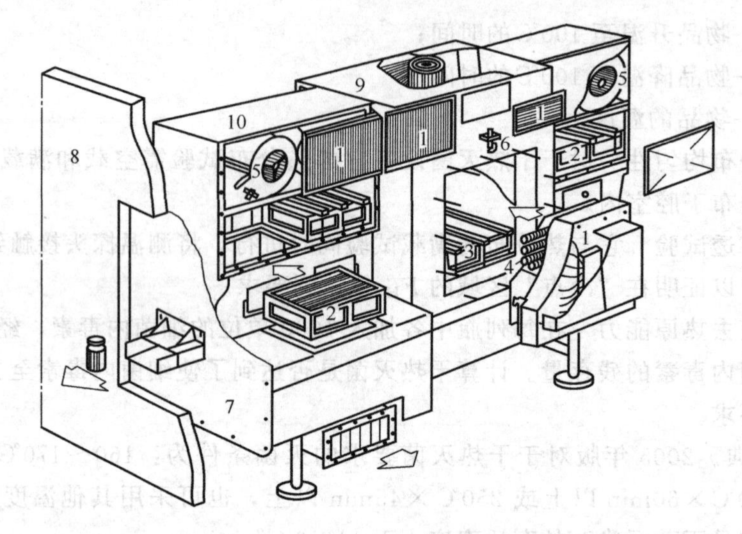

图 5-8　SZA620/43 型安瓿灭菌烘干机结构示意

1—预过滤器；2—高效过滤器；3—热空气高温高效过滤器；4—电加热装置；5—风机；6—气流调节器；7—隔板；8—隔墙；9—高温区；10—冷却区

节排出的空气量。排气管的出口处还有碎玻璃收集箱。电加热管位于隧道的旁侧，下面有一台小风机补充新鲜空气。图 5-9 所示为 SZA620/43 型安瓿灭菌烘干机热空气循环示意。

3. 主要特点

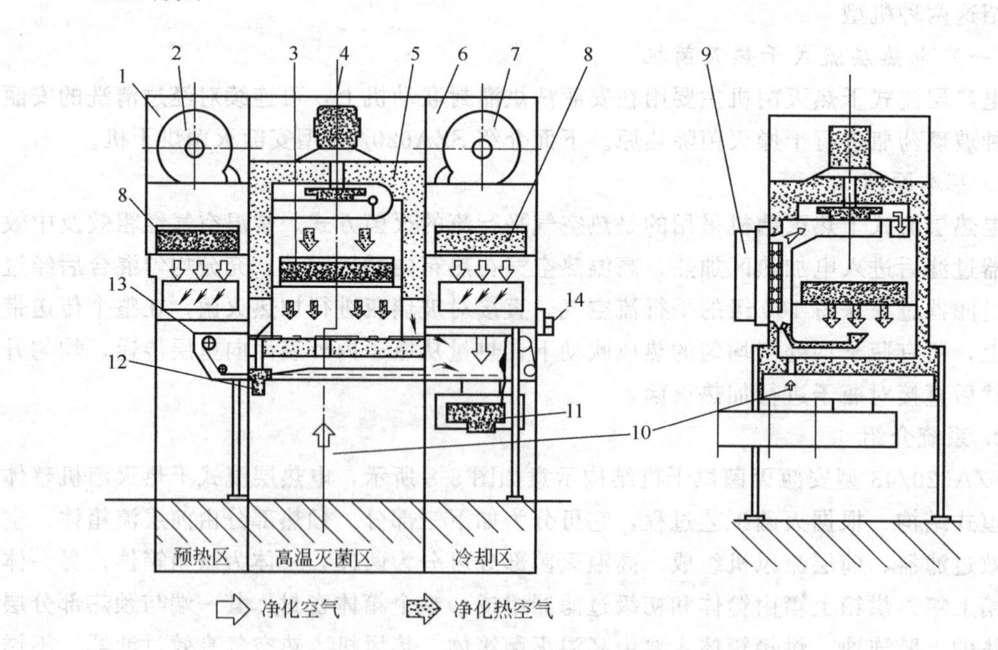

图 5-9　SZA620/43 型安瓿灭菌烘干机热空气循环示意

1—前层流箱；2—前层流风机；3—热空气高效过滤器；4—热风机；5—高温灭菌箱；6—后层流箱；7—后层流风机；8—空气高效过滤器；9—空气电加热装置；10—热区新鲜空气补充；11—后排风机；12—前排风机；13—输送网带；14—出风口

(1) 本机由于加热采用了“热风循环法”和对流传热机理，所以具有传热速度快、热空气的温度和流速非常均匀、灭菌充分、无低温死角、无尘埃污染、灭菌时间短、效果好、生产能力高等优点，也是目前国际公认的先进方法。

(2) 本机正常工作时，无需专人看管。在运行时，高温区加热温度自动控制、自动显示、自动记录、存档备查。当高温区未达到设定温度时，洗瓶机不能工作；平行流风速低于规定值时，整个机器自动停机。生产完毕停机后，高温区缓缓降温降至设定值时(100℃)，风机会自动停机，以上全部过程都是自动控制的。

(3) 本机工作过程都是在100级平行流净化空气保护下进行的，达到无尘无菌的要求。并且整个过程均在密封状态下进行，机内压力高于外界空气压力5Pa，使外界空气不能入侵，完全符合GMP的要求。

(4) 本机三个区分别有独立的风机、风道、过滤器，并有单独调节风速和风量的空气净化系统。

(5) 电加热装置内有24根1.8kW的电加热丝，在连接上分为三组，开始加热时，各组加热元件全部投入运行，以求最快达到设定温度，当温度升至设定温度的上限时，切断两组加热丝仅保留一组基本负荷，以维持保温。

4. 工作过程

如图5-8所示，安瓿从洗瓶机进入本隧道的预热部分，经预热后由传送带送到300℃以上的高温干燥灭菌区，通过温度自控系统来实现，最高可达350℃。产生的高温热空气流经高效空气过滤器，获得洁净度为100级的平行流空气，对安瓿进行加热、灭菌、干燥，安瓿经过高温区的总时间超过10min，有的规格达20min，灭菌干燥除热原后进入冷却部分进行风冷，冷却部分的单向流洁净空气对安瓿进行冷却，冷却后的出口处温度不高于室温15℃。再在100级层流的保护下，由传送带送至灌装封口工位，安瓿从进入隧道至出口全过程时间平均约为30min。为了节约能源，高温灭菌区平行流热空气是自动循环使用的，加热时所产生的部分温热空气由下部排风机排出，由另一台小风机补充新鲜空气。

5. 动力参数

适用规格	直径或曲径安瓿1～20ml 瓶径 ϕ8～54mm，瓶高40～160mm
生产能力	≤300瓶/min
灭菌温度	300℃（可调）
输送带有效宽度	620mm
压缩空气	30m^3/h
压缩空气压力	0.1～0.2MPa
外形尺寸（长×宽×高）	3500mm×2100mm×2315mm
耗电量	约52kW，其中加热功率43.2kW

6. 设备操作

(1) 开始前检查工作　检查排风风门是否在要求的挡上，保证安瓿在灭菌机中正常运行通过。检查进、出口层流风机、中间烘箱风机是否运转，在外表无法看出，先启动风机，测量风速和风压，中间烘箱风速达 0.7m/s，风压达 250Pa，进口、出口层流风机风速达 0.5m/s，风压达 250Pa。

(2) 运行工作

① 接通电源，打开总电源开关、输入电压值。

② 设定隧道内的工作温度，烘干灭菌温度为 280℃，停机温度为 100℃，作好温度记录，存档备查。

③ 按规定程序点“日间工作”按钮，所有风机均开启，加热管也开始工作，全机启动完毕。

④ 当隧道温度升至 100℃，有指示灯显示，待温度升至设定温度值后，开启洗瓶机，由输送带控制速度，温度达到设定的上限值时，直至使安瓿直立密排通过隧道，在规定的时间（大约 5min）内通过高温灭菌区，完成灭菌过程。

(3) 结束工作　灭菌完毕，点“日间停车”各加热管自动断电，此时各风机仍继续运转（保护高温高效空气过滤器不致烧坏），直到烘箱内温度将至设定的停机温度，风机会自动停机，前后风机继续旋转，为避免脏空气进入隧道。点“紧急停车”所有的耗能元件均停止工作，然后关闭电源开关。

7. 维护保养

(1) 电热层流式干热灭菌机的空气排出管道过长或弯头过多，多于两个以上，应在排风管的终端串联安装一台单进风离心通风机以增加排气效果，按照操作规程进行维护和保养。

(2) 设定工作温度时，不要超过 350℃，在满足安瓿灭菌除热原后，尽可能低些，以延长高效过滤器的使用寿命。

(3) 若发现指示灯不亮或时亮时暗时，应更换灭菌箱上部的粗效过滤器，若更换无效，应更换高效空气过滤器。

(4) 传送带下方装有高效排风机，其出口处装有调节风门，检查风门，根据需要调节风门以控制排出的废气量和带走的热量。

(5) 加热管在使用过程中有损坏时，需及时更换。注意加热管安装要可靠、接线要牢。

(6) 每天工作完后，必须检查进口过渡段的弹片凹形弧内是否有玻璃碎屑，如有，必须及时清扫。烘箱背后下面的排气机构中有一碎屑聚集箱，应每星期清扫一次。

(7) 烘箱内风机一年后应拆下更换新的润滑脂；进口、出口风机三年后更换；排风机一年后更换；输送带上的各传动轮所装轴承每运行一年后更换。

8. 常见故障及排除（见表 5-5）。

表 5-5　常见故障及排除

故障现象	原因分析	排除方法
安瓿在输送带上排列松散，隧道两旁有倒瓶	① 接近开关限位板预弹力较小 ② 限位螺钉调节不当	① 用手调节限位板的薄弹片，减少曲率半径 ② 调节限位螺钉，用压力压限位板，启动电机
安瓿在进口过渡段上处排列太紧，碎瓶较多	① 接近开关限位板预弹力太大 ② 进口处接近开关发生故障	① 用手调节限位板的薄弹片，增大曲率半径 ② 调节限位螺钉，只需轻压限位板即能启动电机 ③ 排除接近开关故障

续表

故障现象	原因分析	排除方法
输送带上安瓿排列太紧	下道工序安瓿灌封机中安瓿输出太低，产量低	可提高灌封机速度，使之与清洗匹配
输送带停止驱动	① 隧道上安瓿过多 ② 灌封机输出太低	提高灌封机运转速度
澄明度不高	① 进口过渡段挤瓶严重 ② 隧道预热、烘干、冷却三段内层流风速未达到要求	① 调整进口过渡段限位板或限位螺钉 ② 更新高效空气过滤器
烘箱内温度偏低，未达到设定温度	电热管损坏	更换电热管
烘箱内温度超过设定温度，进口层流箱温度高	蒸气机出现故障或已损坏	维修或更换

（二）辐射式干热灭菌机

辐射式干热灭菌机又称红外线灭菌干燥机。目前国内生产辐射式干热灭菌机的厂家也比较多，北京生产的自动烘干灭菌机，常州生产的 SMH 系列隧道灭菌烘箱，南京生产的 RMH 型热风循环灭菌隧道烘箱，它们是在原 HDC 型远红外灭菌隧道箱上的基础上生产的，引进国外先进技术，增加热风循环、冷却风机而改型的换代产品，是药厂贯彻 GMP 标准的理想干燥、灭菌设备。它主要也是用在水针剂的安瓿洗烘灌封联动机上，也可以对各种玻璃药瓶进行干燥、灭菌、除热原。

1. 基本原理

辐射式干热灭菌机的原理是在箱体加热段的两端设置静压箱，提供 100 级垂直单向平行流空气屏（见图 5-10），垂直单向平行流空气屏能使由洗瓶机输送网带送来的安瓿立即得到 100 级单向平行流空气屏的保护不受污染，同时对出离灭菌区的安瓿还起到逐步冷却的作用，使得安瓿在出灭菌干燥机之前接近室温。箱内的湿热空气由箱体底部的

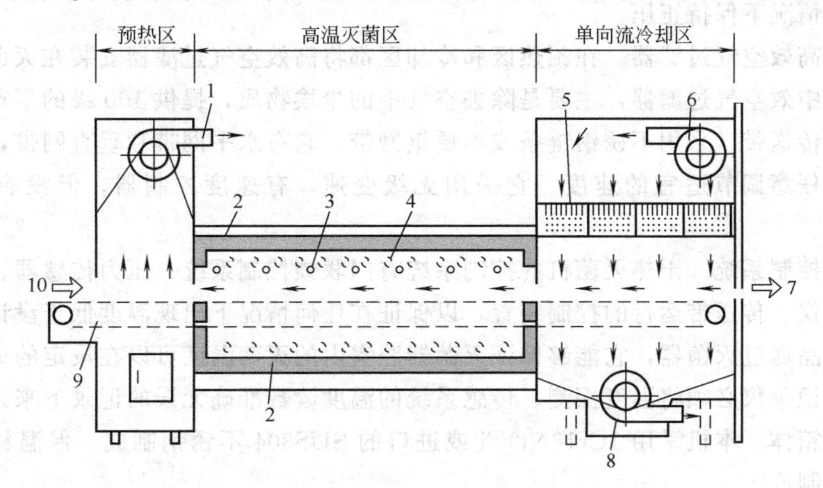

图 5-10　辐射式干热灭菌机

1，8—排风机；2—保温层；3—温度传感器；4—远红外线加热管；5—高效过滤器；6—冷却送风机；7—出口；9—传送带；10—入口

排风机排出室外。

2. 系统介绍

辐射式干热灭菌机整体也为隧道式，也由预热区、高温灭菌区、冷却区三部分组成。

(1) 加热装置　加热装置有12根外表镀有纯金反射层、内串的石英玻璃管呈矩形布置在箱底的隔热层内，箱体的顶端安装有6支，两侧面各一支，底部安装4支。加热装置是干热灭菌设备的主要组成部分，对灭菌效果的好坏影响极大。图5-11所示为加热段内部结构示意。

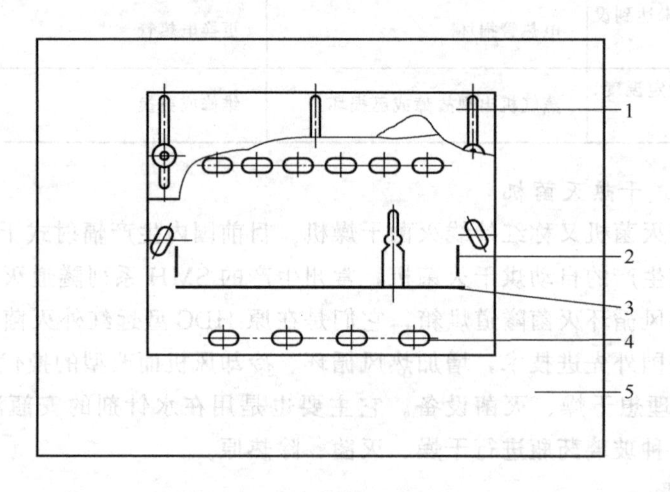

图5-11　加热段内部结构示意

1—冷却区隔层挡板；2—垂直网带；3—水平网带；4—电热石英管；5—隔热材料

(2) 风机　在箱体内安装有两个送风机，底部安装有排风机，风机的风量可以测量，并由缓冲板或空气挡板控制空气的流量，也可以用气流调节器控制进风和排风的风量，一般情况下保持正压。

(3) 高效空气过滤器　在预热区和冷却区都将高效空气过滤器安装在灭菌区，风机的上面有中效空气过滤器，主要是除去空气中的尘埃物质，提供100级的平行空气流。

(4) 传送带　采用不锈钢链条或不锈钢网带。它有水平网带和垂直网带，可根据不同的要求任意调节适宜的速度。它采用无级变速，有速度控制器，但没有速度记录装置。

(5) 控制系统　干热灭菌机的控制系统有门联锁控制系统、压力传感器、温度控制器及记录仪、传送带运行的控制装置，以保证在任何情况下出现温度低于设计要求时防止灭菌物品通过灭菌器，它能够保证灭菌器腔室内的灭菌温度可以在设定的灭菌温度范围内，其记录仪必须将温度探测、传感系统的温度读数准确无误的记录下来。

(6) 箱体　本机采用1Cr18Ni9Ti或进口的SUS304不锈钢制成，保温材料采用硅酸铝纤维制成。

3. 主要特点

(1) 本机加热元件采用远红外优质乳白色石英管或镀金石英管，箱体顶端安装能够起到调节作用的反射机构，提高了热效率，具有辐射系数高、能耗低、升温快等优点。

(2) 本机配有电器控制柜，温度数字显示自动控制，可控制在任一恒温状态。安瓿灭菌温度在300℃以上，时间在3～5min范围内可调。

(3) 也可以采用热风循环，并设有蝶阀风门控制风量。

(4) 传动速度采用无级变速，有速度控制器。

(5) 出口处采用100级洁净度垂直层流的净化空气对物料进行冷却，使物料处于严格无菌、无尘的环境中。

4. 工作过程

安瓿从洗瓶机进入本机隧道的预热区，预热区提供有100级垂直单向平行流空气屏，随着输送网带传送把安瓿送至高温灭菌区，在高温灭菌区由12支远红外加热管产生的热空气对安瓿灭菌、干燥、除热原，随着输送网带的传送进入冷却区，也得到100级平行流空气保护，不受污染，同时对安瓿起到冷却的作用。灭菌完毕由输送网带送至灌装机，在这之间的输送网带均在100级层流保护下进行。

5. 动力参数

适用瓶的种类	1～20ml 安瓿、口服液瓶、西林瓶等药用瓶
不锈钢丝网输送宽度	420mm
生产能力（10ml）	9000 瓶/min
出口温度	40℃
最高工作温度	300℃
预热区风量	$1300m^3/h$
加热区风量	$1400m^3/h$
冷却区风量	$2\times 2250m^3/h$
总功率	AC380V/50Hz/42kW
外行尺寸（长×宽×高）	4200mm×1300mm×2400mm

6. 设备操作

(1) 准备工作　合上总闸，开启自动加热按钮，同时调节所需温度上、下限的范围。当到达恒温状态后，开启传动电机，同时调整传动速度，开启风机并调节风量。

(2) 运行工作　待工作温度升至设定温度值后，开启洗瓶机使安瓿直立密排通过隧道，在规定的时间完成灭菌。灭菌温度由电子调温器设定，同时显示可自动记录温控状况。

(3) 结束工作　首先关闭热开关，风机将继续旋转，当隧道内的温度降至设定值时，风机会自动停机，最后再关总电源开关。

电热层流式和辐射式干热灭菌机都是隧道式连续的，只是加热方式的不同。它适用于无菌要求的空安瓿、西林瓶、口服液瓶等其他容器的干燥灭菌，它们前端与洗瓶机相连，后端设在灭菌作业区与灌封机相连。出口至灌封机之间的传送带均在100级单向空气流保护下进行。都分为三区，分别完成预热、高温灭菌和冷却。辐射式干热灭菌机依靠石英管辐射加热，石英管布置造成热场不均匀及个别局部死角，不能确保全部瓶子灭菌彻底。此外，由于石英管辐射效率随时间变化，所以会影响热场的稳定。

第六章 液体制剂生产设备

第一节 口服液剂生产设备

一、口服液剂生产工艺

口服液剂是指药材用水或其他溶剂，采用适当的方法提取，经浓缩制成的单剂量包装的口服液剂型。

口服液剂是在中药汤剂的基础上发展起来的，它是集汤剂、糖浆剂、注射剂特点于一身的一种新剂型。它是采用工业化制备工艺，提取药物中的有效成分，加入矫味剂、抑菌剂，再经严格的处理，按照注射剂工艺生产而达到无菌的口服液体制剂。在工业生产中所需的生产设备、工艺条件要求比较高（如配制、灌装等环节）。

1. 口服液剂的特点

(1) 由于其为液体制剂，所以吸收快、奏效迅速。

(2) 采用单剂量的小瓶包装，服用方便、易于保存、省去煎药的麻烦。

(3) 制备工艺控制严格，口服液体质量稳定、疗效好。

(4) 每次服用量小、口感好，易为患者，特别是儿童、幼儿所接受。

(5) 由于制备工艺复杂，设备要求较高，成本相对也较高。

(6) 由于口服液处方固定且批量制备，所以不能随意加减。

2. 口服液剂的制备工艺

国家中医药管理局发布的《中成药生产管理规范实施细则》列出了口服液剂生产的工艺流程，如图 6-1 所示。

(1) 药材的提取　即采用不同的方法从中药材中提取有效成分。目前国内口服液剂的制备主要采用煎煮法，也有用渗漉法、回流法等，所得药汁有的还需经过净化处理。

(2) 药液的配制

① 配制口服液所用的原辅料应严格按质量标准检查，合格方能采用。

② 按处方要求计称原料用量及辅料用量。

③ 为保证药品质量，选加适当的添加剂，采用处理好的配液用具，严格按程序配液。

(3) 过滤、精制　药液在提取、配液过程中，提取液中所含的树脂等胶体均需滤除，以使药液澄明，再通过精滤除去微粒及细菌。

(4) 灌封　首先应完成口服液容器的洗涤、干燥、灭菌，按注射剂的制备工艺将药液定量的灌封于无菌、洁净、干燥的口服液容器中。目前以小的玻璃瓶为主，也有少量塑料瓶。

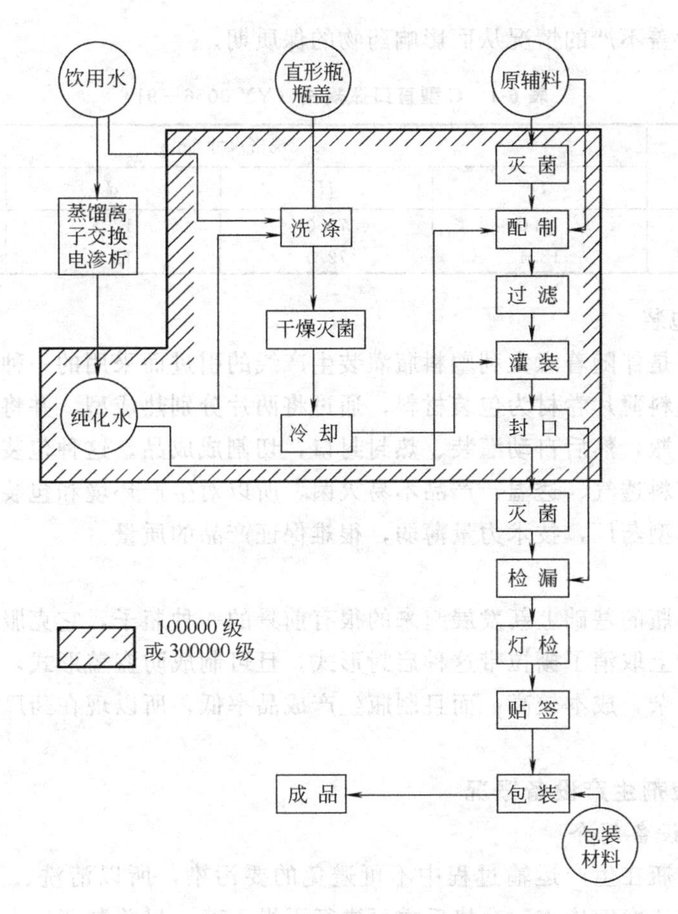

图 6-1　口服液剂生产的工艺流程图

注：对非最终灭菌产品洁净度要求为100000级。

对最终灭菌产品洁净度要求为300000级。

(5) 灭菌　灌封好的口服液必须进行灭菌，保证药品质量的稳定性。口服液的灭菌多视药物的性质而定，适当采用一种或几种方法联合灭菌。目前应用最多的是蒸汽灭菌法，也有采用微波灭菌等。

(6) 检漏、贴标签、装盒　封装好的瓶装制品需检漏、灯检，合格以后贴上标签，打印批号、有效期，最后装盒、装箱，即出成品。

二、口服液的包装材料

1. 直口瓶包装

原国家医药管理局（现为国家食品药品监督管理局）组织制定了《管制口服液瓶》（YY 0056—91）行业标准，其中列出的C型瓶制造较困难，但由于外形美观，颇受欢迎。直口瓶的规格见表6-1，外形如图6-2所示。此种包装的口服液剂目前市场占有率最高。但由于撕拉铝盖的拉舌在撕拉过程中有时会断裂，给服用者造成麻烦，另外由于包装材料的不

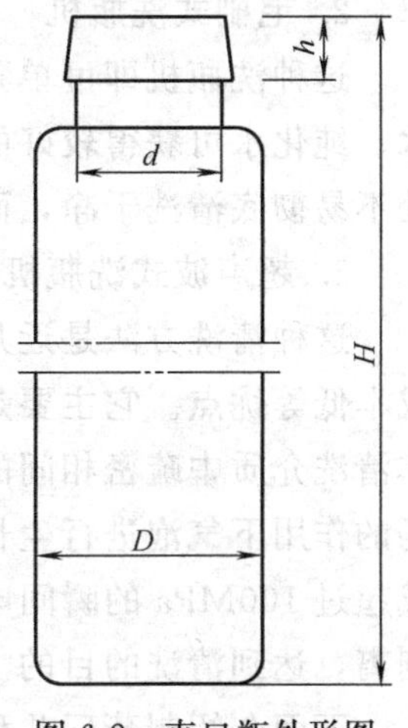

图 6-2　直口瓶外形图

一致，易出现封盖不严的情况从而影响药物的保质期。

表 6-1　C 型直口瓶规格（YY 0056—91）

满口容量/ml	规格尺寸/mm			
	D	*H*	*d*	*h*
10	18.0	70.0	12.5	8.7
12	18.4	72.0	12.0	7.5

2. 塑料瓶包装

塑料瓶包装是伴随着意大利塑料瓶灌装生产线的引进而采用的一种包装形式，该联动机入口处以塑料薄片卷材为包装材料，通过将两片分别热成型，并将两片热压在一起制成成排的塑料瓶，然后自动灌装、热封封口，切割成成品。这种包装成本较低，服用方便，但由于塑料透气、透温，产品不易灭菌，所以对生产环境和包装材料的洁净度要求很高。对于小型药厂，技术力量薄弱，很难保证产品的质量。

3. 螺口瓶

它是在直口瓶的基础上新发展起来的很有前景的一种瓶子，它克服了封盖不严的隐患，而且在结构上取消了撕拉带这种启封形式，且可制成防盗盖形式，但由于这种新型瓶子制造相对复杂，成本较高，而且制瓶生产成品率低，所以现在药厂实际采用还不是很多。

三、口服液剂生产设备概况

（一）洗瓶设备简介

由于口服液瓶在生产运输过程中不可避免的要污染，所以清洗、灭菌是必不可少的。洗瓶后需作洁净度检查，合格后方可进行干燥灭菌。目前制药厂中常用的洗瓶设备有以下三大类。

1. 喷淋式洗瓶机

该设备先用离心泵将水加压，经过滤器，进入喷淋盘，由喷淋盘将高压水分成多股激流，将瓶内外冲洗干净，这类设备人工参与操作较多，设备档次较低。

2. 毛刷式洗瓶机

这种洗瓶机即可单独使用，也可以组成联动线，以毛刷的机械动作配以碱水、饮用水、纯化水可获得较好的清洗效果，但毕竟是以毛刷的动作来刷洗，粘牢的污物和死角处不易彻底清洗干净，而且毛刷容易掉毛，难免会落入瓶中。该设备档次也较低。

3. 超声波式洗瓶机

这种清洗方法是近几年来最为优越的清洗设备，具有结构简单、省时、省力、清洗成本低等优点。它主要是利用超声波换能器发出的高频机械振荡（20～40kHz），在液体清洗介质中疏密相间的向前辐射，使液体因流动而产生大量非稳态微小气泡，在超声场的作用下气泡进行生长闭合运动，即通常所说的“超声波空化”效应，空化效应可形成超过 100MPa 的瞬间电压，其强大的能量连续不断冲撞被洗对象的表面，使污垢迅速剥离，达到清洗的目的。

下面介绍制药厂几种常见的超声波洗瓶机。

(1) 转盘式超声波洗瓶机　YQC 8000/10-C 型是目前比较先进的超声波洗瓶机(见图 6-3)，它是原 XP-3 型超声波洗瓶机新标准的表示方法。生产能力为 8000 瓶/h，适用于 10ml 的口服液瓶。

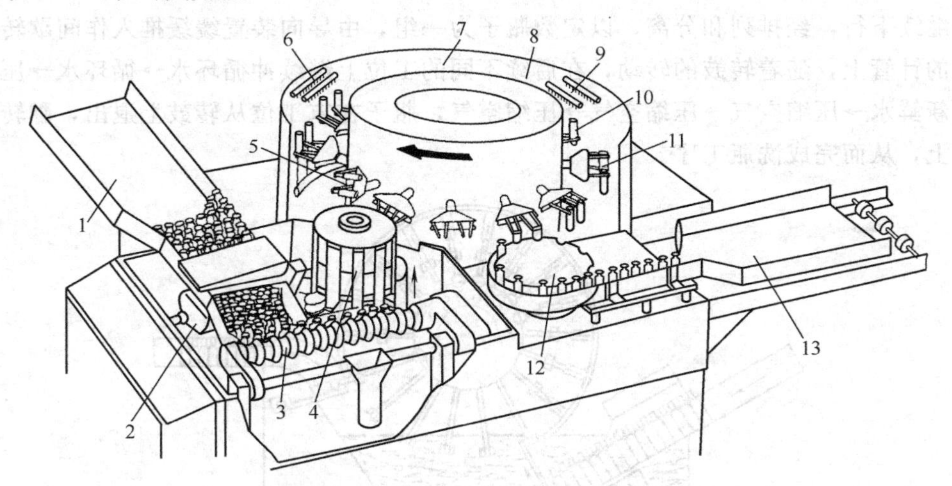

图 6-3　YQC 8000/10-C 型超声波洗瓶机

1—料槽；2—超声波换能头；3—送瓶螺杆；4—提升轮；5—瓶子翻转工位；
6，7，9—喷水工位；8，10，11—喷气工位；12—拨盘；13—滑道

首先把玻璃瓶整齐的放置于储瓶盘中，将整盘玻璃瓶放入洗瓶机的料槽 1 中，用推板将整盘的瓶子推出，撤掉储瓶盘，此时玻璃瓶留在料槽中，瓶口朝上，相互靠紧，料槽 1 与水平方向成 30°，料槽中的瓶子在重力的作用下下滑，这时料槽上方的淋水器，将玻璃瓶内注满循环水（循环水由机内泵提供压力，经过滤后循环使用)，注满水的玻璃瓶滑至水箱中水面以下时，利用超声波在液体中的“超声波空化”作用对玻璃瓶进行清洗。超声波换能头紧靠在料槽末端，与水平面也成 30°，确保玻璃瓶顺畅地通入送瓶螺杆。由送瓶螺杆将瓶子理齐并逐个送入提升轮中的 10 个送瓶器中，送瓶器由旋转滑道带动做匀速回转的同时，受固定的凸轮控制，也作升降运动，旋转滑道转动一周，送瓶器完成接瓶、上升、交瓶、下降一个完整的运动周期。提升轮将玻璃瓶依次送入大转盘的机械手中。大转盘周向均匀分布 13 个机械手机架，每个机架上左右对称的装两对机械手夹子，大转盘匀速转动的同时带动机械手转动。机械手在位置 5 由翻转凸轮控制翻转 180°，从而使瓶口朝下接受水、气的冲洗。位置 6～11 是洗涤工位，其中位置 6、7、9 喷的是压力循环水和压力净化水，位置 8、10、11 喷的是压缩空气，以便吹净残水。固定在摆环上的射针和喷管完成对瓶子的三次水和三次气的内外冲洗。射针插入瓶内，从射针顶端的五个小孔中喷出的水流冲洗瓶子内壁和底部，与此同时，固定在喷头架上的喷头，则喷水冲洗瓶子的外壁。摆环由摇摆凸轮和升降轮控制完成“上升-跟随大转盘转动-下降-快速返回”的运动循环。洗净后的瓶子在机械手夹持下再经翻转凸轮作用翻转 180°，使瓶口朝上。然后进入拨盘 12，拨盘拨动玻璃瓶由滑道 13 送入下道工序。

整台超声波洗瓶机由一台直流电机带动，可以实现平稳的无级调速，三水、三气由外部或机内泵加压并经三个过滤器过滤，水、气的供和停由行程开关和电磁阀控制，压

力可根据需要调节并由压力表显示。

（2）转鼓式超声波洗瓶机　转鼓式洗瓶机原理如图 6-4 所示。该机的主体部分为卧式转鼓，其进瓶装置及超声处理部分基本上与 YQC 8000/10-C 相同，经超声处理后的瓶子继续下行，经排列和分离，以定数瓶子为一组，由导向装置缓缓推入作间歇转动的转鼓的针管上，随着转鼓的转动，在后续不同的工位上继续冲循环水→循环水→压缩空气→新鲜水→压缩空气→压缩空气→压缩空气，瓶子在末工位从转鼓上退出，翻转使瓶口向上，从而完成洗瓶工序。

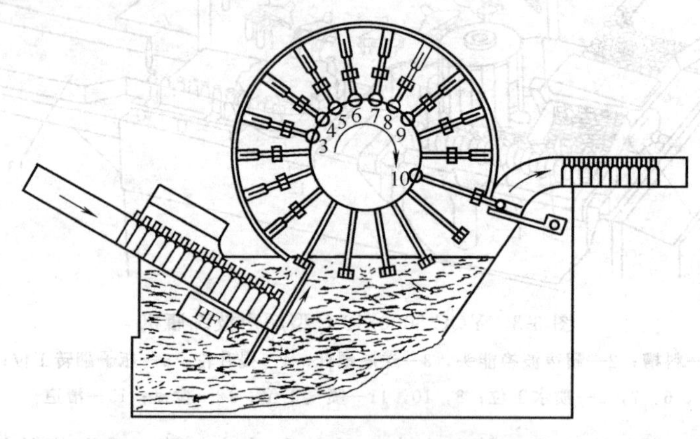

图 6-4　转鼓式洗瓶机原理

（3）简易超声波洗瓶机　以功率超声对水中的小瓶进行预处理后，送到喷淋式或毛刷清洗装置。因为增加了超声预处理，大大改进了清洗效果，但由于未对机器结构做其他技术改造，故瓶子只能整盘清洗，不能做联动机使用，工序间瓶子的传送只能由人工来完成，增加了污染的概率。

（二）灭菌干燥设备简介

口服液瓶的灭菌干燥设备比较多，下面介绍一些常用的灭菌干燥设备。

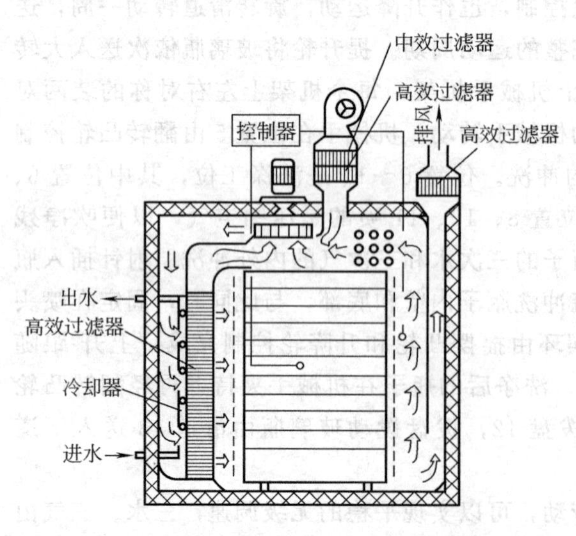

图 6-5　PMH-B_5 对开门远红外灭菌烘箱

1. PMH-B_5 对开门远红外灭菌烘箱

该设备采用平流热风内循环结构，如图 6-5 所示，自动排湿装置，工作温度为350～400℃，各点温差为±1℃，设有百级层流罩、现代化自动控制装置，配有清洗流水自排装置和强制冷却装置，设备噪声低。该设备总功率为 30kW，工作室尺寸为 800mm × 2000mm × 1000mm，外形尺寸为 1550mm × 2400mm×2200mm。

目前也有 DMHJ 系列百级层流对开门灭菌干燥箱等，也符合 GMP 的要求。

2. HDC 型远红外隧道灭菌烘箱

该设备有四个型号（HDC_1～HDC_4），广泛适用于口服液瓶、各种玻璃皿的灭菌、烘干。它在原A型、B型的基础上增加了热风循环、冷却风机等。该设备产量高、运行故障低、无机械性破瓶现象，现代化的自控装置10万级、万级、百级层次分明，设备使用效率高，运行成本低。该设备HDC_1型的加热功率为38.4kW，工作室尺寸为6800mm×500mm×160mm，外形尺寸为6800mm×1020mm×2000mm，符合GMP的要求。

3. GMS600-C隧道式灭菌干燥机

它属于热风循环式灭菌干燥机，也是目前公认的比较理想的灭菌干燥设备。它与第七章的电热层流式干热灭菌机基本相同，仅在此简单介绍。

洗净的玻璃瓶从洗瓶机的出口进入灭菌隧道，隧道中由三条同步前进的不锈钢丝网带形成输瓶轨道，主传送带宽600mm，水平安装，两侧带高60mm，分别垂直于主传送带的两侧，成倒π形，共同完成对瓶子的约束和传送。瓶子从进入到移出隧道大约需要40min，在热区停留5min以上完成灭菌。它采用的是热空气平行流灭菌方式。常温空气经粗效及中效过滤器过滤后进入电加热区加热，高温热空气在热箱内循环运动，充分均匀混合后经过高效过滤器过滤，获得100级的平行流空气，直接对玻璃瓶进行加热灭菌，在整个传送带宽度上，所有瓶子均处于均匀的热风吹动下，热量从瓶子内外表面向里层传递，均匀升温，确保瓶子灭菌彻底，同时可避免瓶子产生大的热应力。

GMS600-C隧道式灭菌干燥机如图6-6所示，主要由电加热装置、高效过滤器、风机、机架、不锈钢网状输送带、传动装置、电控系统等组成。

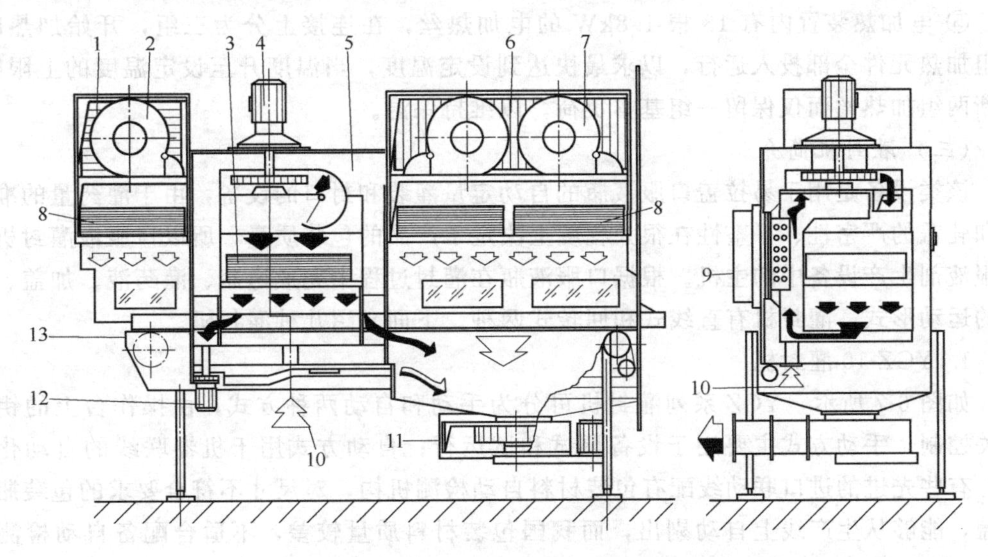

图6-6 GMS600-C隧道式灭菌干燥机

1—前层流箱；2—前层热风机；3—热空气高效过滤器；4—热风机；5—高温灭菌箱；6—后层流箱；7—后层流风机；8—空气高效过滤器；9—电加热装置；10—热区新鲜空气补充；11—后排风机；12—排风机；13—输送网带

口服液瓶从洗瓶机进入本机隧道由一条水平安装和两条侧面垂直安装的不锈钢网状输送带同步输送口服液瓶。根据灭菌工艺过程，它可分为三个区。预热区（长约

600mm)，由前层流箱、空气高效过滤器、前层流风机组成；高温灭菌区（长约900mm)，由热风机、热空气高效过滤器、高温灭菌箱、排风机组成；冷却区（长约1500mm)，由后层流箱、后层流风机、空气高效过滤器、排风机组成。隧道下部有排风机，并有调节阀门，可调节排出的空气量。排气管的出口处还有碎玻璃收集箱。电加热管位于隧道的两侧，下面由一台小风机补充新鲜空气。

本机由于加热采用了“热风循环法”，所以具有传热速度快、热空气的温度和流速非常均匀、灭菌充分、无低温死角、无尘埃污染、灭菌时间短、效果好、生产能力高等优点，也是目前国际公认的先进方法。

它的特点如下。

① 本机正常工作时，无需专人看管。在运行时，高温区加热温度自动控制、自动显示、自动记录、存档备查。当高温区未达到设定温度350℃时，洗瓶机不能工作；平行流风速低于规定值时，整个机器自动停机。高温区缓缓降温降至设定值时（100℃)，风机会自动停机，以上全部过程都是自动控制的。

② 本机工作过程都是在100级平行流净化空气保护下进行的，达到无尘无菌的要求。并且整个过程均在密封状态下进行，机内压力高于外界空气压力5Pa，使外界空气不能入侵，完全符合GMP的要求。

③ 本机三个区分别有独立的风机、风道、过滤器，并有单独调节风速和风量的空气净化系统。

④ 高温灭菌区的热箱外壳中填充硅酸铝棉以隔热，确保外壁温升不高于7℃。

⑤ 电加热装置内有18根1.8kW的电加热丝，在连接上分为三组，开始加热时，各组加热元件全部投入运行，以求最快达到设定温度，当温度升至设定温度的上限时，切断两组加热丝而仅保留一组基本负荷，以维持保温。

（三）灌封机简介

该类设备是用于易拉盖口服液瓶的自动定量灌装和封口的设备，由于灌药量的准确性和轧盖的严密性、平整性在很大程度上决定了产品的包装质量，所以口服液灌封机是口服液剂生产设备中的主机。根据口服液瓶在灌封过程中完成送瓶、灌药液、加盖、封口的运动形式，灌封机有直线式和回转式两种。下面介绍几种灌封机。

1. YGZ-10灌封机

如图6-7所示，YGZ系列灌封机可分为手动和自动两种方式，由操作台上的钥匙开关控制。手动方式主要用于设备调试和试运行；自动方式用于机器联线的自动化生产。有些先进的进口联动线配有包装材料自动检测机构，对尺寸不符合要求的包装瓶和瓶盖，能够从生产线上自动剔出，而我国包装材料质量较差，不适合配备自动检测机构。所以开机前对包装材料如瓶和瓶盖进行人工目测检查，还要检查机器润滑情况，手动4～5个循环后，检查机器运转是否灵活，检查灌药量是否准确，确保正常的情况下进入自动操作。操作人员在联线上随时观察设备，处理一些异常情况，如走瓶不顺畅或碎瓶、下盖不通畅、抽检轧盖质量等。如有异常情况或出现机械故障时，可按动设备操作台上的紧急制动开关，停机检查调整。

(1) 灌封机的结构　主要包括自动送瓶、灌装药液、送盖、封口、传动五部分。

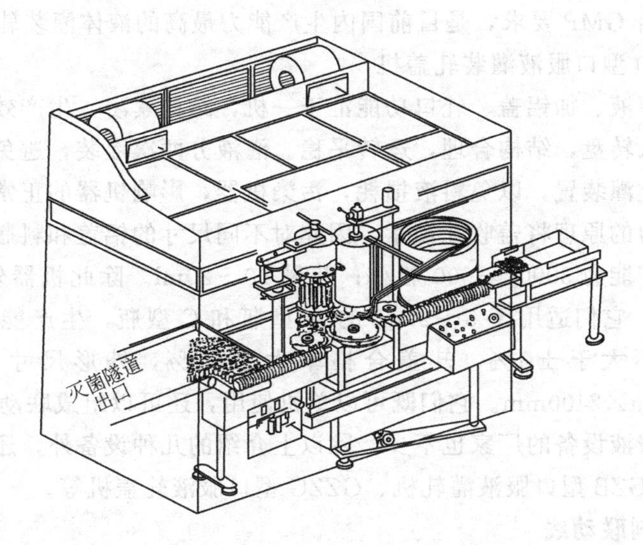

图 6-7 YGZ 系列灌封机外形图

灌装药液的准确性对产品是非常重要的，所以灌装药液的关键部件是泵组件和药量调整机构，药量调整机构有粗调和精调两套机构，它能保证 0.1ml 的精确度。

送盖部分主要由电磁振动台、滑道来实现瓶盖的翻盖、选盖、瓶盖的自动供给。

封口部分主要由三爪三刀组成的机械手完成瓶子的封口，为了确保药品的质量，产品的密封要得到很好的保证，封口的平整、美观也是药厂关注的。故密封性和平整性是封口部分的主要指标，所以轧盖锁口带有缓冲装置。

传动部分由一台电机带动经带轮将动力传给蜗轮蜗杆减速机，由蜗轮轴通过各齿轮，将动力传到拨轮轴及灌装头和轧盖头。灌装头与轧盖头及各拨轮同步动作，通过锥齿轮、链轮将动力传到进瓶装置和绞龙装置。减速器蜗杆上有手轮，可实现手工操作。

(2) 灌封机的特点

① 该机在设计上吸收了国际上先进机型的优点，同时兼顾了国内包装材料的特点，使其结构更加紧凑、合理，性能更加稳定、可靠。

② 在整机控制方面采用了国际上较为先进的控制技术，各种监控功能完善。该机具有灌装药针与药面同步上升、无瓶止灌、灌装无滴漏、运行故障监控等功能。

③ 轧盖锁口带缓冲装置，灌装与轧盖部分之间采用长螺杆过渡，便于生产过程中不合格品的剔除。

④ 该机生产效率高，适用于符合国家标准的口服液瓶与铝盖的灌装与轧盖。

⑤ 该机可单独使用也可与清洗机、灭菌干燥机组成洗、烘、灌、轧联动生产线，且均可达到 GMP 的要求。

2. YD-160/180 型口服液多功能灌封机

该机主要适用于口服液制剂生产中的计量灌装和轧盖的设备。灌装部分采用八头连续跟踪式结构，轧盖部分采用的是八头滚压式行结构。具有生产效率高、占地面积小、计量精度高、无滴漏、轧盖质量好、轧口牢固、铝盖光滑无折痕、操作简便、清洗灭菌方便、无级变频调速等特点。它的主要技术参数是：灌量范围 5～15ml，生产能力100～180

瓶/min。该机符合 GMP 要求，是目前国内生产能力最高的液体灌装轧盖设备。

3. DGK10/20 型口服液灌装轧盖机

该设备是将灌液、加铝盖、轧口功能汇于一机，结构紧凑，生产效率高。其采用螺旋杆将瓶垂直送入转盘，结构合理，运转平稳。灌液分两次灌装，避免液体泡沫溢出瓶口，并装有缺瓶止灌装置，以免料液损耗，污染机器，影响机器的正常运行。轧盖由三把滚刀采用离心力的原理将盖收轧锁紧，因此对不同尺寸的铝盖和料瓶，机器都能正常运转。该机的生产能力 3000～3600 瓶/h；装量 10～20ml。除此机器外还有 DGZ8 型、DGZ12 型等规格。它们适用于 5～20ml 的 A 型瓶和 C 型瓶，生产能力 200～300 瓶/min，装置误差不大于±1%，轧盖合格率大于 99%，外形尺寸（长×宽×高）8800mm×2100mm×2400mm。它们既可以单机使用，还可以组成联动机。

目前生产口服液设备的厂家也不少，除以上介绍的几种设备外，还有 FBZG 口服液灌装轧盖机，DHGZB 型口服液灌轧机、GZZG 型口服液轧盖机等。

四、口服液剂联动线

（一）口服液剂联动线的概况

口服液剂联动线是用于口服液剂包装生产的各台设备，为了生产的需要和进一步保证产品质量有机连接起来而形成的生产线。生产线上的设备主要包括洗瓶机、灭菌干燥设备、灌装轧盖机、贴标签机等。采用联动线，能够保证口服液的生产质量，可保证产品质量达到 GMP 要求，随着 GMP 的贯彻实施，设备的整体质量有了很大提高，中国的制造工业要走向世界，与国际接轨，设备就向高速、自动化方向发展，随着自动控制技术和微电子技术的普及，机电一体化的实现已是大势所趋。联动线是一种国际上先进的装备，国产化联动线已经成熟、稳定。但联动线在制药企业的运行状况好坏不一。

（二）口服液剂联动线的联动方式

1. 口服液剂联动线的联动方式

口服液联动线的联动方式有两种：一种是串联方式，每台单机在联动线中只有一台，因而各单机的生产能力要相互匹配。如果要使生产能力高的单机（如灭菌干燥机）适应生产能力低的设备，那么这种联动方式很容易造成当一台设备发生故障时，整条生产线就要停下来的问题。另一种是分布式联动方式，它是将同一种工序的单机布置在一起，完成工序后产品集中起来，送入下道工序。它能够根据各台单机的生产能力和需要进行分布，可避免因一台单机出故障而使全线停产。分布式联动线主要是用于产量很大的品种。国内口服液剂一般采用串联式联动方式，各单机按照相同生产能力和联动操作要求协调原则设计，确定各单机参数指标，尽量使整条联动线降低成本，节约生产场地。口服液联动线的联动方式如图 6-8 所示。

2. YLX-8000/10 型口服液自动灌装联动线

如图 6-9 所示为 YLX-8000/10 型口服液灌装联动设备的外形图。它是由超声波洗瓶机、灭菌干燥机、灌封机组成的。口服液瓶由洗瓶机入口处送入后经洗瓶机进行洗涤，洗干净的口服液瓶子被推入灭菌干燥机的隧道内，完成对口服液瓶的消毒、灭菌、干燥，隧道内的传送带将口服液瓶送到出口处的振动台，再由振动台送入灌封机入口处的输瓶螺杆，由输送螺杆送到灌装药液转盘和轧盖转盘，灌装封口后，再由输瓶螺杆送

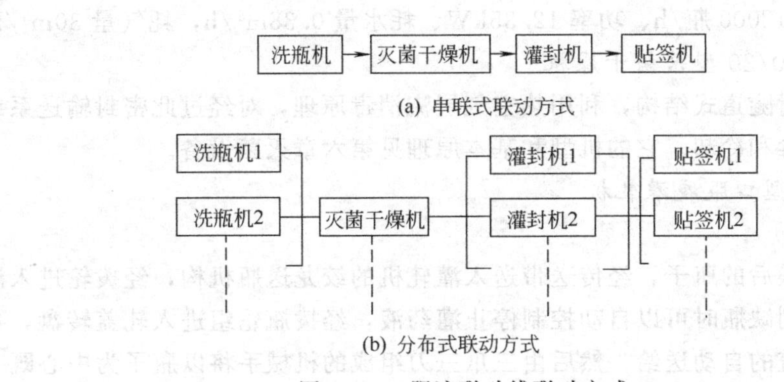

图 6-8 口服液联动线联动方式

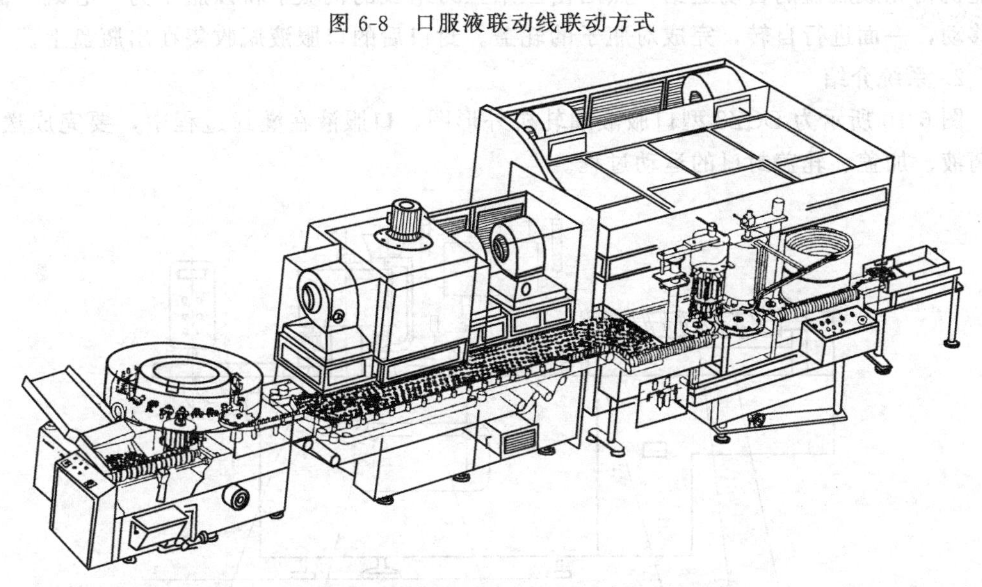

图 6-9 YLX-8000/10 型口服液自动灌装联动线外形图

到出口处。与贴标签机连接，目前有两种方式，一种是直接和贴签机相连完成贴签；另一种是由瓶盘装走，进行清洗和烘干外表面，送入灯检检查，看瓶中是否含有杂质，再送入贴签机进行贴签。贴签后就可装盒、装箱。

目前国内生产联动线的厂家也比较多。如 BXKF5/25I 型口服液洗烘灌轧联动机组，它是由 QCL40 超声波清洗机、SZA420/20 型杀菌干燥机、DGZ8 型口服液灌轧机组成的，也可配以 NTY60/200 型贴签机组成理想的生产联动线。下面重点介绍此联动机组。

五、BXKF5/25 型口服液洗烘灌轧联动机组

本机组由超声波清洗机、杀菌干燥机、口服液灌轧机组成，可完成超声波清洗、冲水、冲气、烘干消毒、灌装、轧盖等工序，主要用于口服液及其他小剂量溶液的联线生产，并可配以 NTY60/200 型贴签机组成理想的生产线，下面分别介绍。

（一）QCL40 型超声波清洗机

本机为立式转鼓结构，采用机械手夹瓶，翻转和喷管作往复跟踪的方式，利用超声波清洗和水汽交替喷射冲洗的原理，对容器逐个清洗。它的主要技术参数是：工作头数

为 40，生产能力 12000 瓶/h、功率 12.35kW、耗水量 0.38m^3/h，耗气量 30m^3/h。

（二）SZA420/20 型杀菌干燥机

本机为一密封隧道式结构，利用热空气层流消毒原理，对经过此密封输送系统的容器进行干燥、消毒和冷却。它的机型和基本原理见第六章灭菌设备。

（三）DGZ8 型口服液灌轧机

1. 基本原理

经过灭菌干燥后的瓶子，经传送带送入灌轧机的绞龙送瓶机构，经拨轮进入灌装转盘进行灌装，遇到缺瓶时可以自动控制停止灌药液，经拨瓶轮组进入轧盖转盘，首先由送盖机构完成瓶盖的自动送给，然后由三爪三刀组成的机械手将以瓶子为中心既一面向前移动，一面进行自转，完成对瓶子的轧盖。封口后的口服液瓶收集在出瓶盘上。

2. 系统介绍

图 6-10 所示为 DGZ8 型口服液灌轧机外形图，口服液在灌封过程中，要完成送瓶、灌药液、加盖、轧盖封口的运动过程。

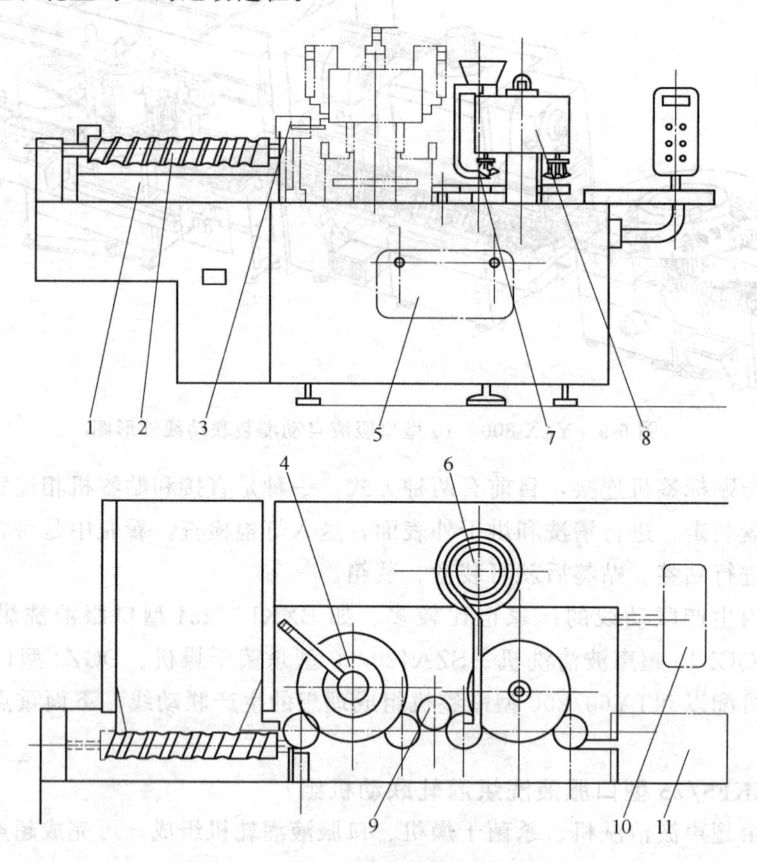

图 6-10　DGZ8 型口服液灌轧机外形图

1—送瓶带；2—绞龙送瓶机构；3—控制无瓶；4—储液槽；5—机身；6—输盖振荡装置；7—下盖口；8—轧盖头；9—拨瓶轮组；10—电器箱；11—出瓶盘

口服液灌轧机的主要结构由自动送瓶机构，灌装药液机构，送盖机构，轧盖封口机构，传动机构五部分组成。

(1) 送瓶机构　主要由进瓶带、绞龙送瓶机构组成，送瓶速度可调，也可单独启、停。口服液瓶还借助于推瓶体的推力及送瓶带的向前摩擦力向绞龙送去。加瓶可在不停机的情况下进行，输送带由不锈钢网带制成。

(2) 灌装药液机构　主要由灌装转盘、灌装头、储液槽、计量泵、控制无瓶机构组成。口服液瓶由进瓶拨轮转移到灌装头的转盘上，由上定位盘和下定位盘定位。当瓶子转到定位板时，针管此时在凸轮的控制下插入瓶口内，同时计量泵开始灌注药液，当转盘旋转 180°时，灌注完毕，针管快速离开瓶口。计量泵在余下 180°范围内吸取药液准备下次灌注。即转盘转一圈计量泵完成吸灌一个周期，实现旋转连续灌装。

如果某工位缺瓶，则由探瓶挡板发出无瓶信号，控制机构中的接近开关立即接受无瓶信号，电磁铁控制计量泵停止灌注，实现无瓶不灌药液的自动控制。

(3) 送盖机构　由输盖轨道、理盖机构、戴盖机构组成。理盖机构采用电磁螺旋振荡原理将杂乱的盖子理好排队，经换向轨道进入输瓶轨道再进入戴盖机构，由瓶子挂着盖子经压盖板，使盖子戴正，一个瓶子戴一个盖子。

(4) 轧盖封口机构　由轧盖头、转盘、三把轧刀组成。瓶子进入轧盖转盘，三把轧刀以瓶子为中心随转盘向前移动，在凸轮的控制下，压盖头压住盖子，三把轧刀在锥套作用下，同时向盖子轧来，至轧好后，又同时离开盖子，回到原位置。

(5) 传动机构　由电机、带轮、减速器、齿轮、锥齿轮、链轮、拨轮等组成。动力由交流电机 Y90L-4 经带轮将动力传给减速器蜗轮轴，再由蜗轮轴通过各齿轮，将动力传到拨轮轴及灌装转盘和轧盖转盘，还通过锥齿轮、链轮将动力传到进瓶装置和绞龙装置。减速器蜗杆上有手轮，可实现手工调试工作。

3. 主要特点

(1) 本机可实现理瓶、输瓶、灌装、理盖、送盖、戴盖、轧盖等工序。

(2) 采用八个计量泵、八个灌装头进行灌装。

(3) 本机具有无瓶不灌，不戴盖等保护功能。

(4) 本机实行无级变频调速，能够保证灌装与轧盖封口步调一致。

4. 工作过程

首先由电机经带轮带动蜗轮蜗杆减速器，将动力传到灌装头和轧盖头，经灭菌干燥后的口服液瓶经理瓶机构、送瓶机构后依次进入灌装转盘上，转盘旋转 180°，灌注完毕；另一半 180°范围内吸取药液准备下次灌注，遇到缺瓶时则由探瓶挡板发出无瓶信号，电磁铁工作乃至计量泵停止灌注，实现无瓶不灌药液的自控动作。灌好药液的瓶子进入轧盖机构。首先由送盖机构利用电磁螺旋振荡原理，将杂乱的盖子理顺，经输瓶轨道自动供给盖子，戴好盖子的瓶子进入轧盖头转盘，由三爪三刀组成的机械手以瓶子为中心，随转盘向前移动，同时机械手本身也自转，压盖头压住盖子，三把轧刀在锥套的作用下同时向盖子轧来，轧好后，离开盖子回到原位，轧盖好的口服液瓶收集在出瓶盘上。

5. 动力参数

口服液瓶的适用规格	5～25ml
灌装工作头数	8

灌装量	5～30ml
生产能力	100～200瓶/min
主电机	Y90L-4
功率	1.5kW
电机转速	1400r/min
输送带宽度	320mm
外形尺寸（长×宽×高）	2850mm×1400mm×1750mm
机器质量	1300kg

6. 设备的操作

（1）空车操作过程　先不通电，用手摇机构摇试，看是否有异常现象。如没有，接通电源，首先将带取下，开动电机，旋转调速旋钮，观其电机转动方向是否正确，然后把带装上，再按转动按钮，发现问题及时处理。

（2）操作过程

① 接通电源，指示灯亮。

② 将各计量泵及管路里的空气用人工预先排尽。

③ 将输送带上装满瓶子，按下输送带启动按钮，输送带送瓶，再打开进液阀让储液槽装满药液，旋开理盖振荡旋钮，慢慢加大振荡，使盖子理好进入输盖轨道。

④ 将自动、空车开关拨到自动位置上。

⑤ 将计数器清零。

⑥ 按下电机开启按钮，再调整电机频率，慢慢加快速度，调到合适速度后就停止旋钮，这时再看进瓶量能否供得上，如果不合适可调频率，应调至所需速度。然后观察供盖系统，加大输盖振荡，使盖进到落盖口。

⑦ 工作中出现故障需紧急停机，按下红色停止按钮。

7. 维护和保养

（1）凡有加油孔的位置，应定期加适量的润滑油。不管是空车或正常工作都必须事先给活动轴和滑动处的加油孔加适量的润滑油。

（2）机身中蜗轮蜗杆减速器一般半年后更换一次润滑油，以后每年换一次油。

（3）下班前必须把机器擦干净，保证外形清洁。

（4）易损件磨损后，应及时更换。

8. 常见故障及排除（见表6-2）

表6-2　常见故障及排除

故　障	故障原因	排除方法
绞龙与拨轮、拨轮与拨轮、拨轮与定位盘交接轨时卡破瓶子	因绞龙、拨轮可能松动而引起相互之间的孔距错位	校对好孔，将其紧定
在绞龙处时常出现碎瓶	瓶子没有退火处理	送瓶作退火处理
无瓶时机器仍灌装	① 电气开关损坏或电路故障 ② 凸轮位置不对	① 找出电路故障或更换开关 ② 调整凸轮位置

续表

故障	故障原因	排除方法
针管插不进瓶口	① 对中不好 ② 瓶口对位不好	① 调整好针管位置 ② 调整好瓶口定位板位置
计量不精确,同一泵每次计量不一样	① 管路连接某处有泄露 ② 玻璃泵密封性差	① 排除泄露毛病 ② 更换玻璃泵或阀门
输盖不畅通卡阻	盖外径呈椭圆	筛出不合格的盖子
盖子没盖上瓶口	① 瓶子高、矮相差太大 ② 瓶口大小不一	筛出不合格的包装材料
盖压不紧	① 压盖弹力不够 ② 轧刀向心轧力不够	① 将调整螺母向下旋 ② 调整轧刀螺母使之向心方向移动

第二节　糖浆剂生产设备

一、糖浆剂的设备

根据药物性质的不同，糖浆剂生产一般有两种方法：即溶解法和混合法。溶解法又分为热溶法和冷溶法。

1. 溶解法

取纯化水适量，煮沸、加蔗糖。将蔗糖溶于一定量沸水中，加热搅拌溶解后，继续加热至 100℃，在适当温度中加入其他药物搅拌溶解，趁热滤过。自滤器上添加适量新沸过的蒸馏水至规定容量，再分装。此法为热溶法。在热溶法中，蔗糖溶解速度快，微生物容易杀灭，糖内的一些高分子杂物可以凝固和滤除。此法适用于热稳定的药物和有色糖浆的制备。

冷溶法适用于主要成分不易加热的糖浆，它是将蔗糖溶于冷蒸馏水或含有药物的溶液中，待完全溶解后滤过，得到糖浆剂。此法的优点可制得色较浅或无色的糖浆，转化糖含量少。缺点是生产时间长，蔗糖溶解速度慢，易于被微生物污染，所以要严格控制卫生条件，以免污染。

2. 混合法

将药物或液体药物与糖浆直接混合而成。药物如为水溶性固体，可先用少量新沸过的蒸馏水制成浓溶液，在水中溶解度较小的药物可酌量加入适宜的溶剂使其溶解，然后加入单糖浆中，搅拌均匀即得。如药物为可混合的液体或液体制剂；可直接加入单糖浆中搅匀，必要时过滤即可。

二、糖浆剂的包装材料

糖浆剂通常采用玻璃包装，封口主要有螺纹盖封口、滚轧防盗盖封口、内塞加螺纹盖封口。

糖浆剂玻璃规格为 25～1000ml，常用规格为 25～500ml（见表 6-3）。

三、糖浆剂的生产过程

糖浆剂的生产过程可以分为溶糖过滤、配料、灌装和包装四道工序。

表 6-3 糖浆剂用玻璃瓶常用规格（摘自 GB 2638—90）

规　　格	25	50	100	200	500
满口容量/ml	30	60	120	240	600
瓶身外径/mm	34	42	50	64	83
瓶身全高/mm	74	89	107	128	168

（一）溶糖过滤

本工序把蔗糖和水溶解成糖浆，煮沸灭菌过滤澄清，冷却后送至配制工序。溶糖过滤使用的设备如下。

1. 溶糖锅

带有蒸汽加热，由电机带动减速器低速旋转的搅拌装置，由不锈钢制成。

2. 过滤器

筛子自然过滤。桶式压滤器由不锈钢制成。多片式保温过滤器由不锈钢制成。

3. 冷却器

储器内自然散热冷却。

（二）配料

本工序将滤好的糖浆加入处方中的各种药物，制成糖浆剂。使用的设备如下。

1. 溶药锅

搅拌装置由不锈钢制成。

2. 过滤器

可用桶式单片压滤器由不锈钢制成。

3. 调配缸

搅拌装置兼作成品储罐，由不锈钢制成。

（三）罐装

本工序将药液分装于各容器内，为开口工位。要求与外界人员隔离。使用的设备有：履带排列式分机、旋转式液体定量灌装机和密封真空灌装机。

（四）包装

本工序包括上盖、贴签、装单盒、中盒、大箱，完成全部包装后送成品库。

四、糖浆剂生产设备

（一）四泵直线式灌装机

灌装机有真空式、加压式及柱塞式等。灌装工位有直线式和转盘式。GCB4A 型是四泵直线式灌装机。它是目前制药企业最常用的糖浆灌装设备。它主要适用于圆形、方形或异形瓶（除倒锥瓶外）等玻璃瓶、塑料瓶及各种听、杯等容器，全机可自动完成输送、灌装等工序，其生产工艺流程如图 6-11 所示。

1. 基本原理

容器经理瓶机构整理后，经输瓶轨道将空瓶运送到灌装工位进行灌装，药液经柱塞泵计量后，经直线式排列的喷嘴灌入容器内，同时由挡瓶机构准确定位瓶子灌装药液。

2. 系统介绍

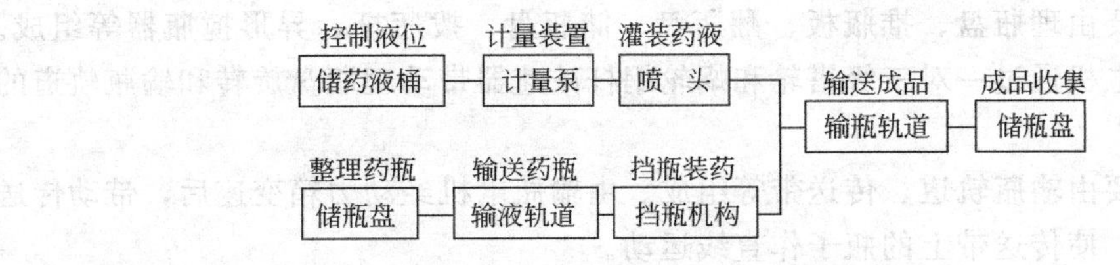

图 6-11 四泵直线式灌装机工艺流程

灌装机主要有理瓶机构、输瓶机构、灌装机构、挡瓶机构、动力部分等组成（见图6-12）。

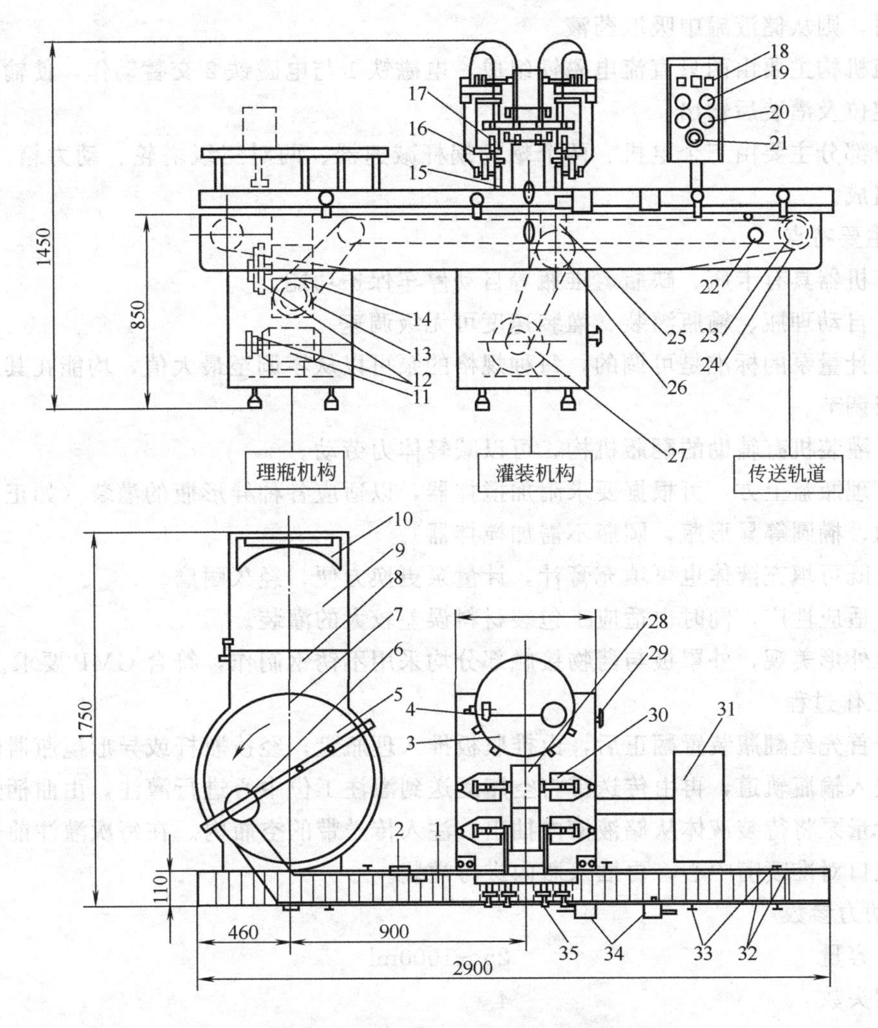

图 6-12 GCB4A 四泵直线式灌装机

1—传送带；2—限位器；3—储液槽；4—液位阀；5—拨瓶杆；6—搅瓶器；7—理瓶盘；8—储瓶盘；9—翻瓶盘；10—推瓶板；11—电机；12—三级塔轮；13—减速机；14—传动齿轮；15—容量调节；16—曲柄；17—导向器；18—开关；19—供瓶开关；20—灌装开关；21—调速旋钮；22—输瓶电机；23—动力箱；24—传送带；25—减速机；26—调速塔轮；27—直流电机；28—电源开关；29—灌装机头；30—计量泵；31—电气箱；32—前后导轨；33—导轨调节器；34—电磁挡瓶器；35—喷嘴调节器

理瓶机构主要由理瓶盘、推瓶板、翻瓶盘、储瓶盘、拨瓶杆、异形搅瓶器等组成。理瓶机构由理瓶电机通过一对三级塔轮和蜗轮蜗杆减速器带动理瓶盘旋转和输瓶轨道的左端轴旋转。

输瓶机构主要由输瓶轨道、传送带等组成。由输瓶电机经动力箱变速后，带动传送带右端的轴旋转，使传送带上的瓶子作直线运动。

灌装机构主要由四个药液计量泵、曲柄连杆机构、药液储罐等组成。它是由灌装直流电机通过三级塔轮、蜗轮蜗杆减速器变速后，通过链轮、链条带动曲柄连杆机构，带动计量泵，实现药液的吸、灌动作。当活塞杆向上运动时，向容器中灌注药液，活塞向下运动时，则从储液罐中吸取药液。

挡瓶机构主要由两只直流电磁铁组成，电磁铁 1 与电磁铁 2 交替动作，使输送带上的瓶子定位及灌装后输出。

动力部分主要由三个电机、两个蜗轮蜗杆减速器、两对三级塔轮、动力箱、链条、链轮等组成。

3. 主要特点

(1) 机器具有卡瓶、缺瓶、堆瓶等自动停车保护功能。

(2) 自动理瓶、输瓶灌装、灌装速度可无级调速。

(3) 计量泵的标准是可调的，每种规格的泵可以从零调至最大值，均能在其工作范围内无级调节。

(4) 灌装机有辅助的翻瓶机构，可以减轻体力劳动。

(5) 理瓶盘上方，可根据要求附加搅拌器，以适应各种异形瓶的灌装（如正方、长方、八角、椭圆等异形瓶，圆瓶不需加搅拌器）。

(6) 既可填充液体也可填充膏汁，计量泵更换方便，经久耐磨。

(7) 适应性广，同时也适应于包装材料误差较大的灌装。

(8) 外形美观，外罩板与药物接触部分均采用不锈钢制作，符合 GMP 要求。

4. 工作过程

瓶子首先经翻瓶装置翻正后，由推瓶板推入理瓶盘，经拨瓶杆或异形搅瓶器使之有规则的进入输瓶轨道，再由传送带将空瓶运送到灌注工位中心进行灌注，由曲柄连杆机构带动计量泵将待装液体从储液槽内抽出，注入传送带的空瓶内。在每次灌注前先将定位器将瓶口对准喷嘴中心，再插入瓶内进行灌装。

5. 动力参数

灌装容量	25～1000ml
喷嘴头数	4
容器规格	最大允许高度 210mm，径向 100mm
计量误差	±0.5%
生产能力	15～90 瓶/min（无级调速）
电机功率	1.35kW/50Hz/380V
外形尺寸（长×宽×高）	2800mm×1733mm×1450mm
毛重	1100kg

6. 机器的调试

(1) 喷嘴调整　它分喷嘴高度的调整和喷嘴间距的调整。如图 6-13 所示，调整喷嘴高度时松开螺栓 8，将固定架 1 沿支撑块 7 在槽内上下滑。松开锁紧捏手 3，喷嘴可单独进行上下位置的微调或更换喷嘴的规格。喷嘴间距的调整是按容器直径大小来调整的。松开捏手 3、4，喷嘴 2 连同其管架 9 可在固定架 1 内左右滑动，使其间距与容器直径相等，中心与瓶口中心相对应。

(2) 导轨宽度的调整　如图 6-14 所示，松开调节锁紧螺母 3，即可使支撑螺杆连同导轨（前横栅）前进或后退，使前后横栅的间距能让容器畅通即可（根据容器外形误差一般导轨应比容器宽 4～5mm）。

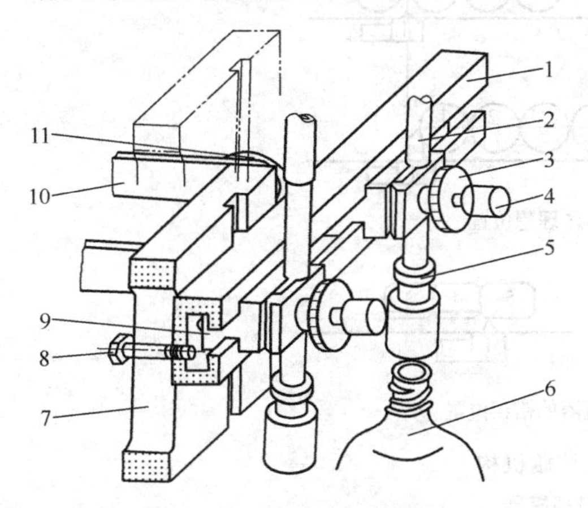

图 6-13　喷嘴调节器

1—固定架；2—喷嘴；3—锁紧捏手；4—捏手；5—导向套；6—容器；7—支撑块；8—螺栓；9—管架；10—连杆；11—钉轴

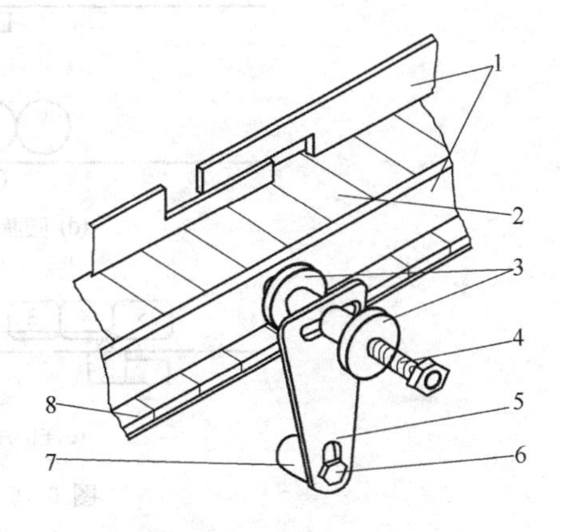

图 6-14　导轨调节器

1—导轨；2—传送带；3—调节锁紧螺母；4—导轨支撑螺杆；5—支板；6—螺栓；7—垫块；8—轨道体

(3) 电磁挡瓶器的位置调整　如图 6-15 所示，电磁控瓶机构由两只直流电磁铁组成，电磁铁 1 与电磁铁 2 交替动作，使输送带上的瓶子定位及灌装后输出。先将四个容器按照灌装工位中心对称位置放置，将挡瓶器通电，把传送带上的容器向右推，使挡瓶器 1 的挡销位于容器 4、5 之间；然后再将挡瓶器Ⅱ的挡销靠容器 1 的右壁上固定，再将挡瓶器Ⅰ的挡销靠容器 5 的右侧。在使用误差较大的方形或长方形容器时，应随时检查挡销是否在容器 4 与容器 5 之间，否则挡销插不进去。

(4) 容量的调整　如图 6-16 所示，它是通过计量泵的柱塞行程来达到的。松开螺母 10，改变标牌摇臂 11 上的连接杆 9 的轴线，使之与中心轴之间的距离，从而改变计量泵柱塞 12 的行程，调整合适后将螺母 10 固定紧。调整时松开螺母 10，旋转捏手 7，右旋容量减少，左旋容量增加。

(5) 速度调节（见图 6-17）

① 理瓶速度调节，打开理瓶机箱座侧面盖板，通过调换带在三级塔轮上的不同位置，可得到三种不同的速度（Ⅰ、Ⅱ、Ⅲ），Ⅰ最快，Ⅲ最慢，在灌装大容量 500cc[1] 以

[1] 1cc=1ml。

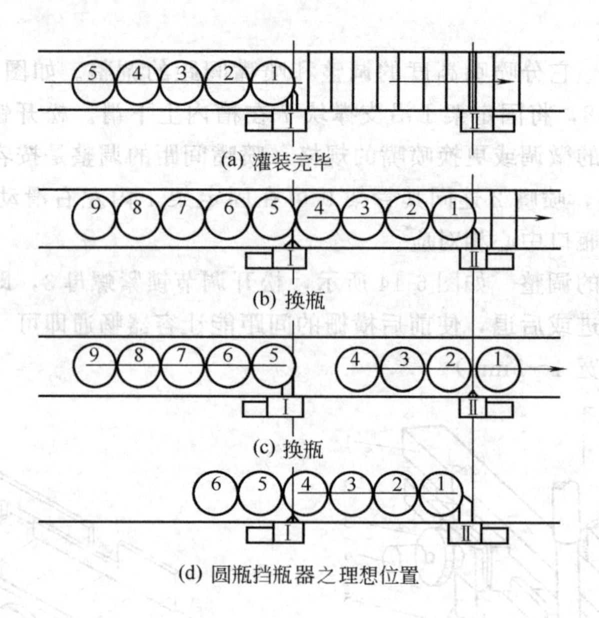

(a) 灌装完毕

(b) 换瓶

(c) 换瓶

(d) 圆瓶挡瓶器之理想位置

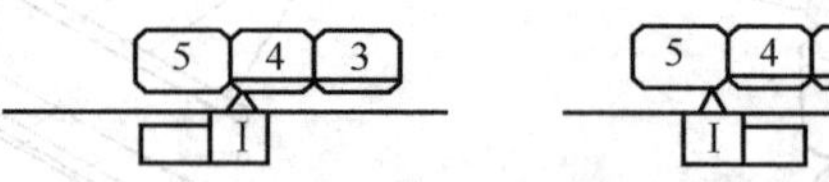

(e、f) 方瓶挡瓶器的错误位置

图 6-15　电磁控瓶机构

Ⅰ，Ⅱ—电磁挡瓶器

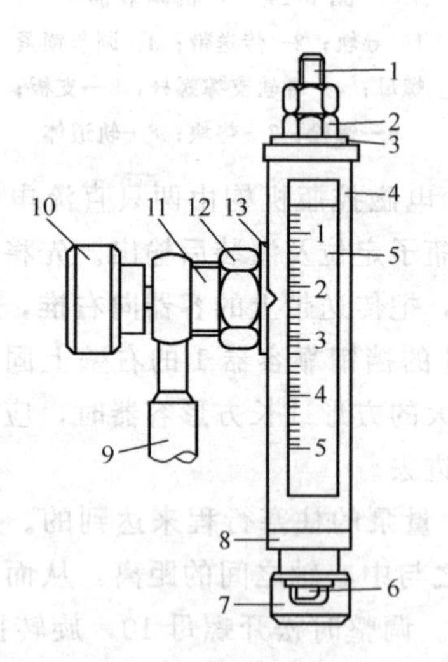

图 6-16　容量调节器

1—调节螺杆；2，10—螺母；3—垫；4，11—摇臂；5—标牌；6—螺栓；7—捏手；8—挡板；9—连杆；12—柱塞；13—计量泵

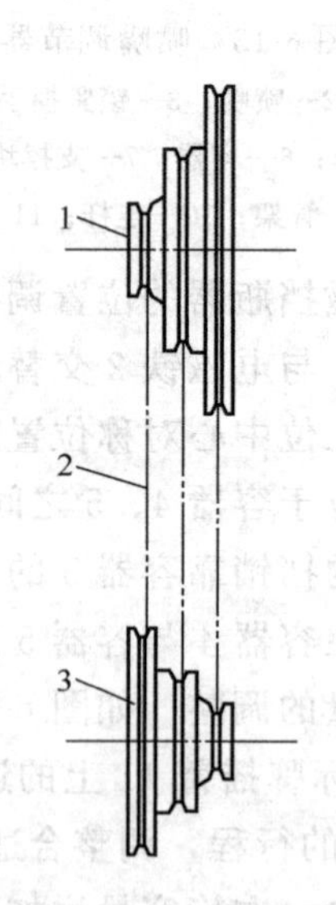

图 6-17　速度调节

1—大带轮；2—V 带；3—小带轮

上时，应采用速度Ⅲ，使电机得到最大输出功率，以免电机过荷。

② 输瓶速度调节。打开动力箱上面盖板，通过四对不同齿数齿轮的啮合，可以得

到四种不同的速度。送瓶的速度应根据灌装的速度进行调节，在满足灌装要求的情况下，应尽量放慢速度，最慢的速度应当是第二挡销退回之前，第一瓶靠上挡销 2，如图 6-15（b）所示。

③ 灌装速度的调节。灌装速度主要以产量要求和可能性为选择原则。灌装速度分粗调和细调，粗调由三挡带轮调节，细调通过直流电机无级变速确定。速度分为三段，第一段为 16～32 瓶/min，第二段为 24～48 瓶/min，第三段为 45～90 瓶/min。使用时可根据产量的实际需要选择任何一段速度范围，而在这一范围内可以用图 6-12 中的旋钮 21 进行精确的电气无级调速。为了获得较高的灌装速度，在保证不滴漏的情况下，应尽量选择大口径的喷嘴，但喷嘴外径一般应比瓶口小 2mm 以上，最快灌装速度应以不至于产生过多的泡沫或飞沫为原则。

（6）控制原理　如图 6-18 所示，利用微动开关来控制挡瓶器、无瓶控制及瓶位中心检查。

挡瓶器控制开关结构如图 6-18 所示。当凸轮 7 上升至最高点时，杠杆与微动开关相碰，开关动作，电磁阀动作，将已灌注的容器输出。

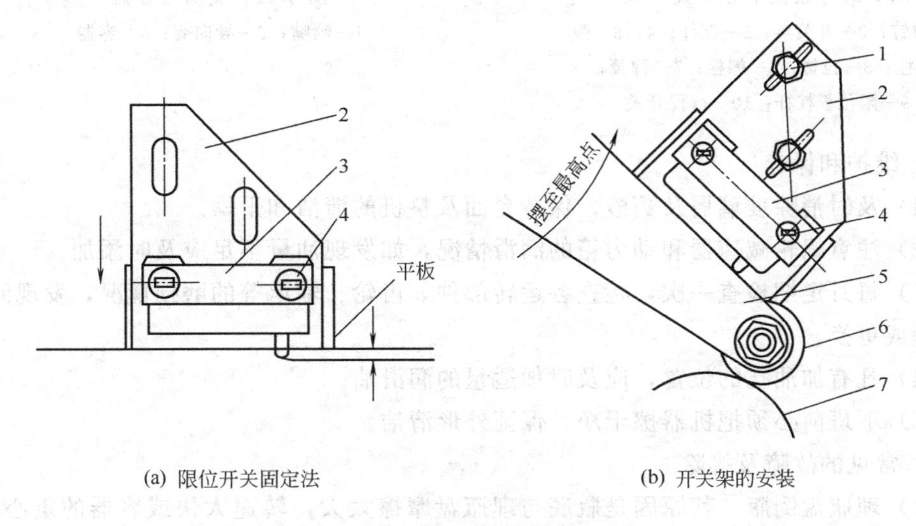

(a) 限位开关固定法　　(b) 开关架的安装

图 6-18　挡瓶控制开关结构图

1—螺栓；2—开关架；3—限位开关；4—螺钉；5—杠杆；6—滚轮；7—凸轮

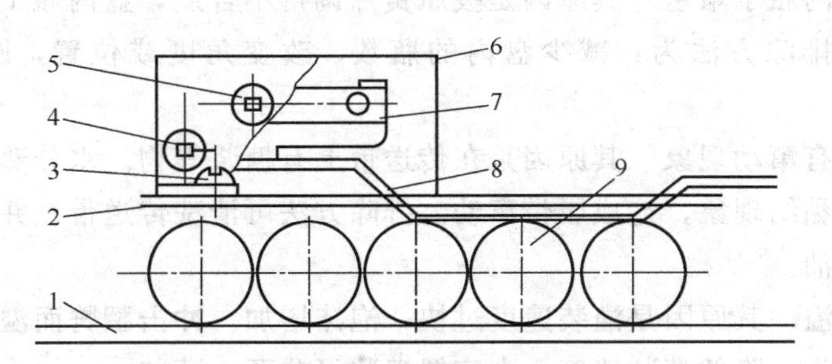

图 6-19　无瓶控制开关结构图

1，2—导轨；3—螺钉（固定开关盒）；4，5—螺钉；

6—开关盒；7—限位开关；8—限位片；9—容器

无瓶控制开关结构如图 6-19 所示，当有瓶通过时，开关通过限位片 8 动作。

瓶位中心检查开关如图 6-20 所示，此开关位于灌装头壳体内部，当图 6-21 所示容器有严重倾斜，使喷嘴与瓶口错位而不能插入时，喷嘴停止运动，而图 6-20 中杠杆 3 在弹簧 7 的作用下，继续随凸轮摆动，启动微动开关，使其立即停车。

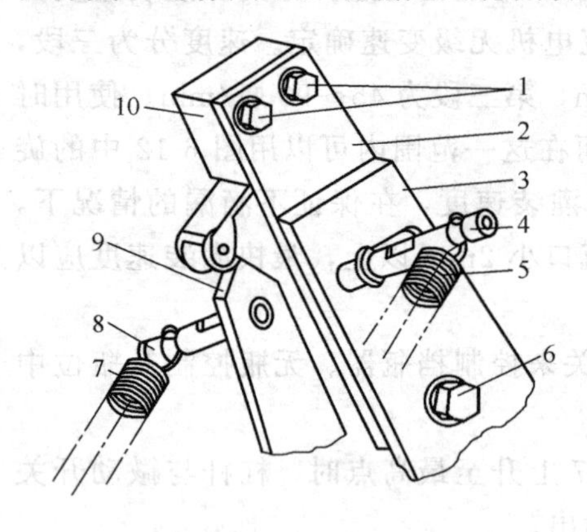

图 6-20　瓶位中心检查开关

1—螺钉；2—开关架；3—杠杆；4，8—弹簧柱；5—拉簧；6—螺栓；7—弹簧；9—限位板杠杆；10—行程开关

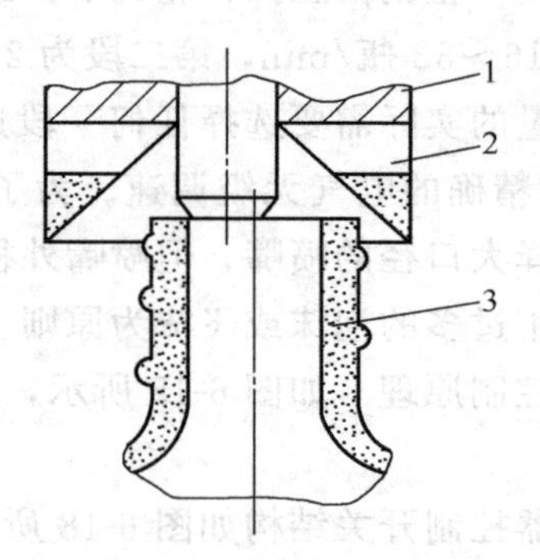

图 6-21　喷嘴与容器

1—喷嘴；2—导向套；3—容器

7. 维护和保养

(1) 及时消除玻璃屑及药液，保持台面及整机的清洁和干燥。

(2) 注意蜗轮减速器和动力箱的润滑情况，如发现油量不足应及时添加。

(3) 每月定期检查一次，检查各运转部件如齿轮、轴承等的磨损情况，发现问题及时处理或更换。

(4) 凡有加油孔的位置，应及时加适量的润滑油。

(5) 下班前必须把机器擦干净，保证外形清洁。

8. 常见的故障及排除

(1) 理瓶盘倒瓶　其原因是瓶底与理瓶盘摩擦太大，转速太快或容器的重心不稳，如细瓶、高瓶、扁瓶等。排除方法可保持盘内干燥无水渍，降低转速。

(2) 理瓶盘内瓶子堵塞　其原因是拨瓶簧片调得不合适，盘内瓶子充得过满或搅瓶器使用不合理。排除方法为：减少盘内的瓶数，改变角度或位置，圆瓶不应使用搅瓶器。

(3) 传送带有窜动现象　其原因是在传送带上有糖浆等物。水分蒸发黏度增加，传送带与导轨面有黏结现象，造成履带窜动。排除方法可清洗传送带，并在带与导轨摩擦面上加少量润滑油。

(4) 液体外溢　其原因是灌装速度过快，泡沫增加。冲击翻腾而溢出或容器容量偏小等。排除方法为：降低灌装速度，大容器灌装可分两次灌装。

(5) 重灌　其原因是由于挡瓶器失灵，或操作不当或容器直径误差大、轨道过窄，或挡瓶器 1 的位置不对。排除方法为：在开车时，先开理瓶和传送带，待瓶布满传送带后再开灌装机。同时严禁从挡瓶器中间取放瓶子或将轨道上瓶子回推。

(6) 误灌　其原因是喷嘴与容器中心不对，或喷嘴间距小于容器间距；传送带过慢，供不应求；灌液动作过早或过晚；挡瓶器2位置靠前，挡瓶器1对瓶5冲击力大，传送带上瓶少时，出现“回跳”现象。排除方法可调整喷嘴间距；调整无瓶控制限位开关；调快传送带速度；调整挡瓶器2的位置。

(7) 滴漏　其原因是在小容器低速灌装时，计量泵输出管路选择过粗，管路中气泡排不出去；灌装浓度高、黏性大的液体管内的压力大，管子变形大，恢复慢，形成滴漏；灌装头内传动链条松，曲柄有窜动现象，将喷嘴内液体振落；对于密度大、黏性低、挥发性强的液体，应选用较大的喷嘴，对这些液体灌装时，由于单向阀密封不好，回流过多而造成泡沫溢出于喷嘴的导向套上；喷嘴导向套上部螺盖松动，喷嘴缩入导向套内也容易形成滴漏。排除方法为：选用细管或加速灌装速度，排除气泡；或选择高压管以防变形；选用小喷嘴或更换单向阀；旋紧喷嘴导向套上的螺盖喷嘴必须露出导向套2～4mm。

(二) YZ25/500液体灌装自动线

该线主要由CX25/1000型洗瓶机、GCB4D型四泵直线式灌装机、XGD30/80型单头旋盖机（或FTZ30/80型防盗轧盖机）、ZT20/1000转鼓贴标机（或TNJ30/80型不干胶贴标机）组成，可以自动完成冲洗瓶、理瓶、输瓶、计量灌装、旋盖（或轧防盗盖）、贴标签、印批号等工序如图6-22所示。

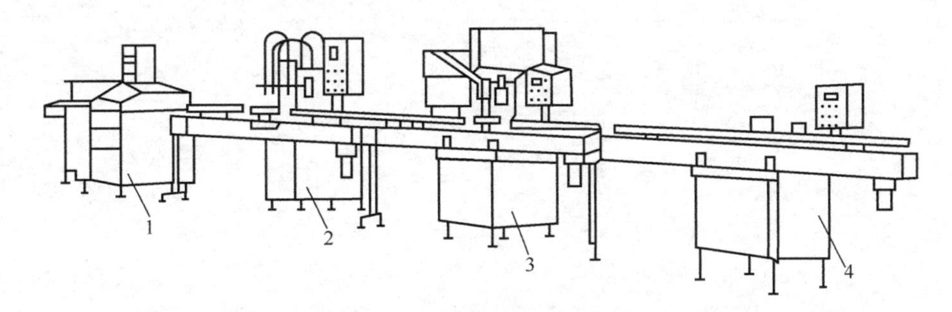

图6-22　YZ25/500液体灌装自动线

1—洗瓶机；2—四泵直线式灌装机；3—旋盖机；4—贴标签机

该机主要技术参数如下。

生产能力	20～80瓶/min（依装置、液体性质、瓶形而定）
规格	25～500ml
计量误差	≤±0.5%
包装容器	各种材质的圆瓶、异形瓶、罐、听等

(三) BXTG200型塑料瓶糖浆灌装联动机组

该机组适用于药厂塑料瓶或圆瓶的理瓶、气洗瓶、灌装、上盖、旋盖等糖浆的包装生产。

本机是在吸收消化国外先进技术基础上研制出新一代糖浆生产联动设备。其规格件少且更换简单、操作人员少、通用性强、设计先进、机构合理、自动化程度高、运行平稳可靠、生产效率、实现了机电一体化，完全符合 GMP 要求，是糖浆联动线中一种新颖的机型。

该机主要技术参数如下。

生产能力	50～200 瓶/min
规格	50～500ml
包装容器	塑料扁瓶或圆瓶（玻璃瓶）ϕ30～80mm，高 60～200mm
外形尺寸	1300mm×2280mm×2500mm

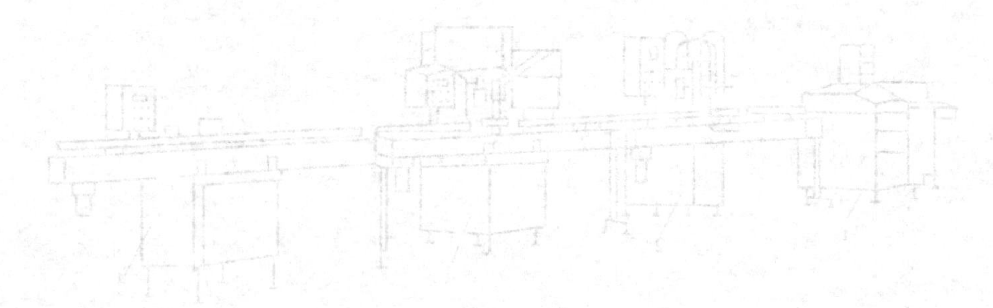

第七章　固体制剂生产设备

第一节　混合设备

经过处理的原辅料，在制粒前要进行混合，达到均匀的相互分布，以保证药物剂量准确。特别是复方制剂和小剂量药物的混合更为重要。在干粉混合过程中要加胶黏剂或润湿剂。加入的浓度或加入量应根据原辅料性质及其他条件略有变动。

一、槽形混合机

槽形混合机由混合槽、搅拌浆、蜗轮减速器、电机以及机座等部分构成（见图 7-1）。

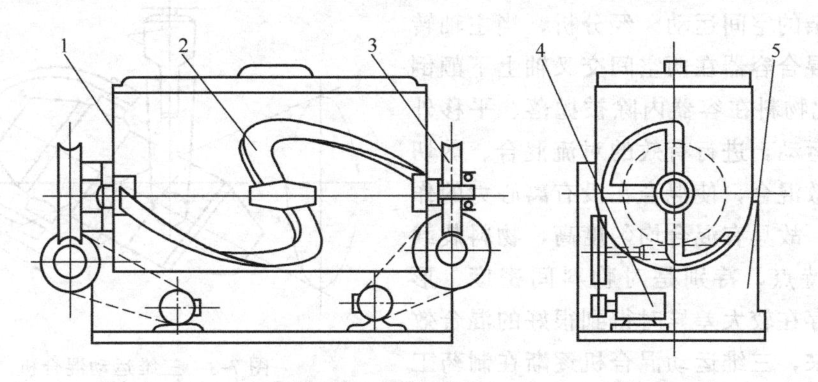

图 7-1　槽形混合机

1—混合槽；2—搅拌桨；3—蜗轮减速器；4—电机；5—机座

主电机通过带、蜗杆、蜗轮带动搅拌桨旋转。由于桨叶具有一定的曲线形状，在转动时对物料产生各方向的推力，使物料翻滚，从而达到均匀混合的效果。副电机可使混合槽倾斜 105°，使物料能倾出。一般槽内装料约占槽积的 80%左右。

槽形混合机搅拌效率较低，混合时间较长；另外，搅拌轴两端的密封件容易漏粉，产生污染，影响产品质量和成品率；搅拌时粉尘外溢，既污染了环境，又对人体健康不利。但由于它价格低廉、操作简便、易于维修，对一般产品均匀度要求不高的药物，仍得到一定量的使用。

二、V 形混合机

在药物生产过程中，常常需要把粉末或干颗粒进行混合均匀，例如将同一批号的原辅料分成几批制成颗粒，干燥后必须在一个容器内混合，以达到均匀。这一混合容器，目前国内外常用的是 V 形混合机。

V 形混合机是由两个圆柱形筒经一定角度相交成一个尖角状，并安装在一个与两筒体对称线垂直的圆轴上。两个圆柱筒一长一短，圆口经盖封闭。当容器围绕转轴旋转

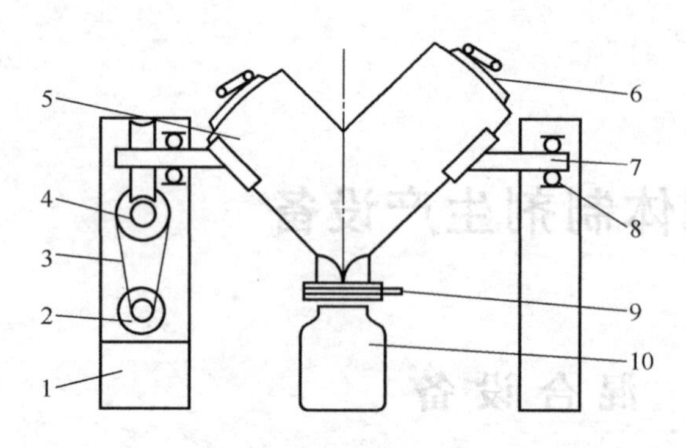

图 7-2　V 形混合机

1—机座；2—电机；3—传动带；4—蜗轮蜗杆；5—容器；6—容器盖；7—旋转轴；8—轴承；9—出料口；10—盛料器

一周时，容器内的物料一合一分，容器不停转动时物料经多次的分开、掺和而达到均匀。V 形混合机的结构简图如图 7-2 所示。

三、三维运动混合机

传统的混合机物料在工作时只作分-合的扩散和对流运动，由于离心力的产生，对密度差异悬殊的物料在混合过程中产生比重偏析，而使混合均匀度低、效率差。三维运动混合机（见图 7-3）的混合容器为两端锥形的圆筒，筒身被两个带有万向节的轴连接，其中一个轴为主动轴，另一个轴为从动轴。当主动轴旋转时，由于两个万向节的夹持，混合容器在空间既有公转又有自转和翻转，作复杂的空间运动。经分析，当主轴转动 1 周时混合容器在两空间交叉轴上下颠倒 4 次，因此物料在容器内除被抛落、平移外还作翻倒运动，进行有效的对流混合、剪切混合和扩散混合，使混合在没有离心力的作用下进行，故具有混合均匀度高，物料装载系数大的特点，特别是对物料间密度、形状、粒径存在较大差异时得到很好的混合效果。近年来，三维运动混合机逐渐在制药工业得到广泛使用，其特点是占地面积和空间高度小，上料和出料方便，容器和机身可用隔墙隔开，符合 GMP 要求。目前产品规格最大可达 1000L，已形成系列。

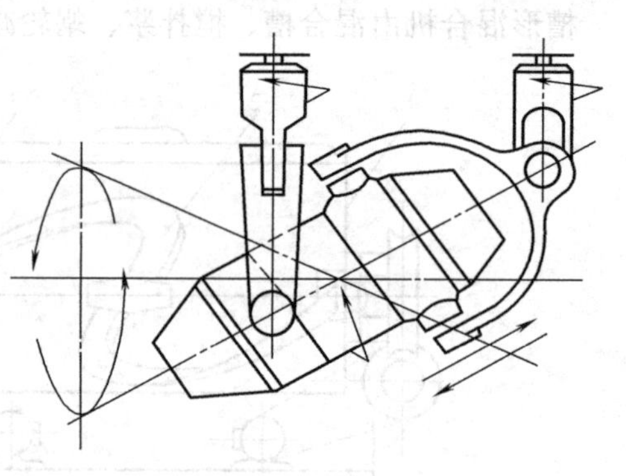

图 7-3　三维运动混合机

第二节　颗粒制造设备

颗粒制造设备是将各种形态，比如粉末、块状、油状等的药物制成颗粒状，便于分装或用于压制片剂的设备。

制颗粒的目的可总结为：去掉黏附性、飞散性、聚集性；改善流动性；变质量计算方法为容量计算方法；压缩性好，便于压片；填充性好，便于填充。

常用制粒方法包括湿法制粒、干法制粒和沸腾干燥制粒法。

（1）湿法制粒　粉末中加入液体胶黏剂（有时采用中药提取的稠膏），混合均匀，制成颗粒。

（2）干法制粒　就是将粉末在干燥状态下压缩成型，再把压缩成型的块状物破碎制成颗粒。干法制粒方法可分为滚压法和压片法。

(3) 沸腾干燥制粒法 沸腾干燥制粒又称流化喷雾制粒，它是用气流将粉末悬浮，呈流态化，再喷入胶黏剂液体，使粉末凝结成粒。

一、摇摆式颗粒机

摇摆式颗粒机是目前国内常用的制粒设备，它结构简单、操作方便。

摇摆式颗粒机一般与槽式混合机配套使用。后者将原辅料制成软材后，经摇摆式颗粒机制成颗粒状。也可对干颗粒进行整粒使用，把块状或圆团状的大块整成大小均匀的颗粒，然后压片。

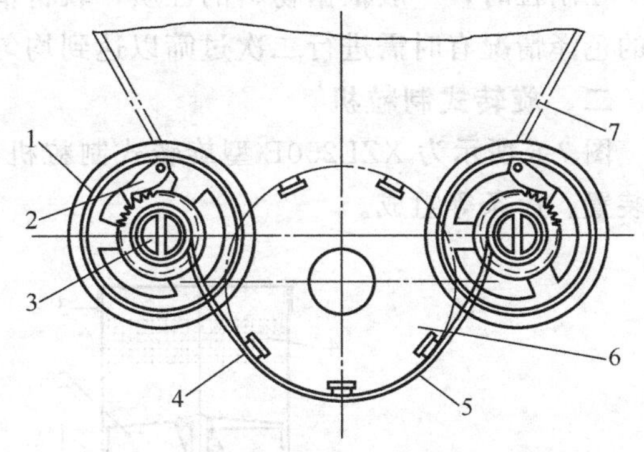

图 7-4 摇摆式颗粒机挤压作用图

1—手柄；2—棘爪；3—夹管；4—七角滚轮；5—筛网；6—软材；7—料斗

摇摆式颗粒机制粒的原理是强制挤出机理，对物料的性能有一定的要求，物料必须黏松适当，即在混合机内制得的软材要适宜于制粒，太黏则挤出的颗粒成条不易断开，太松则不能成颗粒而变成粉末。

摇摆式颗粒机的挤压作用如图 7-4 所示。图中七角滚轮 4 由于受机械作用而进行正反转的运动。当这种运动周而复始地进行时，被夹管 3 夹紧的筛网 5 紧贴在滚轮的轮缘上，此时在轮缘点处，筛网孔内的软材成挤压状，轮缘将软材挤向筛孔而将原孔中的物料挤出。这种原理是模仿人工在筛网上用手搓压，而使软材通过筛孔而成颗粒。

摇摆式颗粒机整机的结构示意如图 7-5 所示。

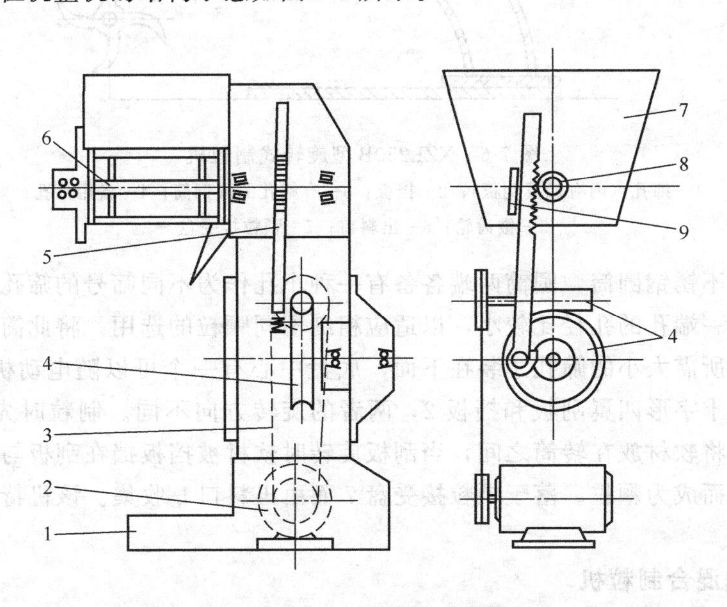

图 7-5 摇摆式颗粒机的结构示意

1—底座；2—电机；3—传动带；4—蜗轮蜗杆；5—齿条；6—七角滚轮；7—料斗；8—转轴齿轮；9—挡块

电机通过传动带 3 将动力传到蜗杆和与蜗杆相啮合的蜗轮 4 上。由于在蜗轮的偏心位置安装了一个轴，且齿条 5 一端的轴承孔套在该偏心轴上，因此，每当蜗轮旋转一周，则齿条上下移动一次。齿条的上下运动使得与之相啮合的滚轮转轴齿轮作正反相旋转，七角滚轮也随之正反相旋转。

该机装有自动供给润滑油的系统，由润滑油泵的活塞通过蜗杆上偏心凸轮的压缩作往复运动，将机油送到各轴承的部位，起润滑作用。

在制粒时，一般根据物料的性质，软材情况选用 10～20 目范围内的筛网，根据颗粒的色泽情况有时需进行二次过筛以达到均匀的效果。

二、旋转式制粒机

图 7-6 所示为 XZL250B 型旋转式制粒机，它由底座、加料斗、颗粒制造装置、动力装置、齿条等组成。

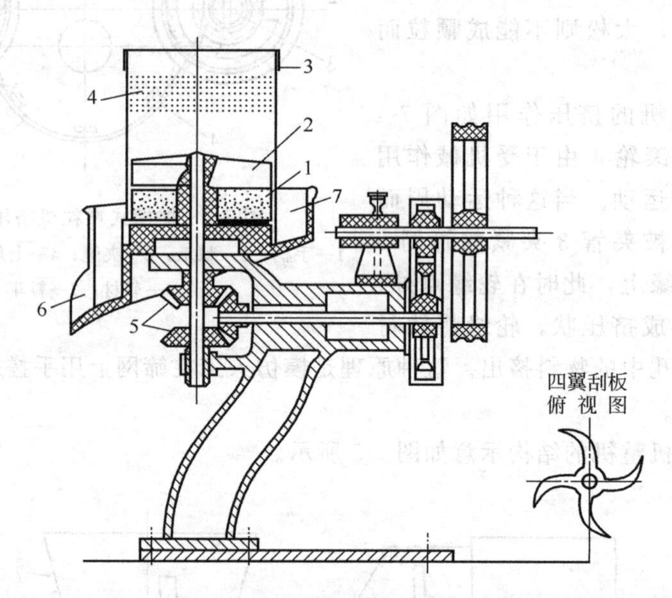

图 7-6 XZL250B 型旋转式制粒机

1—筛孔（内有四翼刮板）；2—挡板；3—有筛孔的圆钢筒；4—备用筛孔；5—锥齿轮；6—出料口；7—颗粒接受盘

此机有一不锈钢圆筒，圆筒两端各备有一种小孔作为不同筛号的筛孔，一端孔的孔径比较大，另一端孔的孔径比较小，以适应粗细不同颗粒的选用。将此筒的一端装在固定的底盘上，所需大小的筛孔 1 装在下面，底盘中心有一个可以随电动机转动的轴心，轴心上固定有十字形四翼刮板和挡板 2，两者的旋转方向不同。制粒时先开动电动机，使刮板旋转，将软材放在转筒之间，当刮板旋转时软材被挡板挡在刮板与圆筒之间，并被压出筛孔 1 而成为颗粒。落于颗粒接受盘 7 而由出料口 6 收集。该机特别适用于黏性较高的物料。

三、快速混合制粒机

快速混合制粒机由盛料器、搅拌轴、搅拌电机、制粒刀、制粒电机、电器控制器和机架等组成。

1. GSL-200 型卧式快速混合制粒机（见图 7-7）。

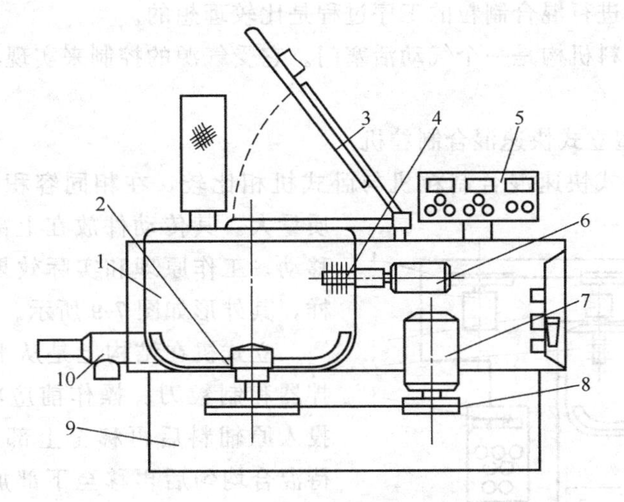

图 7-7　GSL-200 型卧式快速混合制粒机结构简图

1—盛料器；2—搅拌桨；3—盖；4—制粒刀；5—控制器；6—制粒电机；7—搅拌电机；8—传动带；9—机座；10—控制出料门

本机的造粒过程是由混合及制粒两道工序在同一容器中完成。粉状物料在固定的锥形容器中，由于混合浆的搅拌作用，使物料碰撞分散成半流动的翻滚状态，并达到充分的混合。随着黏合剂的注入，使粉料逐渐湿润，物料形状发生变化，加强了搅拌桨和筒壁对物料的挤压、摩擦和捏合作用，从而形成潮湿均匀的软材。这些软材在制粒浆的高速切割整粒下，逐步形成细小而均匀的湿颗粒，最后由出料口排料。颗粒目数大小由物料的特性、制料刀的转速和制粒时间等因素制约。

操作时先将主、辅料按处方比例加入容器内，开动搅拌桨先将干粉混合 1～2min，待均匀后加入黏合剂。物料在变湿的情况下再搅拌 4～5min。此时物料已基本成软材状态，再打开快速制粒刀，将软材切割成颗粒状。由于容器内的物料快速翻动和转动，使得每一部分的物料在短时间内都能经过制粒刀部位，即都能被切成大小均匀的颗粒。

快速混合制粒机的混合制粒时间短（一般仅需 8～10min），制成的颗粒大小均匀、质地结实、细粉少、压片时流动性好，压成片子后硬度较高，崩解、溶出性能也较好。制粒时所消耗的胶黏剂比传统的槽形混合机要少，且槽形混合机所作的品种移到该机器上操作，其处方不需作多大改动就可进行操作，成功的把握较大。

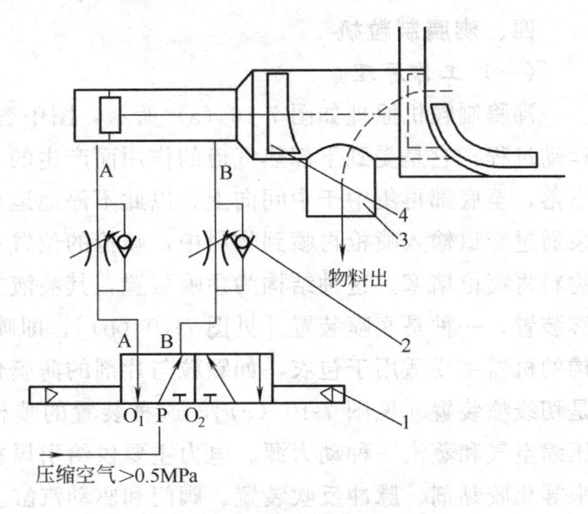

图 7-8　出料机构

1—电磁阀；2—节流阀；3—出料口；4—活塞；O_1，O_2—电源控制开关

工作时室内环境比较清洁，结束后，设备的清洗比较方便。正是由于有如此多的优点，因而采用这种机器进行混合制粒的工序过程是比较理想的。

混合机构的出料机构是一个气动活塞门。它受气源的控制来实现活塞门的开启或关闭（见图 7-8）。

2. KZL-200 型立式快速混合制粒机

KZL-200 型卧式快速混合制粒机与卧式机相比较，在相同容积的情况下体积大，质量大。其传动件放在上部，容器可以上下移动，工作原理和实际效果基本与卧式机一样，其外形如图 7-9 所示。

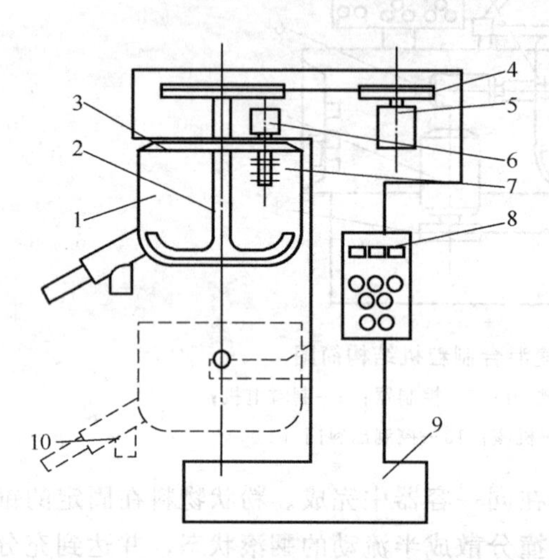

图 7-9　KZL-200 型立式快速混合制粒机

1—容器；2—搅拌器；3—盖；4—带轮；5—搅拌电机；6—制粒电机；7—制粒刀；8—控制器；9—基座；10—出粒口

立式机在结构上是从上部容器口输入搅拌器和制粒刀。操作前应将容器移至下部，投入原辅料后再移至上部，进行干粉混合。待混合均匀后再移至下部加入胶黏剂，然后再上升到搅拌位置进行搅拌制软材和制粒，全部操作结束后，再移至下部进行出料。也可利用压缩泵将浆液打入容器内，可以减少容器的上下移动次数。

容器内放入物料上移时由于受到搅拌器的阻力，对上移到位有影响。因此在电器线路上安排了这样一个程序，即当容器上移到适当位置时，搅拌桨略动一下，以使容器到位。

该机具有混合均匀，胶黏剂用量少；捏合能力强；生产过程密闭；制成的湿颗粒成松散雪花状，无坚实团块且细粉少等优点。

四、沸腾制粒机

（一）工作原理

沸腾制粒机原理如图 7-10（a）所示，图中容器上部的两条箭头表示粉末状物料的运动过程，它是受到下部热气流的作用而产生的，物料由下而上到最高点时向四周分开下落，至底部再集中于中间向上，以此不停地运动。图中喷枪由外部管道连接，溶液由泵通过管道输入喷枪再喷到物料中，喷枪的位置一般置于物料运动的最高点上方，以免物料将喷枪堵塞。这种结构为顶喷装置，其喷液方向与物料方向相向。另外还有两种喷雾装置，一种是底喷装置［见图 7-10（b）］，即喷液方向与物料运动方向相同，这种结构的机器主要适用于包衣，如颗粒与片剂的薄膜包衣、缓释包衣、肠溶包衣等；另一种是切线喷装置［见图 7-10（c）］，这种装置的喷枪装在容器的壁上，该设备需要电力、压缩空气和蒸汽三种动力源。电力主要供给引风机、输液泵和控制柜。压缩空气主要用来雾化胶黏剂、脉冲反吹装置、阀门和驱动汽缸。蒸汽主要用来加热流动的空气，使物料得到干燥。设备工作时，由于品种的不同、原辅材料的性能也各异，因而所控制的各项技术参数（如温度、风量、压力、粒度等）也不一致，但操作方法却基本相同。

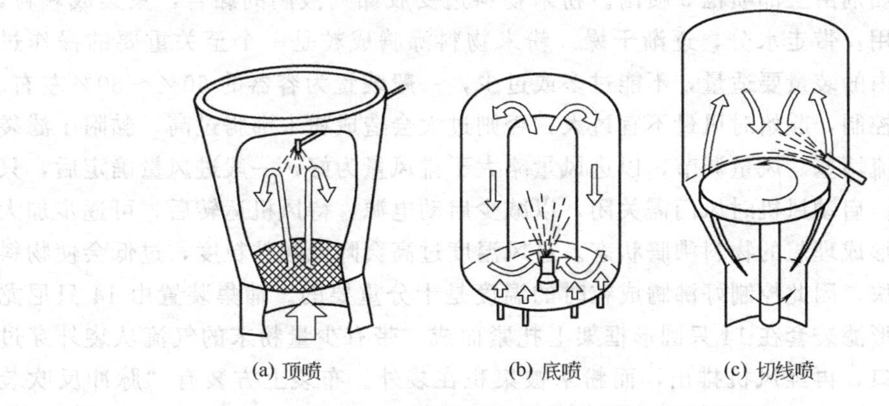

图 7-10 喷枪位置与固体粒子相对运动简图

（二）FL120 型沸腾制粒机

1. 结构

如图 7-11 所示，FL120 型沸腾制粒机的结构可分成四大部分。第一部分是空气过滤加热部分。第二部分是物料沸腾喷雾和加热部分。第三部分是粉末捕集、反吹装置及排风结构。第四部分是输液泵、喷枪管路、阀门和控制系统。主要包括流化室、原料容器、进风口、出风口、空气过滤器、空压机、供液泵、鼓风机、空气预热器、袋滤装置等。

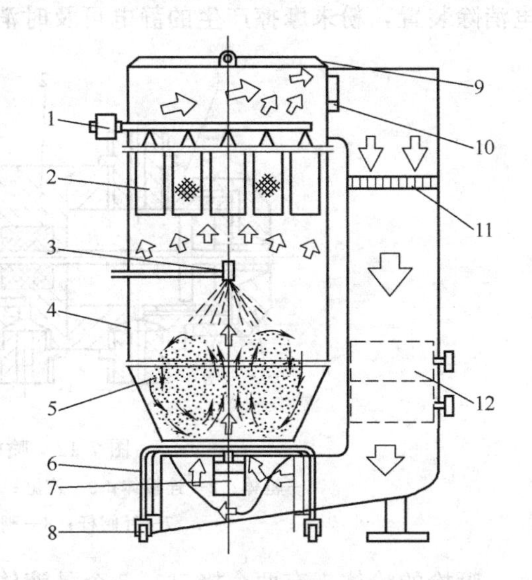

图 7-11 FL120 型沸腾制粒机结构简图

1—反冲装置；2—过滤袋；3—喷枪；4—喷雾室；5—盛料器；6—台车；7—顶升汽缸；8—排水口；9—安全盖；10—排气口；11—空气过滤器；12—加热器

2. 原理

物料粉末粒子在原料容器（流化床）中呈环形流化状态，受到经过净化后的加热空气预热和混合，将胶黏剂溶液雾化喷入，使若干粒子聚集成含有胶黏剂的团粒，由于热空气对物料的不断干燥，使团粒中水分蒸发，胶黏剂凝固，此过程不断重复进行，形成理想的、均匀的多微孔球状颗粒。

3. 工作过程

空气过滤加热部分的上端有两个口，一个是空气进入口，另一个是空气排出口。空气进入后经过过滤器 11，滤去尘埃杂质，通过加热器 12，进行热交换。气流吸热后从盛料容器的底部向上冲出，使物料呈运动状态。物料沸腾喷雾和加热部分下端是盛料器 5，它安放在台车 6 上，可以向外移出，向里推入到位，并受机身底座顶升汽缸 7 的上顶进行密封，呈工作状态。盛料容器的底是一个布满直径 1～2mm 小孔的不锈钢板，其开孔率为 4%～12%。上面覆盖一层用 120 目不锈钢丝制成的网布，形成分布板。上端是喷雾室 4，在该室中，物料受气流及容器形态的影响，产生由中心向四周的上、下环流运动。胶黏剂由上部喷枪 3 喷出。粉末物料边受胶黏剂液滴的黏合，聚集成颗粒，受热气流的作用，带走水分，逐渐干燥。粉末物料沸腾成粒是一个至关重要的操作过程。首先容器内的装量要适量，不能过多或过少，一般装置为容器的 60%～80%左右。其次是风量的控制，起始时风量不宜过大，否则过大会造成粉末沸腾过高，黏附于滤袋表面，造成气流堵塞。风量调节，以进风量略大于排风量为好，一般进风量确定后，只需调节排风量。启动风机时风门需关闭，以减少启动电源，待风机运转后，可逐步加大排气风门，以形成理想的物料沸腾状态。进风温度过高会降低颗粒粒度，过低会使物料过分湿润而结块，因此控制好沸腾成粒时的温度是十分重要的。捕集装置由 14 只尼龙布做成的圆柱形滤袋套在 14 只圆形框架上扎紧而成。带有少量粉末的气流从袋外穿过袋网孔经排气口，再经风机排出，而粉末被集积在袋外。布袋上方装有“脉冲反吹装置”，定时由压缩空气轮流向布袋吹风，使布袋抖动，将其上的细粉抖掉，保持气流畅通。细粉降下后与湿润的颗粒或粉末凝聚，排风口有调节风门，可调风量大小。口部由法兰连接管道直通风机。容器的顶部是安全盖，整个顶部装有两个半圆盖，当发生粉尘爆炸时，可将两盖冲开泄爆，正常工作时，两盖靠自身质量将口压紧。容器内还装有静电消除装置，粉末摩擦产生的静电可及时消除。喷枪的结构如图 7-12 所示。

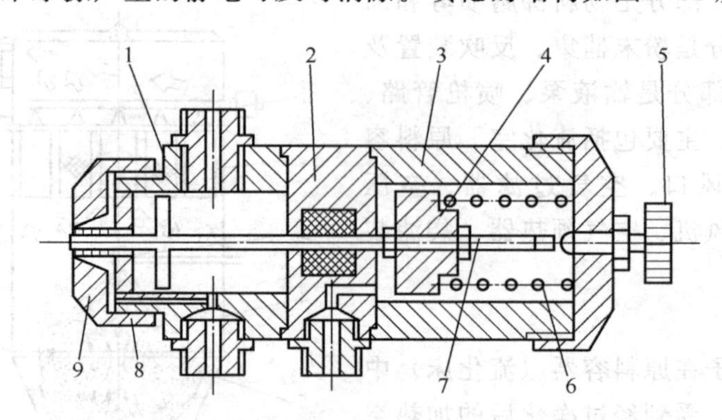

图 7-12　喷枪的结构示意

1—枪体；2—连接体；3—汽缸；4—活塞；5—调节螺丝；6—弹簧；
7—针阀杆；8—阀座；9—空气调节帽

喷枪的枪体 1 有两个接口，一个是液体进口；另一个是压缩空气的进口。在枪体右边的连接体 2 上有一个控制压缩空气气流的接口，此气流由电磁气阀的通路来提供。再右边是汽缸 3，中间有一个活塞 4，活塞中间装一根针阀杆 7，其左端与阀座 8 配合紧密，右端与活塞相连。最右端的调节螺丝 5 可调节针阀杆和阀座之间的间隙大小，控制流量。当控制气源进入喷枪后，压缩空气将活塞往右推，以此来克服弹簧力，带动针阀杆将喷枪口的液体通道打开，液体从枪口喷出。在阀座的外边套有空气调节帽 9。喷枪工作时，压缩空气从帽与阀座的间隙冲出，使液体雾化成圆锥形。调节帽可调节喷液的角度，以确定喷液所覆盖的面积。一般喷雾可调至 0.3～0.35MPa，液体流量约 500～750ml/min。

4. 控制原理

FL120 型沸腾制粒机的控制原理如图 7-13 所示。图中 0.6MPa 的压缩空气经冷冻

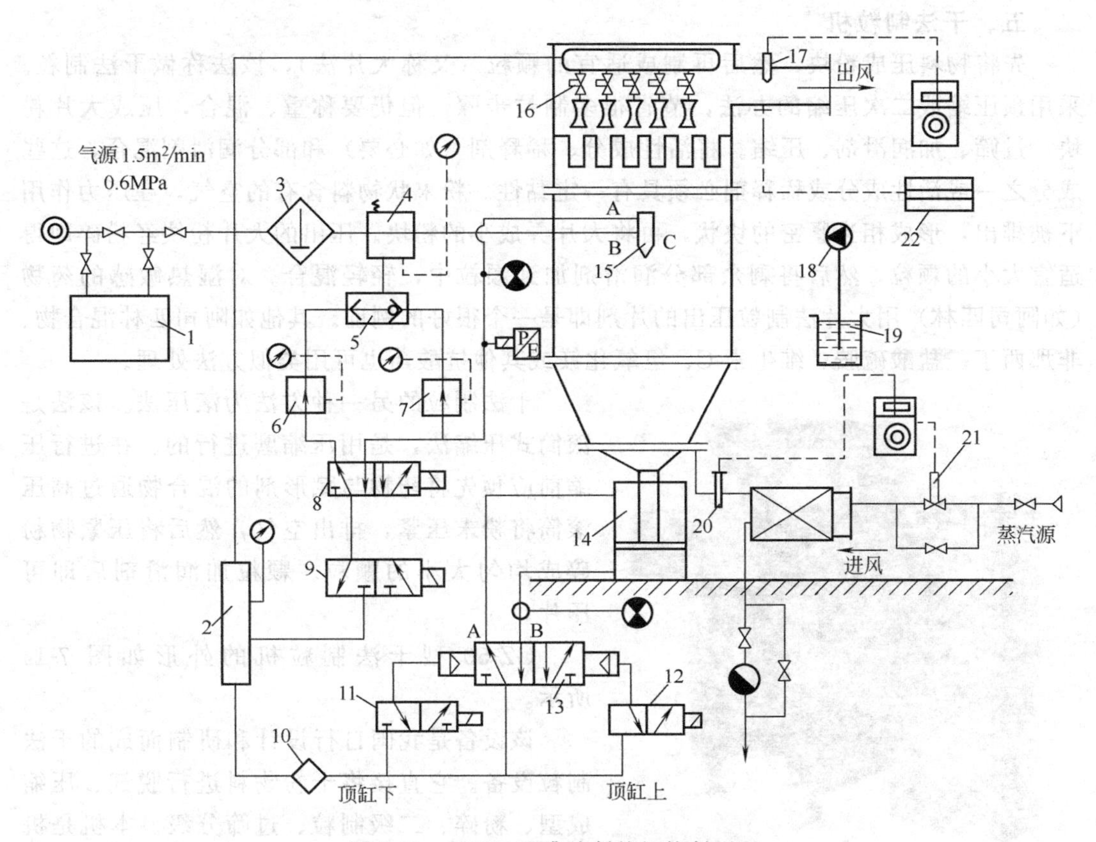

图 7-13　FL120 型沸腾制粒机控制原理

1—冷冻去湿机；2—气体分配站；3—过滤器；4—控制减压阀；5—换向阀；6，7—减压阀；8，13—二位五通阀；9，11，12—二位三通阀；10—油雾器；14—顶缸；15—喷枪；16—脉冲阀；17，20—温度传感器；18—泵；19—料罐；21—蒸汽电磁阀；22—真空计

去湿除去空气中的水分后分三路进入系统内。

第一路向右经过滤器 3 滤去尘埃和水滴后，通过控制减压阀 4 进入喷枪的 B 接口，形成喷枪的旁路喷雾压力。控制减压阀输出的气体压力大小受下面的换向阀 5 所输出气体压力的控制，这一气体由在下面的两个减压阀 6、7 交替输出。一般旁路的喷雾压力可在 0.05～0.2MPa 范围内调节，其作用是将喷出的液体吹成雾化状，使药物干燥结成颗粒（见图 7-12）。在喷枪关闭时气体将漏液吹散，不会滴入物料中影响质量。

第二路向下进入气体分配站，然后再分两路。一路由其侧面经二位三通阀 9 和二位五通阀 8 进入喷枪的 A、B 接口。由控制器控制这两个电磁阀，从而控制喷枪的“开”和“关”两种状态以及控制进入喷枪 B 接口的旁路气体压力。另一路由分配站向下经油雾器 10 进入二位五通阀 13。由两个二位三通阀 11、12 控制五通阀的两个位置，可使气源或进入顶缸 14 活塞下部，使活塞上升，将制粒机容器与机身密封；或进入顶缸活塞上部，使活塞下降，将容器与机身离开。

第三路向上进入机内过滤袋上方，由脉冲阀控制压缩空气交替反吹，抖动滤袋，使粘于袋壁的粉末振落。

五、干法制粒机

先将物料压成粉块，然后再制成适宜的颗粒（又称大片法），该法称做干法制粒。采用预压缩或二次压缩的办法，节省很多制粒步骤，但仍要称重、混合，压成大片粉块、过筛、加润滑剂、压缩。将活性成分、稀释剂（如必要）和部分润滑剂混合，这些成分之一或活性成分或稀释剂必须具有一定黏性。粉末状物料含有的空气，在压力作用下被排出，形成相当紧密的块状，再将大片弄成小的粉块。压出的大片粉块经粉碎即得适宜大小的颗粒，然后将剩余部分润滑剂加到颗粒中，轻轻混合。对湿热敏感的药物（如阿司匹林）用大片法制粒压出的片剂即是一个很好的例证。其他如阿司匹林混合物、非那西丁、盐酸硫胺、维生素 C、氢氧化镁或其他抗酸药也可用类似方法处理。

图 7-14　GZ-50 型干法制粒机的外形

干法制粒的另一种方法为滚压法。该法是滚筒式压缩法，是用压缩磨进行的。在进行压缩前应预先将药物与赋形剂的混合物通过高压滚筒将粉末压紧，排出空气，然后将压紧物粉碎成均匀大小的颗粒。颗粒加润滑剂后即可压片。

GZ-50 型干法制粒机的外形如图 7-14 所示。

该设备是我国自行设计和研制而成的干法制粒设备。它直接将干粉物料进行脱气、压缩成型、粉碎、二级制粒、过筛分级。本机是机电一体化产品，可以进行连续生产。比其他制粒设备具有压缩分布均匀，颗粒稳定性、流动性好，细碎品少，成品率高等优点，变频调速稳定可靠，符合 GMP 标准程度高，省电节能。

第三节　干燥设备

一、热风循环烘箱

热风循环烘箱的热量是通过强制通风循环的方式，进行热交换干燥的箱式干燥设备。

热风循环烘箱的基本结构如图 7-15 所示，主要由箱体、热源、烘车、烘盘、循环系统和电器部件构成。图中热源 1 按实际情况选用蒸汽加热或电加热，如有易燃气体则选用蒸汽加热。烘车、烘盘及管道选用耐腐蚀的不锈钢材料。

热风循环烘箱的工作原理如下：热源 1 放出热量，风机 7 使热风循环。其循环路线按图中箭头方向进行，并携带热量与烘箱中的湿物料交换带走水分。

热风循环烘箱适用于物料含水量较大、质地较重的产品。操作时将物料均匀摊铺在烘盘的烘布上，逐格放入到烘车的格档中，并将烘车推入烘箱内。在干燥过程中要定时将烘车拉出烘箱，抽出烘盘，翻动物料，以防表层物料因过分干燥而发热变黄，内层还

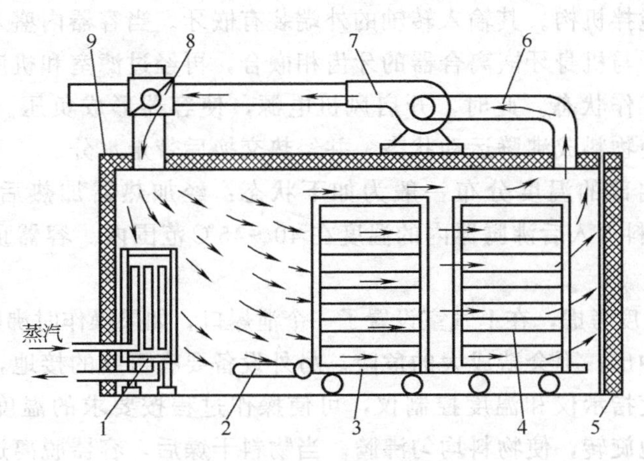

图 7-15　热风循环烘箱

1—热源；2—定位管；3—烘车；4—烘盘；5—门；6—风管；
7—风机；8—调节机构；9—隔热层

未干透。每次操作完毕调换品种时要将烘车、烘盘、烘布、箱体内表面等处清洗干净，以防药物的交叉污染。

二、沸腾干燥机

沸腾干燥机是将湿颗粒药物处于流化沸腾状态下与载热气体进行热交换的干燥设备。图 7-16 所示为 FG-120 型沸腾干燥机。

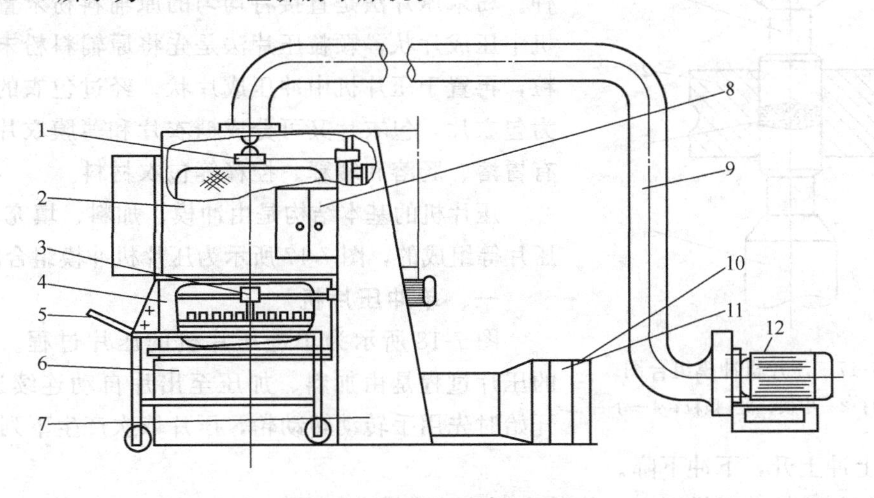

图 7-16　FG-120 型沸腾干燥机

1—捕集袋架；2—过滤室；3—搅拌桨；4—流化床；5—推车；6—机座；7—支撑；
8—泄爆口；9—引风管；10—空气过滤器；11—换热器；12—引风机

整台机器以机身作为主要的支撑件。上部是过滤室，室内装有数个捕集袋。含有细粉的热空气通过滤袋的网孔排出，而将细粉捕集下来。机身的下部有两个端面，一个和机座相连，另一个和加热器的进风管相连。空气经过滤、受热后通过过滤室和机座到达沸腾器。沸腾器与过滤室和机座有一定的间隙，该间隙可通过调节而达到良好的位置。工作前对过滤室和机座的密封圈充气，使之膨胀而将间隙达到密封状态。

容器内装有搅拌机构。其输入转轴的外端装有嵌牙。当容器内盛入物料后，将车推入到位，并使嵌牙与机身牙嵌离合器的牙齿相嵌合，再经过滤室和机座的密封圈充气密封后，即可进入工作状态。此时，开启风机电源，使容器形成负压。热空气由下部冲出，通过分布板使物料成沸腾运动状态，并经热交换后带走水分。

沸腾干燥机内部的温度分布一般为如下状态：经加热器加热后的空气温度可达110℃左右。当物料加入后沸腾器内的温度在40～45℃范围内。容器顶部出口的温度在30～35℃之间。

设备从安全角度考虑，在上气室设置了一个泄爆口，如果操作时沸腾器内发生粉尘爆炸，会从泄爆口冲出，不会造成大的危险。另外设备要有可靠的接地，防止聚集静电。

该机装有温度指示仪和温度控制仪，可使操作过程按要求的温度进行。物料干燥时，搅拌桨不停地旋转，使物料均匀沸腾。当物料干燥后，容器脱离过滤室和机座密封圈而被移出。

第四节　片剂压制设备

片剂是药物剂型中使用较多的剂型之一。它是由一种或多种药物配以适当的辅料经加工而成的。

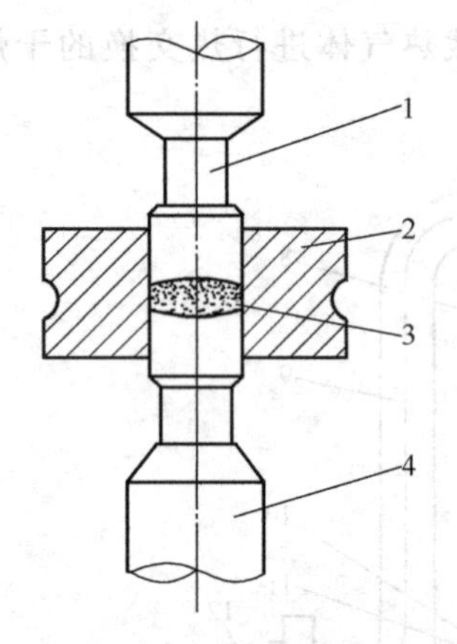

图 7-17　压片机冲模组合图
1—上冲；2—中模；3—颗粒；4—下冲

片剂的生产方法有粉末压片法和颗粒压片法两种。粉末压片法是直接将均匀的原辅料粉末置于压片机中压成片状；颗粒压片法是先将原辅料粉末制成颗粒，再置于压片机中冲压成片状。经过包衣的片剂称为包衣片，包衣片又可分成糖衣片和薄膜衣片，后者有胃溶、肠溶和缓释、控释等包衣材料。

压片机的基本结构是由冲模、加料、填充、压制、压片等组成的，图 7-17 所示为压片机冲模组合图。

一、单冲压片机

图 7-18 所示为单冲压片机的压片过程。压片机的压片过程是由加料、加压至出片自动连续进行的。开始时先用手转动转动轮，压片依次产生下列动作。

① 上冲上升，下冲下降。

② 饲料靴转移至模圈上，将靴内颗粒填满模孔。

③ 饲料靴转移离开模圈，同时上冲下降，把颗粒压成片剂。

④ 上、下冲相继上升，下冲把片剂从模孔中顶出，至片剂下边与模圈上面齐平。

⑤ 饲料靴转移至模圈上面把片剂推下冲模台而落入接受器中；同时下冲下降，使模内又填满了颗粒；如此反复压片出片。

单冲压片机每分钟能出 80～100 片。片剂的质量和硬度（即受压大小）可分别借片重调节器和调节压力部分调整。

调节的方法如下。

① 下冲杆附有上、下两个调节器，上面一个为调节冲头使之与模圈相平的出片调节器；下面一个是调节下冲下降深度（即调节片剂质量）的片重调节器。如片重轻时，将片重调节器向上转，使下冲杆下降，可借以增加模孔的容积使片重增加。反之，使片重减轻。

② 压力的大小，可调节上、下冲头间的距离。上冲下降得越低，也就是上、下冲头距离越近，则压力越大，片剂越硬。反之，片剂越松。

单冲压片机的加压机构如图 7-19 所示。图中调节螺杆 5 的上端与偏心轮外套 3 由连接销 4 连接。当外套随偏心轮旋转而作左右-上下运动时，调节螺杆作直线的上下等距运动。上冲芯片 7 和调节螺杆是通过螺纹连接的，并由紧固螺母 6 紧固。如需调整压力，增加或减小片子的硬度，只需旋松紧固螺母，再旋转上冲芯子即可。右旋压力放松，硬度减小；左旋压力加大，硬度增加；调整后再将紧固螺母旋紧即可。从颗粒剂压成片剂，主要依靠颗粒分子间或颗粒-胶黏剂-颗粒之间的分子引力来结合，而这种力是一种近程力，必须在分子间十分接近时才能发挥出来。

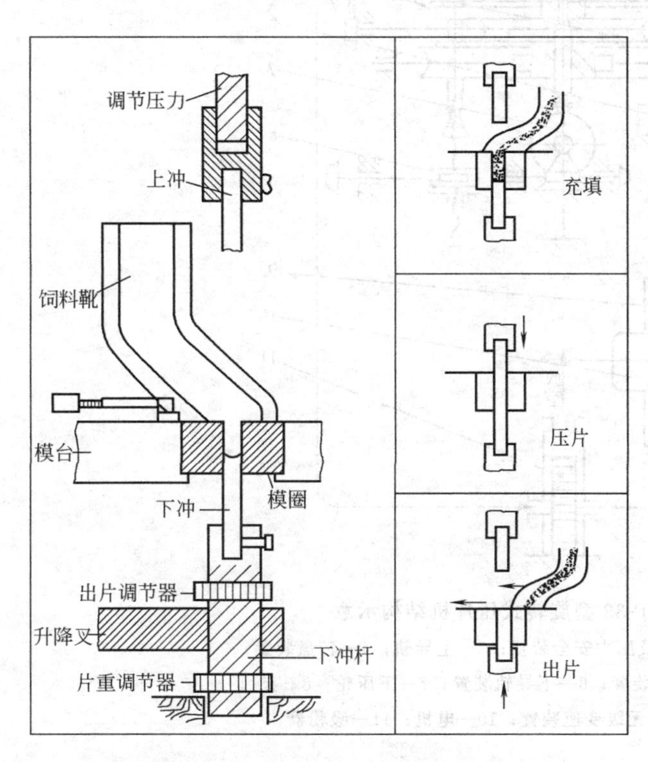

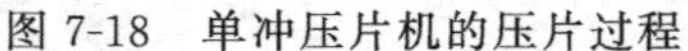
图 7-18　单冲压片机的压片过程

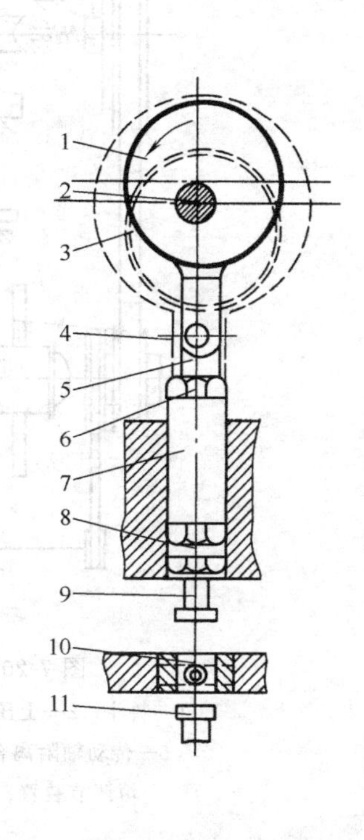

图 7-19　单冲压片机的加压机构

1—偏心轮；2—旋转轴；3—外套；4—连接销；5—调节螺杆；6—紧固螺母；7—上冲芯片；8—螺母；9—上冲；10—中模；11—下冲

单冲压片方式存在两个问题：一是瞬时压力，这种压力作用于颗粒的时间极短；二是空气垫的反抗作用，由于是瞬时施压，颗粒间的空气来不及排出，像一个弹簧似的随所施压力的改变而压缩-膨胀，影响了颗粒分子间的接近，这两个因素都影响分子间的力发挥作用。显然，以这种施力方式压片的片子容易松散，大规模生产时质量难以保证，而且产量也很小。节冲压片机是最原始的但在了解压片原理时是最基本的，也是目前实验室里做小样的压片机。

二、旋转式压片机

（一）结构

ZP-33 型旋转式压片机结构如图 7-20 所示。

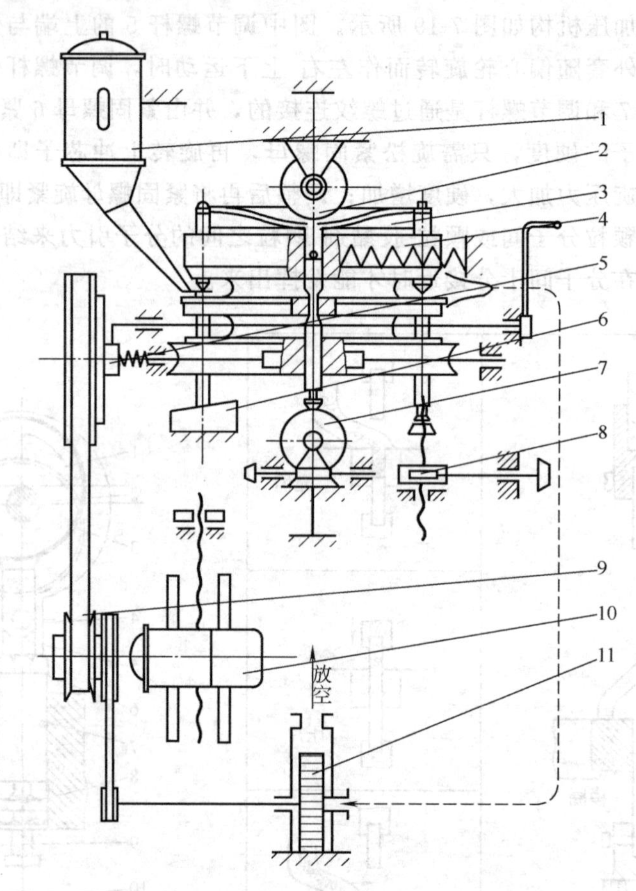

图 7-20　ZP-33 型旋转式压片机结构示意

1—料斗；2—上压轮及压力安全装置；3—上导轨；4—转盘装置；5—传动轴附离合器装置；6—下导轨装置；7—下压轮；8—充填调节装置；9—无级变速装置；10—电机；11—吸粉器

（二）工作原理

旋转式压片机基于单冲压片机的基本原理，同时又针对瞬时无法排出空气的缺点，变瞬时压力为持续且逐渐增减压力，从而保证了片剂的质量。旋转式压片机对扩大生产有极大的优越性，由于在转盘上设置厂多组冲模，绕轴不停旋转。颗粒由加料斗通过饲料器流入位于其下方的、置于不停旋转平台之中的模圈中。该法采用填充轨道的填料方式，因而片重差异小。当上冲与下冲转动到两个压轮之间时，将颗粒压成片。ZP-33 型旋转式压片机外形如图 7-21 所示。

（三）主要参数

冲模数	33
最大压力	40～60kN
最大压片直径	12mm
最大填充深度	15mm
最大压片厚度	6mm
转盘转数	11～28r/min
生产能力	43000～110000pc/h
电机功率	2.2～4kW
电压	380V/50Hz
外形尺寸	930mm×900mm×1600mm
质量	850kg

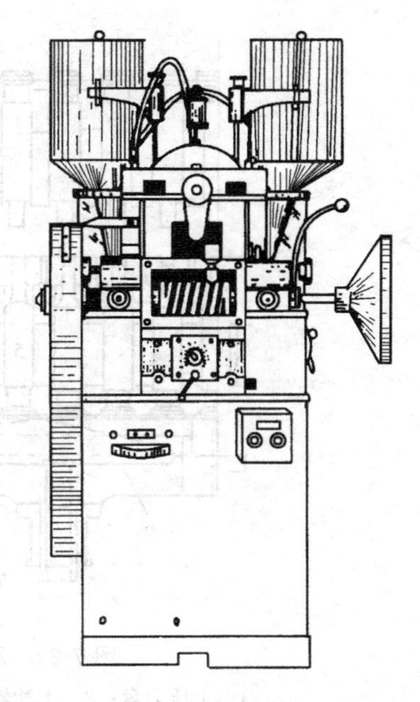
图 7-21　ZP-33 型旋转式压片机外形

（四）设备操作及调节

先调节压力，将机件压力减小，然后装入冲头与模圈。模孔必须洁净，也应无其他污染物。松开模圈紧固螺丝，轻轻将模圈插入模孔中，然后以上冲孔内包有软纤维的金属杆轻轻敲击模圈，使之精确到达预定位置。所有模圈装入后，拧紧紧固螺丝，并检查模圈是否被固定。通过转动机轴从机械预置孔中装入下冲。所有下冲装好后，安装上冲：所有冲头的尾端在安装之前必须涂上一薄层矿物油。调节出片凸轮使下冲出片位置与冲模平台平齐。在安装好冲头与模圈后，即可调节片重和硬度，饲料器需与饲料斗相连接并紧贴模台。加少量颗粒于饲料斗中，用手转动机器，同时旋转压力调节轮直至压出完整片剂。检查片剂质量，并调节片重至符合要求。在获得满意的片重之前往往需要进行多次调节。当填充量减少时，必须降低压力，使片剂具有相同的硬度。反之，当填充量增加时，则必须增加压力以获得相当的硬度。

将颗粒加入饲料斗，开机。在开始运作后立即检查片重及硬度，如需要可作适当调整。每隔 15～30min 对这些指标进行常规检查，在此期间机械保持连续运转。当颗粒消耗完后，关闭电源。从机器上移去饲料及饲料器，用吸尘器去除松颗粒及粉尘。旋转压力调节轮至压力最低。按照安装的相反顺序取下冲头、模圈，首先取下上冲，然后取下下冲、模圈，用乙醇洗涤冲头、模圈，并用软刷除去附着物。然后用干净的布擦干，涂一薄层油后保存。开车时应先开电机，再缓慢开离合器，使机器逐渐加速，正常生产中应使用离合器开停，无特殊情况勿直接开停电动机。ZP-33 型旋转式压片机压片过程示意如图 7-22 所示。

1. 压力的调试

将压力调至该片剂所需的压力，压力大小如压力表盘刻度上的位置所示。搬把向上搬动，则压力增大，反之则减少，压力调试完毕将螺母拧紧。在调节时，若片剂的压力已知则可直接调定。若片剂压力未知，应首先将压力调至最大值，即 5t，待片剂硬度或崩解时限符合要求（在这个过程中，应注意超负荷，即压力指示红灯亮，说明压力超

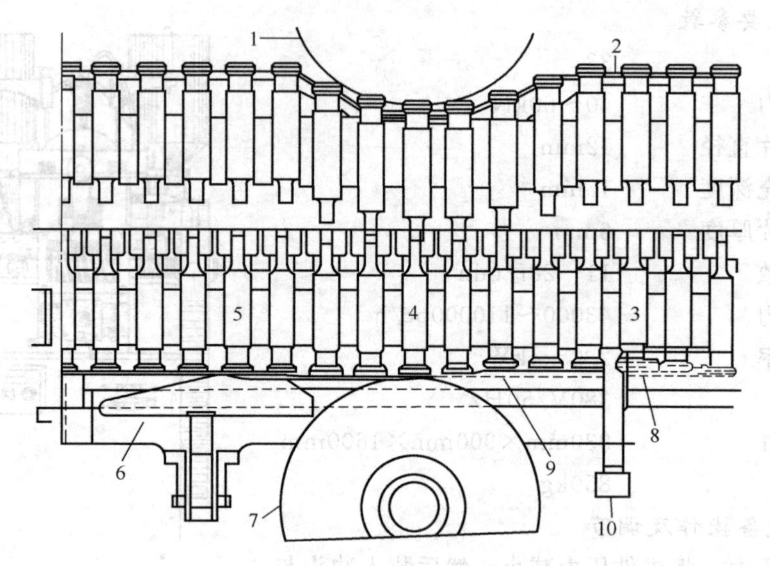

图 7-22　ZP-33 型旋转式压片机压片过程示意

1—上压力盘；2—上冲轨道；3—出片；4—加压；5—加料；6—片重调节器；
7—下压力盘；8—下冲轨道；9—出片轨道；10—出片调节器

过机器的最大压力，应立即停车，以免损坏机器）再缓慢减压，然后将搬把向下搬动，直至红灯亮，将搬把向上搬动少许，使指示红灯灭，此时即为片剂的合适压力。

2. 填充调试

按片剂质量要求进行调整，可旋转刻度盘手把，按顺时针方向旋转时，填充量增加，反之减少。填充深度可直接由柱塞的刻度表尺读出，然后检查片重，转动刻度盘手把，作微量调节，刻度盘刻度每小格等于填充深度的 0.01mm，靠左面的刻度盘控制左压轮所压的片重，右面的刻度盘控制右压轮所压的片重，调节时应注意加料器中要有足够的原料，同时随时调节片厚，使片剂有一定的硬度，便于片重的测试。

3. 片剂厚度的调试

片剂厚度的调节，首先旋松厚度调节牌下端的星形把手，然后旋转机器前面的星形把手，左边按顺时针方向转，片厚增加，逆时针方向转片厚减薄，右边按逆时针方向转片厚增加，顺时针转片厚减薄，直到符合片剂硬度要求时，指示盘指针所指的数值即为片剂厚度。若片剂厚度有特定值，可直接调至片剂需要厚度，然后旋紧厚度调节表盘下端的星形把手，待填充调定后，检查片剂的厚度及硬度，再作适当的微调，直至合格。

4. 输粉量的调整

填充量调妥后，调整粉子的流量，首先旋转定位把手调挡粉扳的开启度，以加料器后端有少量的回流粉子为宜；然后松开斗架侧面的滚花螺钉，旋转斗架顶部的滚花螺钉，调节料斗高低，从而控制粉子的流量，其高低位置，一般以栅式加料器内粉子的积储量不外溢为合格，调整后，将斗架侧面的滚花螺钉拧紧，该两处调节相互有关，应同时进行。

5. 速度调节

速度的选择对机器的使用寿命有直接影响，由于原料、片径大小、压力等各异，所以使用上不能做统一规定，因此，使用者必须根据实际情况确定。一般按片径及压力大小，片径大速度慢些，反之快些。压力大的宜慢，压力小的宜快。

速度调节应在开车后进行，调节时将手柄向外拉，使定位销脱离，便可转动，手柄按顺时针方向转为减速，反之为增速，调妥后按下手柄复原，由转速表读出转盘每分钟的转速，并按 1∶3960 换算出每小时的片剂产量。

（五）设备的维护、保养

(1) 本机的一般机件润滑，在机件外表均装有油杯和油嘴，可按油杯类型，分别注以黄油和机油，开车使用前应全部加油一次，中间可按各轴承的温升和运转情况注油润滑。

(2) 上盖中间的玻璃油杯是润滑转盘轴承的，在运转中以每分钟 2～3 滴为宜。

(3) 传动轴两端有滚动轴承，轴壳外装有油嘴，可以每星期注油一次，用油枪压入。冲杆的尾部与曲线导轨用黄油润滑，注意不宜过多，防止因油渗入物料内而影响片剂的质量。在加油时应注意不要使油溢出杯外，更不要流到机器的周围，以免污染物料，影响片剂的质量。

(4) 定期检查机件，每月进行 1～2 次，检查项目为蜗轮、蜗杆、轴承、压轮轴，上、下导轨各活动部分是否转动灵活，有无磨损，及时发现及时修复。

(5) 一次使用完毕或停止时，应取出剩余粉剂，并刷净，如停机时间较长必须将冲模全部拆下，并将机器全部擦净，机件表面涂上防锈油，并用布篷罩好。

(6) 冲模的保养，暂不使用的冲模应清洗并揩擦干净，然后放置在有盖的不渗漏油的箱内，使冲模全部侵入油内或涂上防锈油脂，安放时冲头衬夹软性材料，防止相互碰伤，并定期检查。

(7) 使用场所应经常打扫，在制剂过程中不应有灰砂飞尘存在。

(8) 使用注意事项

① 机器设备上的防护罩、安全盖等装置不要拆除，使用时应装妥。

② 冲模需经严格探伤试验和外形检查，要无裂缝、变形、缺边，硬度适宜且尺寸准确，如不合格切勿使用。

③ 加料器装置与转台平面高低准确适宜。如高则会产生漏料，低则会因铜屑磨落而影响片剂质量。

④ 细粉多的原料不要使用。因它会使上冲飞粉多，下冲漏料多，影响机件磨损和原料损耗。

⑤ 不干燥的原料不要使用，否则会粘冲。

⑥ 运转中如有跳片或停滞不下，切不可用手去取，以免挤伤。

（六）压片时可能发生的问题及处理方法

1. 片重差异

在压片过程中质量差异不能超过规定的限度。但在压片过程中常常出现片重差异；其原因及处理方法简介如下。

① 冲头长短不齐，易造成片重差异，故使用前应用卡尺将每个冲头检查合格后再用，如出现个别减少或因下冲运动失灵，致使颗粒的填充量比其他的少，可个别检查，清除障碍。

② 加料斗高低装置不对，则可造成加料斗中颗粒落下的速度快，使加料器上堆积的颗粒多；或加料斗中颗粒落下速度慢，会使加料器上堆积的颗粒少，造成物料颗粒加入模孔时不平衡，这时可调整加料斗位置和挡粉板的开启度，使加料斗中颗粒保持一定数量，并使落下速度相等，使加料器上堆积的颗粒均衡，并使颗粒能均匀地加入到模孔内。

③ 加料斗或加料器堵塞，在压片时，如使用的颗粒细小、具有黏性或具有引湿性，或颗粒中偶有脏物使其流动不畅，影响片重，此时应立即停车检查。

④ 颗粒引起片重变化，颗粒过湿，细粉过多，颗粒粗细相差太大以及颗粒中润滑剂不足，均能引起片重差异的变化，应提高颗粒质量。

⑤ 产生片重变化的原因，总的来说是由于压片机故障或工作上疏忽造成的，故在压片过程中，应该作好机件保养工作，详细检查机件有无损坏，并每隔一定时间称片重一次。

2. 花斑产生的原因及解决办法

① 颗粒过硬或有色片剂的颗粒松紧不均时，易产生花斑，遇此情况时颗粒应松软些，有色片剂多采用乙醇润湿剂进行制粒，最好不采用淀粉浆，这样制成的颗粒粗细均匀，松紧适宜，压成的片剂不易出现花斑。

② 复方制剂中原辅料颜色差异太大，在制粒前未经磨碎或混合不匀的面容易产生花斑，这样的必须返工处理。压片时的润滑剂必须经细筛筛过并与颗粒充分混匀。

③ 易引湿的药品如三溴片、碘化钾片、乙酰水杨酸片等在潮湿情况下与金属接触则易变色，可选择干燥天气和减少与金属接触来改善。

④ 压片时，上冲油垢过多，随着上冲移动而落于颗粒中产生油点。对于这种情况只需经常清除过多的油垢即可克服。

3. 叠片

叠片是指两片压在一起，压片时由于粘冲或上冲卷边等原因致使片剂粘在上冲上，再继续压入已装颗粒的模孔中而成双片。或者由于下冲上升位置太低，而没有将压好的片剂及时送出，又将颗粒加入模孔中重复加压。这样，压力相对过大，机器易受损害。遇此情况应立即停车。叠片主要是使下冲上抬位置太低或机器受到障碍，可通过调换冲头，检修调节器来解决。

4. 松片

片剂压成后，用手轻轻加压即行碎裂，其原因如下。

① 胶黏剂或润湿剂用量不足或选择不当，颗粒质松，细粉多，压片时即使加大压力也不能克服，可另选择黏性较强的胶黏剂或润湿剂重制颗粒。

② 颗粒含水量太少，完全干燥的颗粒有较大的弹性变形，所压成片剂的硬度较差，许多含有结晶水的药物，在颗粒烘干时失去了一部分结晶水，颗粒变松脆，就容易形成松片。遇此情况可在颗粒中喷入适量的稀乙醇（50%～60%），以恢复其适当的湿度，

混合均匀后压片。

③ 药物本身的性质，如脆性、可塑性、弹性和硬度等，也有决定性的影响。脆性、塑性物质受压后变形，体积缩小，这两种变形是不可逆的，所成的片剂比较坚硬，弹性物质受压时变形缩小。而解压后因弹性而膨胀，故片剂疏松易裂，若药物过硬也难于压片。

④ 压力因素，压力过小引起松片多，若压片机冲头长短不齐，则片剂所受压力不同，故压力或冲头应调节适中。

5. 裂片

片剂受到振动或经放置时，从腰间开裂或顶部脱落一层，其原因如下。

① 胶黏剂或润湿剂选择不当。用量不够，黏合力差，颗粒过粗、过细或细粉过多，使填充在模孔内的容量成分不均等。以控制细粉量不超过10%为宜，或与黏性较好的颗粒掺合压片。

② 颗粒中油类成分比较多，减弱了颗粒间的黏合力，或由于颗粒太干以及含结晶水的药物失去结晶水过多而引起。此种情况可先用吸收剂将油类成分吸干后，再与颗粒混合压片。也可与含水较多的颗粒掺合压片。

③ 药物本身的特性，如富有弹性的纤维性药物在压片时也易裂片，可加糖粉克服。因在制粒时部分糖溶化并被纤维吸收，减少了纤维弹性。

④ 压力过大片剂太厚，易产生裂片。

⑤ 冲模不合格，压力不均，使片剂部分受压过大而造成顶裂。

6. 崩解迟缓

① 崩解剂选择不当，用量不足，干燥不够，例如淀粉不够干燥则吸水力不强，崩解力差。

② 胶黏剂的黏性太强，用量过多或润滑剂的疏水性太强，用量过多，均会造成崩解迟缓，可适当增加崩解剂的用量。

③ 压片时压力过大，片剂过于坚硬，可在不引起松片的情况下减少压力。

三、高速压片机

旋转式压片机已逐渐发展成为能以高速度压片的机器，通过增加冲模的套数，改进饲料装置等来基本达到目的。也有些型号通过装设二次压缩点来达到高速。具有二次压缩点的旋转式压片机是参照双重旋转式压片机，以及那些仅有一个压缩点和单个旋转机台的压片机设计而成的。在高速旋转式压片机中有半数的片子在片剂滑槽中旋转了180°，它们在边界之外移行，并和压出的第二片片剂一起移出。在高速机器操作中最主要的问题是如何确保模圈的填料符合规定。由于填料迅速，位于饲料器下的模孔的装填时间不充分，不足以确保颗粒均匀流入和填满。现在已设计出许多动力饲料方法，这些方法可在机器高速运转的情况下迅速的将颗粒重新填入模圈。这样有助于颗粒的直接压片，并可减少因内部空气来不及逸出所引起的裂片和顶裂现象。

（一）结构

① 传动部件　该部分由一台带制动的交流电机、带轮、蜗轮减速器及调节手轮等组成，电机的转速可由交流变频无级调速器调节，启动后通过一对带轮将动力传递到减

速蜗轮上。而减速器的输出轴带动转台主轴旋转，电机的变速可使转台转速在25～77r/min之间变动，使压片产量由11万片/h提高到34万片/h。

② 转台、导轨部件　由上、下轴承，主轴，转台等组成的转台部件和由上、下导轨组成的导轨部件，转台和导轨的共同作用决定了上、下冲杆的运动轨迹。转台携带冲杆作圆周运动，导轨使冲杆作有规则的上下运动，冲杆的复合运动完成了颗粒的填料、压片（在压轮的作用下）、出片的工作过程。

③ 加料器部件　颗粒的加料用强迫加料器，由小型直流电机通过小蜗轮减速器将动力传递给加料器的齿轮并分别驱动计量、配料和加料叶轮，颗粒物料从料斗底部进入计量室经叶轮混合后压入配料室，再流向加料室并经叶轮通过出料口送入中模。加料器的加料速度按情况不同由无级调速器调节。图7-23所示为加料器部件（计量室、配料室和加料室）的结构。

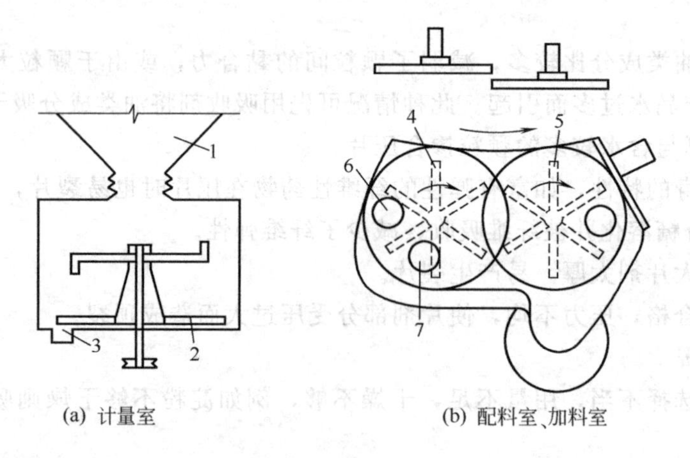

图7-23　加料器部件

1—料斗；2—计量叶轮；3—出口；4—配料叶轮；5—加料叶轮；6—料位测定器；7—粉粒入口

④ 填充和出片部件　颗粒填充量的控制，从大的方面来讲，设计时已将下冲下行轨分成A、B、C、D、E五挡，每挡范围均为4mm，极限量为5.5mm，操作前按品种确定所压片重后，应选用某一挡轨道。机器控制系统对填充调节的范围是0～2mm，控制系统从压轮所承受的压力值取得检测信号，通过运算后发出指令，使步进电机旋转，步进电机通过齿轮带动填充调节手轮旋转，使填充深度发生变化（见图7-24）。步进电机手轮每旋转一格调节深度为0.01mm，手轮的左右旋转使填充量深度增加或减少，图中万向联轴节带动蜗杆、蜗轮转动。蜗轮中心有可上下移动的丝杆，丝杆上端固定有填充轨。手动旋转手轮4可使填充轨上下移动，每旋转一周填充深度变化0.5mm。步进电机由控制系统发出脉冲信号控制而左右旋转，以此改变填充量。图中万向联轴节和蜗杆、蜗轮的作用是改变传动方向，蜗轮只能转动而不能上下移动。因丝杆与蜗轮配合，所以丝杆只能上下移动而不能转动，有的高速压片机在丝杆下端连接液压提升油缸，液压提升油缸平时只起软连接支撑作用，当设备出现故障时，油缸可泄压，起到保护机器的作用。该机在出片槽中安装了两条通道，左通道排除废片，右通道是正常工作时片子

的通道，两通道的切换通过槽底的旋转电磁铁加以控制。开车时废片通道打开，正常通道关闭，待机器压片稳定后，通道切换，正常片子通过筛片机进入筒内。

⑤ 压力部件　分预压和主压两部分，并有相对独立的调节机构和控制机构，压片时颗粒先经预压后再进行主压，这样能得到质量较好的片剂，预压和主压时冲杆的进模深度以及片厚可以通过手轮来进行调节，两个手轮各旋转一圈可使进模深度分别获得 0.16mm 和 0.1mm 的距离变化。两压轮的最大压力分别可达到 20kN 和 100kN。

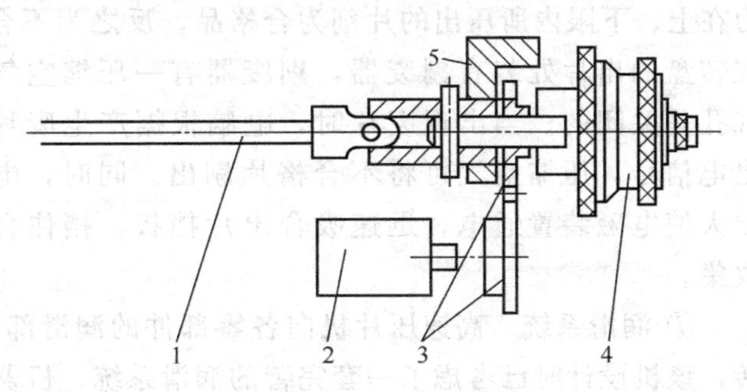

图 7-24　自动调节结构

1—万向联轴节；2—步进电机；3—传动齿轮；4—手轮；5—机架

压力部件通过压力传感器对预压和主压的微弱变化而产生的电信号进行采样、放大、运算并控制调节压力，使操作自动化。

上预压轮通过偏心轴支撑在机架上，利用调节手柄可改变偏心距，从而改变上冲进入中模的位置，达到调节预压的作用。下预压轮支撑在压轮支座上，压轮支座下部连有丝杆、蜗轮、蜗杆、万向联轴节和手柄。通过手柄可调节下冲进入中模的位置，达到预压力调节的作用。压轮支座下的丝杆连在液压支撑油缸上，当压片力超出给定预压力时，油缸可泄压，起到安全保护作用。预压的目的是为了使颗粒在压片过程中排除空气，对主压起到缓冲作用，提高质量和产量。

上压轮通过偏心轴支撑在机架上，偏心轴一端连在上大臂的上端，上大臂的下端连在液压支撑油缸上端的活塞杆上。液压支撑油缸起软连接作用，并保护机器超压时不受损坏。下压轮也通过偏心轴支撑在机架上，偏心轴一端连在下大臂的上端，下大臂的下端通过丝母、丝杆、螺旋齿轮副、万向联轴节等连在手柄上，通过手柄即可调节片厚。片剂压片时，中模内孔受到很大的侧压力和摩擦力。侧压力和摩擦力均正比于压制的压力，即正压力。由于摩擦力随片剂厚度的增加而加大，故使正压力在片剂内逐层衰减。对旋转压片机，中模受力最大处是片剂厚度的中间部位。为避免长期在中模内一个位置压片，延长中模的使用寿命，在片剂厚度保持不变的条件下，应可以使上、下冲头在中模孔内同时向上或向下移动，从而实现冲头平移调节。冲头平移调节就是在保持上、下压轮距离不变条件下，同时实现上、下压轮向上或向下移动的调节。

⑥ 片剂计数与剔废部件　片剂自动计数是利用磁电式接近传感器来工作的。在传动部件的一个带轮外侧固定一个带齿的计数盘，其齿数与压片机转盘的冲头数相对应。在齿的下方有一个固定的磁电式接近传感器，传感器内有永久磁铁和线圈。当计数盘上的齿移过传感器时，永久磁铁周围的磁力线发生偏移，这样就相当于线圈切割了磁力线，在线圈中产生感应电流并将电信号传递至控制系统。这样，计数盘所转过的齿数就代表转盘上所压片的冲头数，也就是压出的片数。根据齿的顺序，通过控制系统就可以甄别出冲头所在的顺序号。

对同一规格的片剂，压片机生产之初通过手动将片重、硬度、崩解度调节至符合要求，然后转至电脑控制状态，所压制出的片厚是相同的，片重也是相同的。如果中模内颗粒填充得过松、过密，说明片重产生了差异，此时压片的冲杆反力也发生了变化。在上压轮的上大臂处装有压力应变片，检测每一次压片时的冲杆反力并输入电脑，冲杆反力在上、下限内所压出的片剂为合格品，反之为不合格品，记下压制此片的冲杆序号。在转盘的出片处装有剔废器，剔废器有一压缩空气的吹气孔对向出片通道，平时吹气孔是关闭的。当出现废片时，电脑根据产生废片的冲杆顺序号，给吹气孔开关输出电信号，压缩空气可将不合格片剔出。同时，电脑也将电信号输给出片机构，经放大使电磁装置通电，迅速吸合出片挡板，挡住合格片通道，使废片进入废片通道收集。

⑦ 润滑系统　高速压片机向各零部件的润滑部位供润滑油，以保证机器的正常运转，该机设计时已考虑了一套完善的润滑系统，机器开动后油路畅通，润滑油沿管路流经各润滑点。机器首次使用时应空转 1h，让油路充分流畅，然后再装冲模等部件，进行正常操作。

⑧ 液压系统　高速压片机中，上压轮、下预压轮和填充调节机构设有液压油缸，起软连接支撑和安全保护作用。液压系统由液压泵、储能器、液压油机、溢流阀等组成。正常操作时，油缸内的液压油起支撑作用。当支撑压力超过所设定的压力时，液压油通过溢流阀泄压，从而起到安全保护作用。

⑨ 控制系统　GZPK37A 型全自动高速压片机有一套控制系统，能对整个压片过程进行自动检测和控制。系统的核心是可编程序器，其控制电路有 80 个输入、输出点。程序编制方便、可靠。

控制器根据压力检测信号，利用一套液压系统来调节预压力和主压力，并根据片重值相应调整填充量。当片重超过设定值的界限时，机器给予自动剔除，若出现异常情况，能自动停机。

控制器还有一套显示和打印功能，能将设定数据、实际工作数据、统计数据以及故障原因、操作环境等显示、打印出来。

⑩ 吸尘部件　压片机有两个吸尘口，一个在中模上方的加料器旁，另一个在下层转盘的上方，通过底座后保护板与吸尘器相连，吸尘器独立于压片机之外。吸尘器与压片机同时启动，使中模所在的转盘上方、下方的粉尘吸出。

（二）工作原理

高速压片机的工作原理如下。压片机的主电机通过交流变频无级调速器，并经蜗轮减速后带动转台旋转。转台的转动使上、下冲头在导轨的作用下产生上、下相对运动。颗粒经填充、预压、主压、出片等工序被压成片剂。在整个压片过程中，控制系统通过对压力信号的检测、传输、计算、处理等实现对片重的自动控制，废片自动剔除以及自动采样、故障显示和打印各种统计数据。

以 GZPK37A 为例，机器由压片机、计算机控制系统、ZS9 真空上料器、ZWS137 筛片机和 XC320 吸尘机几个部分组成。其电气连接平面图如图 7-25 所示。图中机器的顶部为真空上料器 ZS9（两台），通过负压状态将颗料物料吸入，再加到压片机的加料器内。左右两边的 ZWS137 筛片机是将压出的片剂除去静电及表面粉尘，使片剂表面清洁，以利于包装。XC320 吸尘器的功能是将机器内和筛片机内的粉尘吸去，保持机器的清洁和防止室内粉尘飞扬。

(三) 主要特点

本产品的特点是整机和压片区的封闭结构避免了交叉污染，满足GMP要求。通过计算机对每一压片过程进行在线检测和动态调节，对不合格片自动剔除，对生产状态进行实时监控管理，保证了片剂生产的优质。传动机构采用圆弧齿圆柱蜗杆传动方式。

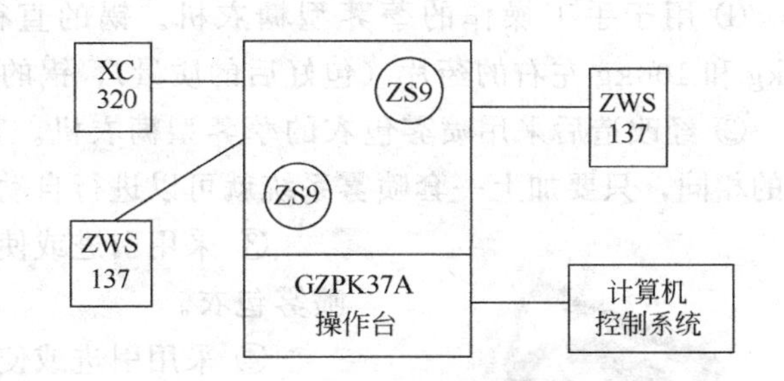

图 7-25　GZPK37A 高速旋转式压片机电气连接平面图

第五节　片剂包衣设备

将素片包制成糖衣片、薄膜衣或肠溶衣片的设备是片剂包衣设备。

一般药物经压片后，为了保证片剂在储存期间质量稳定或便于服用及调节药效等，有些片剂还需要在表面包以适宜的物料，这个过程称为包衣，这样包制成的片剂称为包衣片。

包衣的种类以及选用何种包衣材料取决于药物的性质和片剂的使用目的，一般分以下几种情况。

(1) 药物与空气、光线接触易引起潮解、挥发或氧化变色的。

(2) 具有苦、腥等不良味道的。

(3) 药物对胃部有刺激或可能被胃液破坏而失效的以及需要在肠道内发挥疗效的。

还有为了使片剂美观，并易于识别片剂的种类等。

包衣的种类根据使用的需要和制备方法可分为糖衣、薄膜衣、肠溶衣三种。

包衣物料应具有如下特点。

① 性能稳定。

② 对人体无任何副作用。

③ 对所包裹的心片不起任何化学反映。有的还要求不透气不透水，能对心片起保护作用。有的则需要根据药物特性具有特定的化学性能。为了满足要求，需要将几种物料混合使用。其中常用的包衣物料有如下几种。

① 浓糖浆为常用的包衣物料，一般浓度为 70%～75%，因糖浆浓度高，受热后立即在心片表面析出蔗糖微晶体的糖衣层。如需包有色糖衣层，则可用含 0.3%左右的食用色素糖浆。

② 明胶浆是明胶的胶状水溶液，常用浓度为 10%～15%。

③ 滑石粉和碳酸钙为包粉衣层的主要物料，当与糖浆剂交替使用时可使粉衣层迅速增厚，心片棱角也随之消失，因而可增加包衣片的外形美观。

片剂包衣设备目前在国内约有以下几类。

① 用于手工操作的荸荠型糖衣机。锅的直径有 0.8m 和 1m 两种，可分别包制 80kg 和 100kg 左右的药片（包好后的质量），锅的材料有铜和不锈钢两种。

② 经改造后采用喷雾包衣的荸荠型糖衣机。其锅的大小、包衣量、材料等均与手工的相同，只要加上一套喷雾系统就可以进行自动喷雾包衣的操作工艺。

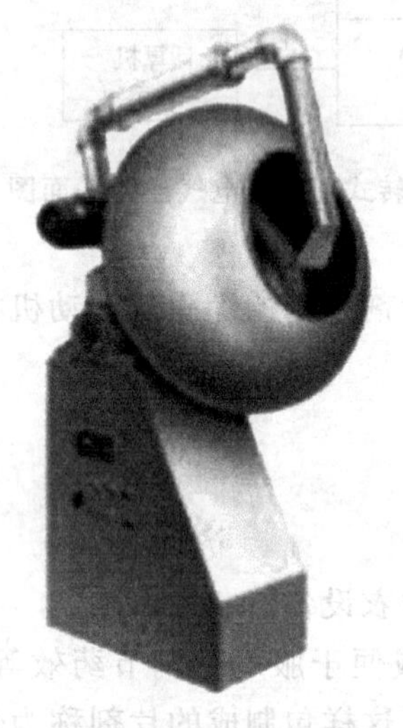

图 7-26　BTJ80 荸荠式糖衣机

③ 采用引进或使用国产的高效包衣机，进行全封闭的喷雾包衣。

④ 采用引进或使用国产的沸腾喷雾包衣机，进行自动喷雾包衣。

一、BTJ80 荸荠式糖衣机（见图 7-26）

（一）结构

主要包括铜制或不锈钢制的糖衣锅体、动力部分和加热鼓风吸尘部分。糖衣锅体式样为荸荠形，锅底浅、口大，各部分厚度均匀，内外表面光滑；采用电阻丝直接加热和热风加热；动力采用电机带动带轮，带轮的轴心与糖衣锅相连，使糖衣锅体转动，糖衣锅的转速、温度和倾斜角度均可随意调整。

（二）工作原理

糖衣锅体由倾斜安装的轴支撑作回转运动。片剂在锅中滚动快，相互摩擦的机会比较多，散热及水分蒸发快，而且容易用手搅拌，利用电加热器边包层边对颗粒进行加热，可以使层与层之间更有效的干燥。该设备是目前包制普通糖衣片的常用设备，还常兼用于包衣片加蜡后的打光。

（三）主要参数

糖衣锅直径	ϕ800mm
生产能力	30～50kg/次
糖衣锅转速	35r/min
电机功率	1.1kW
风机功率	0.37kW
电加热功率	3kW
热风温度	50～60℃
外形尺寸（长×宽×高）	900mm×900mm×1400mm
质量	180kg

（四）工作过程

包糖衣工序从内到外一般分为隔离层、粉衣层、糖衣层、有色糖衣层、打光五个步骤。

(1) 使用前将蜗轮箱内注入足够的润滑油，油量不易过多，以免溢出。片剂或丸剂包裹糖衣时，先将心片（片剂或丸剂）的松片、碎片和粉末在包衣前清除干净。心片放入锅后开动机器，糖衣机锅口为顺时针旋转，随之加入适量的胶浆，以能使片剂润湿为度，迅速搅拌，使胶浆能均匀的黏附在心片表面，然后加入适量的滑石粉，继续搅拌，使粉料全部黏附在心片上，开始加热或吹热风，使胶浆中的水分迅速蒸发，使衣层充分干燥。这是第一层，然后依上法再包第二层，直至芯片被全部包严，约包4～5层，每层干燥与否的标准是用竹皮刮衣层表面，若有坚硬感且不易刮下，即为干燥合格。干燥温度一般为30～50℃。

(2) 包粉衣层，是在隔离层基础上，继续用糖浆和滑石粉包衣，使粉衣增厚，直至片剂棱角消失。一般需要包15～18层。

包粉衣层的方法是在锅内向转动的片剂加适量温热糖浆，使其均匀润湿后，再撒入适量的滑石粉，搅拌均匀，继而用热风吹干，如此反复操作，一般将温度控制为35～50℃。

(3) 包糖衣层，以浓糖浆为包衣物料，当糖浆受热后，在心片表面缓缓干燥，形成坚实而细腻的蔗糖结晶层。包衣方法与包粉衣相同，但不加其他物料，加热温度一般控制在45℃左右，等衣层稍干再吹热风（35℃）至干燥，一般糖衣层需包10～20层。

(4) 包有色糖衣层，以食用色素糖浆或氧化铁糖浆等作包衣物料，色泽应由浅至深，渐次加入，开始温度应控制在37℃左右，以后逐渐降至室温，因温度过高，水分蒸发快，蔗糖析出微晶体也快，因此易使包衣出现花斑和粗糙等现象，有色糖衣层一般需包8～15层。

(5) 打光，是在糖衣片的表面上最后涂上一层极薄的虫蜡层，以增加外观的光洁度，同时虫蜡层还有防潮作用。打光一般应在室温条件下进行，即在包好有色糖衣后，于接近干燥时停止加热和转动，盖上锅盖，使其自然冷却，但需定时转动包衣锅数次，使剩余微量的水分慢慢散去。再开动包衣锅，加入2/3量的虫蜡细粉，待已开始发亮时，再加入其余的1/3虫蜡细粉，直至锅内发出有节律的响声、片剂光亮后，停止操作，取出包衣片，放置于石灰干燥橱内放置12～24h，或置硅酸干燥器内干燥10h左右即成。

二、喷雾包衣设备

片剂包衣工艺采用手工操作存在着产品质量不稳定、粉尘飞扬严重、劳动强度大、个人技术要求高等问题。采用喷雾法包衣工艺进行药物的包衣能够克服手工操作的这些缺点。喷雾包衣可在国内经改造的荸荠形包衣锅上使用，投资费用不高，使用较多。

1. “有气喷雾”和“无气喷雾”

有气喷雾是包衣溶液随气流一起从喷枪口喷出，这种喷雾方法称为有气喷雾法。无气喷雾则是包衣溶液或具有一定黏性的溶液、悬浮液在受到压力的情况下从喷枪口喷出，液体喷出时不带气体，这种喷雾方法称为无气喷雾法。有气喷雾适用于溶液包衣。溶液中不含或含有极少的固态物质，溶液的黏度较小，一般可使用有机溶剂或水溶性的薄膜包衣材料。

无气喷雾由于压力较大，所以除可用于溶液包衣外，也可用于有一定黏度的液体包衣，这种液体可以含有一定比例的固态物质，例如用于含有不溶性固体材料的薄膜包衣以及粉糖浆、糖浆等的包衣。

2. 喷雾包衣的应用

① 埋管包衣　如图7-27所示。埋管包衣机组是由包衣锅1、喷雾系统2、搅拌器3

及通风、排风系统（图 7-27 中件 5～件 8）和控制器 4 组成的。喷雾系统为一个内装喷头的埋管，埋管直径为 80～100mm。包衣时此系统插入包衣锅中翻动的片床内。图 7-28 所示为正在进行包衣作业的埋管示意。1978 年勃林格·玛亨（Boeliriger Mamlien）首先使用埋管包衣设备进行包衣生产，取得了成功。图中干燥空气伴随着喷雾过程从埋管中吹出，穿过片心层。温度可由控制器调节，干燥效率比较高。

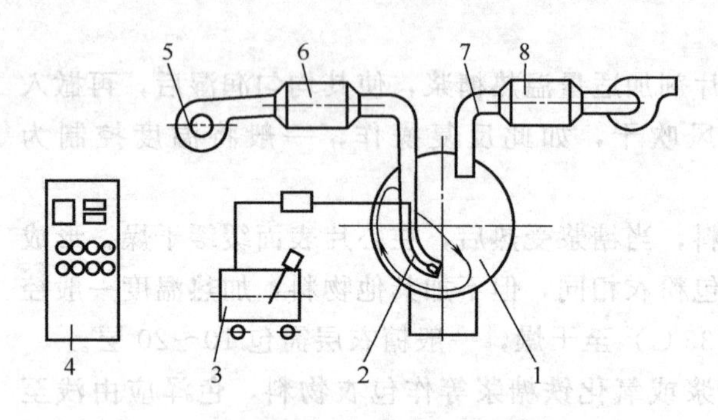

图 7-27 埋管包衣部件组合简图

1—包衣锅；2—喷雾系统；3—搅拌器；4—控制器；5—风机；6—热交换器；7—排风管；8—集尘过滤器

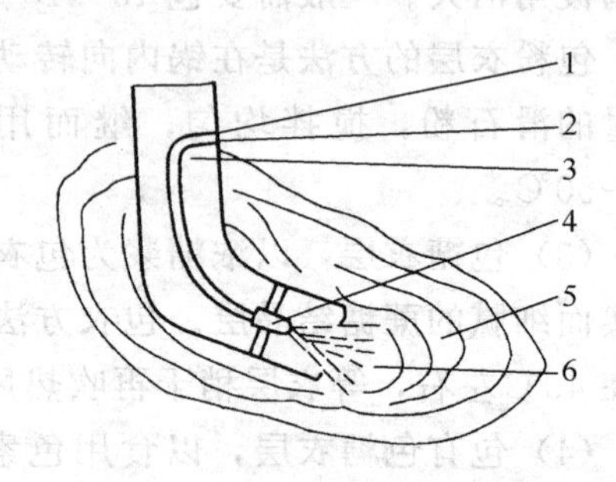

图 7-28 正在进行包衣作业的埋管示意

1—气管；2—液管；3—风管；4—喷枪；5—片心层；6—气囊

② 原有锅上安装使用 将成套的喷雾装置直接装在原有的包衣锅上（见图 7-29）即可使用。图 7-29 所示的喷雾系统是无气喷雾包衣系统，如改为有气喷雾包衣系统，则只需将泵、喷枪调换，管道略加变动即可运行。

③ 应用于高效包衣机 图 7-30 所示为最简单的高效包衣机，它是在原有的包衣锅壁上打孔而成的，锅底下部紧贴着的是排风管，当送风管 2 送出的热风穿过片心层 4 沿排风管 5 而排出时带走了由喷枪 3 喷出的液体湿气，由于热空气接触的片心表面积得到了扩大，因而干燥效率大大提高。该机为封闭形式，所以在生产过程中无粉尘飞扬，操

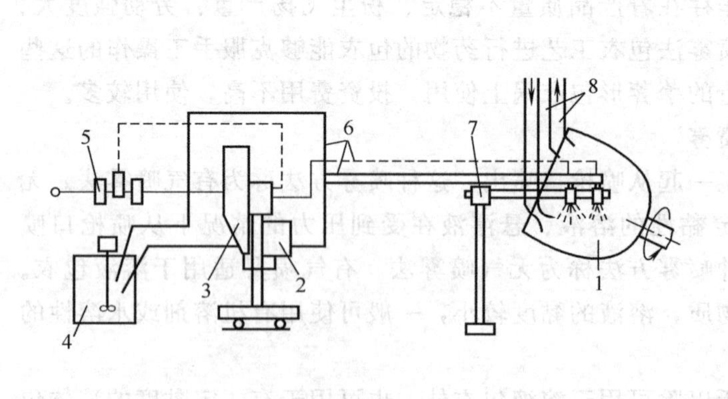

图 7-29 在原有锅上用的喷雾系统示意

1—包衣锅；2—稳压器；3—无气泵；4—液罐；5—气动原件；6—气管（液管）；7—支架；8—进出风管

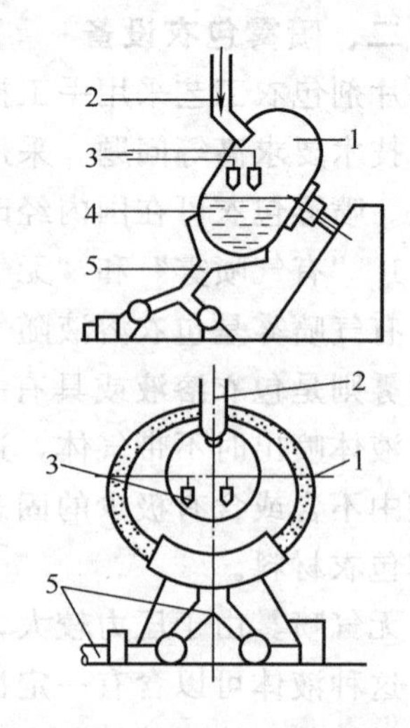

图 7-30 最简单的高效包衣机

1—包衣锅；2—送风管；3—喷枪；4—片心层；5—排风管

作环境得到了很大的改善。

三、高效包衣机

高效包衣机的结构、原理与传统的敞口式包衣机完全不同。敞口式包衣机干燥时，热风仅吹在片心层表面，并被返回吸出。热交换仅限于表面层，且部分热量由吸风口直接吸出而没有利用，浪费了部分热源。而高效包衣机干燥时热风是穿过片心间隙的，并与表面的水分或有机溶剂进行热交换。这样热源得到充分利用，片心表面的湿液充分挥发，因而干燥效率很高。

（一）结构

BG150E 型高效有孔包衣机由主机、电脑可编程控制系统、喷雾系统、热风柜、排风柜、搅拌配料系统、进出料装置等部分组成。主机由封闭式工作室、筛孔式包衣滚筒、搅拌器、清洗盘、驱动机构、热风阀门机构等组成，其配置图如图 7-31 所示。电脑可编程控制系统采用触摸屏——PLC 控制技术，设计合理，程序灵活多变，通过主面的操作面板，可控制整个设备的各个系统，对各包衣工艺参数进行调节与设定，包括温度调节，滚筒压力调节，温度、主机转速等工艺参数调节。系统在微机的控制下协调动作，完成包衣过程；喷雾系统包括蠕动泵和喷枪。BG150E 型高效有孔包衣机外形如图 7-32 所示。

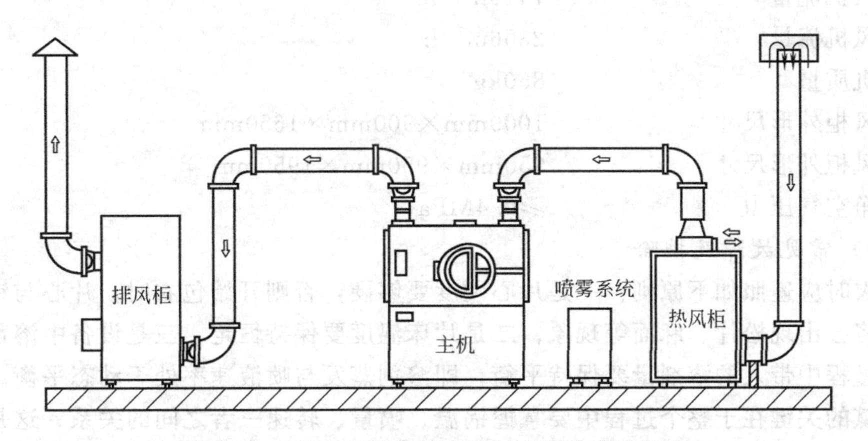

图 7-31　BG150E 型高效有孔包衣机系统配置图

（二）工作原理

片心在包衣机洁净密闭的旋转滚筒内，不停地作复杂轨迹运动，翻转流畅，交换频繁，由恒温搅拌桶搅拌的包衣介质，经过计量泵的作用，从进口喷枪喷洒到片心、同时在排风和负压作用下，由热风柜供给的 10 万级洁净热风穿过片心从底部筛孔，再从风门排出，使包衣介质在片心表面快速干燥，形成坚固、致密、光滑的表面薄膜、整个过程在 PLC 控制下自动完成，其工作原理如图 7-33 所示。

（三）主要参数

药载量	150kg
滚筒转速	2.0～14r/min
主机功率	2.2kW
主机体积（长×宽×高）	1730mm×1320mm×2030mm

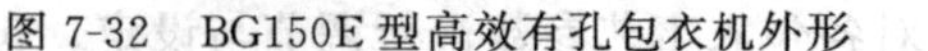

图 7-32　BG150E 型高效有孔包衣机外形

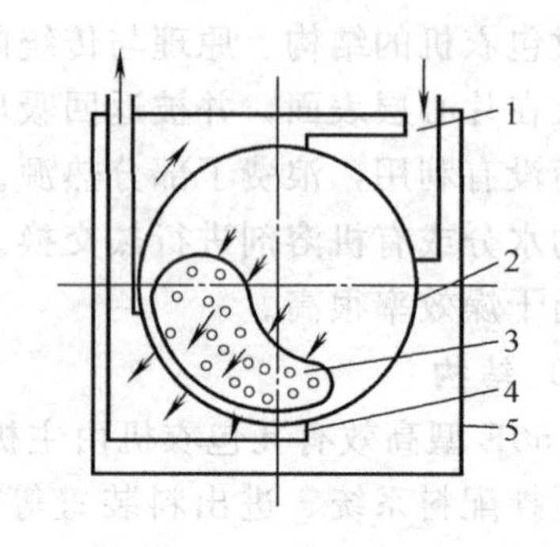

图 7-33　BG150E 型高效有孔包衣机原理

1—进气管；2—锅体；3—片心；4—排风管；5—外壳

包衣滚筒直径	1200mm
排风机流量	7419m³/h
热风机流量	2356m³/h
主机质量	850kg
热风柜外形尺寸	1000mm×900mm×1650mm
排风柜外形尺寸	950mm×950mm×1950mm
洁净空气压力	≥0.4MPa

（四）常见故障及排除

包衣时应遵照如下原则：一是片心硬度要够硬，否则开始包衣时，片心与锅壁反复摩擦，将会出现松片、麻面等现象；二是片床温度要保持恒定；三是设备中溶剂蒸发量与喷液过程中带入的溶剂量要保持平衡，即溶剂蒸发与喷液速率处于动态平衡。片面平整、细腻的关键在于整个过程中要掌握锅温、喷量、转速三者之间的关系，这是薄膜包衣操作过程中的重中之重。操作时，包衣液的雾化程度直接影响包衣所成衣膜的外观质量，而喷液的雾化效果直接由雾化压力以及雾化系统决定。喷雾开始时，掌握喷速和吹热风温度的原则是：使片面略带湿润，又要防止片面粘连，温度不宜过低。若温度过高，则干燥太快，成膜容易粗糙，片色不均；若温度过低或喷速过快，则会使锅内湿度过度高，很快就会出现片的粘连等现象。锅的转速与包衣操作之间的关系是：转速低，衣膜附着力强；转速高，衣膜附着力差，易剥落。包衣过程中，温度过低，喷量过大，片子流动滞留，则有可能会出现粘片现象。这时可加大转速使其改善，必要时还可适当调节温度和喷量、喷程等加以克服。

在使用包衣粉质量不变的情况下，包衣操作中常出现的问题及解决的方法如下。

1. 粘片

主要是由于喷量太快，违反了溶剂蒸发平衡原则而使片相互粘连。出现这种情况，应适当降低包衣液喷量，提高热风温度，加快锅的转速等。

2. 出现“橘皮”膜

主要是干燥不当，包衣液喷雾压力低而使喷出的液滴受热浓缩程度不均造成衣膜出现波纹。出现这种情况，应立即控制蒸发速率，提高喷雾压力。

3.“架桥”

是指刻字片上的衣膜造成标志模糊。解决的办法是：放慢包衣喷速，降低干燥温度，同时应注意控制好热风温度。

4. 出现色斑

这种情况是由于配包衣液时搅拌不匀或固体状物质细度不够所引起的。解决的方法是：配包衣液时应充分搅拌均匀。

5. 药片表面或边缘衣膜出现裂纹、破裂、剥落或者药片边缘磨损

若是包衣液固含量选择不当、包衣机转速过快、喷量太小引起的，则应选择适当的包衣液固含量，适当调节转速及喷量的大小；若是片心硬度太差所引起的，则应改进片心的配方及工艺。

6. 衣膜表现出现“喷霜”

这种情况是由于热风湿度过高、喷程过长、雾化效果差引起的。此时应适当降低温度，缩短喷程，提高雾化效果。

7. 药片间有色差

这种情况是由于喷液时喷射的扇面不均、包衣液固含量过度或者包衣机转速慢所引起的。此时应调节好喷枪喷射的角度，降低包衣液固含量，适当提高包衣机的转速。

8. 衣膜表面有针孔

这种情况是由于配制包衣液时卷入过多空气而引起的。因而在配液时应避免卷入过多的空气。

第六节　硬胶囊剂生产设备

硬胶囊剂的制备包括空胶囊的制备和药物填充两部分。

一、空心硬胶囊

硬胶囊制剂生产企业使用的空心胶囊一般均由空心胶囊厂提供，空胶囊的生产过程包括：溶胶、蘸胶、干燥、脱模、截割、整理（套合）。制备方法分手工操作和机器蘸胶、起模、干燥、脱模、截割半自动、全自动化生产。

1. 空心硬胶囊的储存

空心硬胶囊的质量取决于胶囊制造机的质量和工艺水平，它是直接影响胶囊质量的因素，例如帽与囊体套合的尺寸精度，切口的光整度，锁扣的可靠性、胶囊的可塑性、吸湿性等。虽然空心胶囊制造商已经提供了合格的空心胶囊产品，但由于空心胶囊使用明胶原材料的特性、其含水量的变化，依据环境的温度和湿度，在质量合理范围内，水分的增减是可逆的，出厂时的含水量在13%～16%之间。如果运输及储存得当，硬空心胶囊可储存几年而不变形。最理想的储存条件为相对湿度50%，温度21℃。如果包装箱未打开，而环境条件为相对湿度35%～65%、温度15～25℃，胶囊出厂后可保质

9个月。假若环境条件超过上述条件，则胶囊易变形。变软时，帽体难分开；变脆时，易穿孔、破损。在上分装机使用时，会使机器无法正常工作。为防止上述情况发生，空心胶囊的运输和储存要严格要求，即使包装时已有防潮措施，但在热天，也应避免胶囊放在码头或无加防护的卡车上暴晒，储存时不要将胶囊包装箱（桶）直接放在地板上，要远离辐射源并且不要直接被太阳晒，更应避免水的侵袭。

2. 空心胶囊的标准规格

目前国内外使用的空心胶囊规格已标准化。我国药用明胶硬胶囊标准共分6个型号，分别是00号，0号，1号，2号，3号，4号，其号数越大，容积越小。小容积胶囊为儿童用药或填充贵重药品。硬胶囊制剂常用的规格是0号，1号，2号，3号4种。明胶硬胶囊的品种有透明、不透明及半透明（即胶囊的帽或体一节透明，一节不透明）3种。硬胶囊的生产按质量分为优等品、一等品及合格品3个等级。药用明胶硬胶囊各型号的规格尺寸按GB 13731—92要求（见表7-1）。

表7-1 药用明胶硬胶囊规格尺寸（GB 13731—92）/mm

项目		长度		壁厚及壁厚均匀度			口部外径	
		基本尺寸	极限偏差	壁厚 基本尺寸	壁厚 极限偏差	每粒均匀度	基本尺寸	极限偏差
0	帽	11.0		0.10～0.15			7.29～7.54	
	体	18.6		0.09～0.14			7.07～7.25	
1	帽	9.8		0.10～0.15			6.61～6.77	
	体	16.6	优等品	0.09～0.14	优等品	优等品	6.36～6.42	
2	帽	9.0	±0.40	0.09～0.13	±0.015	0.010	5.93～6.17	
	体	15.4	一等品	0.09～0.13	一等品	一等品	5.76～5.89	±0.07
3	帽	8.1	±0.46	0.09～0.13	±0.020	0.020	5.56	
	体	13.6	合格品	0.09～0.13	合格品	合格品	5.43	
4	帽	7.2	±0.50	0.08～0.12	±0.030	0.035	5.32	
	体	12.2		0.08～0.12			5.05	
5	帽	5.5		0.08～0.12			4.83	
	体	9.3		0.08～0.12			4.64	

硬胶囊通常是帽、体套合在一起，只有上机填充后才达到规定的锁紧线，而手工空胶囊则是帽、体分离的，靠手工套合到锁紧位置。我国半机械、手工填充硬胶囊的落后生产方法已淘汰。

近年来，一种安全型胶囊在国外被广泛使用，其特点是当胶囊的体、帽锁紧后，就很难不经破坏而把胶囊打开，可有效防止胶囊中的填充物被人替换。这种短粗的、近似球形的安全型胶囊外形新颖，国内一些高附加值药品已在使用，可防止假冒，并提高了在市场上的竞争力。安全型胶囊的型号分为A、B、C、D、E五种规格，其容积相当于标准胶囊的0号、1号、2号、3号、4号规格。

二、硬胶囊填充机

（一）胶囊填充机分类与填充方式

胶囊填充机可分为半自动型及全自动型，全自动胶囊填充机按其工作台运动形式可分为间歇运转式和连续回转式。填充方式可分为冲程法、插管式定量法、填塞式（夯实及杯式）定量法等多种。

1. 粉末及颗粒的填充

（1）冲程法（见图 7-34） 是依据药物的密度、容积和剂量之关系，通过调节填充机速度，变更推进螺杆的导程，来增减填充时的压力，以控制分装质量及差异。半自动填充机就采取这种填充方式，它对药物的适应性较强，一般的粉末及颗粒均适用此法。

（2）填塞式定量法（见图 7-35） 也称夯实式及杯式定量。它是用填塞杆逐次将药物装粉夯实在定量杯里，最后在转换杯里达到所需填充量。这种填充方式可满足现代粉体技术要求。其优点是装量准确，误差可在±2%之内，特别对流动性差的和易粘的药物，通过调节压力和升降填充高度可调节填充质量。

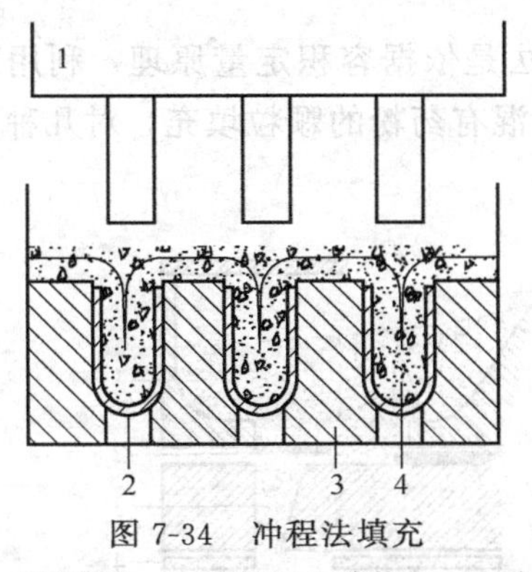

图 7-34 冲程法填充

1—填充装置；2—囊体；3—囊体盘；4—药粉

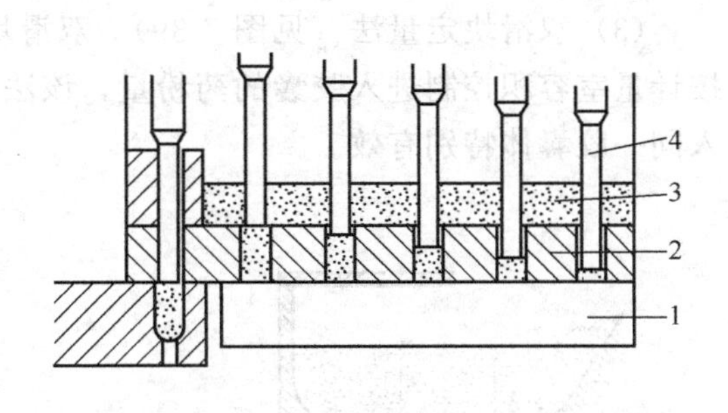

图 7-35 填塞式定量法

1—计量盘；2—定量杯；3—药粉或颗粒；4—填塞杆

（3）间歇插管式定量法（见图 7-36） 该法采用将空心计量管插入药粉斗，由管内的冲塞将管内药粉压紧，然后计量管离开粉面，旋转 180°，冲塞下降，将孔里药料压入胶囊体中。由于机械动作是间歇式的，所以称为间歇式插管定量。

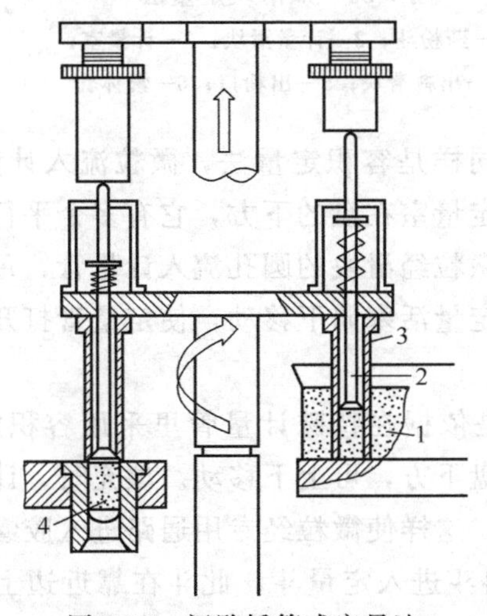

图 7-36 间歇插管式定量法

1—药粉斗；2—冲杆；3—计量管；4—囊体

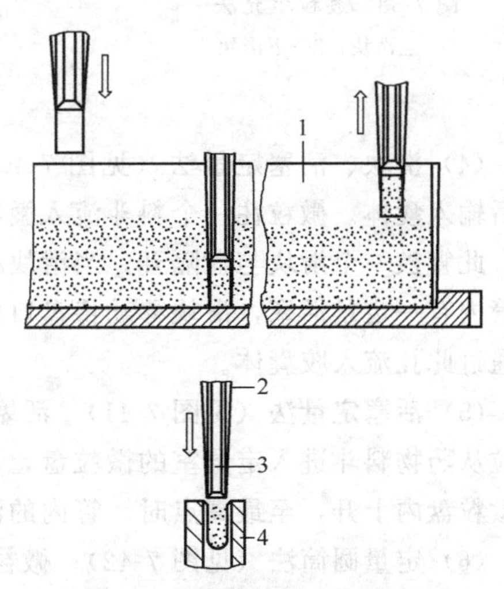

图 7-37 连续插管式定量法

1—计量槽；2—计量管；3—冲塞；4—囊体

（4）连续插管式定量法（见图 7-37） 该法同样是用计量管计量，但其插管、计量、填充是随机器本身在回转过程中连续完成的。被填充的药粉由圆形储粉斗输入，粉斗通常装有螺旋输送器的横向输送装置。一个肾形的插入器使计量槽里的药粉分配均匀并保持一定水平，这就使生产保持良好的重现性。每支计量管在计量槽中连续完成插粉、冲塞、提升，然后推出插管内的粉团，进入囊体。凸轮精确控制这些计量管和冲塞的移动。机器在运转中定量管中药物的质量也可精确调整。

2. 微粒的填充

（1）冲程定量 冲程定量主要用于手法操作。

（2）逐粒填充法（见图 7-38） 填充物通过肾形填充器或锥形定量斗单独的逐粒充入胶囊体。半自动胶囊填充机及间歇式填充的全自动胶囊填充机采取这种填充法，但胶囊应充满。

（3）双滑块定量法（见图 7-39） 双滑块定量法是依据容积定量原理，利用双滑块按计量室容积控制进入胶囊的药粉量，该法适用于混有药粉的颗粒填充，对几种微粒充入同一胶囊体特别有效。

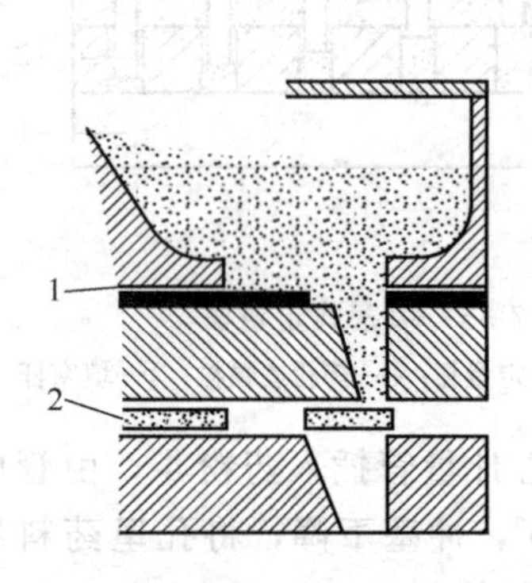

图 7-38 逐粒填充法

1—上滑块；2—下滑块

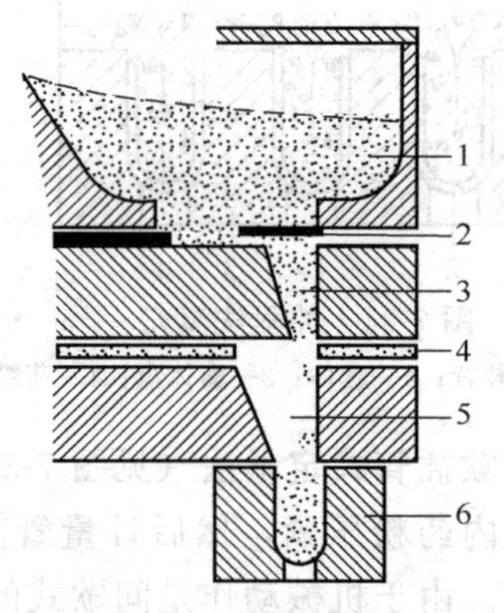

图 7-39 双滑块定量法

1—药粉斗；2—计量滑块；3—计量室；4—出料滑块；5—出粉口；6—囊体套

（4）滑块、活塞定量法（见图 7-40） 此法同样是容积定量法，微粒流入计量管，然后输入囊体。微粒往一个料斗流入微粒盘中，定量室在盘的下方，它有多个平行计量管，此管被一个滑块与盘隔开，当滑块移动时，微粒经滑块的圆孔流入计量管，每一计量管内有一定量活塞，滑块移动将盘口关闭后，定量活塞向下移动，使定量管打开，微粒通过此孔流入胶囊体。

（5）活塞定量法（见图 7-41） 活塞定量法是依据在特殊计量管里采用容积定量。微粒从药物料斗进入定量室的微粒盘，计量管在盘下方，可上下移动。填充时，计量管在微粒盘内上升，至最高点时，管内的活塞上升，这样使微粒经专用通路进入胶囊体。

（6）定量圆筒法（见图 7-42） 微粒由药物料斗进入定量斗，此斗在靠近边上有一具有椭圆形定量切口的平面板，其作用是将药物送进定量圆筒里，并将多余的微粒刮去。平板紧贴一个有定量圆筒的转盘，活塞使它在底部封闭，而在顶部由定量板爪完成

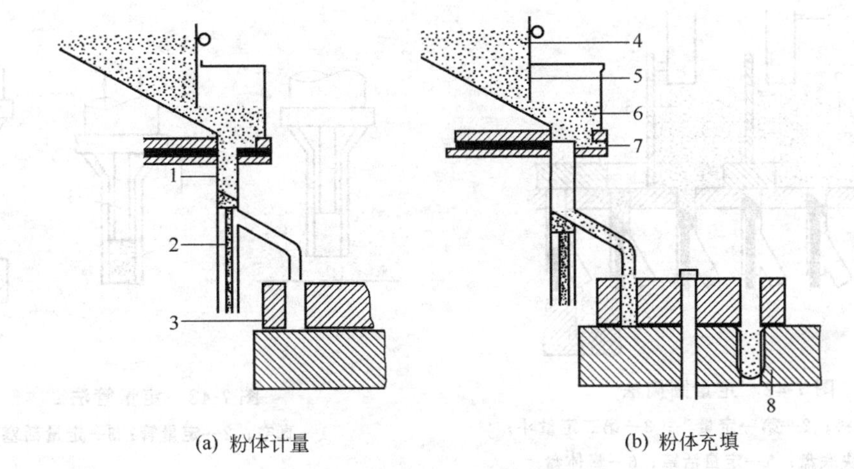

(a) 粉体计量　　(b) 粉体充填

图 7-40　滑块、活塞定量法

1—计量管；2—定量活塞；3—星形轮；4—药斗；
5—调节板；6—微粒盘；7—滑块；8—囊体盘

定量和刮净后，活塞下降，进行第二次定量及刮净，然后送至定量圆筒的横向孔里，微粒经连接管进入胶囊体。

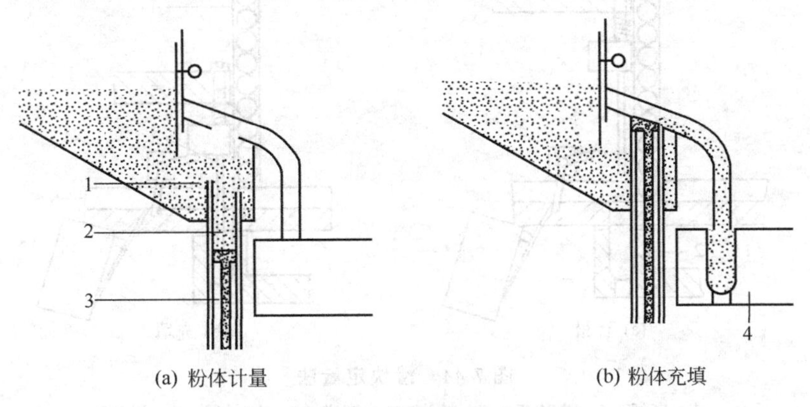

(a) 粉体计量　　(b) 粉体充填

图 7-41　活塞定量法

1—微粒盘；2—计量管；3—活塞；4—囊体盘

（7）定量管法（见图 7-43）　定量管法也是容积定量法，但它是采用真空吸力将微粒定量。在定量管上部加真空，定量管逐步插入转动的定量槽，定量活塞控制管内的计量腔体积，以满足装量要求。

3. 固体药物的填充

两种或更多种的不同形状药物及小片能填充入同一胶囊里。但被填充的片心、小丸、包衣片等必须具有足够硬度，在其送入定量腔或在通道里排列和排出时防止破碎。一般不用素片，而用糖衣片和药丸作为填充物。

被填充的固体药物尺寸公差应要求严格，否则很难在输送管里排列。从流动性来看，圆形最好排列。为保证其顺利填充，对糖衣片和糖衣药丸的半径与长度之比要求以 1.08 和 1.05 为宜。

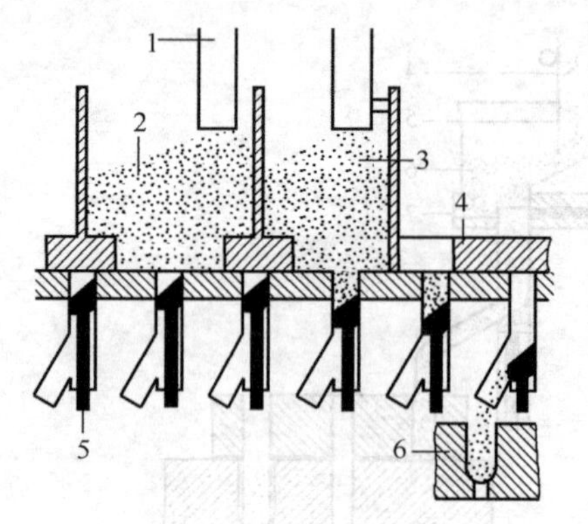

图 7-42　定量圆筒法

1—料斗加料；2—第一定量斗；3—第二定量斗；
4—滑块底盘；5—定量活塞；6—囊体盘

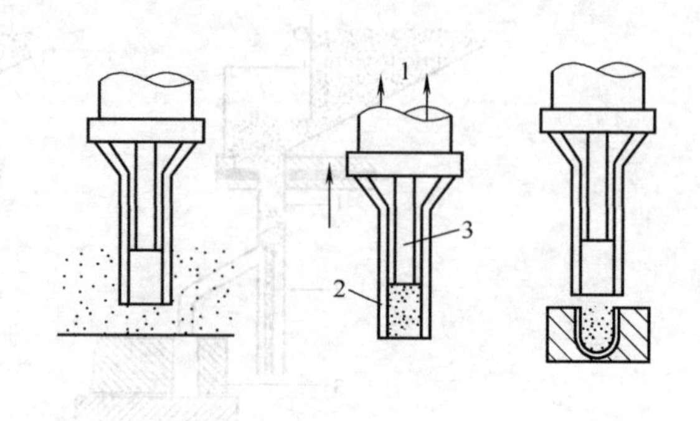

图 7-43　定量管法

1—真空；2—定量管；3—定量活塞

固体药物的填充主要是采用滑块定量法（见图 7-44）。

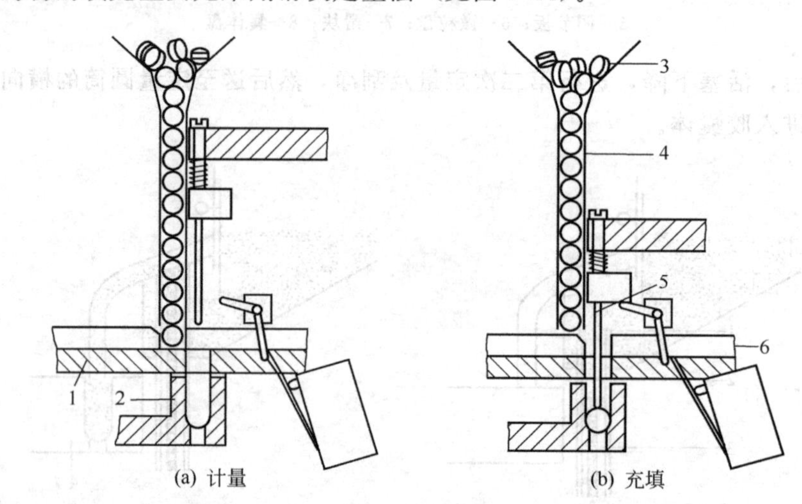

图 7-44　滑块定量法

1—底板；2—囊体板；3—料斗；4—溜道；5—加料器；6—滑块

4. 液体药物填充

硬胶囊主要用于填充粉末、颗粒、微粒以及它们的混合物。由于近年来填充机的发展，目前国外已发展到可填充膏类及油剂，在标准填充机上加装精确的液体定量泵，填充误差可控制在±1%。对高黏度药物的填充，料斗和泵应可加热，以防止药物凝固，同时料斗里应装有搅拌系统，以保持药物的流动性。

在国内，目前尚没有厂家生产填充液体药物的相应设备，国家已列为“九五”科技攻关项目，不久将能实现对膏类及油剂药物的填充。需要注意的是空心胶囊的特性、填充物的配方和填充机的液体定量泵。

胶囊的特性，如惰性和稳定性，要求充入的液体对明胶无副作用。明胶仅溶于极性溶剂，所以应避免与水接触，它在30℃溶于水，但在低温吸水膨胀并变形，被填充的药物不应含水，最好为纯油剂。

研制精确液体定量泵，可在标准填充机上确保填充的膏类及油剂药物剂量的准确。

（二）硬胶囊填充机的机构分析

胶囊填充的工艺过程　不论间歇式或连续式胶囊填充机，其工艺过程几乎相同，仅仅是执行机构的动作有所差别。机器灌装原则上需要如下七个装置。

① 供给硬胶囊和粉粒体的装置。

② 限制胶囊方向，插入夹具的装置。

③ 囊身与囊帽分离装置。

④ 填药粉或颗粒的装置。

⑤ 囊身与囊帽结合装置。

⑥ 成品排出装置。

⑦ 囊身与囊帽封口装置和自动剔废装置。

对于半自动操作灌装（填充）则为上述七种装置的某些部分用手工操作（如填充药粉或扣合等）来完成的。这里，着重从通用执行机构角度阐述填充机的功能、装置、原理，以便于全面掌握硬胶囊填充机的结构原理。

1. 供给装置

（1）空胶囊落料装置　空胶囊落料供给装置是把空胶囊从饲料斗（又称供囊斗）连续不断的供给方向限制部的装置（见图 7-45）。

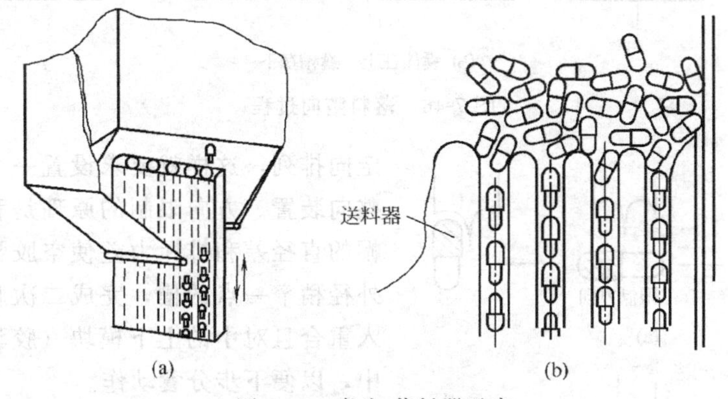

图 7-45　囊斗-落料器示意

帽、体经预锁的空胶囊是在孔槽落料器（即空胶囊落料供给装置）中移动完成落料动作的。孔槽落料器本身在驱动机构带动下作上、下滑动的机械运动。落料器上下滑动一次，由于落料器下端阻尼弹簧的释放，阻尼动作相应完成一次空胶囊的输送、截止动作。落料器输出的空胶囊落入整向装置（又称顺向器）的接受孔中。

（2）填充药粉的供给装置　药粉的供给装置通常由独立电动机带动减速器输出轴连接的输粉螺旋，进料斗（盛粉斗）中的药粉或颗粒按定量要求供入剂量盛粉器腔内，借助于转盘的转动和搅粉环，将粉粒体供给填充装置的接受器（即剂量环），实现药粉供给。

2. 方向限制装置

方向限制装置又称顺向器或整向器。灌装工艺要求胶囊在进入胶囊夹具前必须实现

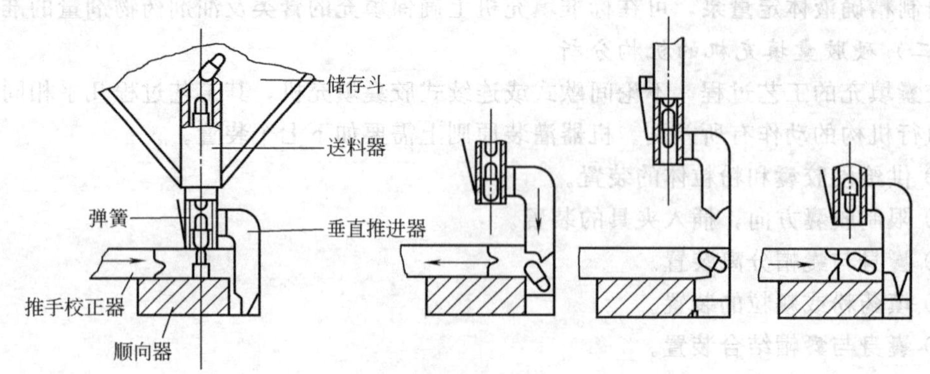

(a) 囊帽在上、囊体在下

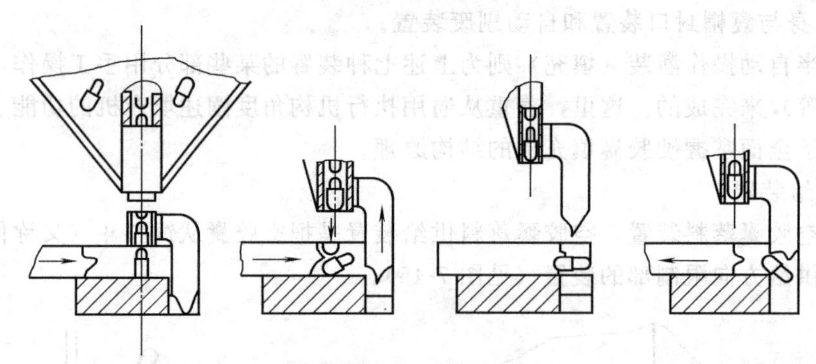

(b) 囊体在上、囊帽在下

图 7-46 落料整向过程

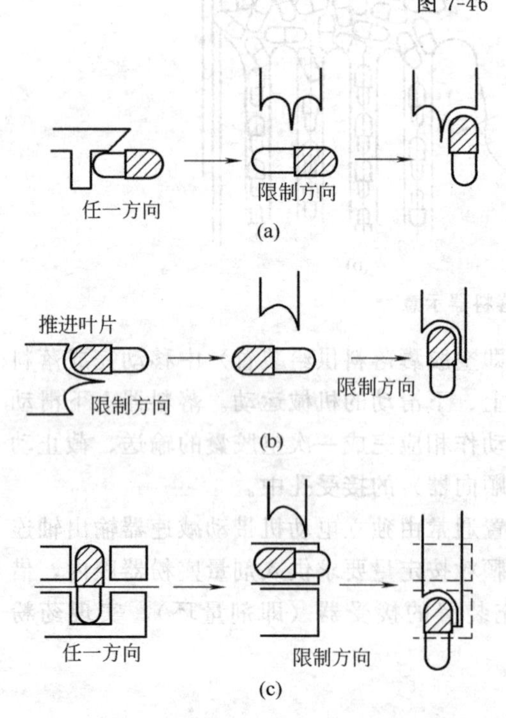

图 7-47 整向装置类型图

定向排列，这样就要求设置一个整理方向的整向装置。方向限制的原理是利用囊身与囊帽的直径差和排斥力差使空胶囊通过比囊帽外径稍窄一点的槽，完成二次顺向，使之落入重合且对中的上下模块（胶囊的夹具）孔中，以便下步分囊动作。

具体来说，由水平校正器（推手）将空胶囊在顺向槽内将胶囊支推成水平状态，第一次由不规则排列的垂直入孔的胶囊转换成帽在后、体在前的水平状态。

接着，垂直校正器（推手）下移时，使胶囊呈帽在上、体在下的第二次转位，实现整向并规则排列，其落料及整向过程如图 7-46 所示。

图 7-46 所示分别为落料器输出囊帽在上、囊体在下和囊体在上、囊帽在下两种情况下的整向过程。绝大多数的自动胶囊灌装

机都采用这种结构原理来完成空胶囊的落料和整向。区别仅在于落料器结构略有差异：间歇式机型多采用多排滑槽上下滑动式结构，回转式机型采用多根单管式滑导输送杆且与饲料斗一起回转并作上下滑动完成送囊。

整向原理大同小异，随着机型差异，其整向装置的结构型式常见的有三种，如图7-47 所示。

3. 囊体与囊帽分离装置

空胶囊在间歇回转的转台上的上、下模块中，由真空吸口把胶囊体吸向下模中，胶囊帽则因上模孔下部内径小于囊帽外径而被留在上模孔中，从而实现了胶囊帽与体的分离。分离后分别留在上模和下模的囊帽和囊体随其载体——模块进一步分离。真空分离胶囊帽与体的装置如图 7-48 所示。

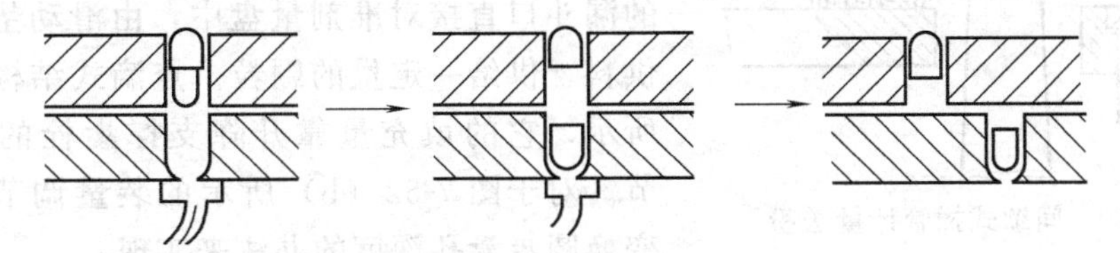

图 7-48　真空分离胶囊帽与体的装置示意

4. 填充装置——送粉计量机构

已垂直分离的胶囊帽、体，随着转台的间歇运转，模块沿径向再度分离。载胶囊帽的上模块向内且向上让位，载胶囊体的下模块依次间歇回转到填充部位，由填充装置填充药物。

(1) 冲塞式间歇计量送粉　冲塞式间歇计量送粉属于冲压式灌装，又称间接式，如图 7-49 所示。

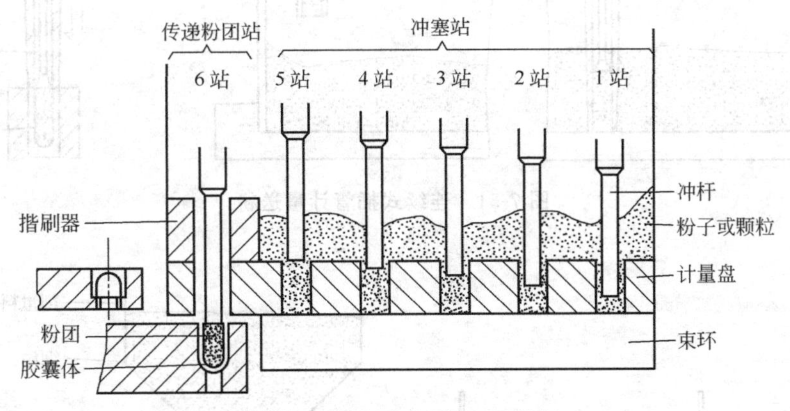

图 7-49　冲塞式间歇计量送粉

目前，它是各种机型中送粉计量最理想的装置。

(2) 间歇插管式计量送粉　插管式计量送粉是直接送粉的一种计量形式，如 7-50 所示。

(3) 连续式插管计量送粉　连续式插管计量送粉装置也属于直接送粉的一种计量形式，如图 7-51 所示。

(4) 颗粒或细粒的填充装置　填充比粉粒体大的颗粒、包衣颗粒、流化制粒时，要粒径尽量均匀一致。为了避免小粒径颗粒夹滞在填充部分零件之间而被破损，以粒径较大为好。所以，其填充就不能采用插管式和冲压式填充形式；也就是说，填充只能靠颗粒自身的流动性流入囊体中。对于这些颗粒填充入囊的剂量控制、结构原理，仅介绍以下几种颗粒填充装置。

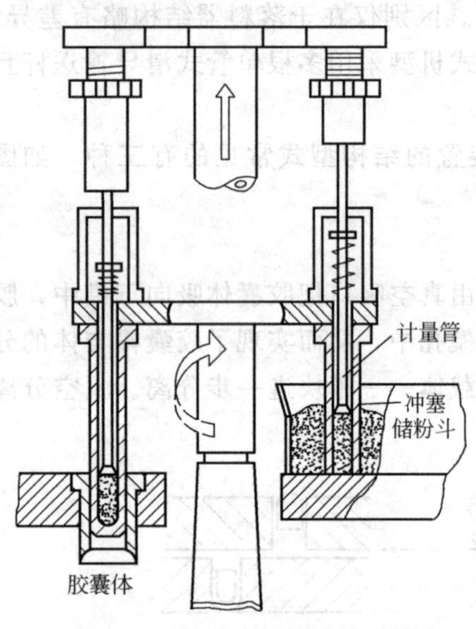

图 7-50　间歇式插管计量送粉

① 点滴式　点滴式为料斗与剂量盘之间不靠外力驱动，仅靠颗粒的流动性填充入囊；或料斗的漏斗口直接对准剂量盘中，由滑动垫圈等切断供料，供给一定量的颗粒。点滴式结构如图 7-52 所示，它的填充量靠升降支撑囊栓的位置来调节。对于图 7-52（b）所示的装量调节，需通过变换圆盘囊孔深度的办法来实现。

② 双滑槽式、活塞式、连续式　这三种形式的共同特点是用剂量室或剂量缸等作

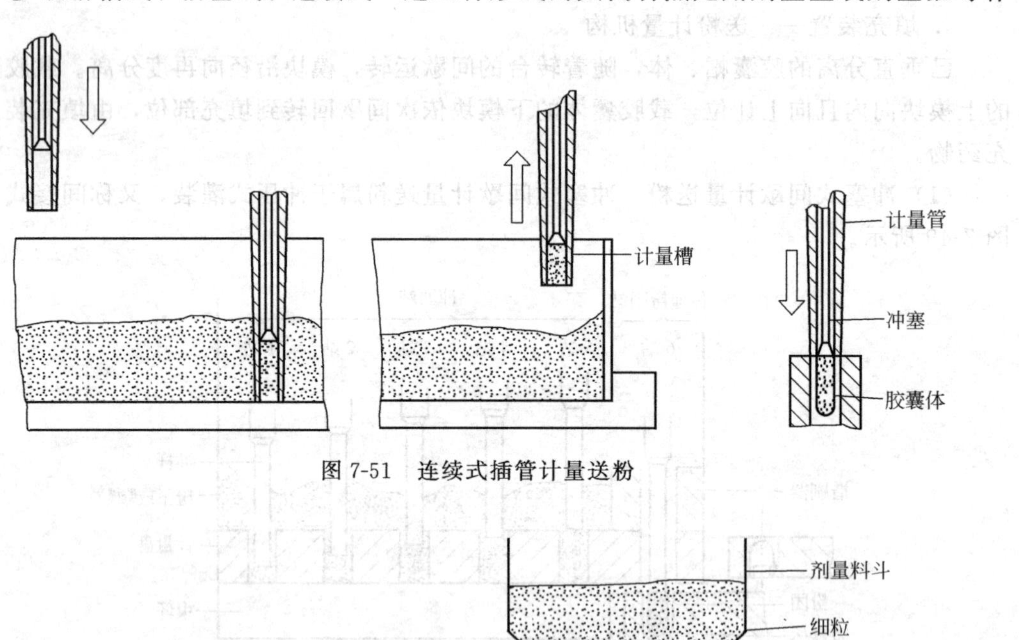

图 7-51　连续式插管计量送粉

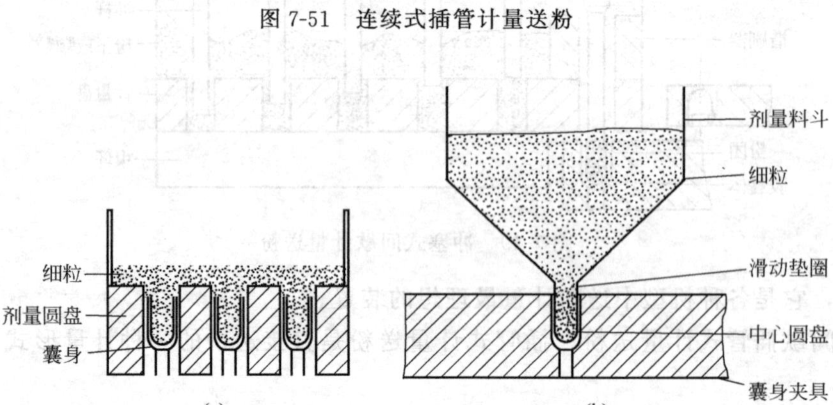

图 7-52　点滴式填充示意

为计量容积，间接填充颗粒药物进入囊身的方式。

a. 双滑槽式填充如图 7-53 所示。

其结构是：料室与剂量室之间为第一道滑槽是剂量滑槽，控制料斗中颗粒向剂量室的通道；剂量室与囊身导管（过渡容积）之间的滑槽为第二道滑槽，是出口滑槽，控制剂量室与囊身导管的通道；囊身导管下口直通囊身；各室之间均为重力流动。由图上可看出，当上滑槽开启位时，下滑槽处截止位，药室直接向剂量室流动，并充满剂量室；若上滑槽截止时，下滑槽开启，将剂量室中已足剂量颗粒药物自流入囊身。如此交替动作，完成间歇填充。

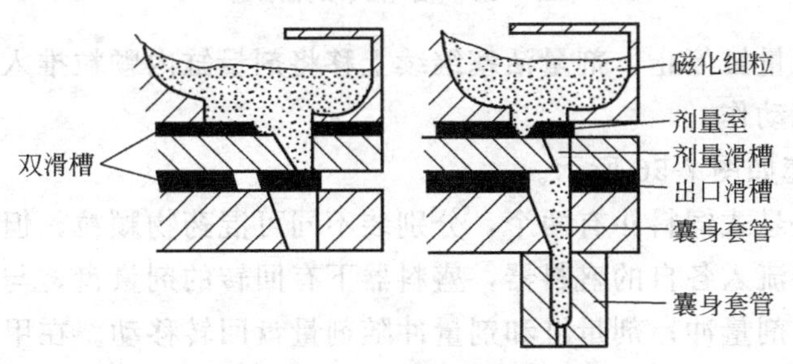

图 7-53　双滑槽式填充示意

b. 滑槽活塞式填充，如图 7-54 所示。

其结构是：料斗由调节滑槽将颗粒药物分成储备间和预备间，剂量锁将预备间和剂量缸隔断或接通，活塞控制剂量缸容积剂量多少。当下移活塞时，剂量缸中的剂量颗粒由导管流入星形传送槽的囊身中，完成填充动作；活塞上移到规定剂量行程时，剂量锁开启，预备间向剂量缸供药粒。实质上剂量锁为剂量滑槽，将第二道滑槽改为活塞，这样可减少破碎。

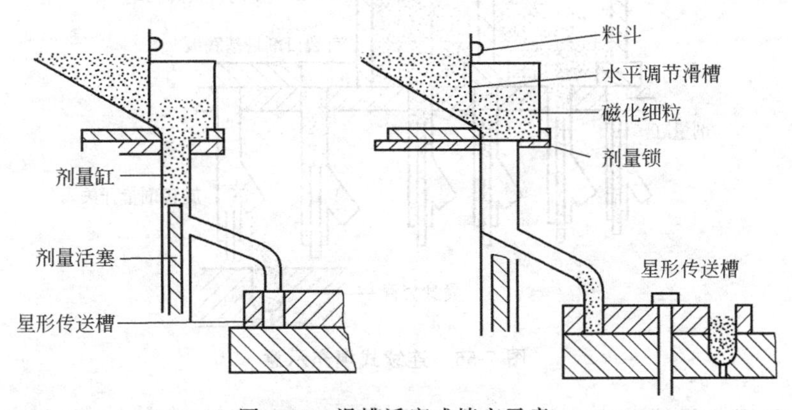

图 7-54　滑槽活塞式填充示意

c. 活塞式填充如图 7-55 所示。

其结构是：料斗与预备室由调节滑槽沟通和阻流，预备室下有一个可上下往复移动的剂量缸，剂量缸上端有斜口（即剂量锁），可以插入预备室上方的导管内；剂量缸内有剂量活塞。当剂量缸和剂量活塞以不同移距下移后，剂量锁（斜口）低于预备室颗粒平面，预备室中颗粒流向剂量缸，当剂量缸中颗粒达到规定剂量后，活塞随剂量缸上移

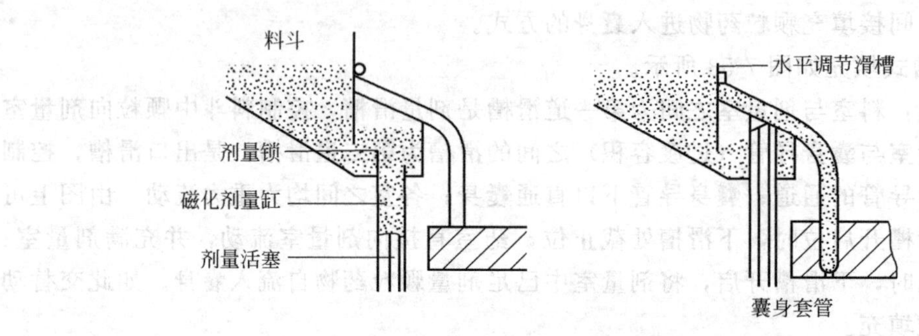

图 7-55　活塞式填充示意

插入导管插口，剂量缸停止，剂量活塞继续上移将剂量缸内颗粒推入导管，并注入囊身套管中，完成填充动作。

d. 连续式填充如图 7-56 所示。

其结构为：上悬式饲料斗有两个，分别装不同可混药物颗粒，但要求分别有不同比例或剂量时，分别流入各自的盛料器，盛料器下有回转的剂量盘，与剂量盘相接的有剂量缸，剂量缸内有剂量冲；剂量缸和剂量冲随剂量盘回转移动。在甲颗粒流入规定剂量后，随着移转，在过渡处，剂量冲下移规定容积，接着进入乙药颗粒区，达到填满剂量盘孔和剂量缸定容积时，运转至规定位置后，旋转剂量开关，剂量冲迅速下移，并将斜管口让开，剂量缸和盘孔中的甲、乙颗粒落入囊身套管中的囊身内，完成连续填充动作。

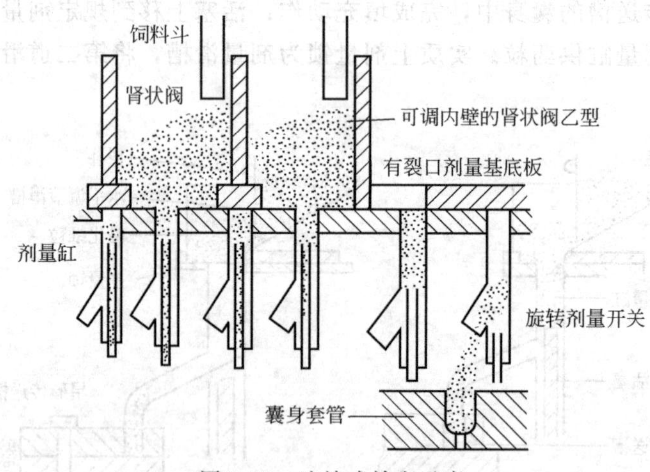

图 7-56　连续式填充示意

以上几种形式的填充量调节，是靠调节供料室颗粒层的厚度以及调节剂量活塞的位置来进行的。应注意：部件磨损，颗粒落入间隙，引起破损；带电荷时颗粒有黏附性是造成装量差异的原因。

③ 真空式填充如图 7-57 所示。

其结构有：料斗，真空吸管，剂量冲，压缩空气管及正、负压转换开关，剂量管等。

待填充的颗粒储于料斗内，并保持一定高度，将剂量管内抽成真空，颗粒被吸上

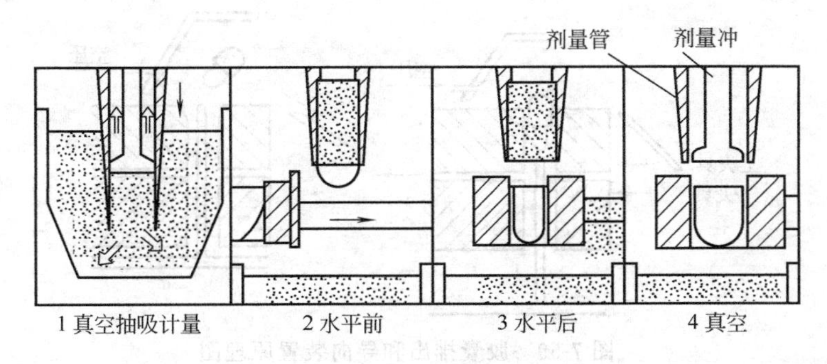

图 7-57 真空式填充示意

升、切断（用挡片）多余的颗粒后，运转的囊身套管及囊身移至剂量管下并对正时，向剂量管内送入压缩空气并推出剂量冲，将颗粒填入囊身。这种填充方式对颗粒无破损，适于包衣颗粒和轻质颗粒的填充。

5. 胶囊帽体闭合装置

已填充的囊体应立即与囊帽扣合。欲扣合的胶囊帽和囊体需将囊帽与囊体通过各自夹具（模块）重合对中，然后驱动下夹具内的顶杆，顶住囊体上移，驱使扣合囊身入帽；同时，被推上移的囊体沿夹具孔道上滑与帽扣合并锁紧胶囊，如图 7-58 所示。

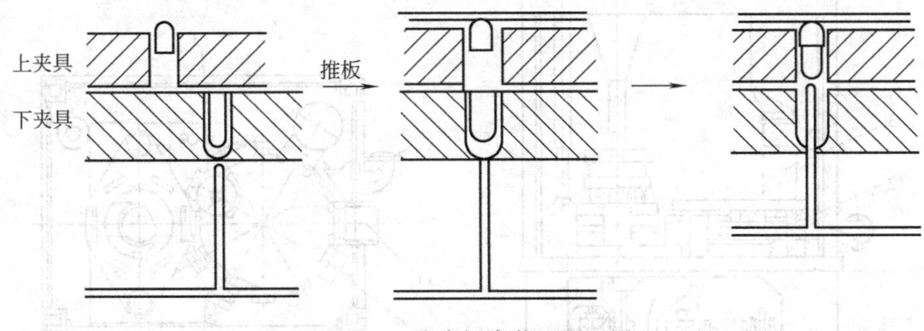

图 7-58 胶囊闭合装置原理图

应该注意，闭合装置的对中调整和顶杆行程及装置中调整都是极易引起填充灌装质量变化的要素。

6. 排出和导向装置

其原理如图 7-59 所示。已扣合和锁紧的胶囊需从夹具中取出。它主要靠排囊工位的驱动机构带动的顶囊顶杆（叉杆，比合囊顶杆长）上移，将仍保留在上夹具中的合囊成品顶出模孔。已被顶出上模孔的成品胶囊在重力作用下倾斜，此时导向槽上缘设有压缩空气出口，吹出的气体使已出模的胶囊成品倒向导向器。胶囊在风力和重力作用下滑向集囊箱中。

胶囊成品一经导出填充机，即宣告该胶囊填充过程结束。随着每个工位的模孔数量不同，其生产率不同，工位数目和功能繁简各异，其结构也有所变化；若模块转台转速和填充快慢的设定或选择不同，也会影响生产率和生产质量。为了保证填充和扣合，有的设备还装有清理、检测装置及自动剔出装置。

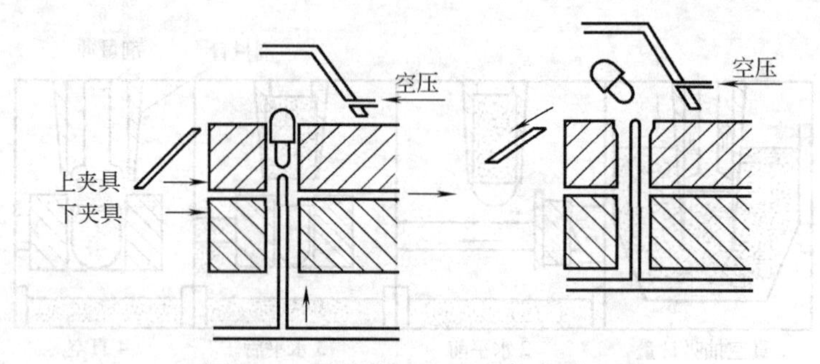

图 7-59　胶囊排出和导向装置原理图

（三）全自动胶囊填充机

1. 结构

ZJT-400 型全自动胶囊填充机如图 7-60 所示，它由机架、胶囊回转机构、胶囊送进机构、粉剂搅拌机构、粉剂填充机构、真空泵系统、传动装置、电气控制系统、废胶囊剔出机构、合囊机构、成品胶囊排出机构、清洁吸尘机构、颗粒填充机构组成。

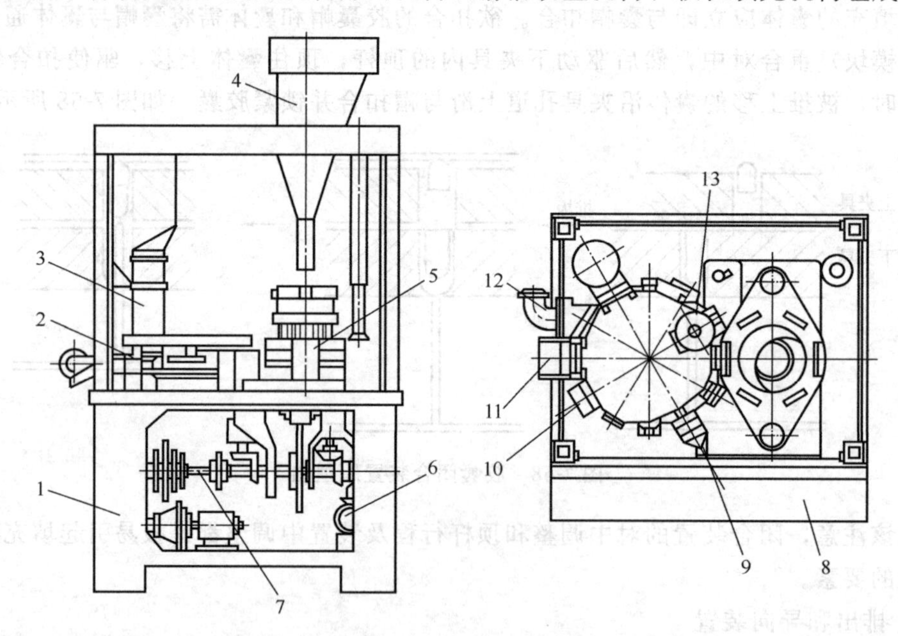

图 7-60　ZJT-400 型全自动胶囊填充机

1—机架；2—胶囊回转机构；3—胶囊送进机构；4—粉剂搅拌机构；5—粉剂填充机构；6—真空泵系统；7—传动装置；8—电气控制系统；9—废胶囊剔出机构；10—合囊机构；11—成品胶囊排出机构；12—清洁吸尘机构；13—颗粒填充机构

2. 传动原理（见图 7-61）

主电机经减速器、链轮带动主传动轴，在主传动轴上装有两个槽凸轮、四个盘凸轮以及两对锥齿轮。中间的一对锥齿轮通过拨轮带动胶囊回转机构上的分度盘（回转盘），拨轮每转一圈，分度盘转过 30°，回转盘上装有 12 个滑块，受上面固定复合凸轮的控制，在回转的过程中分别作上、下运动和径向运动。右侧的一对锥齿轮通过拨轮带动粉剂回转机构上的分度盘，拨轮每转一圈，分度盘转动60°。胶囊回转盘有12个工位，分别是：a～c送囊与分囊，d颗粒填充，e粉剂填充，f、g废胶囊剔出，h～j合囊，k成品胶囊排出，l吸尘清洁。粉剂回转盘有6个工位，其中A～E为粉剂计量填充位置，F为粉剂充入胶囊体位置。目前国内有的分装机取消颗粒填充，将回转盘简化为10个工位，并从结构上做了改进，但胶囊填充原理是相同的。

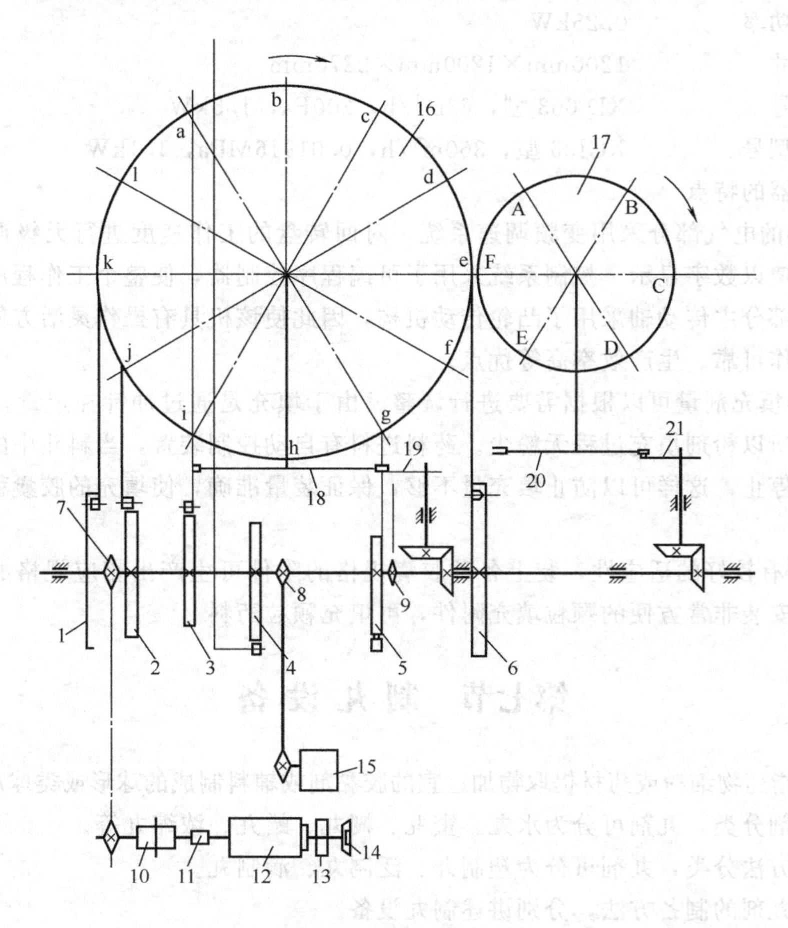

图7-61　传动原理示意

1—成品胶囊排出槽凸轮；2—合囊盘凸轮；3—分囊盘凸轮；4—送囊盘凸轮；5—废胶囊剔出盘凸轮；6—粉剂填充槽凸轮；7—主传动链轮；8—测速器传动链轮；9—颗粒填充传动链轮；10—减速器；11—联轴器；12—电机；13—失电控制器；14—手轮；15—测速器；16—胶囊回转盘；17—粉剂回转盘；18—胶囊回转分度盘；19，21—拨轮；20—粉剂回转分度盘

主传动轴上的成品胶囊排出槽凸轮1通过推杆的上下运动将成品胶囊排出，盘凸轮2通过摆杆的作用控制胶囊的锁合，盘凸轮3通过摆杆的作用控制胶囊的分离，盘凸轮4通过摆杆的作用控制胶囊的送进运动，盘凸轮5通过摆杆的作用将废胶囊剔出，槽凸轮6通过推杆的上下运动控制粉剂的填充。主传动轴上还有两个链轮，一个带动测速器，另一个带动颗粒填充装置。

3. 主要技术参数及特点

(1) 主要技术参数

生产能力	4万～4.8万粒/h
装量误差	±5%
主电机功率	1.5kW
送料机功率	0.25kW
外形尺寸	1200mm×1200mm×2270mm
空泵型号	XD-063型，$63m^3/h$，200Pa，1.5kW
吸尘器型号	XCJ36型，$360m^3/h$，0.01916MPa，1.1kW

(2) 机器的特点

① 机器的电气部分采用变频调速系统，对回转盘的工作速度进行无级调速，运动平稳，其转速以数字显示。控制系统采用了可编程序控制器，使整个工作程序实现自动控制。机械部分主传动轴采用了凸轮传动机构，因此使该机具有操作灵活方便、运动协调准确、工作可靠、生产效率高等优点。

② 机器填充剂量可以根据需要进行调整。由于填充是通过冲针在定量盘的垂直孔中进行的，所以粉剂填充过程无粉尘。药料进料有自动控制装置，当料斗中的物料用完时机器自动停止，这样可以防止填充量不够，保证装量准确，使填充的胶囊稳定的达到标准要求。

③ 机器有较好的适应性，装上各种胶囊规格的附件可生产出相应规格的胶囊。此外，还备有安装非常方便的颗粒填充附件，可填充颗粒药料。

第七节 制丸设备

丸剂是指药物细粉或药材提取物加适宜的胶黏剂或辅料制成的球形或类球形的制剂。

按赋形剂分类，丸剂可分为水丸、蜜丸、糊丸、蜡丸、浓缩丸等。

按制备方法分类，丸剂可分为塑制丸、泛制丸、滴制丸。

下面按丸剂的制备方法，分别讲述制丸设备。

一、塑制法

又称丸块制丸法，是指药材细粉或药材提取物与适宜的赋形剂混匀，制成软硬适宜的塑性丸块，再制成丸条，经分割及搓圆而制成丸剂。中药蜜丸、浓缩丸、糊丸等都可采用此法制备。下面以蜜丸为例介绍塑制法制备丸剂的工艺过程。

1. 原辅料的准备

首先按照处方将所需的药材挑选清洁、炮制合格、称量配齐、干燥、粉碎、过筛。塑制法制丸常用的胶黏剂为蜂蜜，可视处方药物的性质，炼成程度适宜的炼蜜，备用。

2. 制丸块

取混合均匀的药物细粉，加入适量胶黏剂，充分混匀，制成湿度适宜、软硬适度的可塑性软材，即丸块，中药行业中称“合坨”。生产上一般使用捏合机（见图7-62），该机由金属槽及两组强力的S形桨叶构成，槽底呈半圆形，两组桨叶的转速不同，且沿相对方向旋转，由于桨叶间的挤压、分裂、搓捏及桨叶与槽壁间的研磨等作用，可形成不粘手、不松散、湿度适宜的可塑性丸块。丸块的软硬程度以不影响丸粒的成型和在储存中不变形为度。丸块取出后应立即搓条，若暂时不搓条，应以湿布盖好，防止干燥。

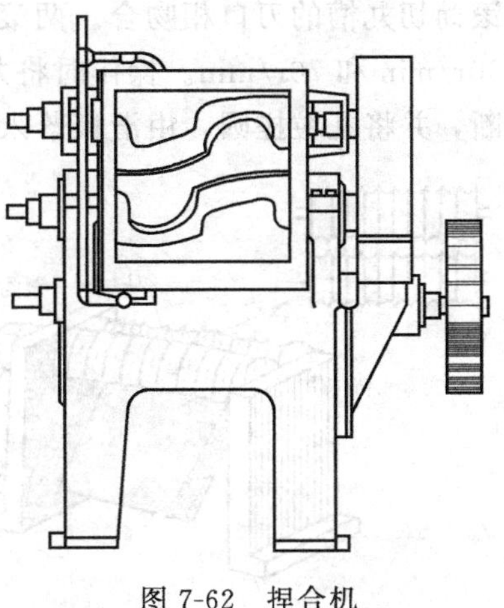
图 7-62 捏合机

3. 制丸条

制丸条是将丸块制成粗细适宜的条形以便于分粒。

制备小量丸条可用搓条板，搓条板由上下两个子板组成，制丸条时将丸块按每次所需成丸粒数称取一定质量，置于搓条板上，手持上板，两板对搓，施以适当压力，使丸块搓成粗细一致且两端平整的丸条，丸条长度由所预定成丸数确定。

大量生产时一般用丸条机制丸条。丸条机有螺旋式和挤压式两种，前者较为常用。

(1) 螺旋式丸条机 其构造如图 7-63 所示。丸条机开动后，丸块从漏斗加入，由于轴上叶片的旋转使丸块挤入螺旋输送器中，丸条即由出口处挤出。出口丸条管的粗细可根据需要进行更换。

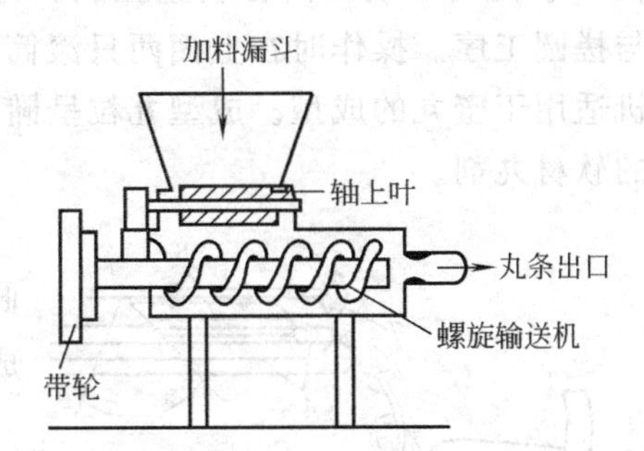

图 7-63 螺旋式丸条机

(2) 挤压式出条机 其构造如图 7-64 所示。操作时将丸块放入料筒，利用机械能推进螺旋杆，使挤压活塞在加料筒中不断向前推进，筒内丸块受活塞挤压由出口挤出，呈粗细均匀状。可根据需要通过更换不同直径的出条管来调节丸粒质量。

4. 制丸粒

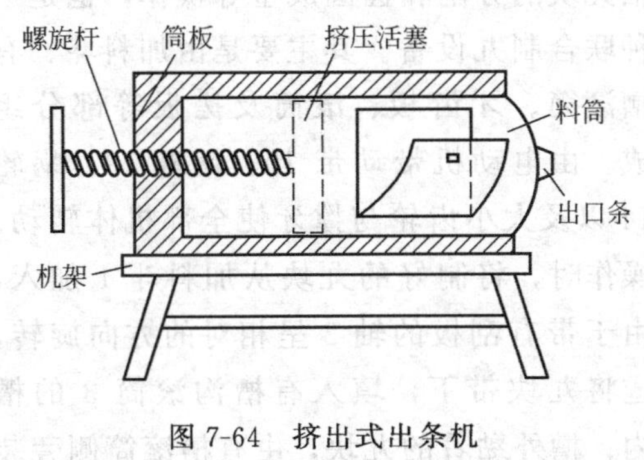

图 7-64 挤出式出条机

手工制丸时可用搓丸板，操作时将粗细均匀的丸条横放在搓丸板底槽沟上，用有沟槽的压丸板先轻轻前后搓动，逐渐加压，然后继续搓压，直至上、下齿端相遇，将丸条切割成小段并搓成光圆的丸粒即可。

大量生产采用轧丸机，有双滚筒式和三滚筒式，在轧丸后立即搓圆。

(1) 滚筒式轧丸机 如图 7-65 所示，主要由两个半圆形切丸槽的铜制滚筒组成，两滚筒切丸槽的刀口相吻合。两滚筒以不同的速度作同一方向旋转。转速一快一慢，约为90r/min和70r/min。操作时将丸条置于两滚筒切丸槽的刃口上，滚筒转动时将丸条切断，并将丸粒搓圆，由滑板落入接受器中。

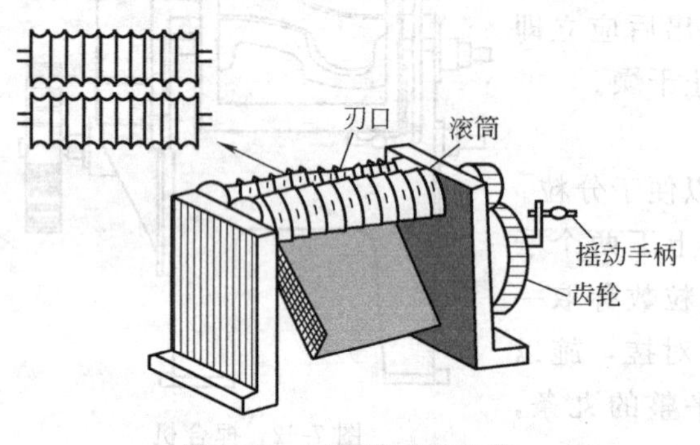

图7-65　双滚筒式轧丸机

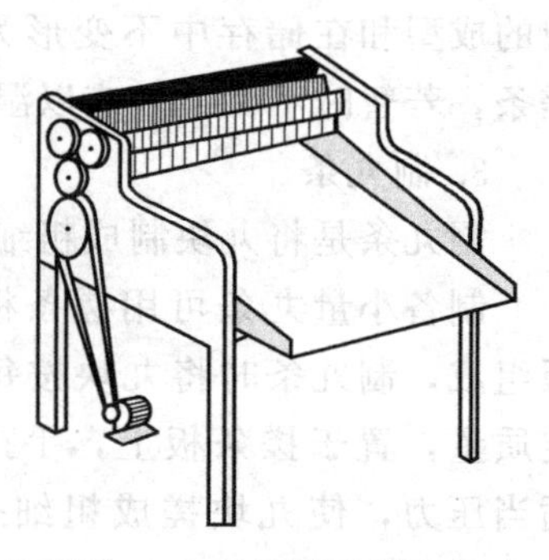

图7-66　三滚筒式轧丸机

（2）三滚筒式轧丸机　如图7-66所示，主要构造是三只槽滚筒，呈三角形排列，底下的一只滚筒直径较小，是固定的，转速约150r/min，上面两只滚筒直径较大，式样相同，靠里边的一只也是固定的，转速约为200r/min，靠外边的一只定时移动，转速为250r/min。定时移动由离合装置控制。将丸条放于上面两滚筒间，滚筒转动即可完成分割与搓圆工序。操作时在上面两只滚筒间宜随时揩拭润滑剂，以免软材粘滚筒。这种轧丸机适用于蜜丸的成型。成型丸粒呈椭圆形，冷却后即可包装。此机不适于生产质地较松的软材丸剂。

现在药厂生产丸剂多用联合制丸机，此机由制丸条和分粒、搓圆两大部分组成，其结构如图7-67所示。

操作时，将丸块放入制条器1内，丸条即从出条口2出来，经切刀9取长度，由输送带4、刷子8将丸条送入丸条切制滚筒10、11制成丸粒。用塑制法制备小蜜丸或糊丸时，药厂多用滚筒式制丸机（见图7-68）。此机可将丸块制成丸粒，包括丸块的分割和搓圆成型等操作，也是一种联合制丸设备。其主要是由加料斗、有槽滚筒、牙齿板、滚筒及搓板等部分组成。由电动机带动带10、蜗杆13、蜗轮14以及大小齿轮与撑牙使全部机体转动。操作时，将制好的丸块从加料斗1加入，由于带有刮板的轴2呈相对的方向旋转，遂将丸块带下，填入有槽沟滚筒3的槽内；槽外黏着的丸块，由有槽滚筒侧旁装

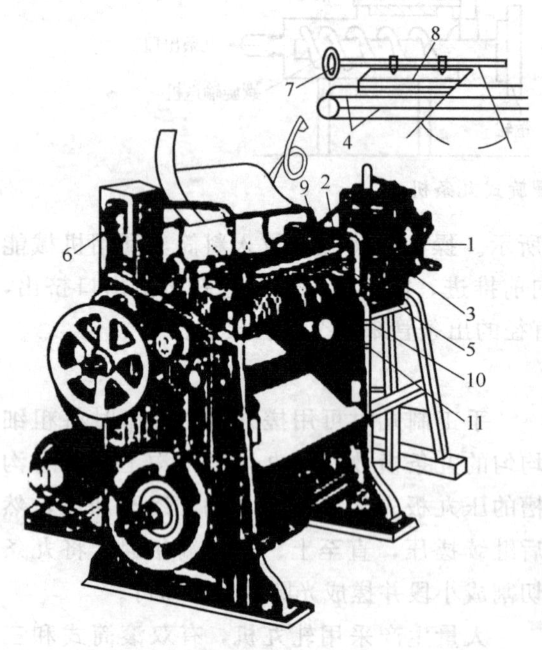

图7-67　联合制丸机

1—丸块制条器；2—出条口；3—电热装置；4—输送带；5—自动控制开关；6—自动控制器；7—转轴；8—刷子；9—切刀；10，11—丸条切制滚筒

置的刮刀刮除。有槽滚筒由撑牙 7、8 带动而与牙齿板 4 配合做有节奏的运动。有槽滚筒转动一次，牙齿板即将槽内填充的丸块剔出，使之附着在牙齿板的牙齿上。当牙齿板转下与圆形滚筒 6 接触时，牙齿板轧头 12 即自动落下，将牙齿板牙齿上的丸块刮下，使丸块落于圆形滚筒上。搓板 5 由于偏心轴做水平转动而往复抖动，丸块自圆形滚筒带下，由于搓板的抖动而搓成圆形丸剂，落于缓缓旋转的竹匾 16 中。

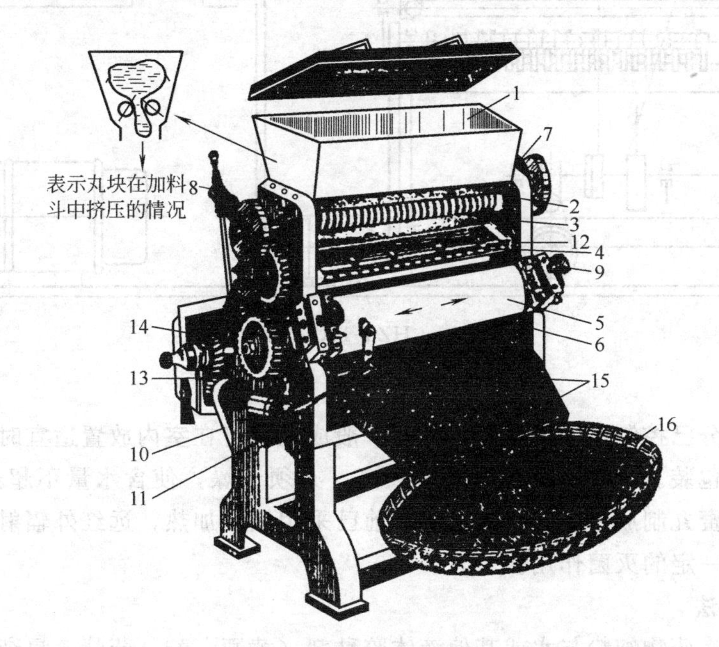

图 7-68　滚筒式制丸机

1—加料斗；2—轴；3—有槽滚筒；4—牙齿板；5—搓板；6—大滚筒；7，8—撑牙；9—调节器；10—传动带；11—偏心轴；12—牙齿板轧头；13—蜗杆；14—蜗轮；15—铁皮板；16—竹匾

制成丸剂的大小与有槽滚筒槽内填充丸块多少有关，可调节撑牙，使有槽滚筒每次转动较大的角度，槽内即填充较多的丸块；同时调整调节器 9，使搓板与大滚筒的空隙较大，即可制得较大的丸剂。此种调整仅适用于丸剂大小差别较小的情况。滚筒式制丸机构造简单，所占面积也较小，生产效率可达约每小时 10 万粒，但操作时噪声大。

在滚筒式制丸机的基础上研制成的 HZY-14C 型制丸机，采用光电讯号系统控制出条、切丸等主要工序，其结构如图 7-69 所示。

本机的工作原理是，由螺旋输送器挤出的丸条，通过跟随切刀的滚轮，经过传送带到达翻转传送带。当丸条碰上第一个光电讯号时，切刀立即切断丸条。被切断的丸条继续向前，碰上第二个光电讯号时，翻转传送带翻转，将丸条送入碾辊滚压，输出成品。

本机特点是由光电讯号限位控制，各部动作协调，捻碾压型线正确、转速高。丸条挤出采用直流电机无级调速，药丸重量由丸条微调嘴调节，药丸重差异不超过《中国药典》规定范围，成品圆整。

此外，尚有 WIS80-1 型小蜜丸机、LW-80 型大蜜丸机等，对提高生产效率均有作用。

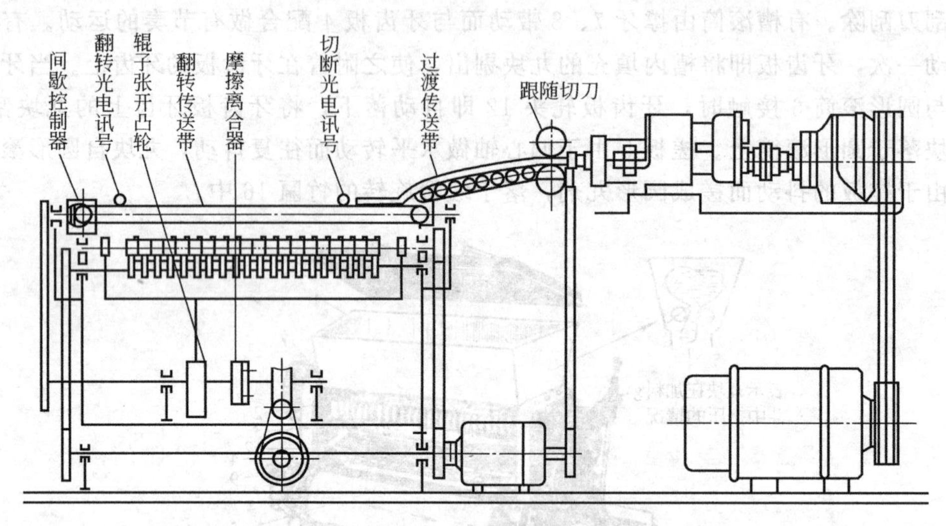

图 7-69　HZY-14C 型制丸机

5. 干燥

蜜丸剂水分已控制在一定范围之内，一般成丸后可在室内放置适宜时间保持丸药的滋润状态即可包装。水蜜丸丸粒含水量较高，必须干燥，使含水量不超过 12%，否则易发霉变质。蜜丸制成后应进行灭菌。目前已采用微波加热，远红外辐射等方法，既可干燥又可起到一定的灭菌作用。

二、泛制法

泛制法是将药物细粉与水或其他液体胶黏剂（黄酒、醋、药汁、浸膏等）交替润湿及撒布在适宜的容器或机械中，不断翻滚，逐层增大的一种方法。制成的丸剂可小如芥子，大如豌豆。泛制法主要用于水丸的制备。

制备过程可分为原料的粉碎与准备、起模、成型、选丸及干燥等步骤。泛制法在过去多用手工操作，近年则多用机械制丸。

1. 原辅料的粉碎与准备

泛丸时药料的粉碎要求比丸块制丸时更细些，一般宜用 100 目左右的细粉。

2. 起模

起模是泛丸成型的基础，是制备水丸的关键。模子形状直接影响成品的圆整度，模子的大小和数目，也影响加大过程中筛选的次数和丸粒的规格以及药物含量的均匀性。泛丸起模是利用水的湿润作用诱导出药粉的黏性，使药粉相互黏着成细小的颗粒，并在此基础上层层增大而成丸模的过程。因此起模应选用方中黏性适中的药物细粉。黏性太大的药粉，加入液体时，由于分布不均匀，先被湿润的部分产生的黏性较强，且易相互黏合成团，如半夏、天麻、阿胶、熟地等。无黏性的药粉不宜起模，如磁石、朱砂、雄黄等。起模的用粉量多凭经验，因处方药物的性质不同。有的吸水量大，如质地疏松的药粉，起模用药量宜较少；而有的吸水量少，如质地黏韧的药粉，起模用粉量宜多。成品丸粒大，用粉量少；反之，则用粉量多。

(1) 手工起模的方法　用刷子蘸取少量清水，于药匾内一侧（约 1/4 处）刷匀，使匾面湿润（习称水区），然后用80目筛筛布适量粉于水区上，双手持匾旋转摇动，使药粉均匀地粘于匾上，然后用干刷子由一端顺序扫下，倾斜药匾，使药粉集中到药匾的另一侧，再加少量水湿润，摇动药匾，刷下，再加水加粉，如此反复多次，颗粒逐渐增大，至泛制成直径为0.5～1mm较均匀的圆球形小颗粒，筛去过大、过小部分，即成丸模。

起模过程中的注意事项如下。

① 药匾要保持清洁，涂水、撒粉位置要固定。

② 每次用水及用粉量宜少，在开始时，以上两次水后上一次粉为佳。

③ 吸水过多而黏结成饼的药粉应即时用刷子搓碎。

④ 泛丸动作（团、揉、撞、翻）应交替使用，随时撞去模子上的棱角，使其成圆形。

(2) 机械起模的方法　其原理与手工起模相同，但采用的设备不同。现均以包衣锅代替药匾，以降低劳动强度，缩短生产周期，提高产量和质量，减少微生物污染。

起模用粉量：因处方药物的性质和丸粒的规格而有所不同。目前，从成批生产的实践经验中得出下列计算公式

$$C:0.6250=D:X \tag{7-1}$$

式中　C——成品水丸100粒干重，g；

D——药粉总重，kg；

X——一般起模用粉量，kg；

0.6250——标准模子100粒重0.6250g。

例　现有500kg气管炎丸原料粉，要求制成3000粒重0.5kg的水丸，求起模的用粉量。

解　先求100粒丸子的质量C

$$3000:100=500:C$$

$$C=16.67\text{g}$$

再求起模用粉量X

$$16.67:0.625=500:X$$

$$X=18.74\text{kg}$$

说明：用式（7-1）计算时，C为100粒成品丸药的干重，0.6250g是100粒标准模的湿重，内约含30%～35%的水分，药粉总量D和起模用粉量X皆是干重，故计算出来的量比实际用粉量多30%～35%。在实际操作中会有各种消耗，因此计算具有实际意义。

起模方法：可分为药物细粉加水起模和湿粉制粒起模以及喷水加粉起模三种。

药粉加水起模是先将所需起模用粉的一部分置包衣锅中，开动机器，药粉随机器转动，用喷雾器喷水于药粉上，借机器转动和人工搓揉使药粉分散，全部均匀地受水湿润，继续转动片刻，部分药粉成为细粒状，再撒布少许干粉，搅拌均匀，使药粉黏附于细粒表面，再喷水湿润。如此反复操作至模粉用完，取出、过筛分等即得丸模。

湿粉制粒起模是将起模用的药粉放在包衣锅内喷水，开动机器滚动或搓揉，使粉末

均匀润湿，成为“手提成团、松之即散”的软材状，用 8～10 目筛制成颗粒。将此颗粒再放入糖衣锅内，加少许干粉，充分搅匀，继续使颗粒在锅内旋转摩擦，撞去棱角成为圆形，取出过筛分等即可。

喷水加粉起模法是取起模用的冷开水将锅壁湿润均匀，然后撒入少量药粉，使其均匀粘于锅壁上，然后用塑料刷在锅内沿转动相反方向刷下，使它成为细小的颗粒，包衣锅继续转动再喷入冷开水，加入药粉，在加水加粉后搅拌、搓揉，使黏粒分开。如此反复操作，直至模粉全部用完，达到规定标准，过筛分等即得丸模。

3. 成型

将已筛选均匀的球形模子，逐渐加大至接近成丸的过程。

机械泛丸时成型与手工操作基本相同，所不同的是机械泛丸要在包衣锅中进行。

4. 盖面

将已经增大、筛选均匀的丸粒用余粉或特制的盖面用粉等加大到粉料用尽的过程，盖面是泛丸成型的最后一个环节。其作用是使整批投产成型的丸粒大小均匀、色泽一致，提高其圆整度和光洁度。

近年来国内经革新研究，试制成 CW-1500 型小丸连续成丸机组，该机组包括进料、成丸、筛选等工序，其结构如图 7-70 所示。

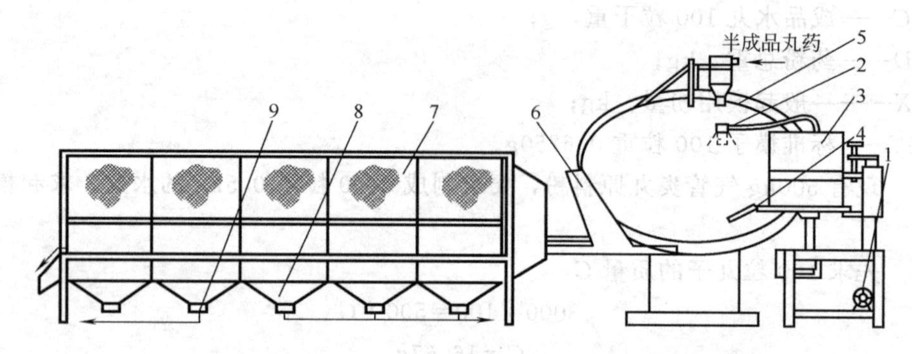

图 7-70 CW-1500 型小丸连续成丸机生产线示意图

1—喷液泵；2—喷头；3—加料斗；4—粉斗；5—成丸锅；
6—滑板；7—圆筒筛；8—料斗；9—吸射器

操作时，先用脉冲输送带将药粉输送到加料斗。开动成丸机、加料器，将料斗中的药粉均匀地振入丸锅，待粉盖满成丸锅底面时，开始喷液，粉遇液后形成微粒，依次加粉和药液，使丸逐渐增大，直至规定规格。该机的产丸量是原来的两倍，具有原料损耗少、减少了粉的重量、丸粒圆整、光洁度好、产量高、易操作等优点。该机组使泛丸生产从药粉直接一步制丸，使生产连续化、自动化，比半机械状况的滚筒泛丸锅制丸前进了一步。

5. 干燥

成型的丸粒约含 15%～30%的水分，易引起发霉，必须进行干燥，使丸剂含水量控制在 10%以内。一般干燥温度为 80℃左右，若丸剂中含有芳香挥发性成分或遇热易分解变质的成分时，干燥温度不应超过 60℃。

还可采用流化床干燥，可降低干燥温度，缩短干燥时间，并且提高水丸中的毛细管和孔隙率，有利于水丸的溶散。

三、滴制法

1．滴制法概述

滴制法制丸是将药物溶解、乳化或混悬于适宜的熔融的基质中，通过适宜的滴管滴入另一与之不相混溶的冷却剂中，由于表面张力作用使液滴收缩成球状并冷却凝固而成丸，由于药丸与冷却剂的密度不同，凝固形成的药丸徐徐沉于器底或浮于冷却剂表面，取出除去冷却剂，干燥即可。

滴制法制丸早在1933年已应用于药剂上，并设计出相应的滴丸设备。1956年报道了用聚乙二醇4000为基质，用植物油为冷却剂制备了苯巴比妥钠滴丸。1958年国内有人用滴制法制备了酒石酸锑钾滴丸，近年来有较大发展。国内在中药制剂中已经成功的将滴丸应用到临床上，如芸香油滴丸、苏冰滴丸、牡荆油滴丸、四逆汤滴丸、柴胡滴丸等，滴丸作为一个剂型已被收入《中国药典》。并且，复方丹参滴丸已经以治疗药的身份正式通过美国FDA预审，现已进入欧洲市场。

滴制法制备丸剂有其独特的优点：滴制法制丸的设备简单，自动化程度高，操作方便，车间无粉尘保护好；滴制法生产工序少，生产周期短，一般情况下当天可出成品；剂量准确，生产条件易控制，质量差异比较小；操作过程中药物损耗少，接触空气少，受热时间短，质量稳定；可用于多种给药途径，除口服外还制成了耳用、眼用滴丸，避免滴耳剂和眼药水很快流失或被分泌物稀释的弊端；某些液体药物可滴制成固体滴丸。如芸香油滴丸、牡荆油滴丸等，可代替肠溶衣制成肠溶性滴丸，提高难溶性药物的生物利用度，其特点如下。

① 形成固态溶液，与胃液接触时，基质溶解，药物则以分子状态释放出来而被迅速吸收。

② 形成微细晶粒，药物的溶解速度快而有利于吸收。

③ 能消除难溶性药物的聚集与附聚，在胃肠液中能很快湿润和分散，利于吸收。

2．制法

滴丸的一般制备方法如下：基质与冷却剂的选择、基质的制备与药物的加入、保温脱气、滴制、冷凝成丸、除冷却剂、干燥、质检、包装。

(1) 基质与冷却剂的选择　作为滴丸的基质应具备以下条件。

① 不与主药发生作用，不破坏主药的疗效。

② 熔点较低或加一定量的热水（60～100℃）能溶化成液体，而遇骤冷后又能凝固成固体（在室温下仍保持固体状态），并在加进一定量的药物后仍能保持上述性质。

③ 对人体无害。

对冷却剂的要求有以下几方面。

① 不与主药、基质相混溶，也不与主药、基质发生作用，不破坏疗效。

② 要有适当的密度，即与液滴密度要相近，以利于液滴逐渐下沉或缓缓上升。

③ 有适当的黏度，使液滴与冷却剂间的黏附力小于液滴的内聚力而收缩成丸。

冷却剂应根据基质的性质来选择，脂肪性基质常用水或不同浓度的乙醇为冷却剂；

水溶性基质可用液状石蜡、植物油、煤油或它们的混合物为冷却剂。

(2) 基质的制备与药物的加入　先将基质加温熔化，若有多种成分组成时，应先熔化熔点较高的，后加入熔点低的，再将药物溶解、混悬或乳化在已熔化的基质中。

固体药物分散在基质中的状态有如下几种。

① 形成固体溶液。

② 形成微细晶粒。某些难溶性药物与水溶性基质形成溶液，但在冷却时，由于温度下降，溶解度小，药物会部分或全部析出。由于骤冷条件，基质黏滞度迅速增大，药物来不及集聚成完整的晶体，只能以胶态或微细状的晶体析出。

③ 形成亚稳定形或无定型粉末。晶型药物在制成滴丸的过程中，通过熔融、骤冷等处理，常可形成亚稳定型结晶或无定型粉末，因而可增大药物的溶解度。

对液体药物而言，滴丸使液体固化，即形成固态凝胶，如芸香油滴丸。

④ 形成固态乳剂。在熔融基质中加入不溶性的液体药物，再加入表面活性剂，搅拌，使之形成均匀的乳剂，其外相是基质，内相是液体药物。在冷凝成丸后，液体药物即形成细滴，分散在固体的滴丸中，如牡荆油滴丸。

对液体药物也可由基质吸收，如聚乙二醇 6000 可容纳 5%～10%的液体，对于剂量小，难溶于水的药物，可选用适当的溶剂，溶解后加入基质中。

3. 保温脱气

药物加入过程中往往需要搅拌，会带入一定量的空气，若立即滴制则会把气体带入滴丸中，而使剂量不准，故需保温（80～90℃）一定时间，以使其中的空气逸出。

4. 滴制

经保温脱气的物料，经过一定大小管径的滴头，等速滴入冷却剂中，凝固形成的丸粒徐徐沉于器底或浮于冷却剂表面，即得滴丸，取出，除去冷却剂即可。

(1) 丸重　滴丸的重量可用式（7-2）计算：

$$理论丸重=2r\gamma \tag{7-2}$$

式中　r——滴出口半径；

　　γ——药液的表面张力。

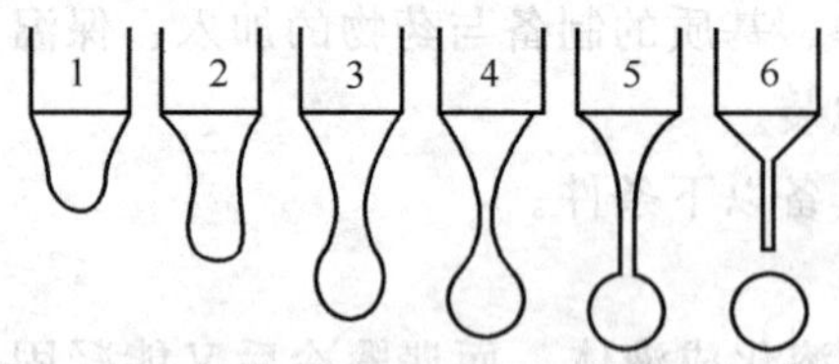

图 7-71　液滴的形成过程

实际丸重比理论丸重要轻，从图 7-71 可以看出，液滴开始逐渐形成于颈部，随后越来越长，到 5 时管口下面所支持的重量是式（7-2）的理论丸重，在 6 时掉下的部分才是实际丸重，在 6 时管口处还余大约 40%的量未滴下，滴下的部分约为理论值的 60%。由式（7-2）可知，滴丸的重量与滴管口径有关，在一定范围内管径大则滴成的丸也大；但滴管口径过大时药液不能充满管口，反而造成丸重差异。滴管出口的外径过大时，初滴的部分因药液未湿润到滴出口外壁而滴下，造成丸重偏轻，当药液逐渐湿润到外壁时，圆周也逐渐增大，丸重也逐渐变重，并增加重量差异，故管壁应薄。

γ 与温度有关，温度上升时，γ 显著下降，丸重也减小；温度降低时，γ 增大，丸重也增大，因此操作过程中应保持恒温。药液的黏滞度大能充满较大的滴管口，滴出时温度低也会使黏滞度增大，因此，温度适当降低有利于滴制较大的丸剂。

滴出口与冷却剂的距离不宜超过 5cm，因距离过大，液滴会因重力作用而被撞成细小液滴，从而产生重量差异。

为了加大丸剂的重量，可以将滴出口浸在冷却剂中来滴制，滴液在冷却剂中滴下必须克服产生浮力的同体积的冷却剂的质量，所以丸重也应增大。

(2) 圆整度　滴液在滴制时能否成型，在于液滴的内聚力是否大于药液与冷却剂间的黏附力，这两种力之差即为成型力。当成型力为正值时滴丸能成型。药液的内聚力 W_c 是分离药液成两部分所需的功，为药液表面张力 γ_a 的 2 倍。药液与冷却剂间的黏附力 W_a 为分离此两种液体所需的功，即药液表面张力 γ_a 与冷却剂表面张力 γ_b 的和，再减去所消失的药液与冷却剂的界面张力，即

$$W_c - W_a = 2\gamma_a - (\gamma_a + \gamma_b - \gamma_{ab}) = \gamma_a + \gamma_{ab} - \gamma_b \tag{7-3}$$

当成型力为负值时，可用适当的表面活性剂调节，使成型力由负值转变成正值，即可使滴丸成形。滴液成型后的圆整度与下列因素有关。

① 液滴在冷却剂中的移动速度。液滴在冷却剂中下降（上浮）是由重力（或浮力）决定的，这种力作用于液滴使之不能成正球形而成扁球形移动，速度越快，受力越大，其形状越扁。液滴与冷却剂的密度相差大及冷却剂的黏滞度小都能加速移动，故可采用减小清液与冷却剂的密度差及增大冷却剂的黏滞度的办法来改善其圆整度。

② 液滴的大小。液滴的大小不同，其单位重量的面积也不同。一般来说，面积大的收缩成球体的力量强，液滴小单位重量的面积大，因此小丸的圆整度要比大丸好。

③ 冷却剂的温度。液滴经空气滴至冷却剂面时，被撞成扁球状并带有空气，在下降时，逐渐收缩成球形并逸出气泡。若液滴冷却过快，则丸粒不圆整，空气来不及逸出则产生空洞、拖尾等现象，将上部冷却剂的温度调至 40℃左右，使液滴有充分收缩与释放气泡的时间，则丸粒圆整。

④ 冷却剂的性质。冷却剂与液滴要有一定的亲和力，才有利于空气尽早排出，保证丸粒的圆整度。另外液滴若与冷却剂部分混溶也会影响丸粒的圆整度。

(3) 玻璃体的形成与克服　有的药物与基质混合后滴入冷却剂中时，由于骤冷而形成玻璃体，即呈透明黏块、软丸，或透明、质硬的滴丸。玻璃体具有不稳定性，放置会逐渐发软、吸潮、黏结、析出结晶等，需加以克服。克服玻璃体形成可采取以下方法。

① 加入其他物质。如咳必清的熔融液中加入 17%的硬脂酸可以阻止生成玻璃体。氯硝丙脲的熔融液，加入适量的尿素（20%～50%）可防止生成玻璃体等。

② 改变冷却剂。改变冷却剂的种类或使用混合冷却剂，有时也可以阻止玻璃体的生成。有时药物与基质混合后的熔点过低而无法制备滴丸，可调整处方比例加以解决。

(4) 设备　制备滴丸的设备主要由滴管、保温设备、控制冷却剂温度的设备、冷却剂容器等组成，实验用的设备如图 7-72 所示。

滴瓶有调节滴出速度的活塞，有保持液面一定高度溢出口、虹吸管或浮球，它能在不断滴制与补充药液的情况下保持滴速不变。

恒温箱包括滴瓶及储液瓶等，使药液在滴出前保持一定的温度不凝固，有玻璃门以便观察，箱底开孔，滴丸由内滴出。滴丸由下向上滴时，滴出口的冷却剂尚要加热恒温。

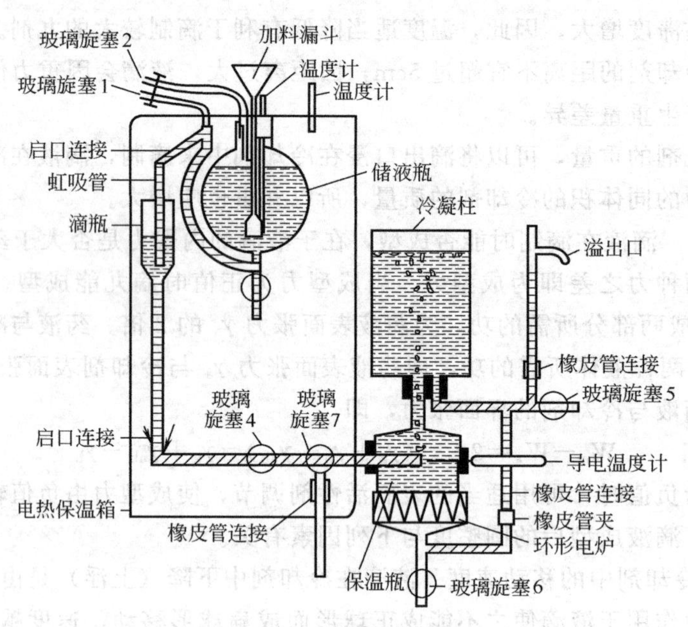

(a) 由下向上滴

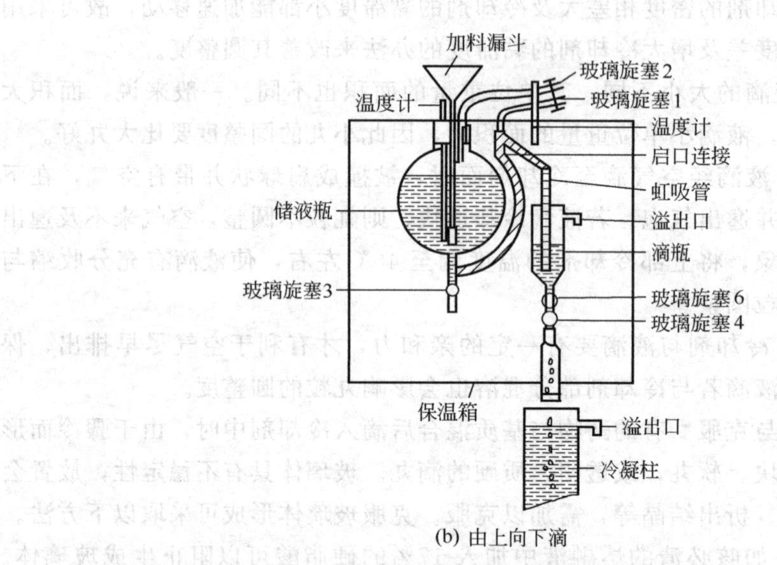

(b) 由上向下滴

图 7-72 滴制法实验用的设备示意

冷却柱长度和外围是否用冰冷凝，视各品种具体情况而定。冷却柱的一般长度为40～140cm，温度保持为10～15℃。

目前工业生产中应用的滴丸机概括起来可以分为如下三类。

① 向下滴的小滴丸机。药液借位能和重力由滴头管口自然滴出，丸重主要由滴头口径的粗细来控制，管口过粗时药液充不满，使丸重差异增大，因此，这种滴丸机只能生产重 70mg 以下的小滴丸。

② 大滴丸机。这种滴丸机可用定量泵，由柱塞的行程来控制丸重。

③ 向上的滴丸机。用于药液密度小于冷却剂的品种。

XD-20 滴丸机是向下滴的小滴丸机。该机有 20 个滴头，药液液位稳定，每个滴头都可调速，能自动测定滴速，冷却剂不流动并可在需要时随时出丸，其主要部分如图 7-73 所示。

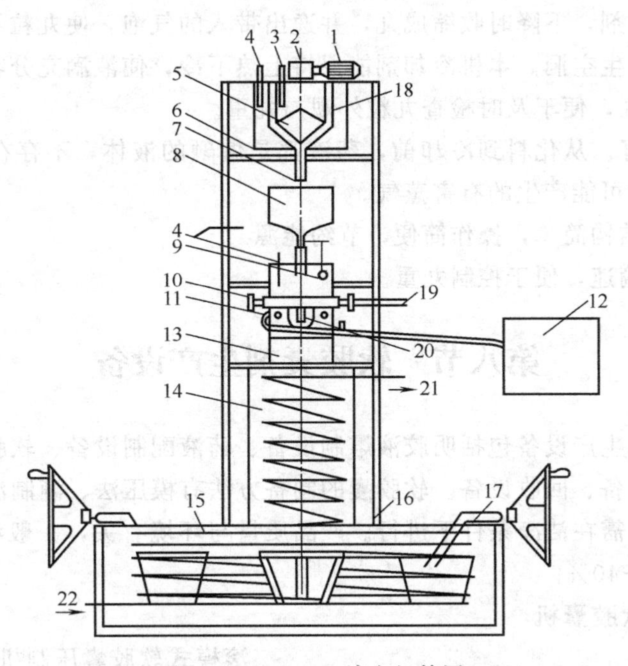

图 7-73　XD-20 滴丸机简图

1—电动机；2—蜗轮减速机；3—WTQ-288 压力式温度计；4—SY169 晶体管恒温控制仪；5—搅拌器；6—加热元件；7—滤套；8—储液缸；9—浮球阀；10—滴头活塞手柄；11—滴头；12—光电测速仪；13—侧门；14—冷却柱；15—冷却槽；16—接丸筛盒；17—出丸摇臂；18—化料锅；19—抽气口；20—灯泡；21—冰盐水出口；22—冰盐水进口

操作时将化料锅用油浴加热，以恒温控制仪 4 控制温度，并由搅拌器 5 进行搅拌。油浴与化料锅均密闭，化料及油浴加热时产生的气体可分别由管道通往室外。药料熔化完全后打开锅底阀门，药液经隔板由滤套 7 过滤，进入储液缸 8，然后经浮球阀 9 流入滴缸，并保持恒定液位，再经缸底部滴头盘上的滴头 11 滴出药液，滴速由盘四周的锥形活塞控制。由位于底部的电热元件加热，并由 SY169 恒温控制仪控制。药液由滴头滴出后，通过光电转换、放大、整形后的电脉冲进入滴丸计数器，到达选定的间隔时间，就在光电测速仪 12 上显示时间及滴丸数，可据此调节滴速。机底部为冷却槽 15，槽中竖立冷却柱 14，冷却柱密封在滴盘下面。在槽内盛满冷却剂后，由滴盘的抽气口 19 抽气，冷却剂即上升充满柱，关闭抽气口后，冷却剂维持一定高度，在连续滴制下不下降。柱的下面有接丸筛盒 16，当接满滴丸或需要出丸时，由旁边的另一空筛盒将其推至槽的另一端，在不停机的情况下由另一盒继续接丸。转动出丸摇臂，盛有滴丸的接丸盒即上升出丸。冷却槽四周是不锈钢的冰盐水盘管。冷却柱分三段，下段有不锈钢冷凝管；中段有侧门 13，便于清洗及更换品种时改变滴头等操作；上段为玻璃套筒与滴盘相接，便于观察滴制情况及光电自动测滴速。

该机凡与药液、滴丸接触部分都用不锈钢或玻璃材料制成，以防药物变质。

这种滴丸机有如下特点。

① 冷却剂上热下冷可适应成形的需要。液滴经过空气到达冷却剂面时形成扁块状，并将空气带进冷却剂，下降时收缩成丸，并逸出带入的气泡，使丸粒不圆整及拖尾，有的气泡未逸出而产生空洞。本机冷却剂能保持上热下冷，使液滴充分收缩成型。

② 可随时出丸，便于及时检查丸粒外观与丸重。

③ 密闭性能好。从化料到冷却前，药液都是熔融的液体，不存在粉尘问题，并可避免药物在熔融时可能产生的有害蒸气。

④ 滴头开关结构简单，操作简便，节约能源。

⑤ 自动测定滴速，便于控制丸重。

第八节　软胶囊剂生产设备

成套的软胶囊生产设备包括明胶液熔制设备、药液配制设备、软胶囊压（滴）制设备、软胶囊干燥设备、回收设备。软胶囊的制备方法有模压法、滴制法。

软胶囊的制造需在洁净条件下进行。产品质量与环境有关，一般温度为 21～24℃；相对湿度为 30％～40％。

一、滚模式软胶囊机

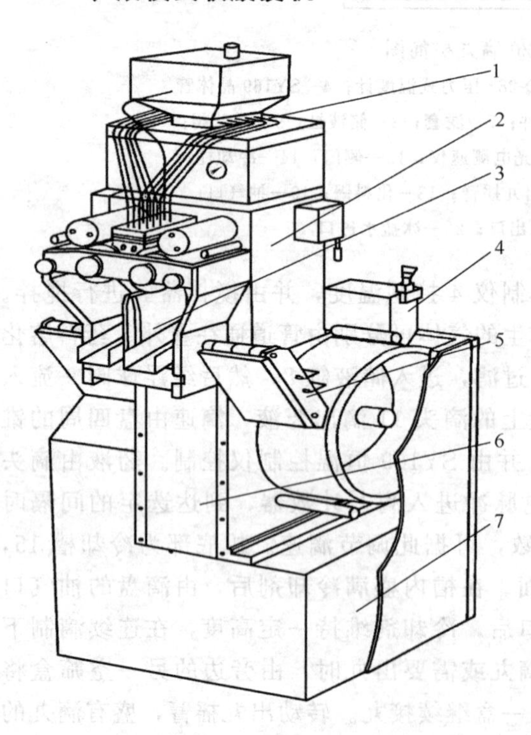

图 7-74　滚模式软胶囊压制机外形图

1—供料系统；2—机头；3—下丸器；4—明胶盒；5—油滚；6—机身；7—机座

滚模式软胶囊压制机外形如图 7-74 所示。其工作原理是由主机两侧的胶皮轮和明胶盒共同制备的胶皮相对进入滚模夹缝处，药液通过供料泵经导管注入楔形喷体内，借助供料泵的压力将药液及胶皮压入两滚模的凹槽中，由于滚模的连续转动，使两条胶皮呈两个半定义型将药液包封于胶膜内，剩余的胶皮被切断，分离成网状，俗称胶网，其工作原理如图 7-75 所示。

软胶囊形状、装量的大小随滚模及配套件的变化而变化。目前，软胶囊的形状有圆柱形、球形、橄榄形、管形、栓形、鱼形等。

软胶囊的装量为该软胶囊的名义装量，以量滴为单位，一量滴等于 0.0616115ml。非球形软胶囊的类型分为标准型、细长型、粗短型等。

滚模式软胶囊机的成套设备由软胶囊压制主机、输送机、干燥机、电控柜、明胶桶和料桶等部分组成，其中关键设备是软胶囊压制主机。

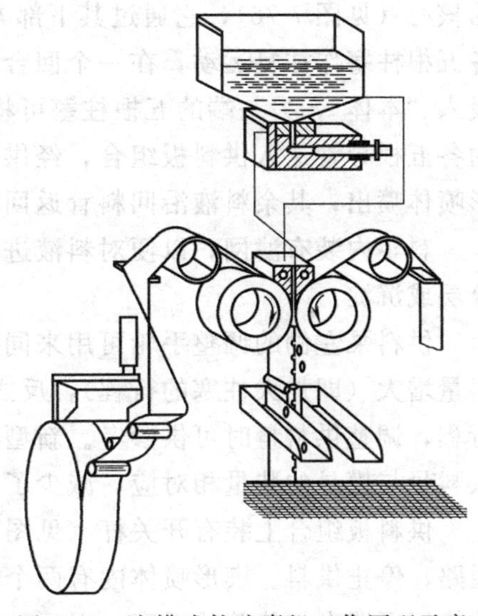
图 7-75　滚模式软胶囊机工作原理示意

（1）软胶囊压制主机　主机包括机座、机身、机头、供料系、油滚、下丸器、明胶盒、润滑系等。

机座用来支撑全机。内装电机一台，是主机的动力源。通过电控柜中的变频器进行变频调速，使滚模转速可在 0～5r/min 范围内无级调速，并能数字显示。机座下部装有 4 个千斤顶用于调平主机。

机身置于机座上，内装齿轮和蜗轮蜗杆传动系统，将电机的动力分配给机头、油滚、拉网轴、胶皮轮等。机身内还装有一台润滑泵，以便向主机各部位（不含供料泵）的轴承、齿轮等供应液态石蜡。

机头是主机的核心，由机身传来的动力通过机头内部的齿轮系分配给供料泵、滚模及下丸器等，驱动这些部件协调运动。两个滚模分别装在机头的左、右滚模轴上，右滚模轴只能转动，左滚模轴既可转动又可横向水平运动。当滚模间装入胶皮后，可旋紧滚模的侧向加压旋钮，将胶皮均匀压紧于两滚模之间。机头后部装有滚模“对线”调整机构，用来调整右滚模转动，使左、右滚模上的凹槽一一对准。

供料系统包括料斗、供料泵、进料管、回料管、供料板组合等。供料泵是供料系统

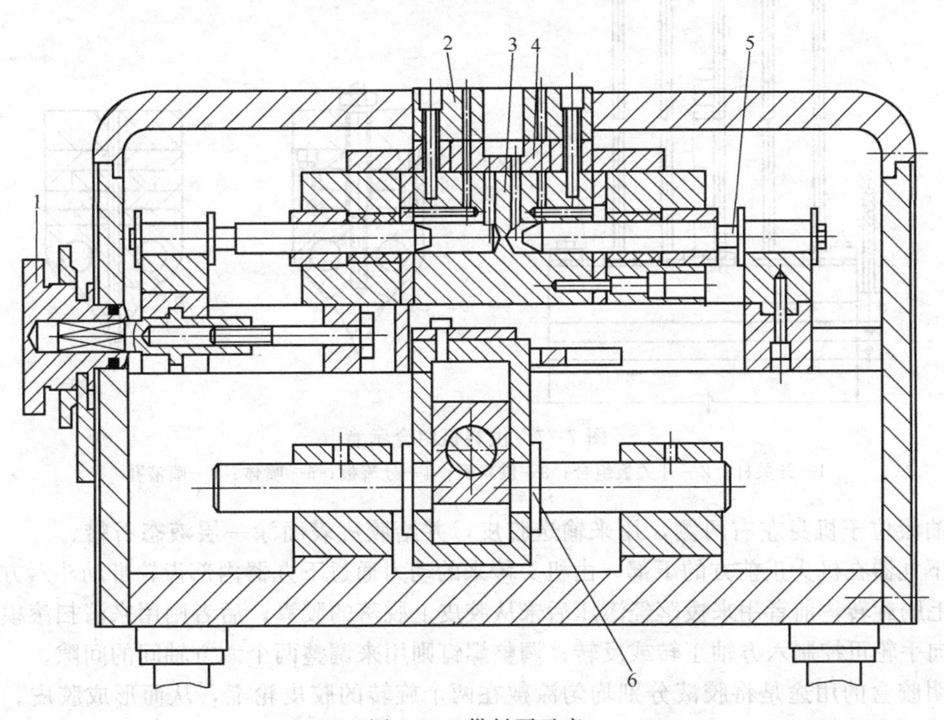

图 7-76　供料泵示意

1—供料量调节机构；2—注料板；3—本体；4—换向板；5—柱塞；6—曲柄换向机构

的核心（见图7-76），它通过其下部方轴传递的动力可使供料泵中“本体”左、右两端各五根柱塞作往复运动，在一个回合的往复运动中，一端的五根柱塞可将料斗中的料液吸入“本体”，另一端的五根柱塞可将料液打出“本体”，再通过供料泵上部供料板两侧的各五根导管送入供料板组合，经供料板组合中的分流板分配后，部分或全部料液从楔形喷体喷出，其余料液沿回料管返回料斗。

料斗内装有滤网，以便对料液进行过滤。料斗上部设置了电动搅拌机构，以防料液分层或沉淀。

供料泵左侧的调整手轮可用来同时调整十根柱塞的供料量，逆时针旋转手轮可使供料量增大（即加大柱塞的行程），反之则减小。供料泵正面的百分表指示供料泵活塞的行程，调整供料量时可供参考。新型的供料泵可在其正面直接显示模具的量滴号，使其供料量与模具的装量相对应，减少了主机调试和准备的时间。

供料板组合上装有开关杆（见图7-77），向外拉动开关杆可切断料液进入楔形体的通路，停止供料。楔形喷体内有两个圆柱孔，孔内装有电加热管，通过电控柜上温控仪的旋钮可调电加热管的温度，以便加热喷体，进而加热其外侧的胶皮，以保证滚压胶囊时能可靠黏合。喷体上装有传感器，温度控制仪可显示喷体的温度。

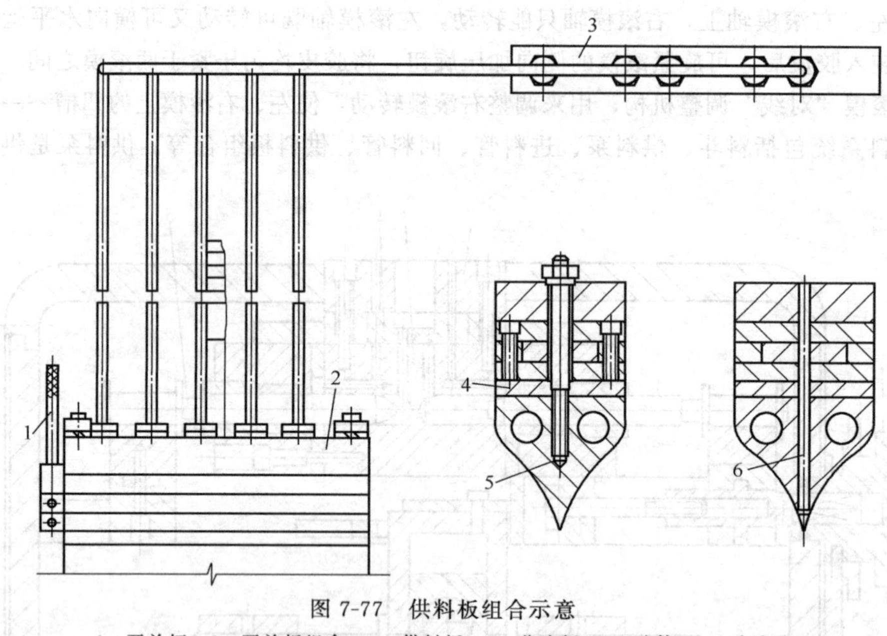

图7-77　供料板组合示意

1—开关杆；2—开关板组合；3—供料板；4—分流板；5—喷体；6—喷液孔

油滚位于机身左右两侧，用来输送胶皮，并给胶皮表面涂一层液态石蜡。

下丸器在机头正前方的下部，由机头传来的动力通过下丸器内部齿轮带动斗六方轴和一对毛刷旋转，前者用来拨落经滚压后未从胶皮上脱落的胶囊，后者则用来清扫滚模。转动换向手轮可控制六方轴正转或反转；调整螺钉则用来调整两个六方轴间的间隙。

明胶盒的用途是将胶液分别均匀涂敷在两个旋转的胶皮轮上，从而形成胶皮。每个明胶盒上装有两个电加热管和一个温度传感器，通过电控柜上的温度控制仪的旋钮可控制电加热管的温度，以调节明胶盒内明胶的温度，并能显示明胶盒内的温度。转动明胶盒两边的调整螺钉则可调节胶皮的厚度和均匀度。

(2) 输送机　输送机用来输送软胶囊，它由机架、电机、链轮链条、传送带和调整机构等组成。调整机构用来张紧不锈钢丝编制的传送带，传送带向左运动时可将压制合格的胶囊送入干燥机内，向右运动时则将废胶囊送入废胶囊箱中。

(3) 干燥机　干燥机用来将合格的软胶囊经输送机后进行第一阶段的干燥和定型。干燥机由用不锈钢丝制成的转笼、电机、支撑板等组成。转笼正转时胶囊留在笼内滚动，反转时胶囊可以从一个转笼自动进入下一个转笼。鼓风机装在干燥机的端部，通过风道向各个转笼输送经净化的室内风。

(4) 电控柜　电控柜装有控制和显示软胶囊机工作状态的电器系统和仪表。

(5) 明胶桶　明胶桶是用不锈钢（316）焊接而成的三层容器，桶内盛装制备好的明胶液，夹层中盛软化水并装有加热器和温度传感器，外层为保温层。装在明胶桶下部的温控仪用来自动控制和显示夹层水温。打开底部球阀，胶液可自动流入明胶盒。

(6) 料桶　料桶用来储存制备好的料液，用不锈钢（316）焊接而成。打开底部球阀，料液可自动流进料斗内。

二、滴制式软胶囊机

滴制式软胶囊机是将明胶液与油状药液通过喷嘴滴出，使明胶液包裹药液后滴入不相混溶的冷却液中，凝成丸状无缝软胶囊的机器。滴制式软胶囊机主要由4部分组成。

① 滴制部分。将油状药液及熔融明胶通过喷嘴制成软胶囊，由储槽、计量、喷嘴等组成。

② 冷却部分。由冷却液循环系统、制冷系统组成。

③ 电气自控系统。

④ 干燥部分。

滴制软胶囊的流程如图7-78所示。

明胶液和药液的计量可采用泵打法。

另外，脉冲切割法是近年发展的新技术，可使滴出的胶丸质量有所提高。

泵打法计量可采用柱塞泵或三柱塞泵。柱塞泵如图7-79所示，泵体2中有柱塞1，它可作垂直往复运动，当上行超过药液进口时，将药液吸入，当柱塞下行时，将药液通过排出阀3由出口管5喷出。

目前使用的柱塞泵的另一种型式如图7-80所示，此泵采用动力机械的喷油泵结构，其优点是喷出量可微调，因此滴出的药液剂量更为准确。

三柱塞泵如图7-81所示。泵体中有三个柱塞，主要起吸入与压出作用的为中间柱塞，其余两个相当于吸入与排出阀的作用，通过调节推动柱塞运动的凸轮来调节三个柱塞运动的先后顺序，即可由泵的出口喷出一定量的液滴。

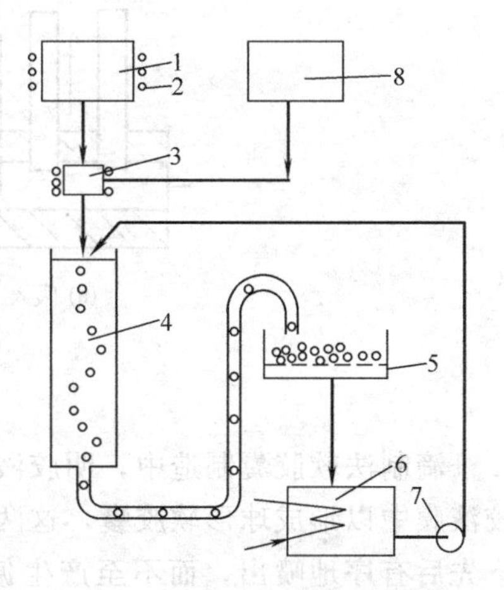

图7-78　滴制软胶囊的流程示意

1—明胶储槽；2—电热器；3—分散装置；4—冷却柱；5—滤槽；6—冷却液槽；7—泵；8—药液储槽

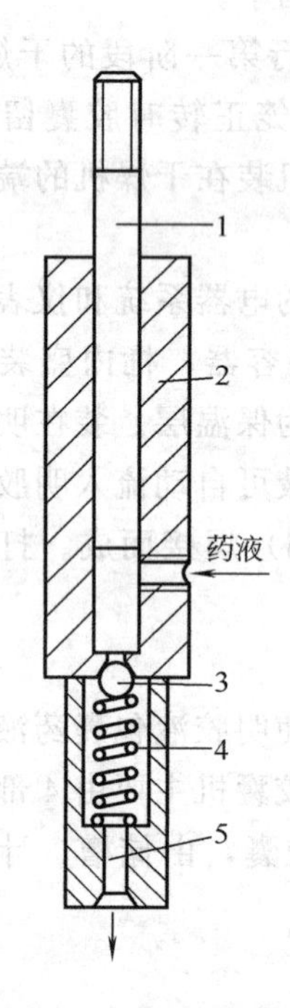

图 7-79　柱塞泵

1—柱塞；2—泵体；3—排出阀；

4—弹簧；5—出口管

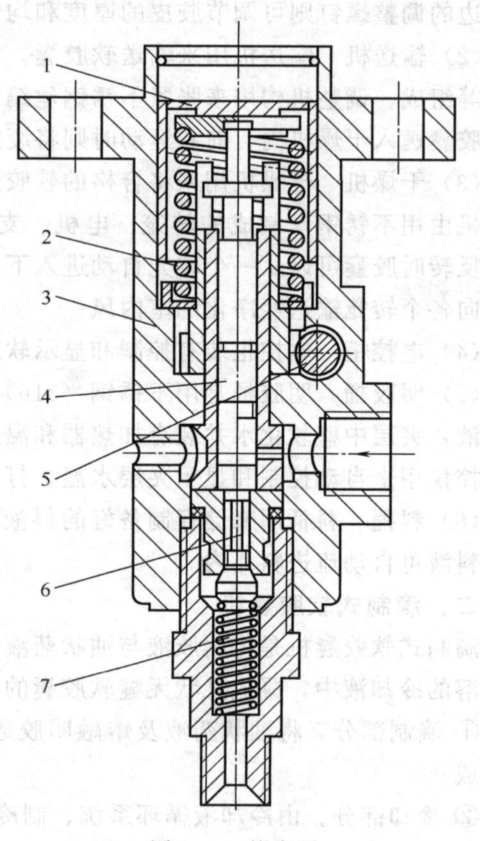

图 7-80　柱塞泵

1—弹簧座；2—弹簧；3—泵体；4—柱塞；

5—齿杆；6—出油阀；7—出油阀弹簧

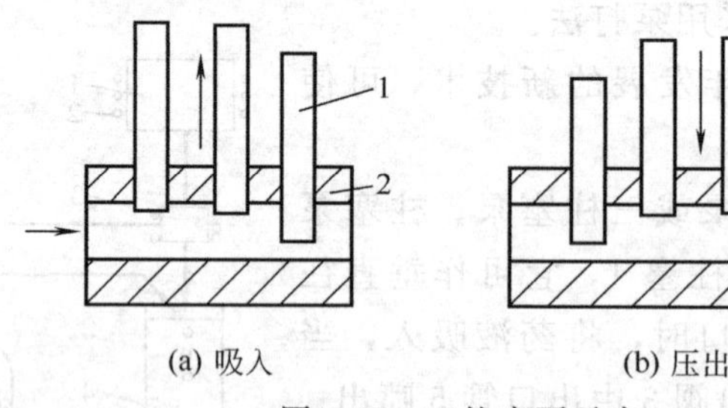

图 7-81　三柱塞泵示意

1—柱塞；2—泵体

滴制法软胶囊制造中，明胶液与油状药液分别由计量装置压出，为将药液包裹到明胶液膜中以形成球形软胶囊，这两种液体应分别通过喷嘴套管的内外侧在严格同心条件下先后有序地喷出，而不至产生偏心、破损、拖尾等不合格品。喷嘴的结构如图 7-82 所示，药液由侧面进入喷嘴由套管中心喷出，明胶由上部进入喷嘴，通过两个通道，在套管的外侧喷出。两种液体喷出的顺序从时间上看，明胶喷出时间较长，而药液喷出过程位于明胶喷出过程的中间时段，依靠明胶的表面张力将药滴完整包裹。

软胶囊滴制部分包括凸轮、连杆、柱塞泵、喷嘴等（见图 7-83）。明胶与油状药液分别由柱塞泵 3 喷出，明胶由上部进入喷嘴 4，药液经缓冲管 6 由侧面进入喷嘴，形成的滴丸滴入充有稳定流动的低温液体石蜡内，滴丸经冷却固化，即可得到成形的软胶囊。两种液体在喷嘴喷出的时间调整由凸轮的轮廓与方位确定。

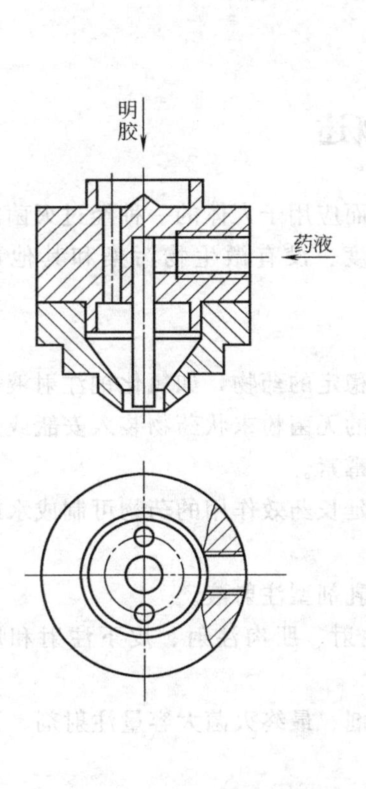

图 7-82　喷嘴的结构示意

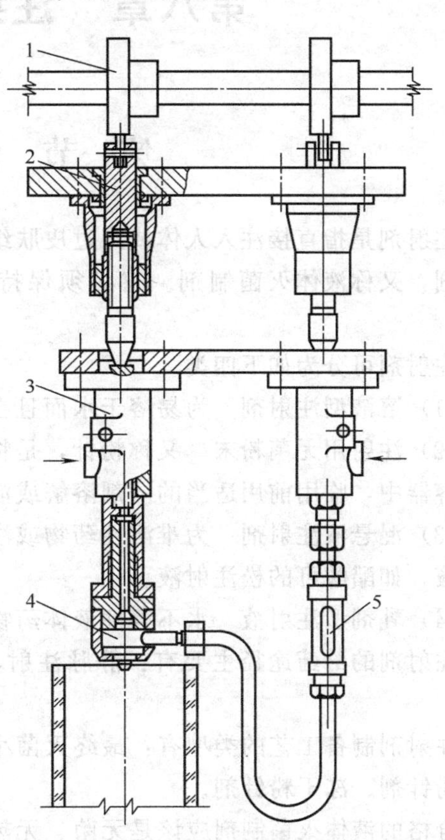

图 7-83　软胶囊滴制示意

1—凸轮；2—连杆；3—柱塞泵；4—喷嘴；5—缓冲管

第八章　注射剂生产设备

第一节　注射剂概述

注射剂是指直接注入人体或穿过皮肤组织、黏膜而应用于人体的一种经过灭菌的药物制剂，又称液体灭菌制剂。它必须保持较高的纯度、没有微生物污染和其他毒性成分。

注射剂可分为如下四类。

(1) 溶液型注射剂　为易溶于水而且在水溶液中稳定的药物，如氯化钠注射液等。

(2) 注射用无菌粉末　又称粉针，是将供注射用的无菌粉末状药物装入安瓿或其他适宜容器中，临用前用适当的溶剂溶解或混悬，如青霉素。

(3) 混悬液注射剂　为难溶性药物或注射后要求延长药效作用的药物可制成水或油混悬液，如醋酸可的松注射液。

(4) 乳剂型注射液　水不溶性液体药物，可制成乳剂型注射液。

注射剂的给药途径主要有：静脉注射、脊椎腔注射、肌肉注射、皮下注射和皮内注射。

注射剂制备工艺的类型有：最终灭菌小容量注射剂、最终灭菌大容量注射剂、无菌分装粉针剂、冻干粉针剂。

合格的液体灭菌制剂应该是无菌、无热原、安全、稳定的产品，具有与血液相等或接近的pH值和渗透压，因此液体灭菌制剂的质量控制是制备合格产品的技术关键。

设备、环境、操作者是影响制剂生产质量的关键因素。制剂设备的密闭性、先进性、自动化程度的高低又直接影响药品质量及GMP制度的执行。按照注射剂的类型及其工艺流程掌握各类注射剂设备的工作原理、结构特点和使用维护，是确保生产优质注射剂药品的重要条件。

第二节　水针剂生产设备

水针剂即最终灭菌小容量注射剂，在它的生产工艺中各个工序如安瓿洗涤、烘干灭菌、灌装、灭菌检漏等设备按流程分为单机灌装联线工艺流程和洗、烘、灌、封联动机组工艺流程。本节先分析单机设备，再介绍联动机组。

一、安瓿气水喷射洗涤设备

(一) 安瓿简介

水针剂使用的玻璃小容器称为安瓿。目前，我国针剂生产使用的容器为玻璃安瓿。

玻璃安瓿按组成成分可分为中性玻璃、含钡玻璃和含锆玻璃三种。安瓿在灌装后能立即烧熔封口，可做到绝对密封并保证无菌，所以应用广泛。原来使用的直颈安瓿、双联安瓿已被淘汰。GB 2637—1995 规定水针剂使用的安瓿为曲颈易折安瓿，其规格有 1ml、2ml、5ml、10ml、20ml 五种。易折安瓿在外观上分为两种：色环易折安瓿和点刻痕易折安瓿，它们均可平整断折。

（二）喷淋式安瓿洗瓶机组

喷淋式安瓿洗瓶机组由喷淋机、甩水机、蒸煮箱、水过滤器及水泵等组成。AL 型喷淋机主要由传送带、淋水喷嘴及水循环系统三部分组成，如图 8-1 所示。

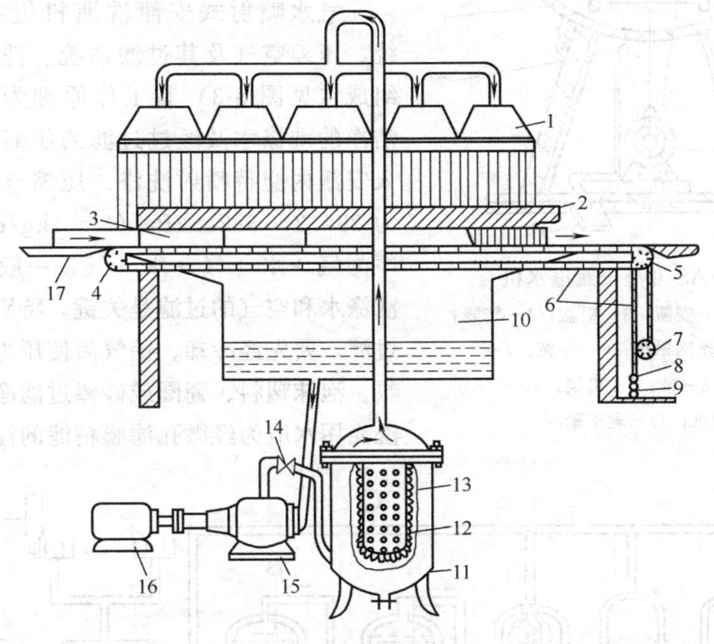

图 8-1 AL 型喷淋机

1—多孔喷头；2—尼龙网；3—盛安瓿的铝盘；4—链轮；5—止逆链轮；6—链条（运载链条）；7—偏心凸轮；8—垂锤；9—弹簧；10—水箱；11—滤过器；12—涤纶滤袋；13—多孔不锈钢胆；14—调节阀；15—离心泵；16—电动机；17—轨道

其结构原理：安瓿在安瓿盘内一直处于口朝上的状态，在传送带上逐一通过各组喷头下方；冲淋水压 0.12～0.2MPa，并通过喷头上直径为 1～1.3mm 的小孔喷出，其具有足够冲淋力量将安瓿内外污物冲净，并将瓶内注满水。

其特点：设备简单，生产率高，但耗水量大、占用场地大，且不能确保每个安瓿的淋洗效果。

AS-Ⅱ型安瓿甩水机的功能是将经喷淋机或蒸煮箱的充水安瓿内的水甩净。其结构原理为：将装满注水安瓿的安瓿盘放入甩水机转笼的转子离心架框内，盖上丝网罩盘，压紧栏杆，扣紧盘盒。开机，产生比重力大 80～120 倍的离心力，将安瓿内的冲淋水（或蒸煮水）甩净、沥干，其结构如图 8-2 所示。

AZS-2 型安瓿冲淋机的主要参数如下。

水压：0.1～0.25MPa 水流量：30L/h

喷淋面积：400mm×1000mm　电机功率：0.5kW

生产能力：35000～75000 支/h

LSS-900 型离心式甩水机的主要参数如下。

转速：400r/min　　功率：0.55kW

生产能力：15000～37500 支/h

(三) 气水喷射式安瓿洗瓶机组

气水喷射式安瓿洗瓶机组主要由供水系统、压缩空气及其过滤系统、洗瓶机三大部分组成（见图 8-3）其工作原理为：洗涤时，将洁净的洗涤水及经过过滤的压缩空气由针头喷入安瓿内交替喷射洗涤。压缩空气的压力一般为 294.2～392.3kPa（3～4kg/cm²），冲洗顺序为气→水→气→水→气，一般冲洗 4～8 次。洗涤水和空气的过滤是关键，特别是压缩空气的过滤，要先经冷却、储气筒使压力平衡，再经木炭、泡沫塑料、瓷圈或砂棒过滤净化。最后一次洗涤用水应为经微孔滤膜精滤的注射用水。

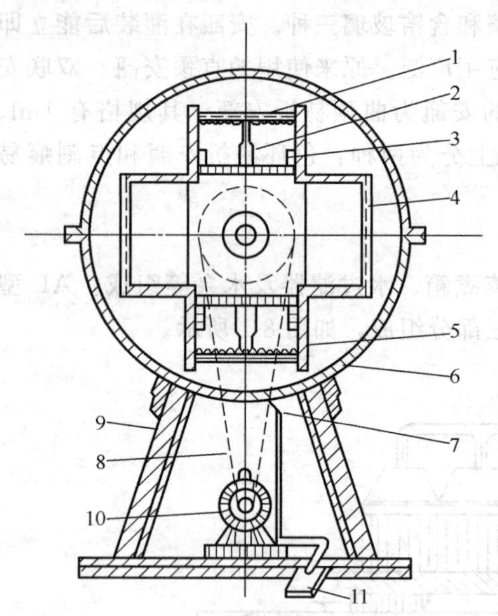

图 8-2　AS-Ⅱ型安瓿甩水机

1—固定杆；2—安瓿；3—铝盘；4—转笼；5—不锈钢丝网罩盘；6—外壳；7—出水口；8—带；9—机架；10—电动机；11—刹车踏板

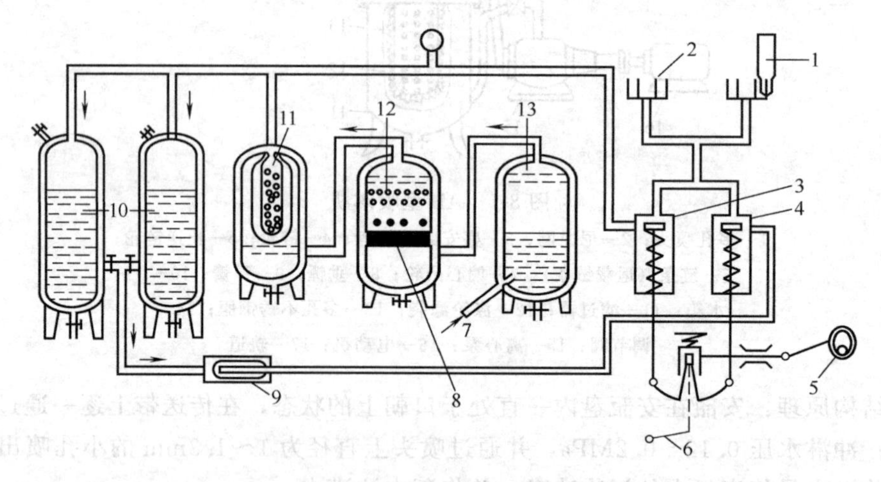

图 8-3　气水喷射式安瓿洗瓶机组工作原理示意

1—安瓿；2—针头；3—喷气阀；4—喷水阀；5—曲轴；6—脚踏板；7—压缩空气进口；8—木炭层；9，11—双层涤纶袋滤器；10—水罐；12—瓷环层；13—洗气罐

安瓿洗涤的应用：本机与灌封机组成洗、灌、封联动机；本机与超声波洗涤相结合；只用洁净空气吹洗；采用密封安瓿，使用时在净化空气下火焰开口，直接灌封。

二、超声波安瓿洗瓶机

制剂生产的连续作业中采用连续回转超声波洗瓶机，其原理如图 8-4 所示。

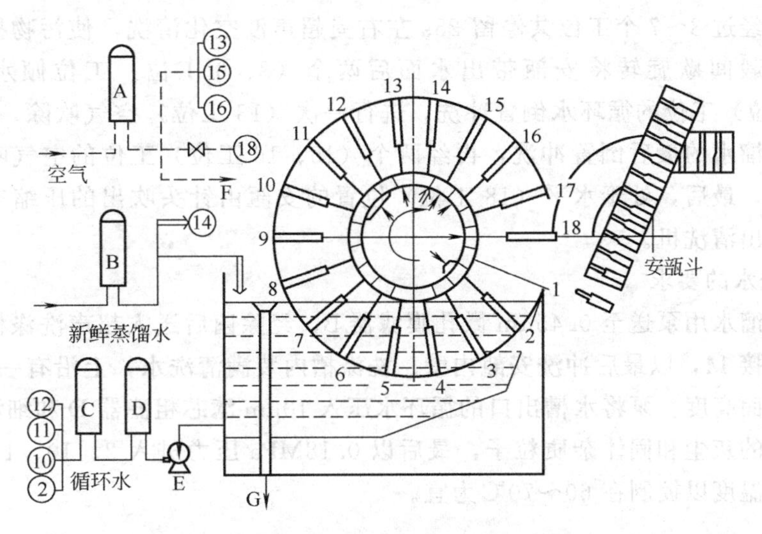

图 8-4　18 工位连续回转超声洗瓶原理图

1—引瓶；2—注循环水；3，4，5，6，7—超声清洗；8，9—空位；10，11，12—循环水冲洗；13—吹气排，14—注新蒸馏水；15，16—吹净化气；17—空位；18—吹气送瓶；②，⑩～⑫—各循环水管的接口；⑭—新鲜蒸馏水管的接口；⑬，⑮，⑯，⑱—各吹气工位管接口；A～D—过滤器；E—循环泵；F—吹除玻璃屑

1. 工作原理

浸没在清洗液中的安瓿在超声波发生器的作用下使安瓿与液体接触的液面处于剧烈的超声振动状态，产生一种“空化”作用，将安瓿内外表面的污垢冲击剥落，从而达到清洗安瓿的目的。所谓空化是在超声波作用下，液体中产生微气泡，小气泡在超声波作用下逐渐长大，当尺寸适当时因产生共振而闭合。在小泡湮灭时自中心向外产生微驻波，随之产生高压、高温，小泡长大时会摩擦生电，于湮灭时又中和，伴随有放电、发光现象，气泡附近的微冲流增强了流体搅拌及冲刷作用。“空化”作用所产生的搅动、冲击、扩散和渗透等一系列机械效应大部分有利于安瓿的清洗。

2. 结构

主机中配置一根水平轴，沿轴向有 18 列针毂，每排针毂上有沿径向辐射均布的 18 支针头。整个轴上有 18×18＝324 个针头的针毂构成可间歇绕水平分配轴芯回转的转盘。与转盘针毂内径动配合的固定轴芯外径的不同工位上配置有水、气管路接口，在转盘间歇转动时，各排针毂孔依次与循环水、压缩空气、新鲜蒸馏水等接口相通。固定轴芯分别接有循环水管及其系统、蒸馏水管及其系统、压缩净化气管及其系统。入口端配置引瓶器，出口处设置出瓶器。

3. 清洗过程和顺序

将安瓿排放在倾斜的安瓿斗中，安瓿斗下口与清洗机 1 工位针头平行，并开有 18 个通道。利用通道口的机械栅门控制，每次放行 18 支安瓿到传送带的 V 形槽搁瓶板上，18 支安瓿被推瓶器同时推向各自的针头。然后，传送带托住安瓿间歇地送到洗涤区（2～7 工位）。安瓿被引套向针头后，先在 2 工位经针头灌满循环水，而后于 60℃的超声水槽中经过3～7个工位共停留25s左右受超声波空化清洗，使污物振散、脱落或溶解。当针毂间歇旋转将安瓿带出水面后两个（8、9工位）工位倾水，再经三个（10～12工位）工位的循环水倒置冲洗，进行一次（13工位）空气吹除，在第14工位接受新鲜蒸馏水的最后倒置冲洗，再经两个（15、16工位）工位的空气吹净，即可确保洁净质量，最后，处于水平（18工位）位置的安瓿由针头吹出的压缩空气顶出，再由推送器推出清洗机。

4. 清洗水的要求

新鲜蒸馏水用泵送至0.45μm微孔膜滤器B，经除菌后送入超声洗涤槽。新鲜蒸馏水还被引到接14，以最后冲洗安瓿内壁。洗涤槽内装满清洗水，上沿有一个上溢流口，用以保持液面高度。泵将水槽出口的循环水压入10μm滤芯粗滤器D和细滤器C，以除去冲洗下来的灰尘和固体杂质粒子，最后以0.18MPa压力进入2、10、11、12四个接口。清洗液温度以控制在60～70℃为宜。

5. 特点

超声波安瓿洗瓶机采用了多功能的自控装置。

① 以针毂上回转的铁片控制继电器触点来带动水、气路的电磁阀启闭。

② 利用水槽液位带动限位棒使晶体管继电器动作，以启闭循环水泵。

③ 预先调节由接点压力式温度计的上下限，控制接触器的常开触点闭合，使得电热管工作，保持水温。

④ 另有一个调节用电热管，供开机时迅速升温用，当水温达到上限时打开常闭触点，调节用电热管则关闭。

ACX1/20-12型安瓿超声波洗瓶机的主要参数如下。

(1) 功率　超声波：0.5kW。电机：0.37kW。水泵：1.5kW。加热器：9kW。

(2) 工作压力　新鲜水：0.15MPa。循环水：0.25kPa。耗量：0.5m^3/h。

压缩空气：0.1MPa。耗量：60m^3/h。

(3) 生产能力　1～2ml　18000支/h；5ml　12000支/h；

10ml　8000支/h；20ml　6000支/h。

6. 维护与注意事项

(1) 对直流电机，切忌直接启动和关闭。启动时应使用调压器由最小调到额定使用值；关闭时先由额定使用值调到最小值，再切断电源。

(2) 注意进瓶通道内落瓶情况，及时清除玻璃屑，以防卡阻进瓶通道。

(3) 定时向链条、凸轮摆杆关节转动处加润滑油，以保持良好的润滑状态。

三、安瓿干燥灭菌设备

安瓿经淋洗只能去除稍大的菌体、尘埃及杂质粒子，还需通过干燥灭菌去除生物粒子的活性，达到杀灭细菌和热原的目的，同时也使安瓿进行干燥。常规工艺是将洗净的安瓿置于350～450℃温度下，保温6～10min或用120～140℃干燥0.5～1h。常用设备有远红外隧道式烘箱和电热隧道灭菌烘箱。按生产连贯性，又可分为间歇式和连续式。采用的能源有蒸汽、煤气和电热等。

1. 间歇式干燥灭菌箱

当产量较小时，采用间歇式干燥灭菌。箱体上下左右为夹套式，箱内装有加热排管。蒸汽先流过夹套，再流入排管。箱内温度取决于蒸汽压力和传热面积。

实验室采用小型灭菌干燥箱，多采用电热丝或电热管加热，并有热风循环装置和湿空气外抽功能。

2. 连续隧道式远红外煤气烘箱

远红外线是波长大于 5.6μm 的红外线，它是以电磁波的形式辐射到被加热物体上的，不需要其他介质的传递，所以加热快、热损小，能迅速实现干燥灭菌。

(1) 工作原理　任何物体的温度大于绝对零度（−273℃）时，都会辐射红外线。物体的材料、表面状态、温度不同时，其产生的红外线波长及辐射率均不同。水、玻璃及绝大多数有机体均能吸收红外线，而且特别强烈地吸收远红外线。对这些物质使用远红外线加热，效果会更好。

(2) 结构　隧道式远红外煤气烘箱是由远红外发生器、传送带和保温排气罩组成，具体结构如图 8-5 所示。

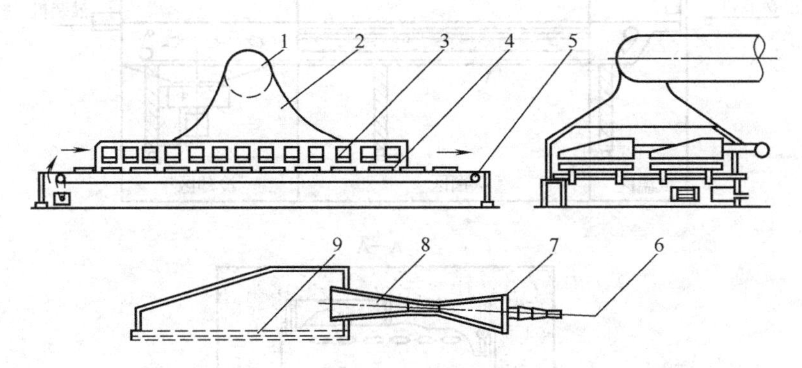

图 8-5　远红外隧道烘箱结构

1—排风管；2—罩壳；3—远红外发生器；4—盘装安瓿；5—传送链；
6—煤气管；7—通风板；8—喷射器；9—铬网

(3) 工作过程　瓶口朝上的盘装安瓿由隧道的一端用链条传送带送进烘箱。隧道烘箱分为预热段、中间段及降温段三段。预热段内，安瓿由室温升至 100℃左右，大部分水分在这里蒸发；中间段为高温干燥灭菌，温度可达 300～450℃，残余水分进一步蒸干，细菌及热原被杀灭；降温段是由高温降至 100℃左右，而后安瓿离开隧道。为了排除隧道内产生的湿热空气，在隧道顶部设有强制抽风系统，罩壳上部应保持 5～20Pa 的负压，以保证远红外发生器的燃烧稳定。

(4) 特点　结构简单，系统稳定；层流净化；输送带无级调速；石英管加热。

MSH 型高温灭菌隧道烘箱的主要参数如下。

网带传动电机功率：0.8kW　　温度调节范围：100～350℃

单台风机　功率：0.32　　风量：2250～2500m³/h　风压：280～330Pa

灭菌方式：远红外线加热　　冷却方式：100 级垂直层流冷却

(5) 操作和维护的注意事项

① 调风板开启度的调节。开机前需逐一调节每只辐射器的调风板，当燃烧器赤红

无焰时固紧调风板。

② 防止远红外发生器回火。压紧远红外发生器内网的周边，防止有缝隙漏煤气窜入发生器，引起发生器内或引射器内燃烧（回火）。

③ 安瓿规格与隧道尺寸匹配。不管何规格安瓿，其顶部要距远红外发生器平面15～20cm。

④ 定期清扫隧道和运动部位加油，保持润滑。

3. 连续电热隧道灭菌烘箱

连续电热隧道灭菌烘箱与超声波安瓿洗瓶机和多针拉丝灌封机配套组成联动生产线。连续电热隧道灭菌烘箱的结构原理如图 8-6 所示。

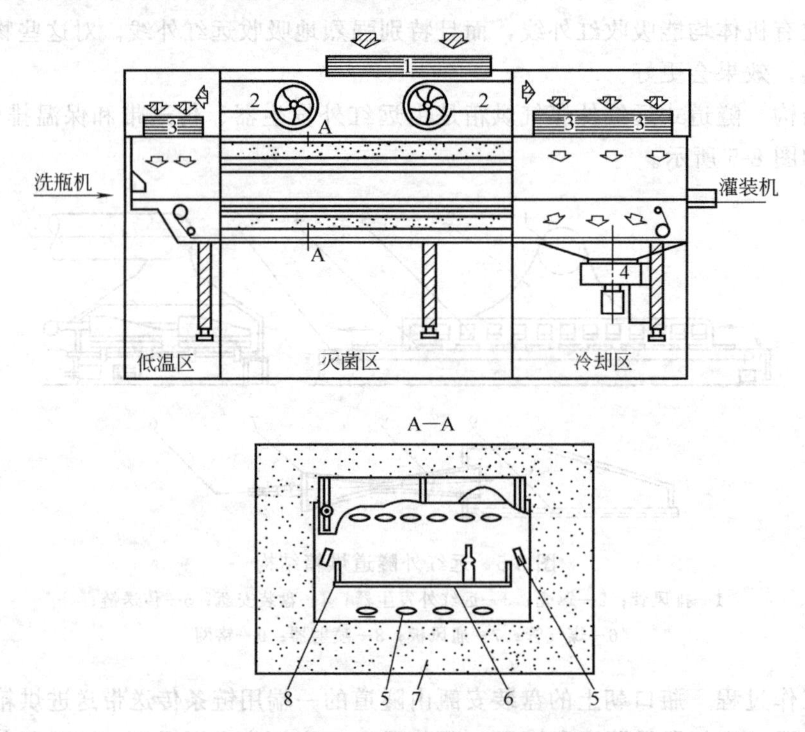

图 8-6 连续电热隧道灭菌烘箱的结构示意

1—中效过滤器；2—送风机；3—高效过滤器；4—排风机；5—电热管；6—水平网带；7—隔热材料；8—立网

烘箱由传送带、加热器、层流箱、隔热机架组成。

各部结构原理分述如下。

(1) 传送带由三条不锈钢丝编织网带构成。水平带宽 400mm，两侧垂直带高60mm，三者同步移动。传送带将安瓿水平运送进、出烘箱，防止偏移带外。

(2) 加热器由 12 根电加热管沿隧道长度方向安装，在隧道横截面上呈包围安瓿盘的形式（如图中 A—A 剖）。电热丝装在镀有反射层的石英管内，热量经反射聚集到安瓿上，热能得以充分利用。电热丝分两组，其一为电路常通的基本加热丝；其二为调节加热丝，由箱内额定温度控制其自动接通或断电。

(3) 烘箱前后各有 100 级层流空气形成垂直气流气幕，用以保证隧道进出口与外部污染的隔离；也可使出口处安瓿的冷却降温。中段干燥区产生的湿热气经另一可调风机排出箱外，干燥区要保持正压。

(4) 隧道下部有排风机 4，并装有调节阀门，可调节排出空气量。排风管出口处设有碎玻璃收集箱，以减少废气中玻璃细屑的含量。

(5) 温控功能由电路控制

① 层流箱未开或不正常时电热器不能使用。

② 平行流风速低于规定时，自动停机；待层流正常时，自动开机。

③ 电热温度不够时，传送带电机不运转，甚至前工序的洗瓶机也不能运转。

④ 生产完毕停机后，高温区缓缓降温，当降温至设定值时（100℃），风机会自动停机。

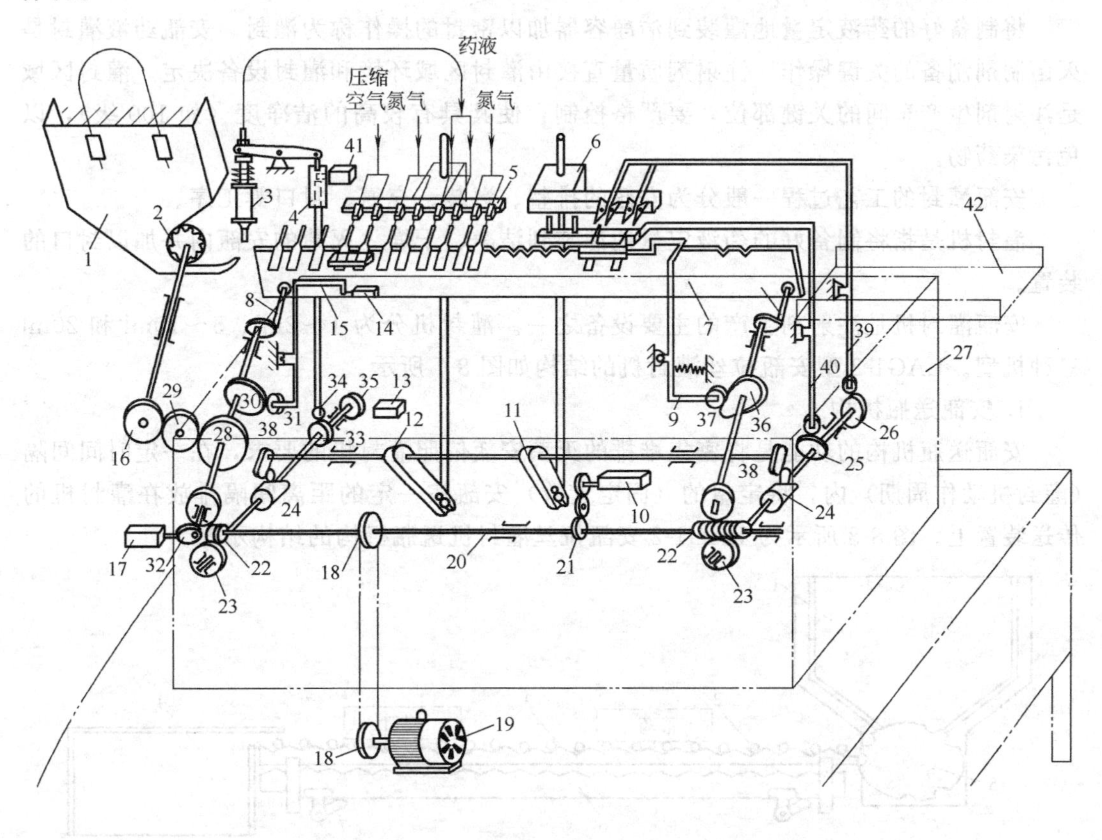

图 8-7　LAG1-2 型安瓿拉丝灌封机的结构示意

1—进瓶斗；2—拨瓶盘；3—针筒；4—顶杆套筒；5—针头架；6—拉丝钳架；7—移瓶齿板；8—移瓶曲轴（2）；9—封口压瓶杠杆及压瓶轮；10—转瓶盘齿轮箱；11—拉丝钳驱动拨叉；12—针头架驱动拨叉；13—氮气阀；14—止灌行程开关；15—灌装压瓶板；16，21，28，29—圆柱齿轮；17—压缩气阀；18—主、从动轴带轮；19—电动机；20—主轴；22—蜗杆（2）；23—上下蜗轮；24—圆柱凸轮；25—火头架凸轮；26—拉丝钳开合凸轮；27—机架；30—压瓶板凸轮；31，34，37，39—滚子从动件；32—压缩气阀凸轮；33—针筒泵顶杆凸轮；35—氮气阀凸轮；36—压瓶轮升降凸轮；38—拨叉轴压轮；40—火头摆动压轮；41—止灌电磁阀；42—出瓶斗

GMSU-4 型电热隧道灭菌烘箱的主要参数如下。

安装功率：30kW　输送方式：网带式　　　输送速度：60～220mm/min

净化风机风量：2250～3370m^3/h　　　　　风压：200～300Pa

温度调节范围：100～350℃　　　　　　　层流净化等级：100 级

SZA620/38 型安瓿灭菌干燥箱的主要参数如下。

电容量：47kW（其中电加热 38kW）　　生产能力：100～370 瓶/min

灭菌温度：320℃（可调）　　　　　　输送带宽度：600mm

压缩空气：30m^3/h　0.1～0.2MPa

适用规格：5 种安瓿、抗生素瓶、口服液瓶

四、安瓿灌封设备

将制备好的药液定量地灌装到洁净容器加以密封的操作称为灌封。安瓿药液灌封是灭菌制剂制备的关键操作。注射剂质量直接由灌封区域环境和灌封设备决定。灌封区域是注射剂生产车间的关键部位，要严格控制，使其具有较高的洁净度（如 100 级），以免污染药物。

安瓿灌封的工艺过程一般分为安瓿的排整、灌装、充氮、封口等工序。

灌封机是指将制备好的药液定量地灌装到洁净、干燥、灭菌的安瓿内并加以封口的装置。

安瓿灌封机是注射剂生产的主要设备之一。灌封机分为 1～2ml、5～10ml 和 20ml 三种机型。LAG1-2 型安瓿拉丝灌封机的结构如图 8-7 所示。

1. 安瓿送瓶机构

安瓿送瓶机构的功能是将密集堆排的灭菌安瓿依照灌封机的要求，在一定时间间隔（灌封机动作周期）内，将定量的（固定支数）安瓿按一定的距离间隔排放在灌封机的传送装置上。图 8-8 所示为 LAG1-2 安瓿拉丝灌封机送瓶机构的结构示意。

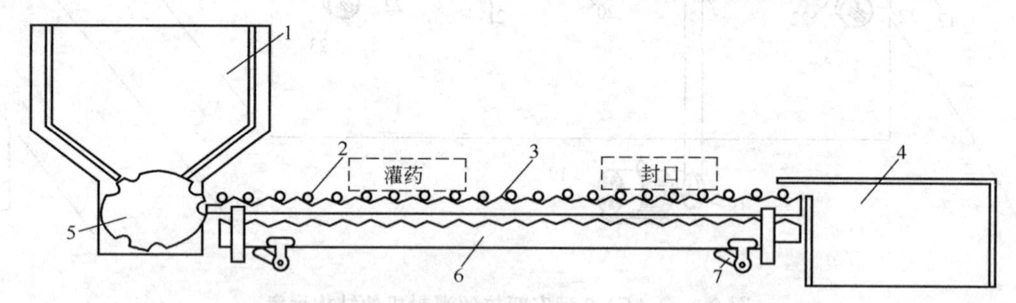

图 8-8　LAG1-2 安瓿拉丝灌封机送瓶机构示意

1—进瓶斗；2—安瓿；3—固定齿板；4—出瓶斗；
5—拨瓶盘；6—移瓶齿板；7—移瓶曲轴

安瓿送瓶机构的工作过程如下。将洗净灭菌后的安瓿放置在与水平呈 45°倾角的进瓶斗内，由齿轮带动的拨瓶轮运动，每转 120°将两支安瓿拨入固定齿板的调节齿板（适应安瓿规格）上。固定齿板有上、下（A、D）两条，使安瓿上、下两处不同直径的圆柱被搁置在上下 V 形齿槽上，安瓿也呈 45°倾角，口朝斜上方以便后序灌注和熔封。移动齿板也有上、下（B、C）两条，平行且处于上下固定齿板之间，如图 8-9 所示。

移动齿板由偏心轴带动做周转，先将安瓿从固定齿板上托起，然后圆弧越过固定齿板的齿顶，将安瓿移过两个齿距，如此周期动作，完成送瓶动作。偏心轮每转一周，安瓿右移2个齿距，依次经过灌药和封口两个工位，最后将安瓿送到出瓶斗。完成封口的安瓿在进入出瓶斗时，在移动齿板推动的惯性力及安装在出瓶斗前的一块斜置舌板的作用下，使安瓿由45°斜位再转45°呈竖立状态落入出瓶斗。应当指出，偏心轴在旋转一个周期内，前1/2周（即移动齿板与固定齿板重合位经上半周后再重合）用来使移动齿板完成托瓶、移瓶和放瓶的动作；后1/2周（即移动齿板放瓶结束又与固定齿板重合位，经下半周后再次重合）供安瓿在固定齿板上滞留期间来完成药液的灌注、充氮和拉丝封口动作。

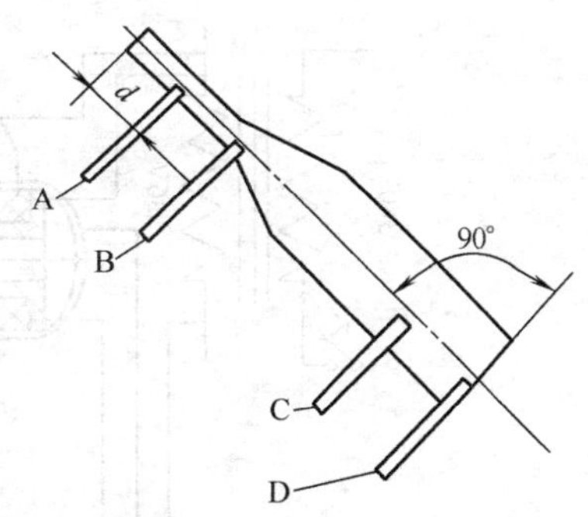

图 8-9 传动齿板的相对位置

A、D—上、下固定齿板；

B、C—上、下移瓶齿板

2. 安瓿灌装机构

灌装是将配制后的药液经计量，按一定体积注入到安瓿中去。充氮是为了防止药品氧化，可向安瓿内药液上部空间填充氮气以取代空气。

安瓿灌装机构要适应不同规格、尺寸的安瓿要求，计量便于调节，而且是数支安瓿同时灌注，相应要求有数套计量机构和灌注针头，充氮也需要数套充氮针头同时动作。当传送装置未送空安瓿进入灌注位时，能自动止灌，防止浪费药物。

图 8-10 所示为 LAG1-2 安瓿拉丝灌封机灌装机构的结构示意。该灌装机构的执行动作由三个分支机构组成。

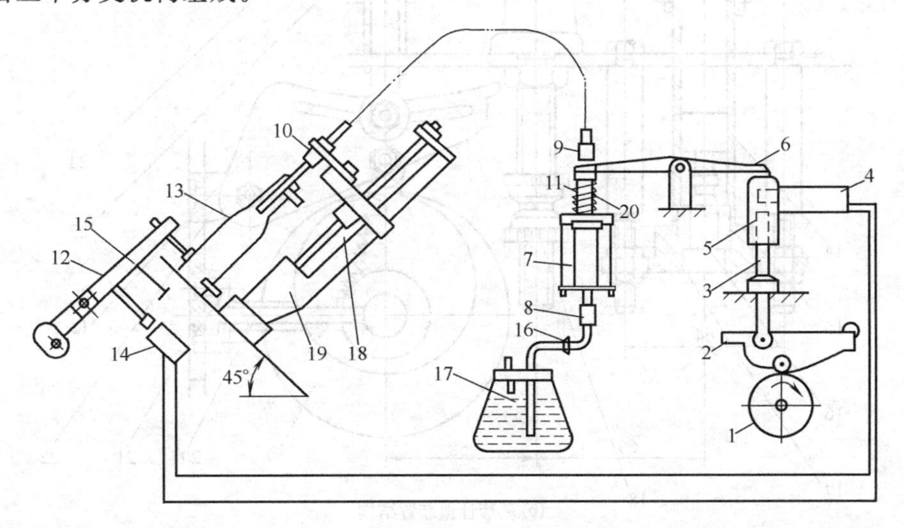

图 8-10 LAG1-2 安瓿拉丝灌封机灌装机构的结构示意

1—凸轮（33）；2—扇形板；3—顶杆；4—止灌电磁阀；5—顶杆套筒；6—压杆；

7—针筒；8，9—单向阀；10—针头；11—针筒弹簧；12—压瓶板杠杆组合；

13—安瓿；14—止灌行程开关；15—空瓶拉簧；16—螺丝夹；

17—储液罐；18—针头架；19—针头托架座

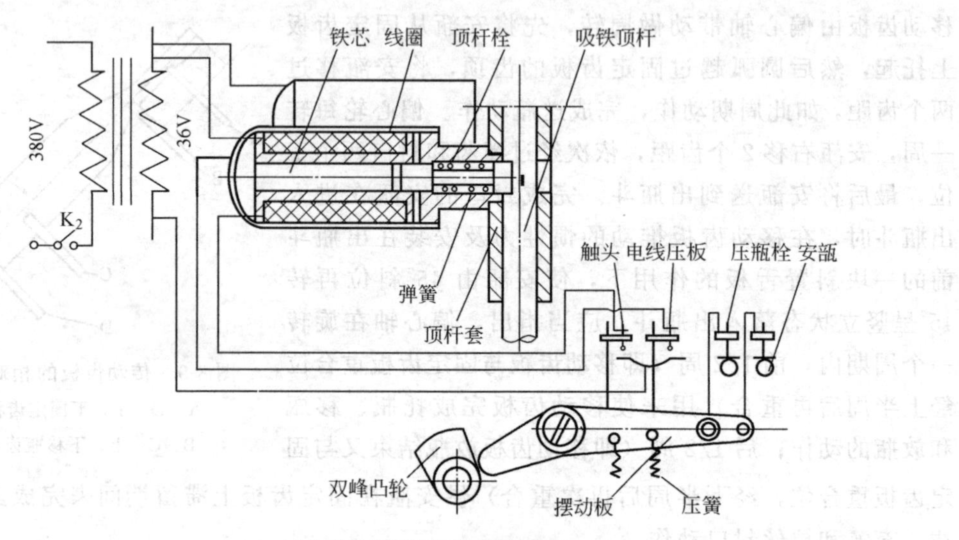

(a) 电磁铁控制的自动止灌装置

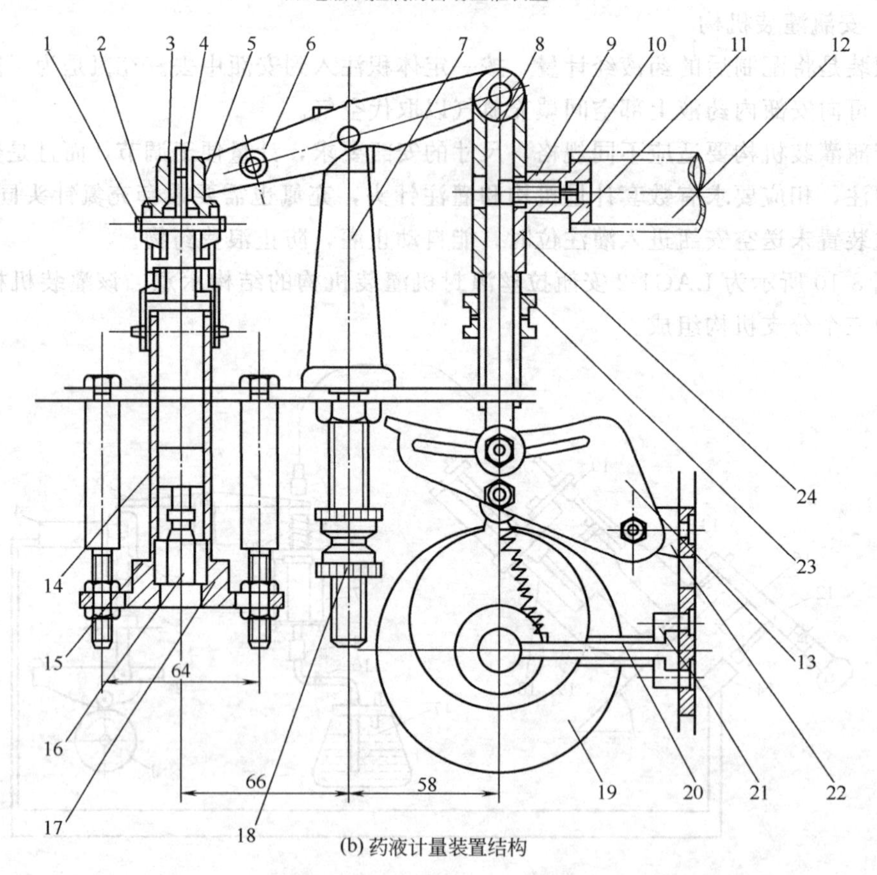

(b) 药液计量装置结构

图 8-11　缺瓶止灌装置结构原理

1—复位弹簧（2）；2—泵盖（2）；3—泵头（2）；4—泵杆（2）；5—泵套（2）；6—连板（4）；7—灌注立柱（1）；8—吸铁顶杆（2）；9—顶杆栓（2）；10—顶杆栓弹簧（2）；11—吸铁座（2）；12—电磁吸铁（2）；13—扇子板（1）；14—活塞筒（2）；15—活塞（2）；16—套管座（2）；17—泵座（2）；18—灌注立柱螺帽（2）；19—凸轮（1）；20—拉簧及支架（1）；21—大挂脚（1）；22—扇子板座（1）；23—调整螺帽（4）；24—顶杆导套

（1）凸轮-杠杆机构　其功能是驱动活塞将药液从储液罐中吸入针筒内并向针头进行输送。它的传动原理是：凸轮 1 连续转动，驱动扇形板 2 转换为顶杆 3 的上下往复运动，再转换为压杆 6 的上下摆动，最后转换为筒芯在针筒 7 内的上下往复移动。当筒芯在针筒内向上移动时，筒下部产生真空，下单向阀 8 开启，药液由储液罐 17 中被引入针筒的下部；当筒芯向下移动时，下单向阀 8 关闭，针筒下部的药液通过底部的孔进入针筒上部。筒芯上移，上单向阀 9 受压而自动开启，药液通过导管及伸入安瓿内的针头 10 而注入安瓿 13 内，与此同时，针筒下部因筒芯上提造成真空再次吸取药液。如此循环，完成安瓿的灌装。

（2）灌注-充氮机构　其功能是提供针头进出安瓿灌注药液、充氮的同步动作。针头 10 固定在针头架 18 上，并随针头架座 19 上的圆柱导轨（也呈 45°）作上下滑动，向上为拉出针头，向下为向安瓿灌注、充氮。一般为净化压缩空气、充氮、灌注、再充氮针头各 2 个，共有 8 支针头在针头架上同步动作。对于吹气针头，单机型需设置，联动机可不设置。

（3）缺瓶止灌装置　其功能是当送瓶机构因某种故障致使在灌装工位出现缺瓶时，能自动停止灌注，以防药液的浪费和污染，其结构原理如图 8-11 所示。

在灌装位针头下移进入安瓿时，压瓶板理应压住安瓿防止安瓿漂移。当因故空缺安瓿，压瓶板无瓶可压或单支偏斜，拉簧拉动摆动件偏转，摆动件下方的下触头与行程开关相接触，使行程开关闭合，开关回路上电磁阀动作，拉出连接顶杆与导套管的横销。此时即使凸轮顶动扇板，再顶动顶杆上移，但因起销栓作用的横销（与衔铁杆一体）被通电的电磁铁拉出，致使顶杆与套筒间相对滑动而不能使与杠杆连接的顶杆套筒作上下移动，也不会使杠杆摆动。于是针筒不动，就停止了泵液动作，从而实现了缺安瓿处自动止灌。

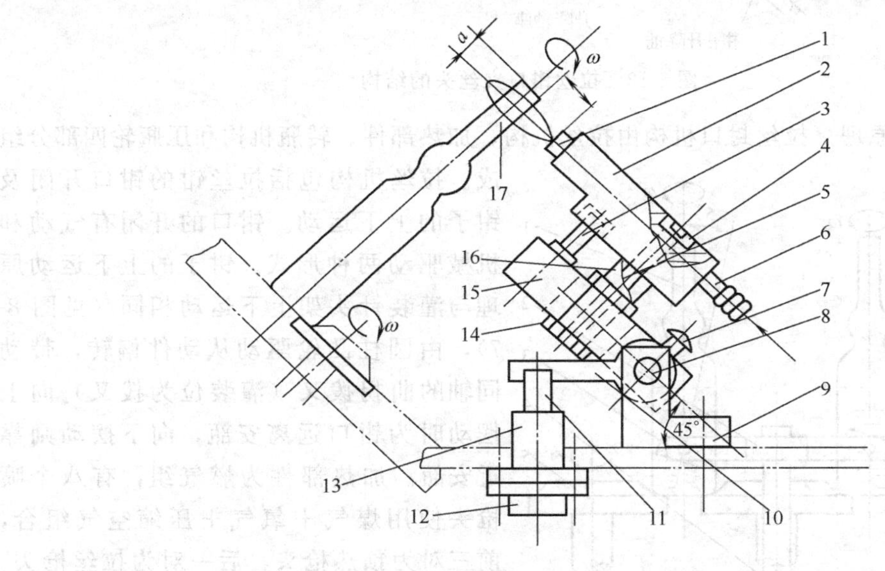

图 8-12　拉丝钳封口机构的火头位置

1—喷枪头；2—喷枪；3—定位柱；4—枪身紧定螺钉；5—压缩弹簧；6—进气管；7—摆杆紧定螺钉；8—喷枪座轴；9—枪座轴架；10—摆杆；11—顶杆；12—顶杆套；13—定位套；14—枪身定位柱套；15—枪身座；16—喷枪定位柱；17—安瓿

3. 安瓿拉丝封口机构

安瓿封口方式有熔封和拉丝两种。熔封是指旋转安瓿瓶颈在火焰加热中熔融，借助玻璃熔融的表面张力作用而闭合的一种封口形式。拉丝是指当安瓿瓶颈在火焰加热下熔融时，用机械或气动拉丝钳将瓶颈以上多余的玻璃强力拉走，加上安瓿自身旋转动作，将瓶颈闭合密封的封口形式。图 8-12 所示为拉丝钳封口机构的火头位置示意。图 8-13 为拉丝钳口夹丝头的结构图。

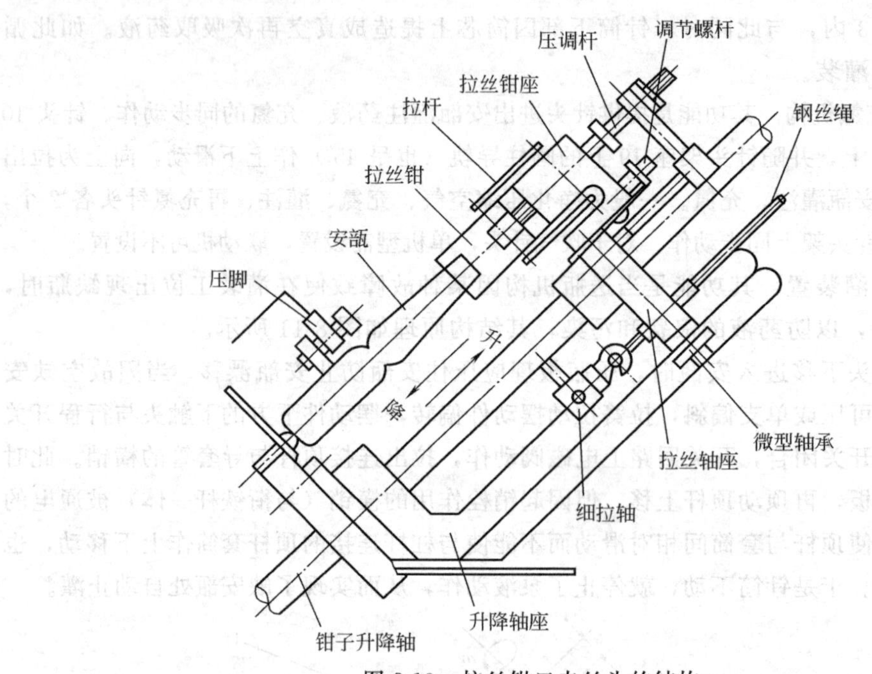

图 8-13 拉丝钳口夹丝头的结构

(1) 结构原理 拉丝封口机构由拉丝机构、加热部件、转瓶机构和压瓶轮四部分组成。拉丝机构包括拉丝钳的钳口开闭及钳子的上下运动。钳口的开闭有气动和机械驱动两种形式。钳子的上下运动原理与灌装针头架上下运动相同（见图 8-7），由圆柱凸轮驱动从动件偏转，带动同轴的曲拐拨叉（灌装位为拨叉）向上摆动时为钳口远离安瓿，向下摆动则靠近安瓿。加热部件为燃气组，有八个喷枪头使用煤气＋氧气＋压缩空气组合，前三对为预热枪头，后一对为拉丝枪头。要求喷枪火焰必须与安瓿中心线垂直，与主面板成 45°角；预热枪头与安瓿颈头距离为 7～12mm，拉丝枪为 5～9mm；有的机型还要求枪头跳摆。安瓿转瓶机

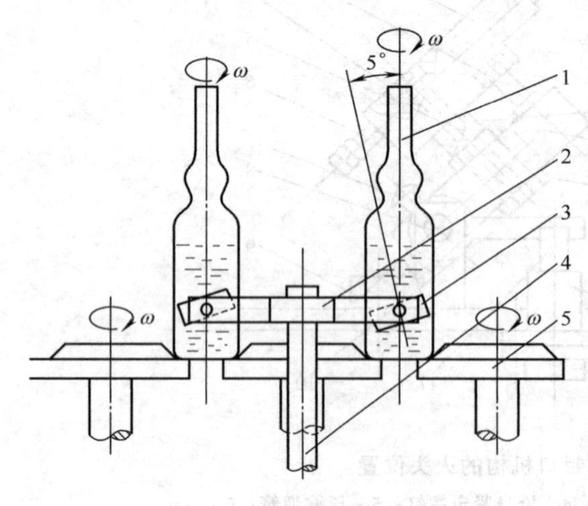

图 8-14 安瓿转瓶机构

1—安瓿；2—压瓶座；3—压轮；

4—压瓶座轴；5—转瓶轴

构如图 8-14 所示。

在加热区，固定齿板下板处加装 9 个带塑胶的小齿轮，由齿轮箱驱动同向旋转，相邻 2 个小齿轮驱动并支撑 1 个安瓿转动，在安瓿底装有球面定心顶针；上固定齿板在此区内也装有托轮，用以支撑安瓿颈；在每 2 个安瓿间上侧由 1 个压轮压紧安瓿，一则压住安瓿不致被拉丝钳拉走，二则加大正压力从而增加小齿轮带动安瓿的摩擦力；此三处轮组可使安瓿在加热过程中旋转，保证加热均匀、拉丝顺利、密封可靠。

(2) 拉丝过程　已灌装药液的安瓿经移动齿板传递到封口位置时，安瓿边转边加热，预热段火焰温度达到 750℃，拉丝位可达 1400℃左右；当安瓿颈部周围加热到一定火候时，拉丝钳口张开向下移动，在钳口处最低位时拉丝钳合拢将安瓿头部钳住，钳子上移时将安瓿熔化丝头抽出并由于安瓿回转而使安瓿闭合严密。当拉丝钳达最高位时拉丝钳张开、闭合两次，将拉出的废丝头甩掉，从而完成拉丝动作。安瓿封口完成后，凸轮驱动摆杆将压瓶轮抬起，移动齿板将封口的安瓿移至出瓶斗呈直立状态。

4. LAG1-2 安瓿拉丝灌封机的主要参数

燃气耗量：1.2m^3/h　　压力：0.1～0.2MPa

氧气耗量：0.7m^3/h　　压力：0.1～0.2MPa

生产能力：1～2ml　4200 支/h；5～10ml　3000 支/h

装机容量：0.37kW

5. 灌封过程中的故障及排除方法

(1) 冲液现象　冲液是指在注液过程中，药液从安瓿内冲起溅在瓶颈上方或冲出瓶外。其后果是造成药液浪费、容量不准、封口焦头、封口不密等问题。

解决的措施如下。

① 改变针头出口方向。采用三角形的开口，中间拼拢，使药液沿安瓿瓶身进液，而不直冲瓶底，减少了注入瓶底的反冲力。

② 调节针头进入安瓿的位置，使其恰到好处。

③ 凸轮的设计要使针头吸液和注药的行程加长，不给药时段内，行程缩短，保证针头出液先急后缓。

(2) 束液　束液是指注液结束时，针头上不得有液滴挂在针尖上。束液不好的后果是：易弄湿安瓿颈，既影响注射剂容量，又会出现焦头或封口时瓶颈破裂等问题。

解决的措施如下。

① 灌药凸轮的设计，要使其在注液结束后返回快。

② 玻璃单向阀设计有毛细孔，使针筒在注液完成后对针筒内的药液有微小的倒吸作用。

③ 一般生产时，常在储液瓶和针筒连接的导管上夹一只螺丝夹，靠乳胶管的弹性作用控制束液。

(3) 封口火焰调节　封口火焰的温度直接影响封口质量。易产生“泡头”、“瘪头”、“尖头”等问题，产生的原因及解决方法如下。

① 泡头。煤气太大，火力太旺导致药液挥发，需调小煤气；预热枪火头太高。可适当降低火头位置；主火头摆动角度不当，安瓿压角未压妥，使瓶子上爬，应调整压角

位置；钳子太低，造成钳去玻璃太多，玻璃内药液挥发，压力增加，形成泡头，需将钳子调高。

② 瘪头。瓶口有水迹或药液，拉丝后因瓶口液体挥发，压力减少，外界压力大而瓶口倒吸形成平头，可调节灌装针头位置和大小，不使药液外冲；回火火焰不能太大，否则会使已圆好的瓶口重熔。

③ 尖头。预热火焰太大，加热火焰过大；使拉丝时丝头过长，可把煤气量调小些；火焰喷枪离瓶口过远，加热温度太低，应调节中层火头，对准瓶口，离瓶 3～4mm；压缩空气压力太大，造成火力急，温度低于玻璃软化点，可将空气量调小一点。

封口火焰的调节是封口好坏的首要条件，封口温度一般调节为 1400℃，可由煤气和氧气压力来控制，煤气压力大于 0.98kPa，氧气压力 0.02～0.05MPa。火焰头部与安瓿瓶颈间最佳距离为 10mm。因为前面有预热火焰，当预热火焰使安瓿颈加热到微红时，再移入拉丝火焰熔化拉丝。

6. 安瓿灌封机的使用、维护

(1) 灌封机的使用维修保养

① 每次开车前，应先检查滤药澄明度，再进行灌封机注药检查（每台机注药 1000～2000ml，盛于专用清洁的塑料药杯中，并用 250ml 的玻璃瓶取样检查药液澄明度）。

② 每次开车前，应先用手轮摇机，待各运动部件运转正常后，拨出插轮，再开动电机。

③ 对好针头（充药针头、惰性气体针头、吹气针头）；将已洗烘灭菌并经检选合格的安瓿放入安瓿斗中。

④ 先微开燃气阀点燃燃气头，再开助燃气调好火焰，开车检查灌封和拉丝情况；是否有碴瓶口、漏药、容量不准、通风不均等，并取出灌封后的安瓿 20～30 支，检查封口是否严密、圆滑、药液澄明度是否合格，检查合格后，才能正常工作。要随时剔除炭化、泡头、漏水等不合格品。

⑤ 在生产有填充气体的针药时，应根据产品要求通 CO_2 或 N_2，并检查管路和针头是否通畅，有无漏气现象。还应注意通气量大小，一般以药液面微动为准。

⑥ 生产过程中，应及时清理设备上的碎玻璃及药液。结束工作时，彻底清理卫生，先用压缩空气吹净设备上的碎玻璃，再用水或酒精擦净设备上的油污和药液。

⑦ 传动零件的润滑条件差，必须定时注油润滑。生产中，一般每隔 2h 在各注油孔加油一次。结束工作时，对所有的注油孔加油，并空车运转使其润滑。

⑧ 停机时拉丝钳应避免停留在火焰区，以免拉丝钳口长时间受高温而损伤。

⑨ 停机时，应先关电源开关，再依次关燃气阀门和助燃气阀门。

⑩ 灌封机要每周大擦洗一次，每月大保养一次，每季小修一次，每年大修一次。

此外，还要以观察燃烧头的火焰大小来判断燃烧是否良好，因为燃烧头的小孔使用一段时间后易因积炭堵塞或小孔变形而影响火力。

(2) 惰性气体使用方法

① 使用惰性气体时，打开总开关，再慢慢开启高压气瓶阀门。当压力表的压力值

达到高限时，高压信号铃响，再将阀门开大一点即可。

② 第一次开始使用时，调整定值器，定到所需气量。以后使用时就不可随便变动。

③ 当听到低压信号铃响时，说明瓶内气压不足，应该更换新瓶。

五、安瓿洗灌封联动机

安瓿洗灌封联动机是一种将安瓿洗涤、烘干灭菌以及药液灌封三个步骤联合起来的生产线。它实现了注射剂生产承前联后的同步协调操作，减少了半成品的中间周转，使药液污染降低到最小限度。联动机由安瓿超声波清洗机、安瓿隧道灭菌和多针拉丝安瓿灌封机三部分组成。除了可以连续操作外，每台单机可据工艺需要，进行单独的生产操作。图 8-15 所示为 BXSZ1-20 型安瓿洗灌封联动机的结构原理图。

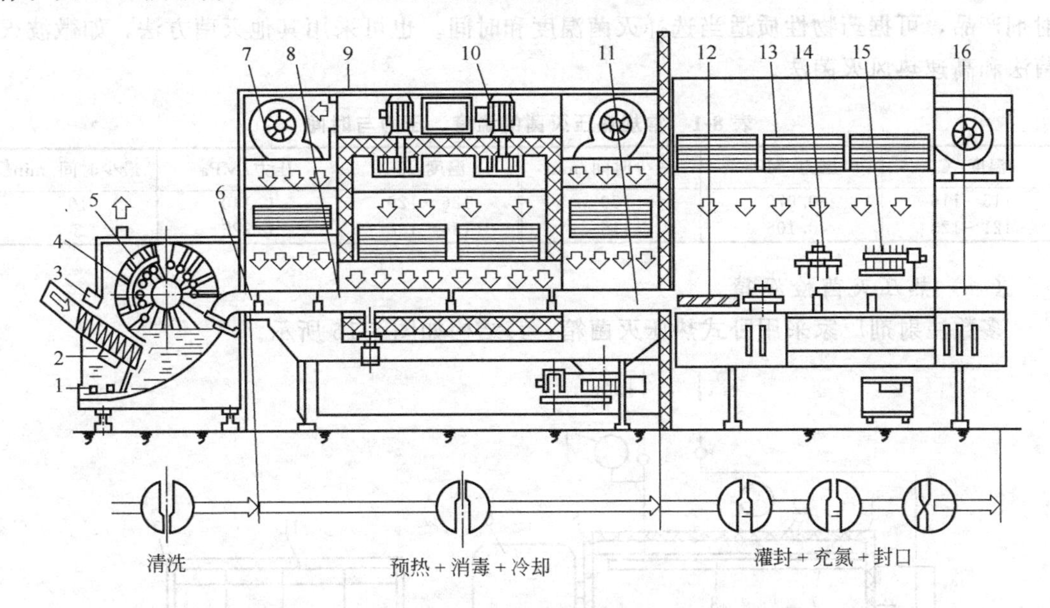

图 8-15　BXSZ1-20 型安瓿洗灌封联动机的结构原理图

1—水加热器；2—超声波换能器；3—喷淋水；4—冲水、气喷嘴；5—转鼓；6—已洗安瓿及出瓶轨道；7—预热区风机；8—高温灭菌区；9—高温高效过滤器；10—高温层流风机；11—冷却区及风机；12—预热区风机（不等距螺杆分离）；13—洁净层流罩；14—充气灌药工位；15—拉丝封口工位；16—成品出口

本机的主要特点如下。

① 采用了先进的超声波清洗、多针水气交替冲洗、热空气层流消毒、层流净化、多针灌装和拉丝封口等先进生产工艺和技术。全机结构紧凑，安瓿进出料采用串联式，可避免交叉污染。

② 适合于 1ml、2ml、5ml、10ml、20ml 五种安瓿规格，通用性强、规格更换件少且更换容易。但安瓿洗灌封联动机价格昂贵、部件结构复杂，对操作人员的操作水平要求较高，维修较困难。

③ 全机设计考虑了运转过程的稳定可靠性和自动化程度，采用了先进的电子技术和微机控制，实现了机电一体化，使整个生产过程达到自动平衡、监控保护、自动调温、自动记录、自动报警和故障显示。生产全过程是在密闭或层流下工作的，符合

GMP 要求。

BXSZ1-20 型安瓿洗烘灌封联动机组的主要参数如下。

电容量：56kW

生产能力：1～2ml　22000 支/h；5ml　16000 支/h；10ml　11000 支/h

六、安瓿灭菌检漏设备

注射剂必须无菌并且符合药典检查要求，这是注射剂的重要标准之一。为确保注射剂的内在质量，对灌封后的安瓿必须进行高温灭菌，以杀死可能混入药液或附在安瓿内壁的细菌及热原，确保药品无菌。水针一般采用热压蒸汽灭菌。常规热压灭菌的温度、压力与时间见表 8-1。而对于 10～20ml 安瓿注射剂可延长时间 50%。对某些特殊的注射剂产品，可据药物性质适当选择灭菌温度和时间。也可采用其他灭菌方法，如微波灭菌法和高速热风灭菌法。

表 8-1　常规热压灭菌的温度、压力与时间

温度/℃	压力/MPa	最少时间/min	温度/℃	压力/MPa	最少时间/min
115～116	0.070	30	126～129	0.140	10
121～123	0.105	15	134～138	0.225	3

(一) 热压灭菌检漏箱

多数注射剂厂家采用卧式热压灭菌箱，其结构如图 8-16 所示。

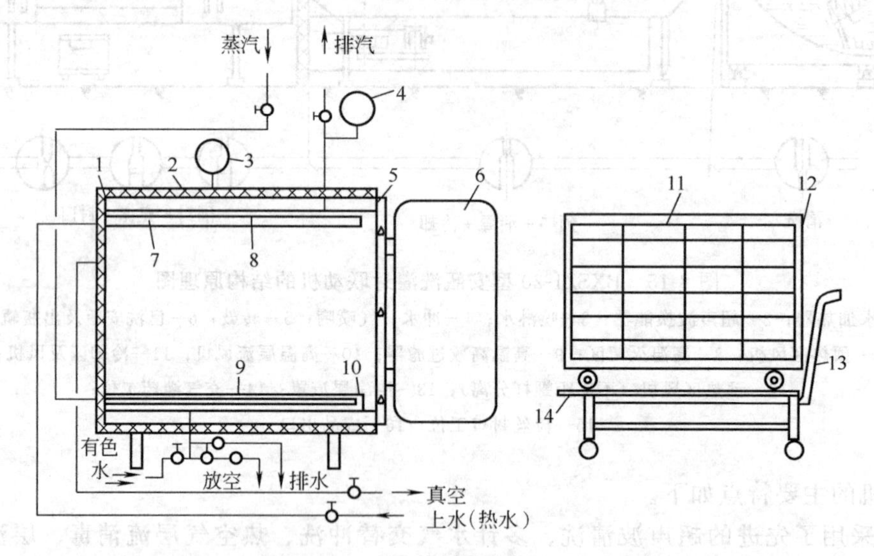

图 8-16　热压灭菌箱结构示意

1—保温层；2—外壳；3—安全阀；4—压力表；5—高温密封圈；6—箱门；7—淋水管；8—内壁；9—蒸汽管；10—消毒箱轨道；11—安瓿盘；12—格车；13—小车；14—格车轨道

热压灭菌箱箱体分为内外两层，由坚固的合金制成。外层有保温材料，箱内有轨道，轨道上可载有数层格的格车，格车上有活动的网格架。格车进出箱可用搬运车，方便装卸灭菌安瓿。箱内装有淋水排管和蒸汽排管，箱体外可连接蒸汽进管、排水管、进水管、真空管和有色水管等。灭菌箱门由人工开关，关门后转动锁轮，若干插销销紧箱门，构成压力容器。箱外上方还装有安全阀和压力表。

热压灭菌箱的工作程序有灭菌、检漏、冲洗三个功能。

1. 操作过程

(1) 高温灭菌操作过程　灭菌箱使用时，先开蒸汽阀，让蒸汽通入夹层中加热约10min，以去除夹层中的空气，夹层压力表读数上升到灭菌所需要压力。用搬运小车将装有安瓿的格车沿轨道推入灭菌箱内，关闭箱门并将门匝旋紧。待夹层加热完成后，再将蒸汽通入柜内，控制一定压力。当箱内温度上升到灭菌温度（如115.5℃）时，开始计时，柜内压力表应固定在规定压力（如70kPa）。在灭菌时间到达后，先关蒸汽阀，再开排气阀，排出箱内蒸汽，使压力降至“0”点，灭菌过程结束。然后，开门、冷却、拉车，取出安瓿盒。

(2) 高温灭菌的注意事项

① 操作的关键是全程使用饱和蒸汽。因此，在推进药车前，必须将柜内的空气全部排除。

② 灭菌时间是指从瓶内全部药液温度达到所要求的温度时算起。

③ 灭菌完毕后停止加热，必须使柜内压力逐渐降到0，才可放出柜内残余蒸汽。

④ 柜内压力和大气压力相等后稍稍打开柜门，然后缓慢打开。这样可以避免柜内外、瓶内外的压差和温差太大使药品从柜内冲出或药瓶炸裂。

灭菌箱的工作程序有灭菌、检漏、冲洗三个功能。

2. 色水检漏

安瓿灌封过程中可能出现质量问题，如冷爆、毛细孔等难以用肉眼分辨出来，需用物理方法进行检漏。检漏方法有真空检漏和冷色水检漏。

(1) 真空检漏的操作原理　安瓿在灭菌后，先开门使安瓿温度降低，然后关闭箱门，将箱内空气抽出，当箱内真空度达到640～680mmHg[1]（约0.09MPa）时，保持15min以上，使封口不严密的安瓿内部处于相应的真空状态。然后，打开有色水管，使容器内吸入色水（常用0.05%亚甲基蓝或曙红溶液），将安瓿全部浸没于色水中，色水在压力作用下很容易渗入封口不严的安瓿内，使药液染色，成为不合格品与合格的密封性能好的安瓿的明显区别。

(2) 冷色水检漏的原理与过程　安瓿在灭菌后趁热将常温有色水压入箱内，安瓿突然遇冷时内部空气收缩形成负压，颜色溶液被漏气安瓿吸进瓶内，这时不合格品与合格品（未吸入色水）可初步分开。

3. 冲洗色迹

检漏之后，安瓿表面留有色迹，此时打开淋水排管放出热水，冲洗掉附着在安瓿外的色迹。至此，整个灭菌检漏工序全部结束。安瓿格车从灭菌箱内用搬运车拉出，干燥后，可直接剔除进色液的漏气安瓿，而大部分合格品则进入质量待检步骤。

（二）双扉程控消毒检漏箱

1. 双扉程控消毒检漏箱的结构原理

[1] 1mmHg＝133.322Pa。

它是卧式长方形，采用立管式环形薄壁结构。双扉门采用拉移式机械自锁保险，密封结构采用耐高温O形圈，利用特殊结构的气压推力使O形圈发生侧向位移，使双扉门达到自锁密封作用。当消毒室压力处于－0.01～0.01MPa范围外，门即自锁不能打开。箱内压力依靠硅橡胶O形圈的密封得到保证。程控式可按设定的温度、压力、真空度及持续时间的长短来操作，也可以按工艺要求用预先储存的三种程序来安排生产。

2. 工作过程

工作时，未消毒的药品从箱的一端进入，经过箱内消毒灭菌后在箱内大于700mmHg真空时，注入与药液不同颜色的色水（红或蓝色），封口不密的安瓿便吸进色水，从而区别合格与不合格产品。已灭菌的药品从箱的另一个门取出，能使产品消毒前后严格分开。

七、擦瓶机

安瓿经灭菌检漏后虽经热水冲色，但安瓿外表面仍残留水渍、色斑和影响印字的不洁物，个别的漏液安瓿，也会污染其他安瓿外表面，因此在工艺上要求擦瓶，为印字做准备。擦瓶机的结构如图8-17所示，其原理如图8-18所示。

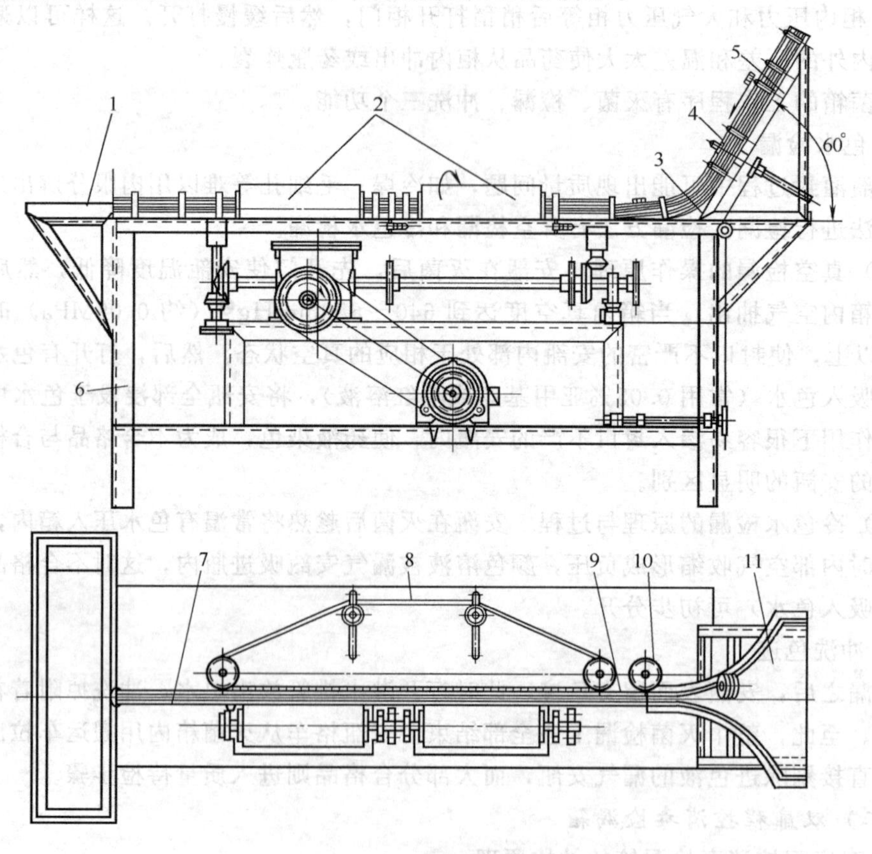

图8-17　安瓿擦瓶机结构

1—出瓶托盘；2—擦辊；3—导轨；4—花轮；5—斜支架；6—机架；7—出瓶轨道；8—行走带；9—拨轮带；10—拨轮；11—下料盘

1. 结构

擦瓶机主要由进瓶盘、花轮、进瓶轨道、拨轮、行走带、擦辊、出瓶轨道及出瓶盘组成。

2. 原理和工作过程

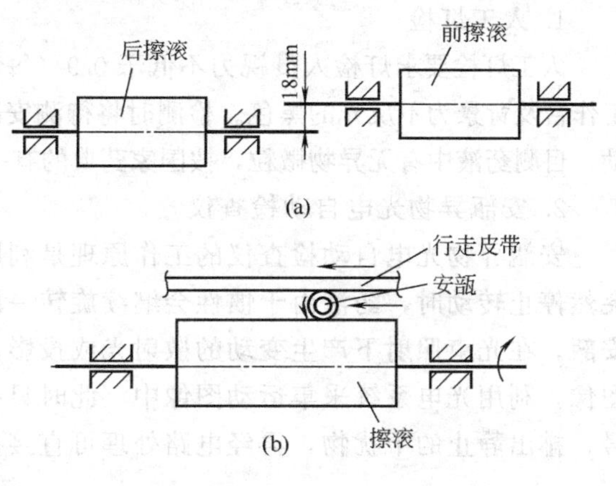

图 8-18　安瓿擦瓶机原理图

已灌封并消毒灭菌的安瓿放入与水平面呈 60°倾角的进瓶盘，使安瓿形成下滑的重力，在进瓶盘中有一花轮向上（逆时针）拨动，让安瓿顺利进入进瓶盘轨道；在进瓶轨道下口有拨轮顺时针向拨动安瓿依次进入仅容一支安瓿的水平轨道栏杆，然后，由行走带摩擦带动安瓿边转边移动前进经过两组擦辊部位。擦辊由胶棒和干绒布套组成。擦辊轴水平卧置于行走带的另一侧，由链轮驱动旋转（由辊上经安瓿表面），其第一组擦辊直径稍大，用于揩擦安瓿的中上部，第二组擦辊直径稍小，用于揩擦安瓿的中下部。安瓿逐个经过两组擦辊，其大直径的瓶身圆柱面经过两组擦辊摩擦后，应印字部位被擦拭干净。擦拭过后的安瓿，被后边的安瓿推动沿轨道栏杆移至出瓶盘。

3. 使用与保养

(1) 使用方法

① 根据所擦安瓿的规格来调整进、出瓶轨道及行走带与擦辊之间的距离，使安瓿在擦拭中松紧适中，既要通过顺利，又要擦拭干净。

② 将消毒后的安瓿装满进瓶盘，一般不超过 600 支。开车前，操作者先用手引动安瓿进入轨道，并使第一支安瓿进入擦拭区；再点动按钮进行试车，待安瓿能顺利通过并检查擦拭情况良好后方可按动连续工作按钮，使机器连续运转。

③ 连续工作中应定时检查擦拭质量，以防工作中，设备的调整部分的松动，而降低擦拭质量。

④ 工作后对所有需要润滑的部位进行注油。

(2) 注意事项

① 安瓿规格要符合标准要求，否则会引起破碎。当出现破瓶时，应立即停车。用酒精将溅出的药液擦干净，清除碎玻璃片，以免引起粘连，运行不畅。

② 擦辊外表面的大绒布套，要保持清洁、干燥，缠绕方向不能搞错。

③ 安瓿外表面应保持干燥。

(3) 保养　定期检查机件，每三个月检查一次。检查轴承、齿轮、链轮、链条及其他活动部分的灵活性及磨损情况，发现缺陷应及时修理。

八、灯检设备

注射剂澄明度检查是保证注射剂质量的关键。在注射剂生产过程中难免会带入一些异物，如未滤去的不溶物、容器或滤器的剥落物及空气中的尘埃等，这些异物在人体内会引起肉芽肿、微血管阻塞及肿块等。通过澄明度检查可以发现这些异物，从而加以剔除。利用灯检还可以同时判别安瓿是否存在破裂、漏气、装量不足或过满等问题，也可以剔除空瓶、焦头、泡头、色点、浑浊、结晶、沉淀及其他异物等不合格的安瓿。

1. 人工灯检

人工灯检要求灯检人员视力不低于 0.9（每年必须定期检测视力），使用 40W 日光灯，工作台及背景为不反光的黑色。检测时将待测安瓿置于检查灯下距光源约 200mm 处轻轻转动，目测药液中有无异物微粒，按国家药典的有关规定查找不合格的安瓿并加以剔除。

2. 安瓿异物光电自动检查仪

安瓿异物光电自动检查仪的工作原理是利用旋转的安瓿带动药液一起旋转，当安瓿突然停止转动时，药液由于惯性会继续旋转一段时间。在安瓿停转的瞬间，以光束照射安瓿，在光束照射下产生变动的散射光或投影，背后的荧光屏上即同时出现安瓿药液的图像。利用光电系统采集运动图像中（此时只有药液是运动的）微粒的大小及多少的信号，排出静止的干扰物，再经电路处理可直接得到不溶物大小及多少的显示结果。再通过机械动作及时准确的将不合格安瓿剔除。

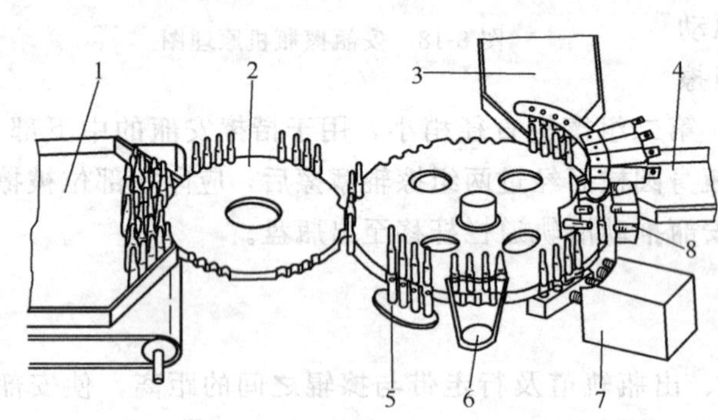

图 8-19　安瓿澄明度检查工位示意

1—进瓶盘；2—拨瓶盘；3—合格安瓿盘；4—不合格安瓿盘；5—顶瓶；6—转瓶；7—异物检查；8—空瓶、液量过少检查

图 8-19 所示为安瓿澄明度检查工位示意。

待检安瓿放入不锈钢履带上输送进拨瓶盘，拨瓶盘和工作台作同步间歇回转运动；安瓿 4 支一组经拨瓶盘间歇传递进入回转工作转盘，各工位同步进行检测。第一工位是顶瓶夹紧；第二工位安瓿被带动高速旋转，瓶内药液也高速翻转；第三工位是异物检查，安瓿停止转动，瓶内药液仍高速运动，光源从瓶底部透射药液，检测头接收药液中异物产生的散射光或投影，然后向微机输出检测信号；第四工位是空瓶、药液过少的检测，光源从瓶侧面透射，检测头接收信号整理后输入微机程序处理；第五工位是对合格品和不合格产品的最终处理，由电磁阀按微机指令程序动作，不合格品被电磁阀推向废品储瓶盘，实现剔除，合格品由轨道输送到合格储瓶盘。

九、安瓿印字机

灌封、检验后的安瓿需在瓶体上用油墨印写清楚药品名称、有效日期、产品批号等标记。安瓿印字机既是用来为安瓿印字的设备，同时也完成将印好字的安瓿摆放于纸盒里的工序。图 8-20 所示为 AY-5 型安瓿印字机的结构。

1. 结构原理

该机由安瓿盘、拨轮、出瓶轨道、转盘、印字轮、字版轮、油墨轮和输送带等组成。其工作原理为：经检合格的安瓿，放于安瓿盘内沿出瓶轨道依次进入连续转动的转盘。转盘上的安瓿随转盘转到与印字轮接触时，进行印字。印过字的安瓿，随转盘继续转动再落入纸盒内，由输送带输出。然后盖盒、贴签、包装成为产品。

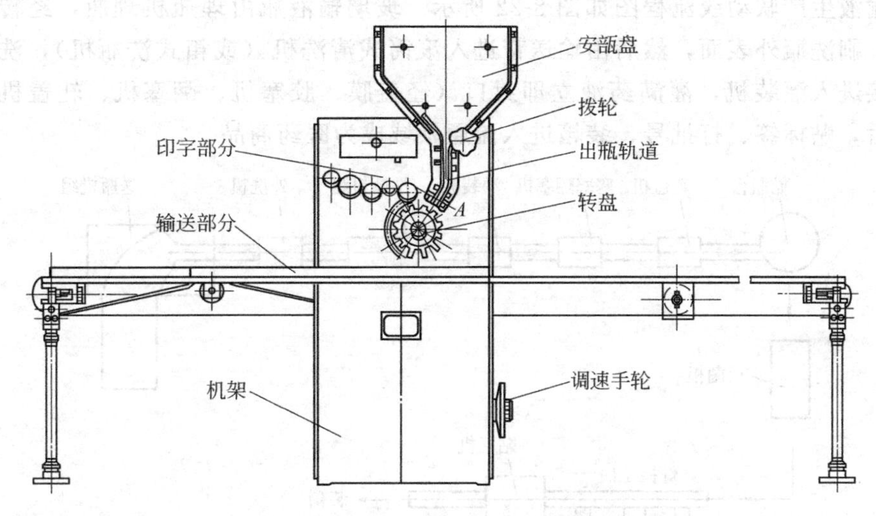

图 8-20　AY-5 安瓿印字机的结构

印字轮系统如图 8-21 所示。印字轮系统由油墨轮、往复轮、中间油墨轮、字版轮和印字轮等组成。其转印过程是油墨盒中的油墨因重力（或压力）滴落（或涂刷）到油墨轮上，与之相对转动的往复轮沿轴向往复移动，使油墨均匀转涂到油墨中间轮上，中间轮获得匀化的油墨再转涂到与之相对转动的字版轮上，字版轮上的正字字版（略高于轮面）得到油墨再将字印于印字轮上（字迹呈反写字形）；转瞬间，印字轮上的反字滚压到随转盘转运过来的安瓿柱面上，呈现正字，随后干燥固结在安瓿上。各轮均由齿轮系驱动，相邻两轮分别作相对转动。

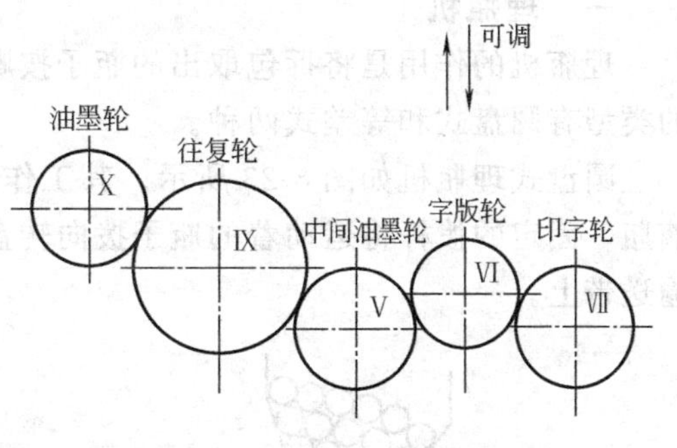

图 8-21　印字轮系统示意

2. 字版轮的结构

根据规定，安瓿表面一般有三行字：第一行是厂名、规格、注册商标；第二行是药名；第三行由若干数字构成，表示批号、生产日期。与其对应，字版上一、二行的字模相对不变做成一块铜版，第三行为活字版。字版的结构主要是将铜版和活字版安装在一个滚轮上并能自动调节，在安装中各字面高度始终保持一致。字版在字版轮上固定既要可靠又要方便拆卸，字版轮在安装位置上下可调。

第三节　输液剂生产设备

输液剂是指由静脉以及胃肠道以外的其他途径滴注入体内的大剂量注射剂。输液剂主要用于抢救危重病人，应付自然灾害、疫情，提供全胃肠外营养。输液剂的生产过程以及质量要求与溶液型注射剂基本相同，但容量却远大于注射剂，因此，输液剂又称为大容量注射剂，简称大输液。

大输液生产联动线流程图如图 8-22 所示。玻璃输液瓶由理瓶机理瓶，经转盘送入外洗机，刷洗瓶外表面，然后由输送带进入滚筒式清洗机（或箱式洗瓶机），洗净的玻璃瓶直接进入灌装机，灌满药液立即封口（经盖膜、胶塞机、翻塞机、轧盖机）和灭菌。此后，贴标签、打批号、装箱进入流通领域成为医药商品。

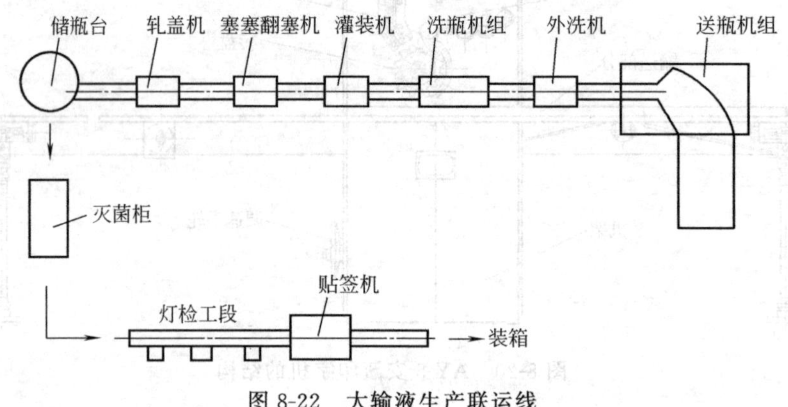

图 8-22 大输液生产联运线

一、理瓶机

理瓶机的作用是将拆包取出的瓶子按顺序排列起来，并逐个输送给洗瓶机。理瓶机的类型有圆盘式和等差式两种。

圆盘式理瓶机如图 8-23 所示。其工作过程为：低速旋转的圆盘上搁置着待洗的玻璃瓶，固定的拨杆将运动着的瓶子拨向转盘的周边，经由周边的固定围沿将瓶子引导至输送带上。

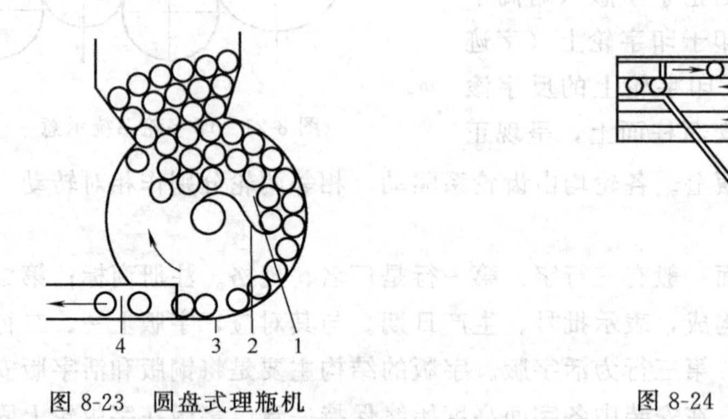

图 8-23 圆盘式理瓶机

1—转盘；2—拨杆；3—围沿；4—输送带

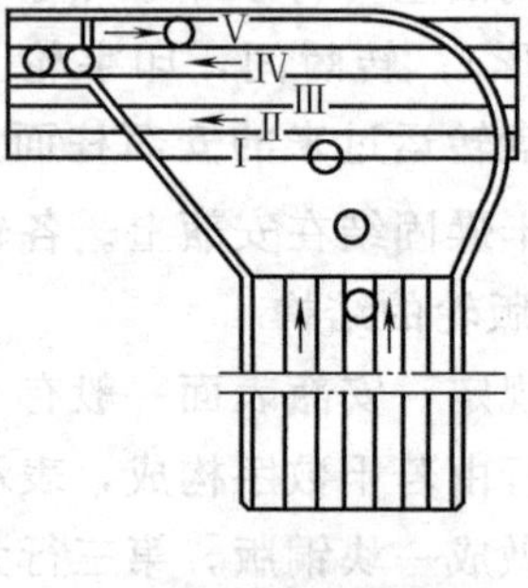

图 8-24 等差式理瓶机

等差式理瓶机如图 8-24 所示。其工作原理为：数根平行等速的进瓶传送带由链轮驱动同步向前，带上的输液瓶随带前进。与其相垂直布置的差速输送带利用不同齿数的链轮变速达到不同速度要求：第Ⅰ、第Ⅱ输送带以较低速度运行，第Ⅲ输送带的速度是第Ⅰ输送带的 1.18 倍，第Ⅳ输送带的速度是第Ⅰ输送带的 1.85 倍。差速是为了达到送瓶时避免形成堆积，保持逐个输入洗瓶的目的。在超过输瓶口的前方还有一条第Ⅴ带，它与第Ⅰ带的速度比是 0.85，且与Ⅰ、Ⅱ、Ⅲ、Ⅳ带的传动方向相反，其目的是把卡在出瓶口处的瓶子迅速带走。

二、外洗瓶机

外洗瓶机是清洗输液瓶外表面的设备，如图 8-25 所示，它由动力装置、传动装置、周洗装置、底洗装置、喷水装置等组成。

1. 工作过程

由传送带传送过来的玻璃瓶进入洗瓶箱中先经过周刷刷洗，再经过底刷刷洗，从而完成输液瓶的外部清洗。

2. 工作原理

输液瓶在输送带的带动下从两个相对转动的毛刷中间通过，相互运动产生摩擦，毛刷上方有喷淋水管，及时冲洗瓶子表面；然后，又经过转动的底刷刷洗瓶底，从而完成外洗任务。

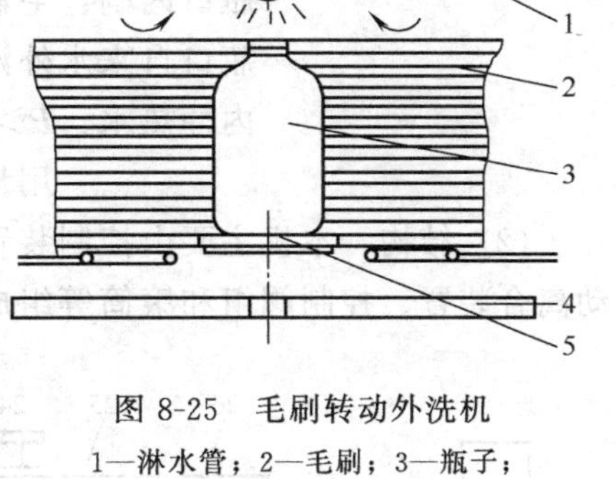

图 8-25　毛刷转动外洗机

1—淋水管；2—毛刷；3—瓶子；4—传动装置；5—输送带

3. WX50/500 型外洗机的主要参数

生产能力：720～2400 瓶/h　　电容量：1.65kW

饮用水耗量：$1m^3/h$　　毛刷个数：4 个

三、玻璃瓶清洗机

玻璃瓶清洗机的常见型式有滚筒式、箱式等。

（一）滚筒式洗瓶机

滚筒式洗瓶机是一种用毛刷刷洗玻璃瓶内腔的清洗机。其特点为：结构简单、操作可靠、维修方便、占地面积小，粗洗、精洗分别分布在不同级别的生产区内，不产生交叉污染，其设备外形如图 8-26 所示。该机作为生产线时，分为粗洗段和精洗段，中间由 2m 长的输送带连接；若作为单机时，则是粗洗机和精洗机。

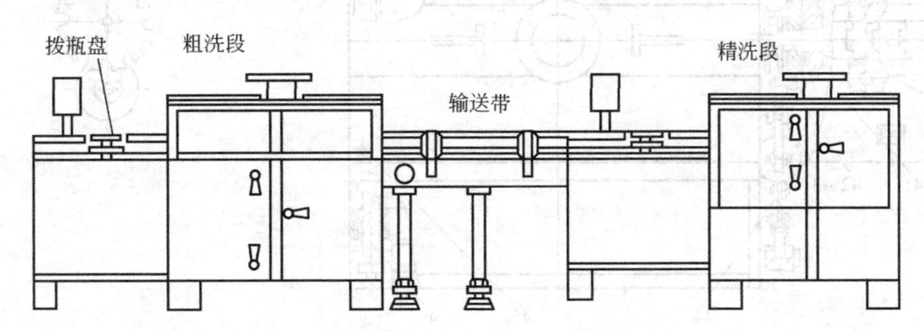

图 8-26　滚筒式洗瓶机外形图

1. SXP250/500 粗洗瓶机

SXP250/500 粗洗瓶机能供 250ml 和 500ml 两种规格的输液瓶刷洗。分为前后滚筒，前滚筒完成冲碱、内刷，后滚筒完成外淋、内刷、冲热水等步骤。

（1）主要参数　设备型号：SXP250/500-Ⅱ

输液瓶规格：250ml，500ml

主轴转速：5～6r/min

滚筒数量：2个

电机型号：JD3-90S-6（Y90L-6） 功率：1.1kW

毛刷电机型号：JD3-802-6（X90S-6） 功率：0.75kW

冲碱：$P>0.2$MPa 温度：30～40℃ 洗液用量：250ml/瓶

瓶口内刷：毛刷在瓶内停留 2s，刷 2 次

瓶口自来水外淋：$P>0.2$MPa 冲洗时间：4s

内冲热水：$P>0.2$MPa 冲洗时间：2s 温度：40～60℃ 洗液用量：250ml/瓶 冲洗次数：2 次

（2）结构 本机主要由控制装置、传动装置、输瓶装置、拨瓶装置、洗瓶装置、手动离合装置、控制阀组和滚筒等组成，如图 8-27 所示。

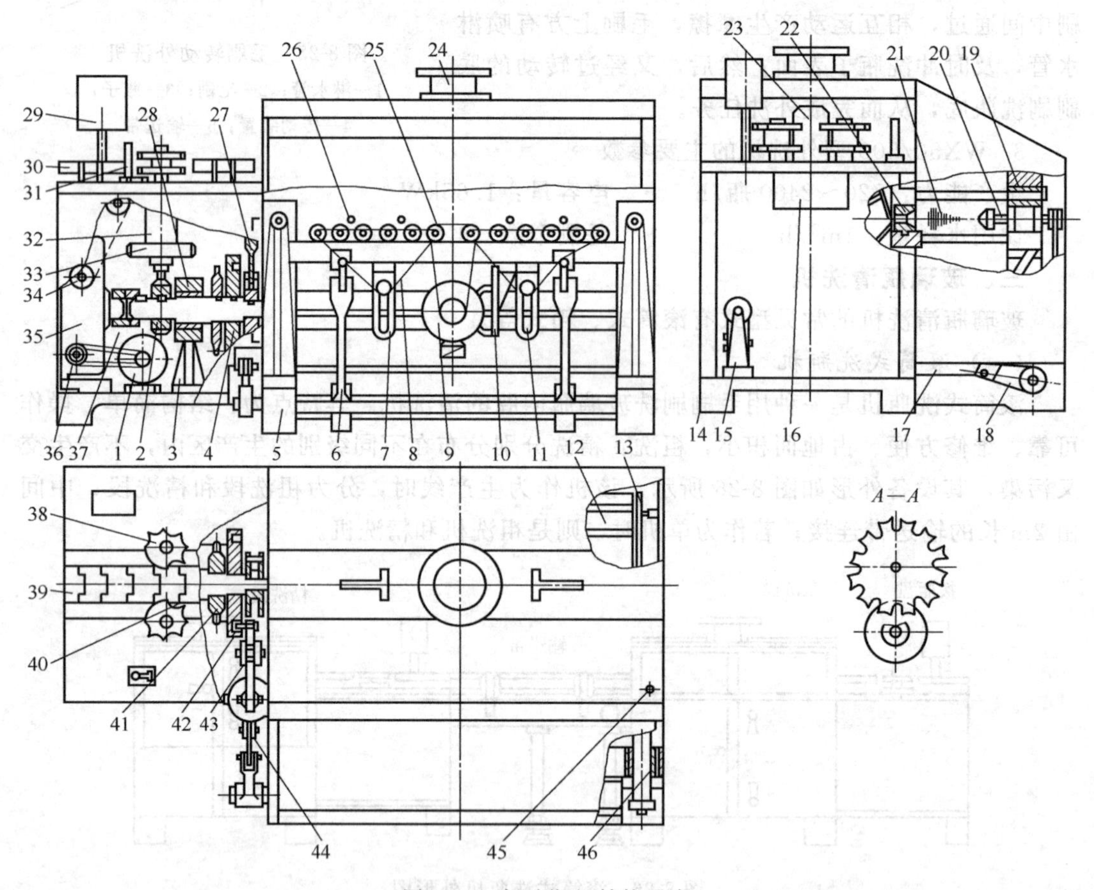

图 8-27 粗洗瓶机结构示意

1—电机；2—螺旋齿轮；3—轴支座；4—凸轮；5—支座；6—摆杆；7—调整轮架；8—齿形带；9—毛刷电机；10—加强架；11—调整轮；12—滚筒；13—挡瓶盘；14—底座；15—凸轮控制阀组；16—履带架；17—连杆；18—摇杆；19—轴衬；20—毛刷轴；21—毛刷；22—导向孔；23—输瓶架；24—排气孔；25—毛刷轮；26—挤压轮；27—间隙轮；28—衬套；29—控制箱；30—挡瓶板；31—手柄；32—拨瓶轴；33—齿轮；34—带轮；35—变速箱；36—带轮；37—手动离合器；38—拨轮；39—传送带；40—栓轴；41—链轮；42—滚轴；43—轴衬；44—栓轴；45—螺钉；46—轴衬

（3）工作过程 滚筒式粗洗机工作位置如图 8-28 所示。同轴两滚筒由槽轮机构（即马尔他机构）驱动作间歇转动。要进入滚筒的空瓶是由设置在滚筒前端的拨瓶轮推

入滚筒的。载有玻璃瓶的滚筒转动到设定位置1时，碱液注入瓶内；当带有碱液的玻璃瓶处于水平位置时，毛刷进入瓶内刷洗瓶内壁约3s，之后，毛刷退出。滚筒间歇转到下两个工位时逐一由喷液管对瓶内腔冲碱水；当瓶子随滚筒转到进瓶通道停歇位置时，进瓶拨轮同步送来的待洗空瓶将碱液冲洗过的瓶子推向设有常水外淋、内刷、常水冲洗的后滚筒继续清洗经清洗后的玻璃瓶经输送带送入精洗滚筒进行精洗。

精洗滚筒取消了毛刷部分，其他结构和原理与粗洗滚筒相同，滚筒下部设置了回收注射用水和注射用水喷嘴，前滚筒利用回收注射用水作外淋内冲，后滚筒利用注射用水作内冲并沥水，从而保证洗瓶质量。精洗滚筒设置在洁净区，洗净的玻璃瓶直接进入灌装工序。

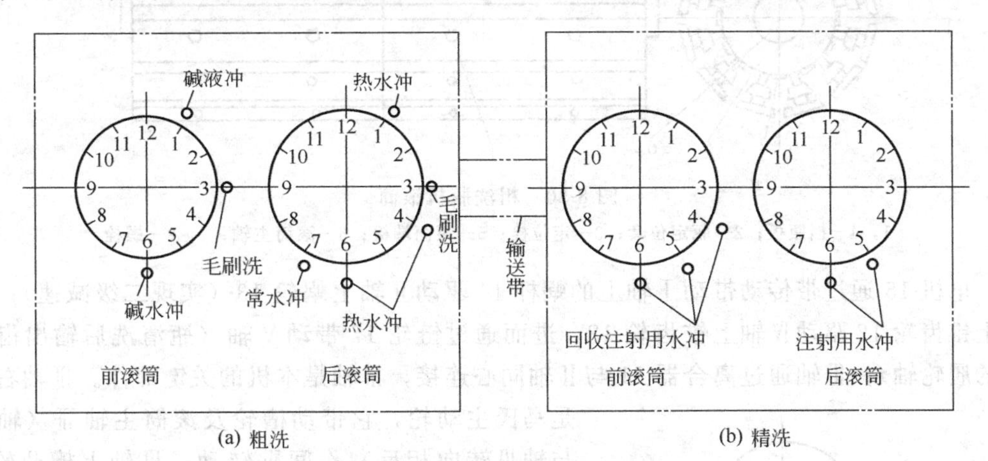

图 8-28　滚筒式粗洗机工作位置图

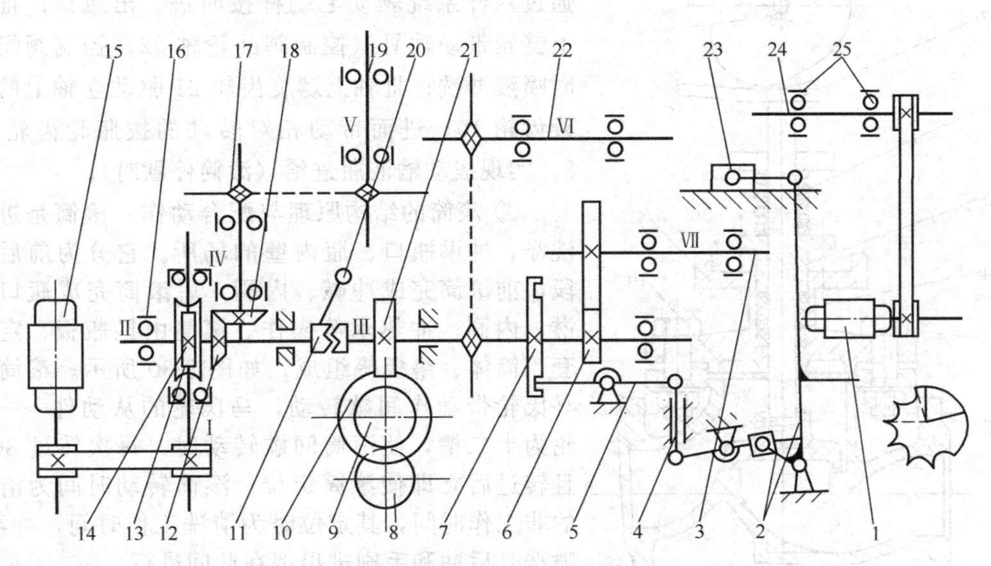

图 8-29　粗洗瓶机传动示意

1，15—电机；2—毛刷进退摆杆；3—滚筒主轴；4—连杆；5—滚子摆动件；6—槽轮机构；7—槽凸轮；8，9—拨瓶轮齿轮；10，21—螺旋齿轮；11—离合器；12，18—锥齿轮；13—蜗轮；14—蜗杆；16—轴承；17—输送带主动链轮；19—输送带从动链轮；20—离合器手柄；22—控制阀凸轮轴；23—毛刷机构；24—内毛刷转轴；25—毛刷转动轴承

(4) 主要部件的结构原理

① 传动装置　本机的传动装置是清洗机的核心部分，粗洗瓶机传动示意如图 8-29 所示。

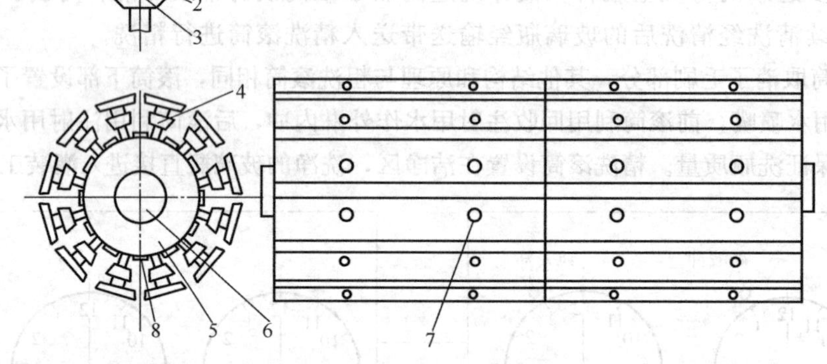

图 8-30　粗洗瓶机滚筒

1，4—挡瓶板；2—瓶定位套；3—定位栓；5—滚筒端板；6—滚筒主轴；7，8—螺栓

电机 15 通过带传动带动Ⅰ轴上的蜗杆 14 驱动Ⅱ轴上蜗轮 13（实现二级减速）；Ⅱ轴上锥齿轮 12 驱动Ⅳ轴上锥齿轮 18，进而通过链轮 17 带动Ⅴ轴（瓶清洗后输出齿形带的履轮轴）；Ⅲ轴通过离合器 11 与Ⅱ轴同心连接，Ⅲ轴是本机的关键部件。Ⅲ轴右边是马氏主动轮，它带动槽轮及滚筒主轴Ⅶ（轴Ⅶ与轴Ⅲ转向相反）作间歇转动；Ⅲ轴上槽凸轮 7 通过六杆系统驱动毛刷杆按时进、出瓶口；Ⅲ轴上链轮带动轴Ⅵ（控制阀凸轮轴 22）控制阀组按时喷液冲洗；Ⅲ轴上螺旋齿轮 21 驱动立轴上的螺旋齿轮 10，进而带动相对转动的拨瓶轮齿轮 9、8，实现拨动输液瓶进给（滚筒停歇时）。

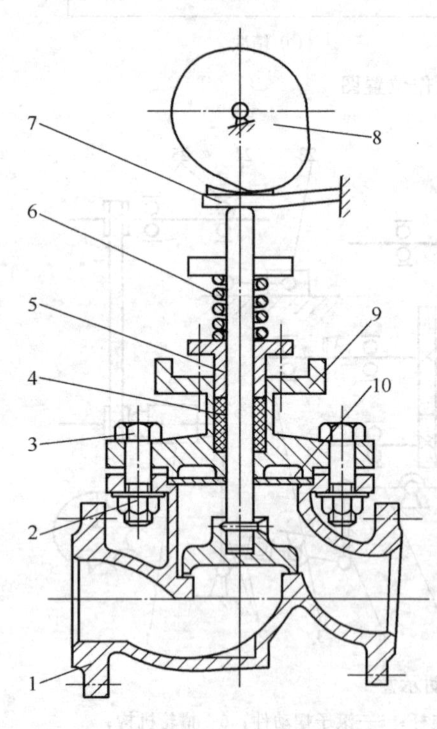

图 8-31　控制阀结构

1—接盘；2—螺母；3—螺栓；4—密封材料；5—阀杆；6—复位弹簧；7—杆垫；8—凸轮；9—弹簧座；10—缓冲垫

② 滚筒的结构原理与配合动作　滚筒是进行洗涤，冲淋瓶口、瓶内壁的场所。它分为前后两段，前滚筒完成冲碱、内刷，后滚筒完成瓶口外淋、内刷、冲热水等操作。滚筒由拦瓶板、定位套、筒体、垫板等组成，如图 8-30 所示。滚筒由马氏轮带动作间歇转动，马氏轮的从动件——槽轮为十二槽，使滚筒间歇转动时，每次转过 30°，且转过后立即使滚筒定位；滚筒转动时间为清洗的非工作时间，其定位时为清洗工作时间，冲液、喷洗、后冲和毛刷进出都在此间进行。

③ 控制阀组　它是控制洗涤剂和常水的供给机构。在滚筒转动时停止供水和洗涤剂。当滚筒停转时，控制阀打开，它是通过凸轮控制的。阀的结构：阀由接管 1、活塞 12、衬套 4、活塞杆及弹簧 6、压板 7、凸轮 8 等组成，如图 8-31 所示。

阀的开关主要是由凸轮 8 和弹簧 6 控制的，当凸轮的凸出部分转到与压板接触时，通过压板推动活塞杆向下移动，带动活塞将阀口封住，阀门关闭，停止供液；当凸轮转过后，在弹簧 6 作用下，活塞杆上移，阀门打开，恢复供液。本阀组共有 4 个控制阀。各阀的开启时间是由凸轮的轮廓曲线决定的，即突变越大，开启时间越短，反之，则长。

④ 槽凸轮与六连杆机构　六连杆机构是控制毛刷前后移动的装置。它由槽凸轮 4、滚子摆动从动件 5、连杆 6、导杆 7、滑块 D、摆杆 8 和毛刷电机组合构成，如图 8-32（b）所示。六连杆机构的运动是由槽凸轮控制的，槽凸轮的结构如图 8-32（a）所示。其 AB 段为毛刷空转，BC 段为进刷，CD 段为刷瓶，DA 段为退刷。

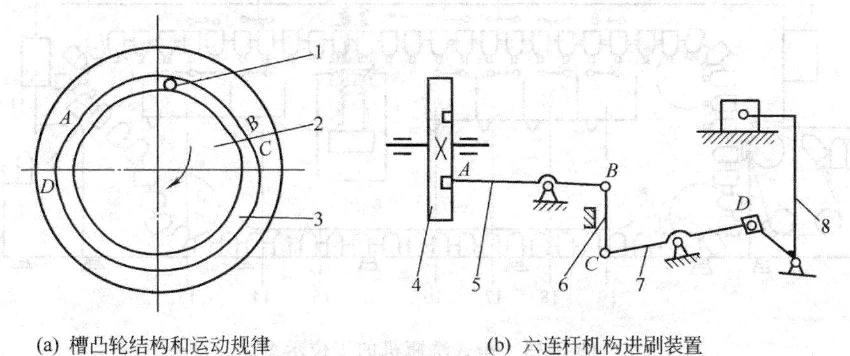

(a) 槽凸轮结构和运动规律　　(b) 六连杆机构进刷装置

图 8-32　槽凸轮与六连杆机构

1—滚子；2—凸轮体；3—凸轮曲线；4—凸轮；5—滚子摆动从动件；6—连杆；7—导杆；8—摆杆

（5）设备调试　开机前要检查各机构的同步性和动作顺序的正确性。转动手轮使滚筒上瓶中心线与进出瓶的中心线完全对齐。此时各机构的对应位置如下。

① 马氏轮的主动件曲柄销进入槽轮槽内。

② 槽凸轮使摆动件的滚子处于最高位置，毛刷退到终点。

当调换规格时，需要调换相应零件，如拦瓶板、拨轮、毛刷、垫板。

先调毛刷位置，再调喷嘴位置、拦瓶板的高度、拨轮的位置。即毛刷中心线与玻璃瓶中心线对齐，喷嘴的位置与瓶口对齐，拦瓶板高度应使瓶身处开档符合规格瓶的要求，拨轮调整后应使进瓶位置符合要求。调整结束后即可试运转。

（6）使用与保养

① 各润滑部位应经常加润滑油。

② 设备必须调整好，拨瓶机构、马氏轮、槽凸轮、六连杆机构、阀门组合等动作必须协调，开机前滚筒内必须装满瓶子。

③ 毛刷位置调整适宜，毛刷不许低于瓶口，长度要一致、不短不弯。

④ 输送带上瓶子不宜太多或太少。

2. SXP250/500 精洗瓶机

SXP250/500 精洗瓶机主要用于 250ml 和 500ml 两种规格的玻璃瓶的精洗工作。经粗洗后的玻璃瓶由输送带送入精洗滚筒进行清洗，精洗滚筒取消了毛刷部分，其他结构与粗洗滚筒基本相同。滚筒下部设置了回收注射用水装置和注射用水喷嘴，前滚筒以回收注射用水来外淋内冲，后滚筒利用注射用水作内冲并沥水，从而保证了洗瓶质量。

本机的工作原理、主要参数和传动路线和粗清洗机基本相同，结构上少了毛刷，自然也去掉槽凸轮、六连杆机构；传动路线上的3个轴上也去掉了槽凸轮。

（二）箱式洗瓶机

箱式洗瓶机是一个密闭的系统，由不锈钢铁皮或有机玻璃罩罩起来。箱式洗瓶机的工位如图8-33所示。

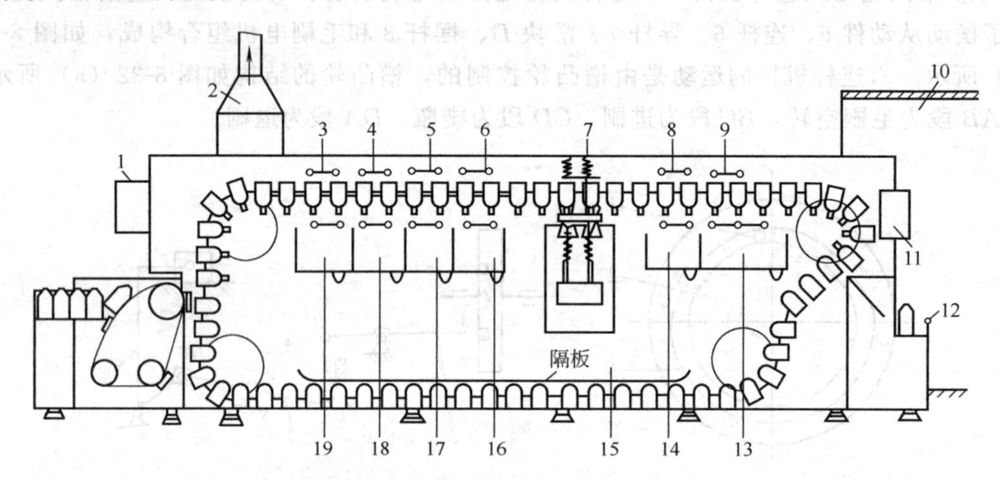

图8-33 箱式洗瓶机的工位示意

1，11—控制箱；2—排风管；3，5—热水喷淋；4—碱水喷淋；6，8—冷水喷淋；
7—毛刷带冷喷；9—蒸馏水喷淋；10—出瓶净化室；12—手动操纵杆；
13—蒸馏水收集槽；14，16—冷水收集槽；15—残液收集槽；
17，19—热水收集槽；18—碱水收集槽

玻璃瓶在机内的工艺流程为：热水喷淋3→碱液喷淋4→热水喷淋5→冷水喷淋6→喷水毛刷清洗7→冷水喷淋8→蒸馏水喷淋9→沥干。

其中3～8工序均为两道，即每个瓶在每道工序上经过两个位置的喷淋。而第9工序则为三喷两淋，沥干用三个位置，毛刷喷洗的前后各有两个位置是沥水过渡。上述喷淋的含义为：喷是指直径1mm的喷嘴由下向上往瓶内喷射具有一定压力的流体，它能产生较大的冲刷力，淋是指直径1.5mm的淋头，提供较多的洗水由上向下淋洗瓶外，冲走脏物。

其结构原理如下。除了上述喷淋工位之外，还在各不同喷淋装置下部设有单独的各种液体收集槽，其中碱液是循环使用的；在下边空瓶盒的上方有隔板收集残液并防止污染空瓶盒；箱式洗瓶机上方有引风机可强制排除热水蒸气和碱蒸气，使箱内处于低压，保证出瓶净化段的正压净化空气流向机内；瓶盒输送带在上、下方在同一水平面呈直线排列，在入口处由推瓶装置将空输液瓶瓶口朝内推入瓶盒；瓶盒携空瓶沿顺时针方向随输送带间歇移动，一步一停，其停歇时间为喷淋清洗工作时间；输送带由4组滚筒驱动、张紧，在出口处有一45°倾角出瓶导板，导板下有输瓶轨道将洁净瓶送往灌装机，出口和轨道均处于净化层流风作用下，保证清洗质量；每次间歇，推进10个待洗空瓶，10排瓶子同步间歇移动，出口一次出10个洁净瓶，各种喷淋装置也各为10组。

四、大输液灌装机

灌装设备有多种形式：按运动方式分为间歇运动直线式、连续运动旋转式；按灌装方式分为常压灌装、负压灌装、正压灌装和恒压灌装；按计量方式分为流量定时式、量杯容积式、计量泵注射式。

输液灌装常采用旋转式量杯负压灌装机和计量泵直线注射式灌装机。

1. 旋转式量杯负压灌装机

GZ250/500-Ⅱ旋转式量杯负压灌装机如图 8-34 所示。其主要由进瓶机构、进出瓶拨轮机构、托瓶定位机构、定位瓶肩机构、真空系统、导轨装置、药液量杯和无级变速

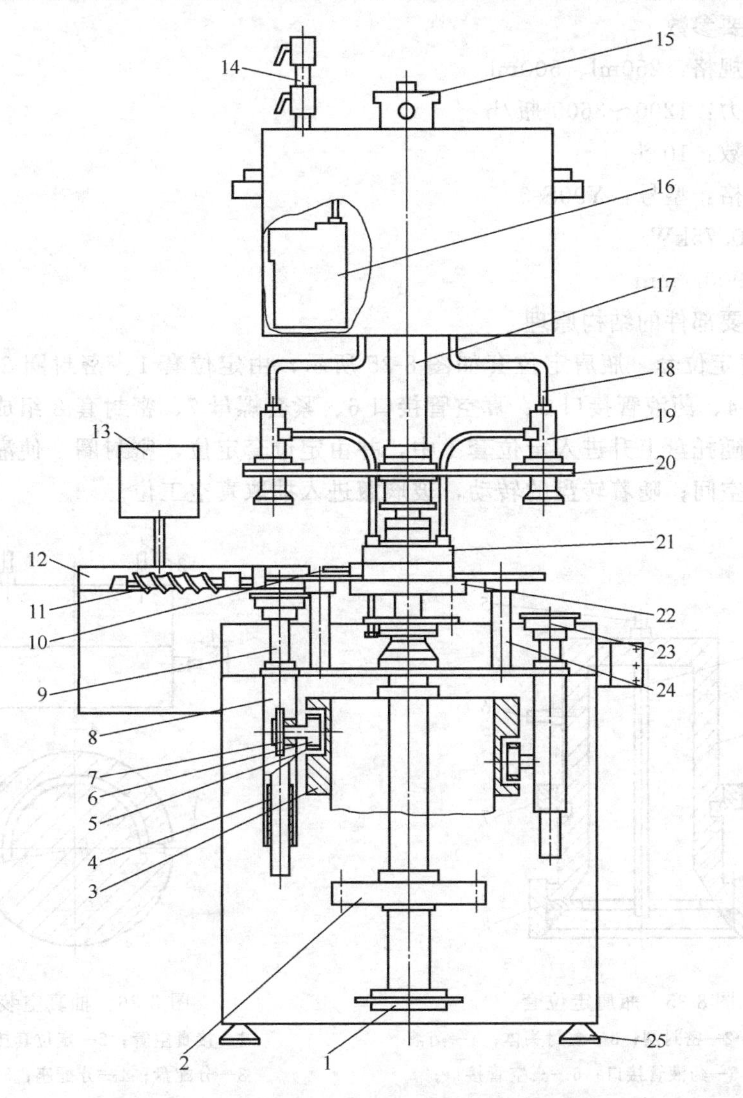

图 8-34　GZ250/500-Ⅱ旋转式量杯负压灌装机

1—减速机；2—齿轮；3—导槽（导轨）；4—轴套；5—滚子；6—滚轴；7—滚轴套；8—套筒；9—托瓶杆；10—真空管；11—进瓶螺杆；12—输送带支撑架；13—控制箱；14—量杯进药管及阀；15—立轴润滑油杯；16—量杯；17—主轴；18—输液管；19—瓶身定位套；20—上转盘；21—真空分配盘；22—分配座台；23—托盘；24—出瓶拨轮；25—机架支座

装置组成。

(1) 工作原理　盛液桶中装有10个计量杯，量杯与灌装套用硅橡胶管连接，玻璃瓶由螺杆式输瓶器经拨瓶星轮送入转盘的托瓶装置，托瓶装置在圆柱凸轮的导轨控制下在绕主轴公转中上下升降，灌装头套住瓶肩瓶口形成密闭空间，通过真空管道瞬间抽成真空，计量杯中的药液因负压而流入瓶内。

(2) 特点　量杯计量，计量块调节计量方便简捷；负压灌装，采用瓶肩定位套密封；药液与其接触的零部件无相对机械摩擦，没有微粒产生，保证了药液在灌装过程中的澄明度；采用无级调速器，日产量可任意调节。

(3) 主要参数

玻璃瓶规格：250ml、500ml

生产能力：1200～3600瓶/h

灌装头数：10头

电机规格：型号：Y90S-6

功率：0.75kW

转速：900r/min

(4) 主要部件的结构原理

① 瓶肩定位套　瓶肩定位套如图8-35所示，由定位套1、密封圈2、灌封头体3、药液引流管4、药液管接口5、真空管接口6、紧套螺母7、密封套8组成。其工作原理为：玻璃瓶随托盘上升进入定位套1中，并由定位套定位，密封圈2使灌封头体3与瓶口构成密闭空间；随着转盘的转动，玻璃瓶进入抽取真空工位。

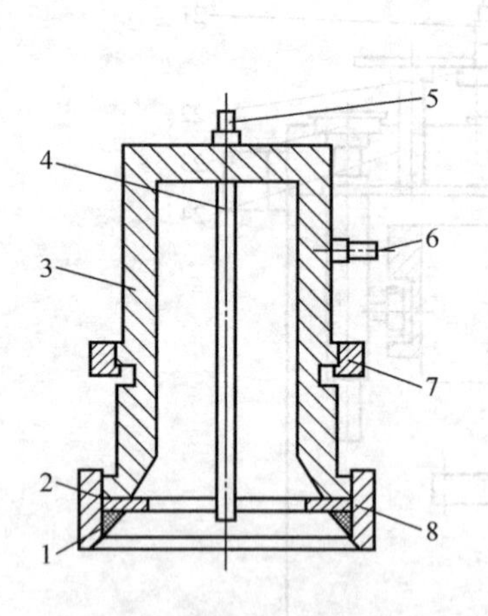

图8-35　瓶肩定位套

1—定位套；2—密封圈；3—灌封头体；4—药液引流管；5—药液管接口；6—真空管接口；7—紧套螺母；8—密封套

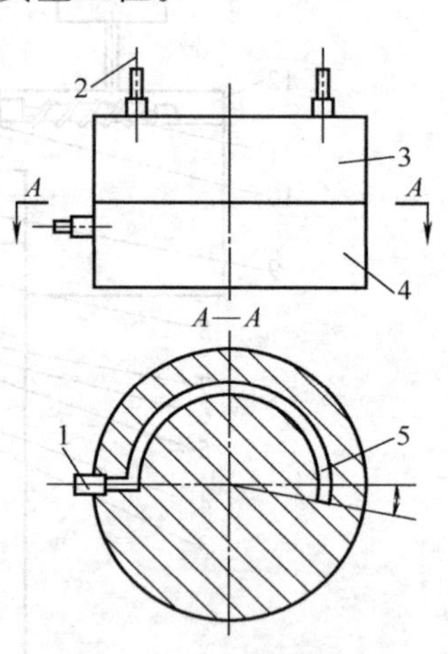

图8-36　抽真空装置

1—接真空管；2—定位套接管接口；3—分配盘；4—分配座；5—真空槽

② 抽真空装置　抽真空装置如图8-36所示，由接真空管1、定位套接管接口2、分配盘3、分配座4、真空槽5组成。其工作原理为：当输液瓶由拨轮拨入托盘后，托起定位瓶肩，然后进入抽真空工位，即转盘带动分配盘3顺时针转位进入分配座（固定）4

的真空槽5区位内。抽真空开始。真空槽5的弧度范围在210°区间内，转盘上十个灌装头中将有五个以上的玻璃瓶同时处于抽取真空和灌药状态。当瓶子随转盘转过真空槽区时，负压灌药结束。随后，瓶子随托盘下降与定位套脱离，在第10工位由拨盘拨向输出导轨。

③ 托瓶杆及其升降导轨　其结构如图8-34所示，主要有导槽（轨）3、移动轴承4、滚子5、滚轴6、滚轴套7、套筒8和托瓶杆9组成。其中4～9各10件，导槽1个。其原理为：导轨槽分布在圆柱上，圆柱槽体固定在立轴周围的同心柱面机架上，导槽展开如图8-37所示。分为进瓶水平槽、升瓶槽、真空灌药高位槽、降瓶槽和出瓶水平槽五段。托瓶杆的工作过程如图8-34所示，托瓶杆上端用轴承连接支持托瓶盘；下端杆部配合移动轴承4与套筒8同心相对移动；中段有一单（向内）侧伸出的横销轴，横销轴外端配合一小轴承作为滚子从动件。

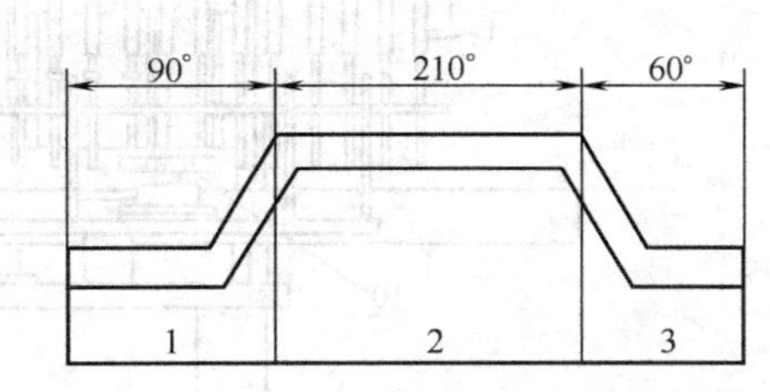

图8-37　连续回转式灌装机托瓶杆导槽展开图

1—托瓶上升；2—抽气、灌药；3—托盘下降

导轨槽内构成移动圆柱凸轮副。托瓶杆遵循凸轮曲线的运动规律随下转盘（与上转盘同步）顺时针转动的同时作上下移动，完成托瓶进套和下降脱套动作。

④ 量杯式计量装置　如图8-38所示，它是以容积定量，药液超过溢流缺口3就自动从缺口流入盛料桶，此为计量粗定位。误差调节是通过计量调节块5在计量杯4中所占的体积而定，旋动调节螺母2使计量调节块5上升（+）或下降（-），实现计量的微调，从而达到装量精确的目的。吸液管与真空管在定位套和瓶子构成密闭空间时抽去瓶内空气，在真空作用下，常压下计量杯中的药液通过吸液管1流向负压的输液瓶内。为了使吸管能吸净药液，在结构上将计量杯下部设计一个凹坑。

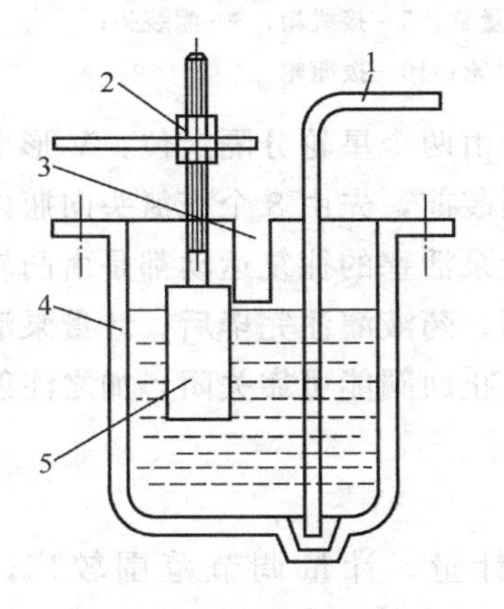

图8-38　量杯计量示意

1—吸液管；2—调节螺母；3—量杯缺口；4—计量杯；5—计量调节块

(5) 设备的调试与维护

① 当变动输液瓶规格时，需调整托盘的高度，以适应250ml和500ml的灌装，同时更换计量杯的规格、调整计量调节块的高度以改变计量。

② 传动部件应经常注润滑油，如托杆的移动轴承和圆柱凸轮槽道、上下转盘轴承等。

③ 若灌装药液不准，要检查瓶肩定位套的密封圈和密封套、检查量杯和调节块、设备的水平面。

2. 计量泵直线注射式灌装机

计量泵直线注射式灌装机是通过注射泵对药液进行计量并在活塞的推力下将药液填充于容器中的。填充头有2头、4头、6头、8头、12头等。机型有直线式和回转式。图8-39所示为八泵直线式灌装机示意。

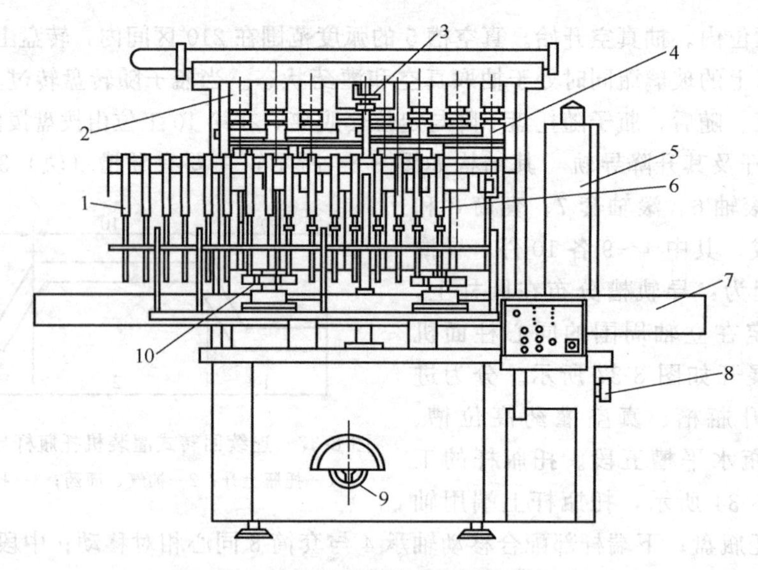

图 8-39 八泵直线式灌装机示意

1—预充氮头；2—进液阀；3—灌装头位置调节手柄；4—计量缸；5—接线箱；6—灌装头；7—灌装台；8—装量调节手柄；9—装置调节手轮；10—拨瓶轮

（1）结构原理 输送带上洁净的玻璃瓶每 8 个一组由两个星轮分隔定位，V 形卡瓶板卡住瓶颈，同时使瓶口对准充氮头和进液阀出口。灌装前，先由 8 个充氮头向瓶内预充氮气，灌装时边充氮边灌液。充氮头、进液阀及计量泵活塞的往复运动都是由凸轮控制的。从计量泵出来的药液经终端过滤器再进入进液阀。药液灌注完毕后，计量泵活塞杆回抽时，灌注头止回阀前的管道中形成负压，灌注头止回阀能可靠关闭，加之注射管的毛细作用，可靠地保证了灌注完毕不滴液。

（2）特点

① 采用容积计量，计量调节范围较广，从 100～500ml 可按需调整。

② 改进进液阀的出口形式可对不同容器进行灌装。

③ 采用活塞式强制填充，可适应不同浓度液体的灌装。

④ 无瓶时，计量泵不打开，可保证无瓶不灌液。

⑤ 注射泵式计量，与药液接触的零部件少，没有不易清洗的死角，清洗消毒方便。

⑥ 计量泵既有粗调定位，可控制药液装量，又有微调装置控制装量精度。

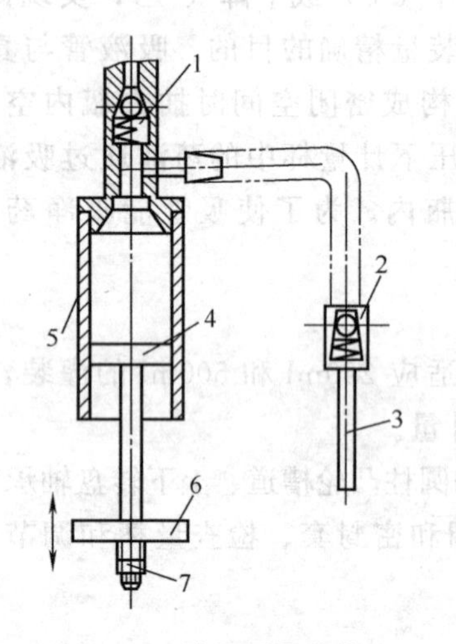

图 8-40 计量泵调节装置

1，2—单向阀；3—灌液管；4—活塞；5—计量缸；6—活塞升降板；7—微调螺母

（3）计量泵计量的调节方式 计量泵是通过活塞的往复运动进行填充、常压灌装的。计量原理是以容积计量的，其调节装置如图 8-40 所示。首先粗

调活塞行程，达到灌装量，装量精度由活塞升降板 6 下面的微调螺母 7 来调定，可以达到很高的计量精度。

五、大输液封口设备

药液灌装后必须在洁净区内立即封口，免除药品的污染和氧化。生产实际中常用人工向已灌装药液的输液瓶口放置涤纶膜，用塞塞机（也有用人工）塞上翻边橡胶塞，再用翻塞机翻塞，然后用轧盖机在已翻完边的胶塞上盖铝盖并轧紧。输液剂的封口设备有翻胶塞机、轧盖机。有的厂家采用“T”形橡胶塞，则可以用塞胶塞机来操作。

1. 塞塞翻塞机

塞塞翻塞机主要用于将翻边形橡胶塞对 B 型玻璃瓶进行封口。它可以自动完成输瓶、理塞、送塞、塞塞、翻塞等工序的工作。

该机由理塞振荡料斗、水平振荡输送装置、塞塞机构和翻塞机构组成。图 8-41 所示为翻边胶塞的塞塞机构。加塞头 5 插入胶塞的翻口时，真空吸口吸住胶塞 6。加塞头转位对准瓶口，加塞头下压，轴套 2 向左旋动使杆上销轴 4 沿螺旋槽 1 向右下方相对移动，实际上是随轴套 2 一起左转。杆、套的相对运动是实现两个功能：塞头既有向瓶口压塞的功能，又有旋转胶塞的拧按动作。

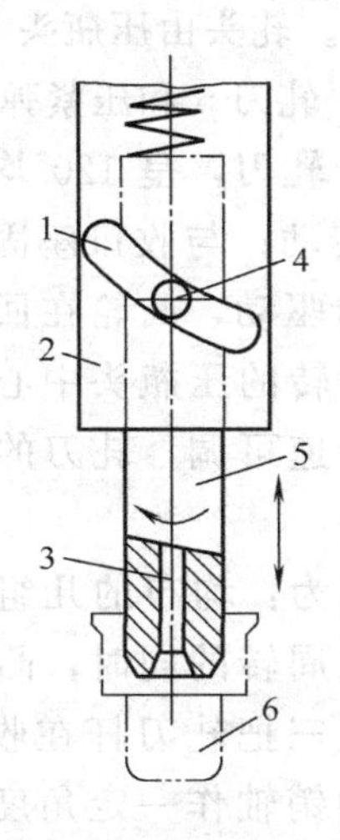

图 8-41　翻边胶塞的塞塞机构

1—螺旋槽；2—轴套；3—真空吸孔；4—销轴；5—加塞头；6—胶塞

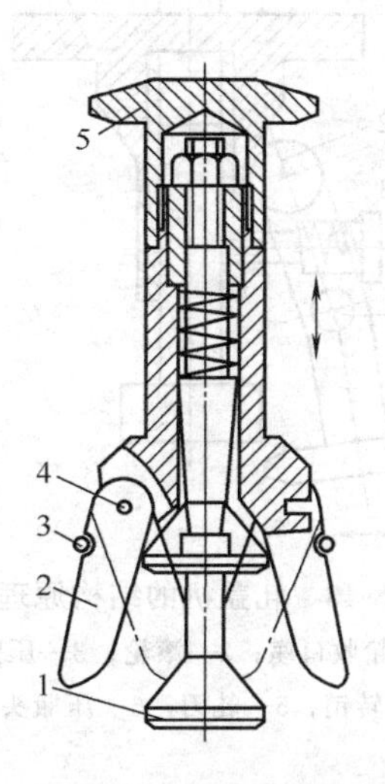

图 8-42　翻塞机结构

1—芯杆；2—爪子；3—弹簧；4—铰链；5—顶杆

2. 翻塞机

其结构如图 8-42 所示，由凸轮、顶杆 5、芯杆 1、爪子 2、弹簧 3 和芯杆弹簧等组成。

(1) 工作原理　翻塞机构的顶杆上端轮形盘沿圆柱凸轮导轨绕主轴作周转运动，导轨的柱面梯形槽道结构又驱动翻塞顶杆作上下移动；当芯杆未接触胶塞内大平面时五个爪子由爪外围拢的环形拉簧收拢，爪端内收于芯杆端上锥面处，并随芯杆一同伸入胶塞上腔内；当芯杆触及并顶紧塞内大端平面时，芯杆内部圆盘推动五个爪子同时绕各自铰链向外推动，胶塞翻边迅速外张并在弹力作用下翻口包住瓶口。翻塞之后，芯杆在其回位弹簧作用下沿顶杆内腔导套上行回缩，五爪又回收。

(2) 特点

① 结构简单，工作可靠。

② 输送轨道输瓶能自动定心，可使翻塞成功率大大提高。

③ 生产能力可在1200～3600瓶/h间任意调节。

④ 设备出现故障时，能自动停机。

3. 铝盖轧盖机

玻璃输液瓶轧盖机由振动理盖输盖装置、撳盖头、轧盖头等组成。理盖输盖装置的原理为：铝盖能够在电磁振荡器中旋振并沿桶周入轨，使上平面贴轨面前移中能通过小缺口分检并输送入U形槽道，实现随U形槽道移动中翻转180°，从而完成盖口朝下的转变。在U形输盖槽道末端由弹簧片收住铝盖，并使铝盖口朝下略前倾，槽道末端还有一个下凸形压条构成的撳盖头。当随输送带送来的已翻过胶塞的输液瓶经过输盖槽末端时，带走一个铝盖，随后，即在撳盖头的压力下将铝盖压住并包覆在胶塞上，然后，进入轧紧铝盖的工序。

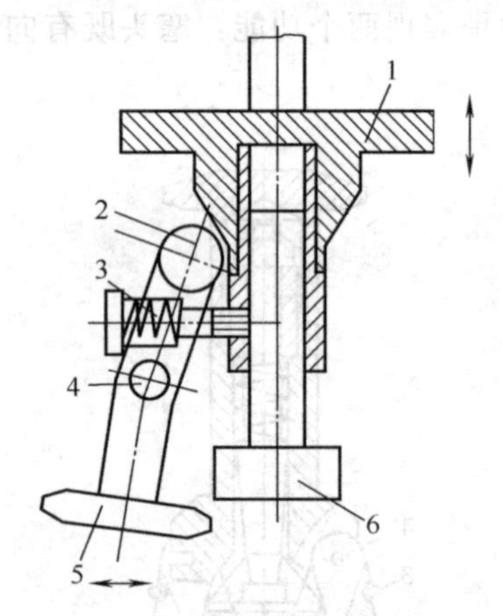

图 8-43　轧盖机的结构原理

1—移动凸轮收口座；2—滚轮；3—压紧弹簧；4—转销；5—轧刀；6—压瓶头

轧盖机的结构原理如图8-43所示。轧盖机的主要部件是轧头。轧头由压瓶头6、移动凸轮收口座1、滚轮2、轧刀5和压紧弹簧3等组成。每个轧头上有三个轧刀，呈120°均布，并随凸轮收口座1一起转动；与收口座固连的带轮由电机通过变速机构驱动，凸轮在回转过程中又在导轨驱动下沿不转的压瓶头中心线作轴向往复移动。轧头的转速可调，轧刀的安装位置也可调。

轧刀工作过程为：均布的几组轧头绕主轴旋转，每组轧头在周转的同时，凸轮又沿圆周导轨作上下移动；三把轧刀杆在收口座凸轮1的推动下绕自己的销轴作一定角度的偏转。轧盖时，压瓶头抵住铝盖上平面，凸轮收口下移，三个滚子沿斜面向外，而三个轧刀则向内，使铝盖下沿收紧并滚压，起到轧紧铝盖作用。

六、输液剂灭菌设备

灭菌工序对保证输液剂在灌封后的药品质量仍很关键。灭菌常用高压蒸汽灭菌柜和水浴式灭菌柜，前者也用于安瓿灌封后灭菌，现对后者作一简介。

水浴式灭菌柜的灭菌方式以去离子水为载热介质，对输液瓶进行加热升温-保温灭菌-降温的过程。对载热介质去离子水的加热和冷却都是在灭菌柜体外的热交换器中进行的。

水浴式灭菌柜的流程如图8-44所示，其由矩形柜体、热水循环泵、换热器和微机控制柜组成。其工作原理是利用循环的热去离子水通过水浴式（水喷淋）来达到灭菌的目的。

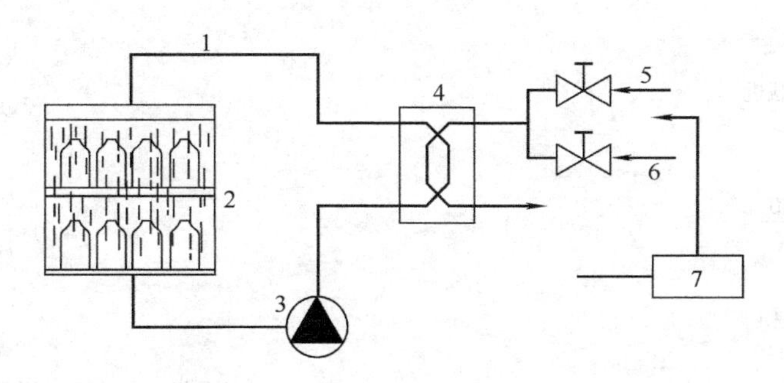

图 8-44 水浴式灭菌柜的流程

1—循环水；2—灭菌柜；3—热水循环泵；4—换热器；
5—冷水；6—蒸馏水；7—控制系统

水浴式灭菌的特点如下。

① 采用密闭的循环去离子水灭菌对药品不产生污染，符合 GMP 要求。

② 柜内灭菌能使温度均匀、可靠，无死角。

③ 采用 F_0 值监控仪监控灭菌过程，可保证灭菌的质量。

第四节 粉针剂生产设备

粉针剂是以固态形态封装，使用之前加入注射用水或其他溶剂，将药物溶解而使用的一类灭菌制剂。制备粉针的方法有两种：一种是无菌分装，即将原料药精制成无菌粉末，在无菌条件下直接分装在灭菌容器中密封；另一种是冷冻干燥，即将药物配制成无菌水溶液，在无菌条件下经过过滤、灌装、冷冻干燥，再充惰性气体，封口而成。

粉针剂的分装容器有三种类型：抗生素瓶（简称为西林瓶）、直管瓶、安瓿瓶。其中抗生素瓶分装占粉针产量的绝大部分，直管瓶只占少量，而安瓿瓶分装主要用于冷冻干燥制品。本节着重介绍抗生素瓶分装。

粉针剂生产过程包括粉针剂玻璃瓶的清洗、灭菌和干燥、粉针剂填充、盖胶塞、轧封铝盖、半成品检查、粘贴标签等。根据其生产过程，无菌分装粉针剂生产是以设备联动线的形式来完成的，其工艺流程如图 8-45 所示。

国内粉针剂的分装容器以抗生素瓶为主。抗生素瓶按制造方法分为两类：一种是管制抗生素玻璃瓶；另一种是模制抗生素瓶。管制的有 3ml、7ml、10ml、25ml 四种；模制的又分为 A 型、B 型两种，A 型有 5～100ml 共 10 个规格，B 型有 5～12ml 共 3 种规格。

常用的以抗生素瓶为容器的粉针剂设备有：理瓶机、洗瓶机、分装机、轧盖机、贴签机等。

一、抗生素瓶洗瓶机

对抗生素瓶的清洗设备有毛刷式洗瓶机和超声波清洗机。

1. 毛刷洗瓶机

毛刷洗瓶机是粉针剂生产中广泛使用的一种洗瓶设备，通过毛刷去除内外瓶壁的污

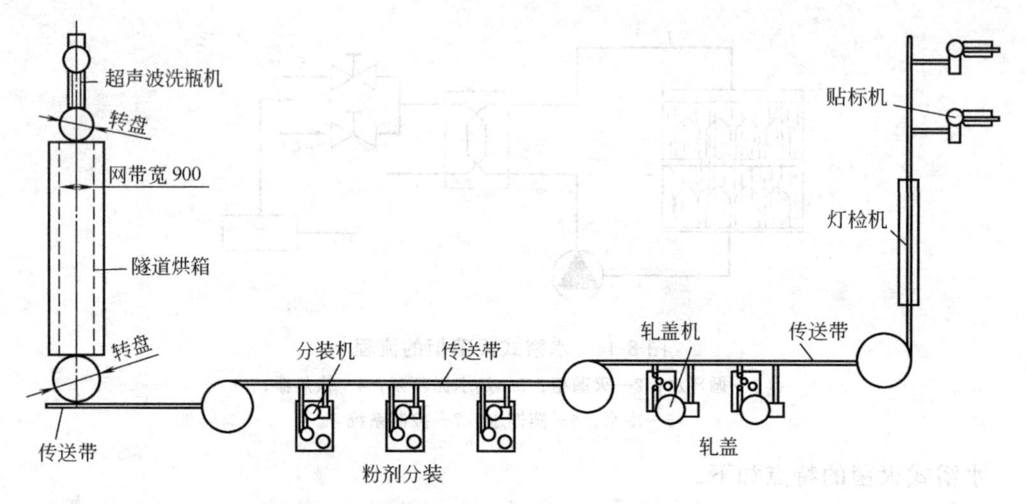

图 8-45　粉针剂生产设备联动线工艺流程

垢，实现清洗的目的，其整体外形如图 8-46 所示。

毛刷洗瓶机主要结构由输瓶转盘、旋转主盘、刷瓶机构、翻瓶轨道、水汽系统、机械传动系统和电气控制系统等组成。

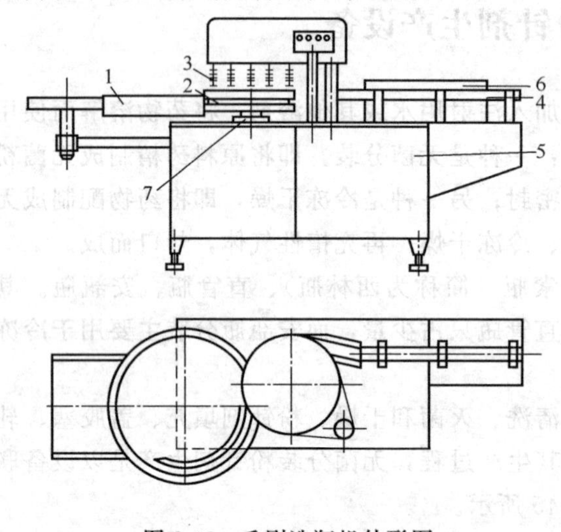

图 8-46　毛刷洗瓶机外形图

1—输瓶转盘；2—旋转主盘；3—刷瓶机构；4—翻瓶轨道；5—机架；6—水汽系统；7—传动系统

以 XP-280 型洗瓶机为例来说明其结构、原理、工作过程等。

（1）主要结构　台面上有送瓶机构、拨瓶转盘、圆毛刷及杆、周刷、底刷、压瓶带、导轨、带轮、正喷水管、反冲洗机构；台面下为机械传动机构，如图 8-47 所示。

（2）基本原理　利用毛刷杆的旋转运动和导轨驱动毛刷杆上下位移来完成刷内壁的动作；利用压瓶带、周刷、底刷的摩擦原理完成刷外壁和底的动作。

（3）主要特点

① 三电机分路驱动。

② 大包角限位式带传动带动毛刷杆旋转。

③ 定位导轨驱动毛刷杆上下位移与被动带轮滑键结构相结合实现旋转与位移同步动作。

④ 主动摩擦刷洗与定位摩擦延续动作。

⑤ 正喷位定量式供水与螺旋管倾泻及反冲洗的结构。

（4）工作过程　送瓶盘旋转带动西林瓶沿挡瓶圈运动并进入进瓶轨道，经过上喷淋管时，西林瓶被灌入半瓶离子水。当瓶随进瓶轨道前移进入拨瓶转盘缺口时，圆毛刷已在旋转并在上轨道斜面的作用下使圆毛刷逐渐伸入瓶内以 450r/min 的转速刷洗瓶内，

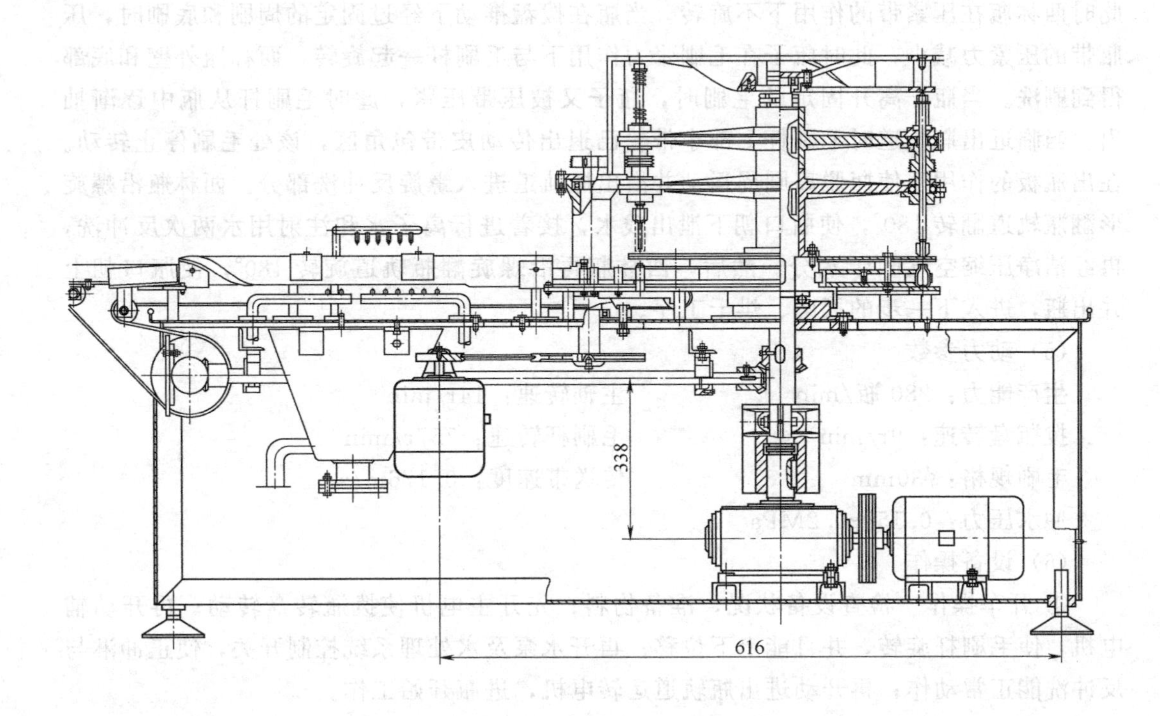

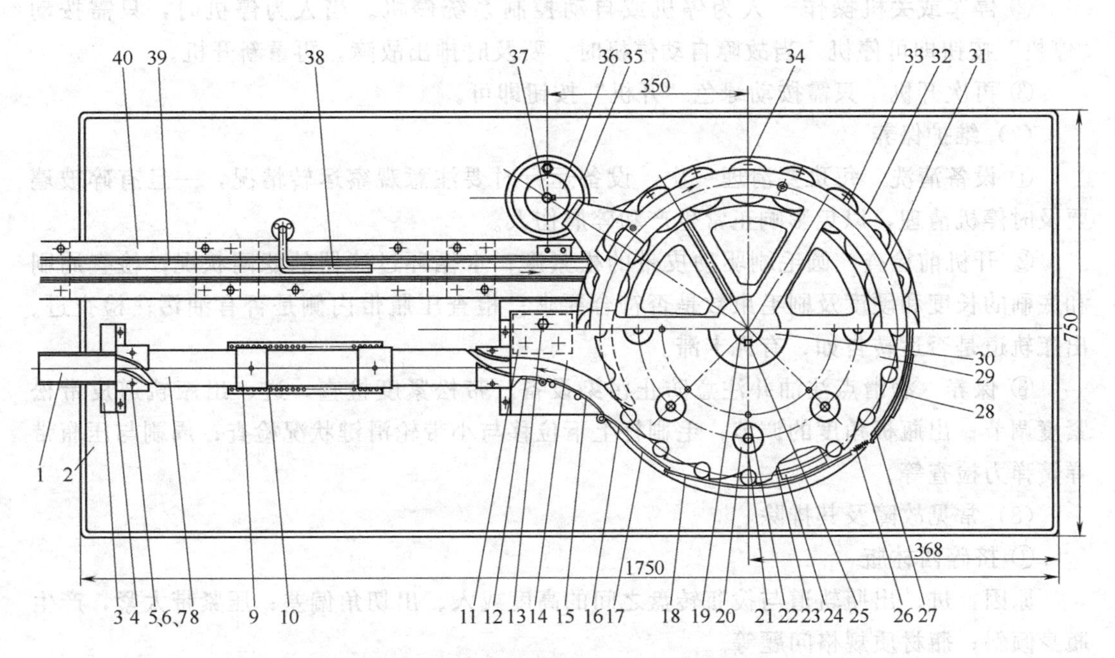

图 8-47　XP-280-B 型西林瓶毛刷洗瓶机

1—出瓶导轨；2—箱体；3—支撑架；4—支撑板；5—螺钉；6—垫片；7—螺母；8—翻瓶管；9—加强圈；10—排水孔；11—垫板；12—安全门；13，21，34—螺栓；14—出瓶板；15—挡板；16—拉紧板；17—滑边底盘；18—压瓶带；19，37—轴；20—定距柱；22，23—沉头螺钉；24—底刷；25—平键；26—拉伸弹簧；27—周刷；28—固定架；29—拔盘；30，35—轴套；31—上导轨；32—轴承底盘；33—上轴承盖；36—皮带轮；38—正喷水管；39—传送带；40—进瓶导轨

此时西林瓶在压紧带的作用下不旋转。当瓶在拨盘推动下经过固定的周刷和底刷时，压瓶带的压紧力减小，此时瓶子在毛刷张力作用下与毛刷杆一起旋转，西林瓶外壁和底部得到刷洗。当瓶子离开固定的毛刷时，瓶子又被压带压紧，此时毛刷杆从瓶中逐渐抽出。当临近出瓶轨道时毛刷杆上部小带轮已退出传动皮带包角区，该处毛刷停止转动。在出瓶板的作用下使瓶脱离圆周运动并沿出瓶轨道进入螺旋反冲洗部分。西林瓶沿螺旋形翻瓶轨道翻转 180°，使瓶口朝下泄出残水，接着进行离子水和注射用水两次反冲洗，再经洁净压缩空气吹干水分。然后，西林瓶再沿螺旋翻瓶轨道旋转 180°，使瓶口朝上并出瓶，进入下一步的灭菌、烘干工序。

（5）动力参数

生产能力：280 瓶/min　　主轴转速：14r/min

拨瓶盘转速：9r/min　　毛刷杆转速：757r/min

毛刷规格：ϕ30mm　　传送带速度：0.176m/s

冲水压力：0.15～0.2MPa

（6）设备操作

① 开车操作　检查设备状况，准备物料；先开主电机使拨瓶转盘转动；再开动辅电机，使毛刷杆旋转，并且能上下位移；再开水泵及水处理系统控制开关，使正冲淋与反冲洗能正常动作；再开动进出瓶轨道运转电机，进瓶开始工作。

② 停车或关机操作　人为停机或自动控制系统停机。当人为停机时，只需按动“停机”按钮即可停机。当故障自动停机时，要及时排出故障，再重新开机。

③ 再次开机　只需按动绿色“开机”按钮即可。

（7）维护保养

① 设备清洗　每班要清理一次。设备运行时要注意观察运转情况，一旦有碎玻璃要及时停机清理，以免影响正常生产和碎屑伤人。

② 开机前检查　圆毛刷驱动皮带的松紧度；水循环过滤器的滤网状况；检查周刷和底刷的长度和硬度及刷毛束数是否符合要求；检查压瓶带内侧是否有油污；检查进、出瓶轨道是否运转自如，有无卡滞。

③ 保养　润滑点注油并注意防止污染设备；带松紧度检查，进、出瓶轨道皮带松紧度调节；出瓶板角度的调节；毛刷杆上下位移与小带轮滑键状况检查；周刷与压瓶带弹簧弹力检查等。

（8）常见故障及其排除

① 挤碎西林瓶

原因：进、出瓶轨道与拨瓶转盘之间的高度或入、出切角偏差；压紧带太紧，产生瓶身倾斜；瓶材质规格问题等。

解决办法：调准进出瓶轨道的入、出切角；调好压瓶带的压力；及时清理碎片。

② 毛刷转速降低

原因：圆毛刷上端卡头松动；刷杆上小带轮滑键脱落；刷杆上小带轮内轴承卡滞；带轮上有油污而打滑等。

解决办法：单个圆毛刷出现问题时，先检查卡头是否松动，检查滑键、轴承；若是整机刷杆速度下降，则检查传送带松紧度和各根带的一致性和动力电压。

③ 毛刷折断或弯曲

原因：瓶子在洗瓶转盘中的定位与毛刷的同心度相差太大；毛刷的骨架铁丝的绕曲方向与毛刷的旋转方向相反。

解决办法：注意毛刷的选择并在生产中适当调整毛刷的位置；尤其注意，毛刷头部应能碰到清洗瓶底部，毛刷太长易发生弯曲，太短则易造成瓶底残留脏物。

④ 瓶内残留水分

原因：压缩空气喷嘴安装位置不当；压缩空气的压力低。

解决办法：调整空气喷嘴与瓶口的距离与方向；检查压缩空气管道接口有无漏气，压缩机皮带有无打滑，空气进口滤网是否堵塞，喷嘴有无堵塞等。

⑤ 外周和底部处理不净

原因：周刷刷毛减少或太软、太短；周刷拉力弹簧太软；底刷刷毛不齐或刷毛太软等。

解决办法：更换刷毛；更换拉力弹簧和安装位置。

⑥ 循环时断时续

原因：过滤器堵塞，安全阀起作用；喷口堵塞；水压不足等。

解决办法：疏通喷口；清洗检查过滤器和更换滤芯；水压检查；水泵流量、压力检定。

2. 超声波洗瓶机

超声波洗瓶机由超声波水池、冲瓶传送装置、冲洗部分和空气吹干等几部分组成。其工作原理如安瓿超声波洗瓶机所述。YQC8000/10-c 型超声波洗瓶机如图 8-47 所示。

其工作过程为：抗生素瓶空瓶先浸没在超声波洗瓶池内，经过超声处理，然后再直立地被送进多槽式轨道内，经过翻瓶机构将瓶子倒转，瓶口向下倒插在冲瓶器的喷嘴上，经过多道冲洗，再用翻瓶器将瓶子翻转到堆瓶台上。

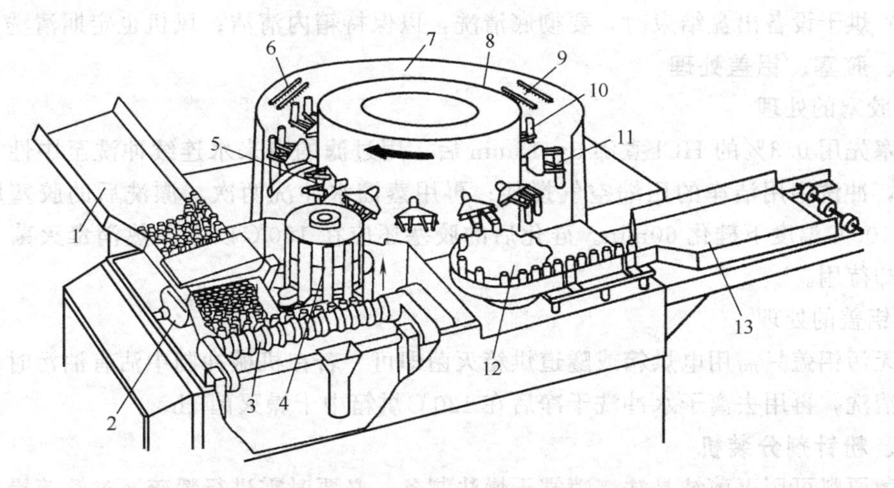

图 8-48　YQC8000/10-c 型超声波洗瓶机

1—进瓶盘；2—超声波换能器；3—送瓶螺杆；4—提升轮；5—瓶子翻转工位；
6，7，9—喷水工位；8，10，11—喷气工位；12—转瓶拨盘；13—出瓶盘及滑道

二、抗生素瓶烘干设备

洗净的抗生素瓶必须尽快干燥和灭菌，以防污染。灭菌干燥设备常用隧道式和柜式，隧道式烘箱已在第二节中叙述过，这里主要介绍柜式电热烘箱。

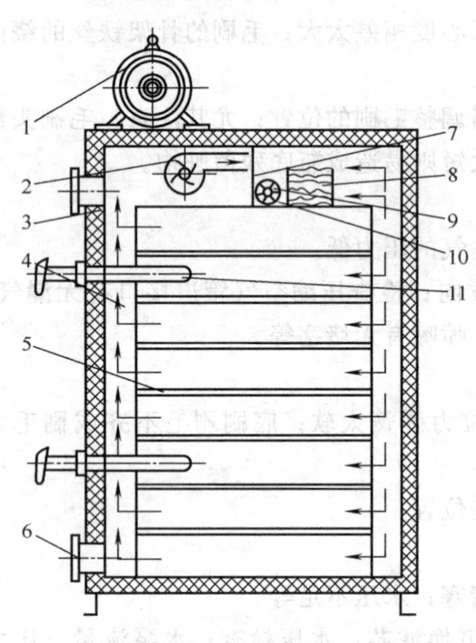

图 8-49 柜式电热烘箱

1—电机；2—风机；3—保温层；4—风量调节板；5—托架；6—进风口；7—挡风板；8—电热丝；9—排风口；10—排风调节板；11—温度计

柜式电热烘箱常用于小量粉针剂生产中的玻璃瓶灭菌干燥，还用于胶塞、铝盖的灭菌干燥。

柜式电热烘箱的基本结构：由不锈钢板制成保温箱体、电加热丝、隔板、风机、可调挡风板等组成，如图 8-49 所示。

其工作过程为：洗净后的玻璃瓶排列在不锈钢方盘中，再将有孔方盘从后门依次推入烘箱托架上，然后启动风机升温使箱内温度升至 180℃，保持 1.5h。完成对抗生素瓶的灭菌干燥后停止加热，风机仍运转对瓶冷却，当箱内温度降至比室温高 15～20℃时，烘箱停止工作，打开烘箱在洁净室一侧的前箱门，出瓶，转入分装工序。

注意事项如下。

(1) 电烘箱工作中要注意调节各风口的大小，始终保持箱内各处温度相同。其调节方法是：右上边通风调大时，右下边通风应调小；反之，左上风口调小，左下调大。这是缘于风速大则压力小的原理。

(2) 电热偶测温头的位置要适当，使箱内温度与仪表测出的读数相一致。

(3) 烘干设备出盘结束时，要彻底清洗，以保持箱内清洁；风机也定期清洗。

三、胶塞、铝盖处理

1. 胶塞的处理

胶塞先用 0.3%的 HCl 煮沸 5～15min 后，用过滤的自来水连续冲洗至中性（约需 1～2h)，冲洗中用洁净的压缩空气搅拌；再用蒸馏水冲洗两次。漂洗后的胶塞用甲基硅油在 100℃温度下硅化 60min。硅化后的胶塞还应在 150℃以上干热消毒灭菌 3h 后，室温冷却待用。

2. 铝盖的处理

对无污铝盖只需用电烘箱或隧道烘箱灭菌即可。若在机械冲制中沾有油污时，可用洗涤剂清洗，再用去离子水冲洗干净后在 120℃烘箱中干燥灭菌 1h。

四、粉针剂分装机

无菌原料可用灭菌结晶法、喷雾干燥法制备，必要时需进行粉碎、过筛等操作，以上操作均需在无菌条件下制得符合注射用的灭菌粉末。对针状结晶（如青霉素钾盐）要将湿晶体，通过螺旋挤压机断晶，过颗粒机，真空干燥后再分装。

分装须在高度洁净的无菌室中按无菌操作由分装机来完成。分装室内在恒温（20±2)℃、一定的相对湿度（45%～60%)、洁净度1万级的条件下分装。特别指出的是分装室的相对湿度必须控制在分装产品的临界相对湿度以下，以免吸潮变质。

分装机的功能是将无菌药物定量地填充到抗生素瓶中，并加上橡胶塞。这是无菌粉针生产过程中最重要的工序。目前使用的分装机械有螺杆自动分装机和真空吸粉分装机等。两种分装机都采用按粉体体积进行计量分装的。药粉的松密度、流动性、比容积、晶型等物理性状都直接影响到装量精度，也影响分装机构的选择。

1. 螺杆式分装机

螺杆式分装机是利用螺杆的间歇旋转将药物装入抗生素瓶内达到定量分装目的。螺杆式分装机的整体结构由进瓶转盘、定位星轮、饲料器、分装头、胶塞振荡器、盖塞机构和故障自动停车装置组成。螺杆分装机分为单头螺杆和多头螺杆两种。

螺杆式分装机的特点为：结构简单，无需净化压缩空气和真空系统等附属设备，不产生漏粉、喷粉现象，调节装量范围大，原料药粉损耗小，但分装速度慢。

图8-50所示为螺杆分装头的结构原理图。

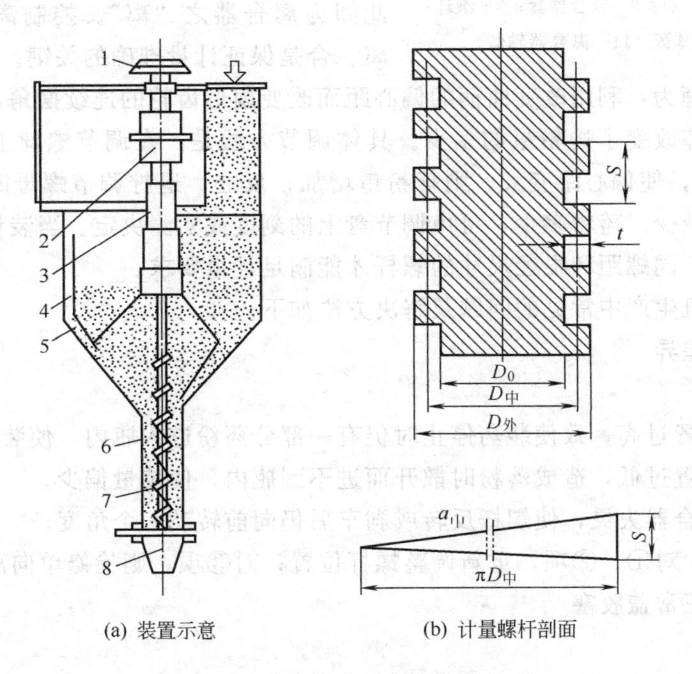

(a) 装置示意　(b) 计量螺杆剖面

图8-50　螺杆分装头结构原理

1—传动齿轮；2—单向离合器；3—支撑座及螺杆套筒；4—搅拌叶；5—料斗；6—导料管；7—计量螺杆；8—送药嘴

螺杆式计量装置的工作原理为：经精密加工的矩形截面螺杆，每个螺距具有相同的容积，计量螺杆与导料管的内壁间有均匀适量的间隙（约0.2mm)。螺杆转动时，料斗内的药粉被其沿轴向旋移送到送药嘴，并落入位于送药嘴下的药瓶中，精确地控制螺杆的转角就能获得药粉的准确计量，容积计量精度可达±2%。为使粉剂加料均匀，料斗内有一个与螺杆反向连续旋转的搅拌桨以疏松药粉。

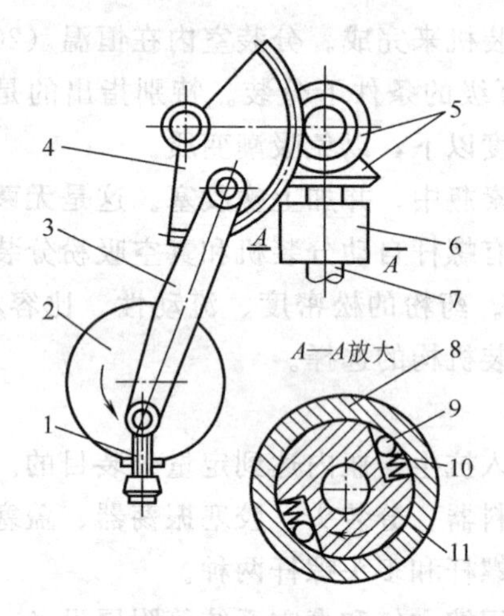

图 8-51　螺杆计量的控制与调节机构

1—偏心距调节螺栓副；2—偏心轮；3—连杆；4—扇形齿轮；5—正交轴锥齿轮副；6—单向离合器；7—螺杆轴；8—离合器套；9—滚珠；10—支撑弹簧；11—离合器轴毂

计量调节机构和计量调节原理：计量调节机构，如图 8-51 所示。曲柄 2 通过连杆 3 带动扇形齿轮 4 作往复摆动，扇形齿轮又带动圆柱齿轮作往复转动，与齿轮 5 同轴的圆锥齿轮又带动与其正交啮合的圆锥齿轮绕立轴作往复转动；但螺杆却需要作单向转动，为此，在螺杆轴 7 与圆锥齿轮立轴之间加一个单向离合器 6。离合器轴毂 11 顺时针转动时，靠楔面挤滚珠 9（与楔角相对处有弹簧支撑）借摩擦力带动离合器套 8 也顺时针方向转动，与离合器套 8 连接的螺杆轴 7 随之转动。扇形齿轮回摆时，离合器轴毂 11 逆时针转动时，滚珠 9 在楔面后稍宽处（摩擦力很小）不能带动离合器套 8，也不能使螺杆轴 7 和搅拌叶（扇形齿轮 4 的）转动，此即为离合器之“离”。控制离合器间歇定时离、合是保证计量准确的关键。

其调节原理为：利用改变曲柄的偏心距而改变扇形齿轮的连续摆角，实现改变计量螺杆的转角，即改变了送粉量的多少。具体调节方法是：在调节螺丝上拧进调节螺母（右旋螺纹）时，使偏心距变大，则落粉量增加；反之，退拧调节螺母时，使偏心距变小，则落粉量减少。落粉多少，可由调节盘上的刻度或实测决定。当装量要求变化较大时，则需更换不同螺距和根径尺寸的螺杆才能满足计量要求。

螺杆分装机生产中常见的问题及解决方法如下。

（1）装量差异

主要原因：

① 螺杆位置过高，致使装药停止时仍有一部分药粉进入瓶内，使装量偏多。

② 螺杆位置过低，造成落粉时散开而进不到瓶内，使装量偏少。

③ 单向离合器失灵，使螺杆反转或刹车后仍向前转动一个角度。

解决办法：对①、②项，重新调整螺杆位置；对③项，则检修单向离合器或调换。

（2）不能正常盖胶塞

主要原因：

① 胶塞硅化时硅油过多。

② 胶塞振荡器振动弹簧不平衡。

③ 机械手位置调整偏差。

（3）分装头内发生油污，使药粉污染

主要原因：螺杆套筒（或支撑座内）轴承密封不严，造成油污。

解决办法：拆卸分装头，更换轴承或密封圈，清洗灭菌后重新安装分装头，调试合格后再使用。

（4）经常自动停车，亮灯报警

主要原因：

① 药粉湿度过大或漏斗绝缘体受潮，有金属屑嵌入造成导电，可用万用表检查得知。

② 控制器本身故障，可拔出漏斗上的传感线插座，以检查控制器是否仍亮红灯。

2. 气流分装机

气流分装机的原理是依靠真空气压吸取定量容积粉剂，再通过净化干燥的压缩空气将吹入抗生素瓶内。

本机特点为：负压吸粉，正压送粉；装量误差小；速度快，效率高；设备性能稳定；是一种较先进的分装设备。

气流分装机的主要结构为：由粉剂分装系统、真空系统、压缩空气系统、供瓶系统、拨瓶转盘机构、空气净化去湿系统、盖胶塞机构和主传动系统组成。其工作程序为进空瓶、装粉、盖胶塞、出瓶四步骤，如图 8-52 所示。

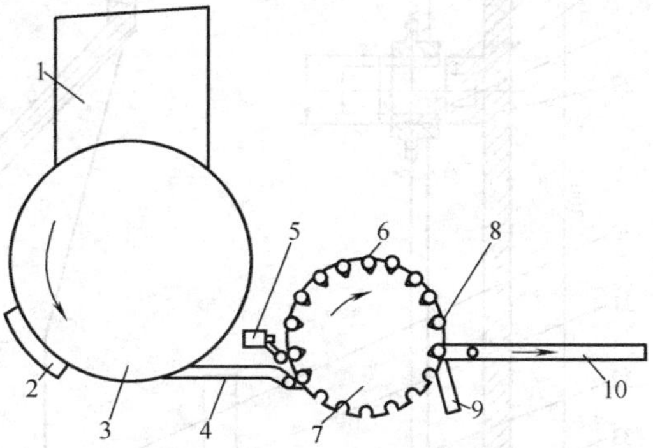

图 8-52 气流分装机工作程序图

1—储瓶盘；2—捡瓶斗；3—送瓶转盘；4—进瓶输送带；5—行程开关；6—装粉工位；7—拨瓶转盘；8—盖胶塞工位；9—落瓶轨道；10—出瓶输送带

气流分装机的工作过程为：经洗净灭菌、检查合格的瓶子送到送瓶转盘，送瓶转盘选择正立的瓶子由进瓶输送带送到拨瓶转盘的凹槽中。转盘间歇回转，在停顿的时间内完成装粉与盖胶塞动作后，瓶子再由转盘送到出瓶输送带出瓶。

气流分装机的结构如图 8-53 所示。

分装系统的功能是使药粉等量地分装到抗生素瓶内。

它由分量主轴 7、调量拨盘 9、两个分量盘 17、调量盘 11、真空管及接口、压缩空气接口、调量器 15、调量头 12、定量孔、隔离塞、气阀、拨盘 10 和调量刻度盘 14 等组成。

其工作原理为：搅粉斗内搅拌桨转动将装粉筒落下的药粉保持疏松，并协助将药粉装进分装头的定量分装孔中。真空接通，药粉被吸入定量分装孔内并有粉剂吸附隔离塞阻挡，让空气逸出；当粉剂分装头回转 180°至卸粉工位时，净化压缩空气通过接口、吹粉阀门将药粉吹入抗生素瓶内。分装盘后侧有与装粉孔数相同且和装粉孔相通的圆孔，靠分配盘与真空、压缩空气依次相通，实现分装头在回转间歇中的吸粉和卸粉。分装头的工作原理如图 8-54 所示。

剂量孔内的剂量调节依靠一个阿基米德螺旋槽来控制，6 个剂量孔可同步一次调节活塞的深度，完成容积改变。装粉剂量的调节则根据不同特性药粉，为分装头配备不同规格的活塞及过滤器来实现。粉剂隔离塞有活塞柱和吸粉柱两种形式，在其头部压制上能滤粉的隔离片。为了防止细小药粉末堵塞滤粉隔离片，在卸粉后 120°处用压缩空气自内向孔外疏通一次滤粉隔离片（见图 8-55）。

抗生素瓶被装入药粉后，随拨瓶转盘进入盖胶塞工位。经处理后的胶塞在胶塞振荡器中理塞，大面在下的胶塞通过分检被送入“U”形导轨内，再由吸塞嘴通过胶塞卡扣，

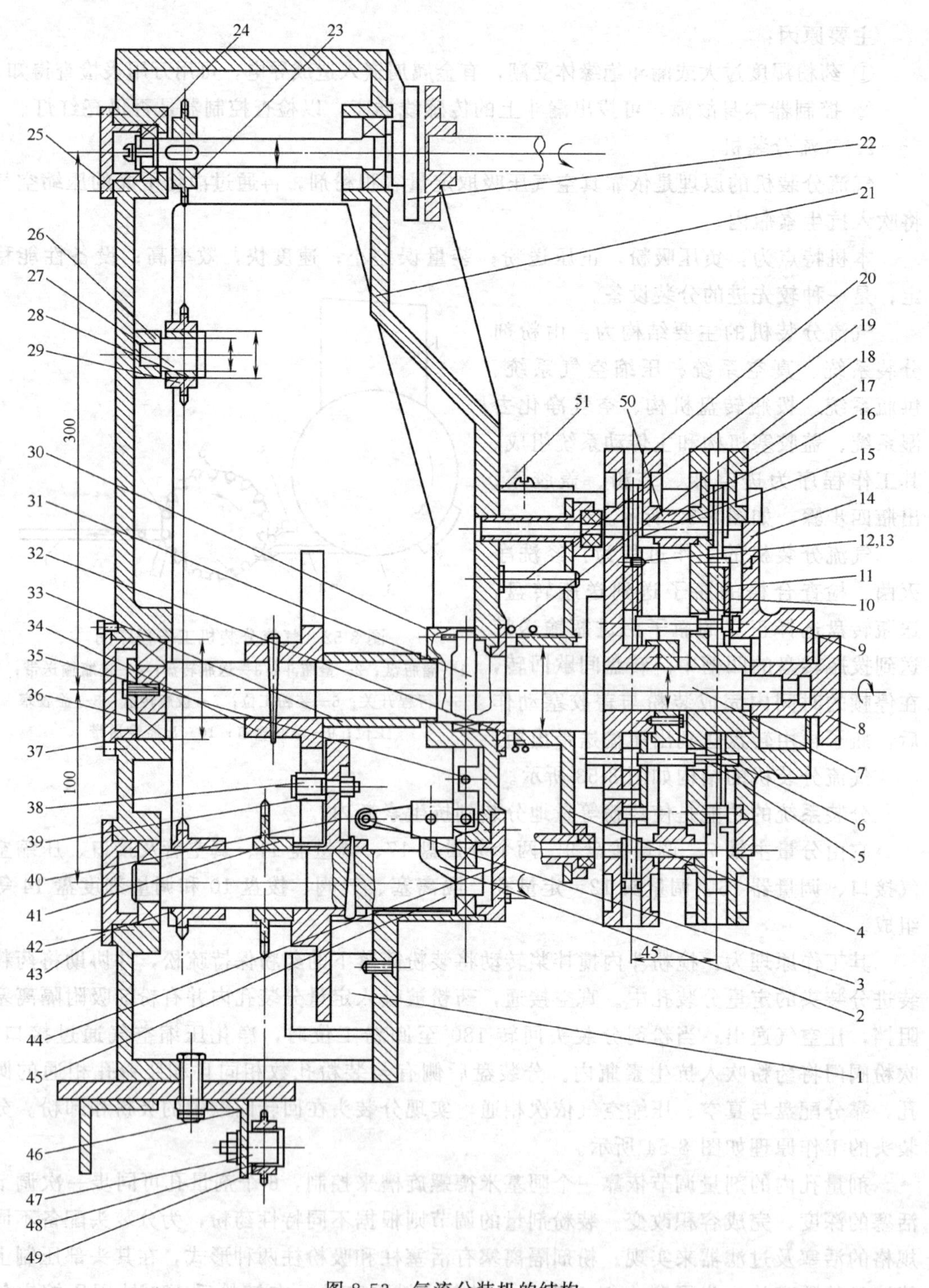

图 8-53　气流分装机的结构

1—储油槽；2—固定架；3—拨叉；4—气嘴调板；5—调量拨盘销；6，25，32，37，43，44—压盖；7—分量主轴；8—定盘螺母；9—调量拨盘；10—拨盘；11—调量盘；12—调量头；13—调量销轴；14—调量刻度盘；15—调量器；16—连接通销；17，20—分量盘；18—压簧；19—小轴；21—箱体；22—代动搅拌；23—小链轮；24—垫；26—张紧轮支架；27—轴销；28—铜套；29—链轮；30—螺钉；31—连杆；33—间隔套；34—间歇轮；35—连杆支座；36—垫；38，39—滚轮轴；40—调节凸轮；41—大链轮；42—小链轮；45—调节凸轮轴；46—张紧轮支架；47—销轴；48—铜套；49—链轮

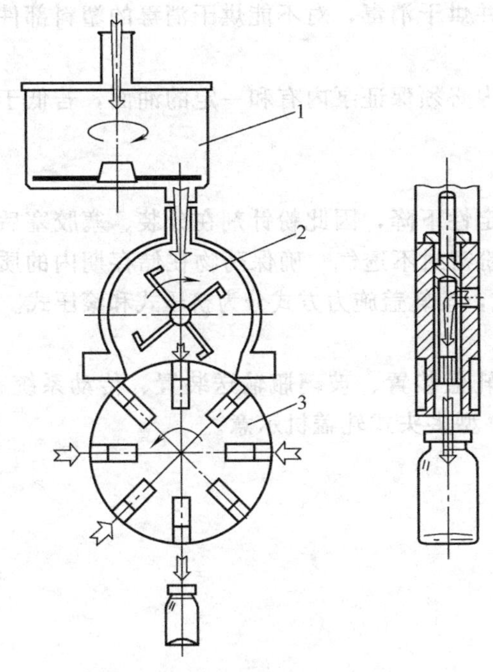

图 8-54　分装头的工作原理

1—装粉筒；2—搅粉斗；3—分装盘

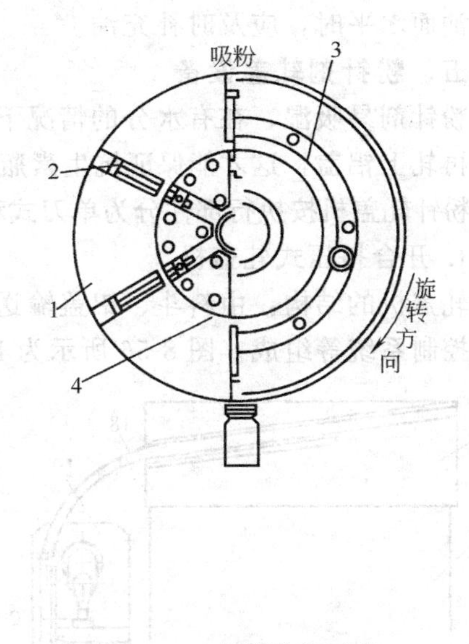

图 8-55　气流分装示意

1—分装盘；2—滤粉片；3—调量刻度尺；
4—装量调节器

移到盖塞点，将胶塞盖入瓶口。

压缩空气系统通过管道送来经过净化、干燥、除菌处理的压缩空气，再经过过滤器后分为 2 路，分别通过压缩空气缓冲缸和气量控制阀，一路经吹气阀门接入装粉盘吹气口，送药入瓶；另一路接入定位反吹滤粉片。

真空系统的真空管由装粉盘的吸粉口接入缓冲瓶，再通过真空滤粉器接入真空泵附带的排气过滤器至专用管道排空。

气流分装机生产中常见问题和相应措施如下。

(1) 装量差异　原因：真空度过大或过小；料斗内药粉量过少；隔离塞堵塞或活塞个别位置不准确。措施：应根据具体情况逐一解决，调节真空度到合适程度，注意观察，及时添料，清理隔离塞和装量孔。

(2) 盖塞效果不好，如出现缺塞或弹塞。缺塞是因胶塞硅化不适或加盖位置不当；弹塞可能是胶塞硅化时硅油量多或抗生素瓶温度过高而引起瓶内空气膨胀所致。措施：应根据具体情况解决，可以调节瓶盖位置、减少硅油用量、降低瓶子温度后再用。

(3) 缺灌　原因：分装头内粉剂吸附隔离塞堵塞。措施：及时清理或更换隔离塞。

(4) 设备停动　原因：缺塞、缺瓶、防尘罩未关严等。应视故障指示灯的显示排除故障。

气流分装机的常规保养如下。

(1) 剂量孔吸粉处两片刮粉片的调节应很小心，调节时先持刮片向内插紧，再轻轻稍向两侧拨一点即可，注意不能出现损坏和污染。

(2) 装粉部件在工作结束时应及时清洗，并烘干消毒，对不能烘干消毒的塑料部件可用酒精消毒后再用电吹风吹干备用。

(3) 各加油部位应定期加润滑油，真空泵内必须保证泵内有和一定的油面，若低于正常油面水平时，应及时补充油。

五、粉针剂轧盖设备

粉针剂易吸湿，在有水分的情况下药物稳定性下降，因此粉针剂在分装、塞胶塞后还要再轧上铝盖，这才能保证抗生素瓶内的药粉密封不透气，确保药物在储存期内的质量。粉针轧盖机按执行部件分为单刀式和多头式，按轧盖施力方式分为挤压式和滚压式。

1. 开合挤压式轧盖机

轧盖机的结构：由料斗、铝盖输送轨道、轧盖装置、玻璃瓶输送装置、传动系统、电气控制系统等组成。图 8-56 所示为 KZG-130 型多头式轧盖机示意。

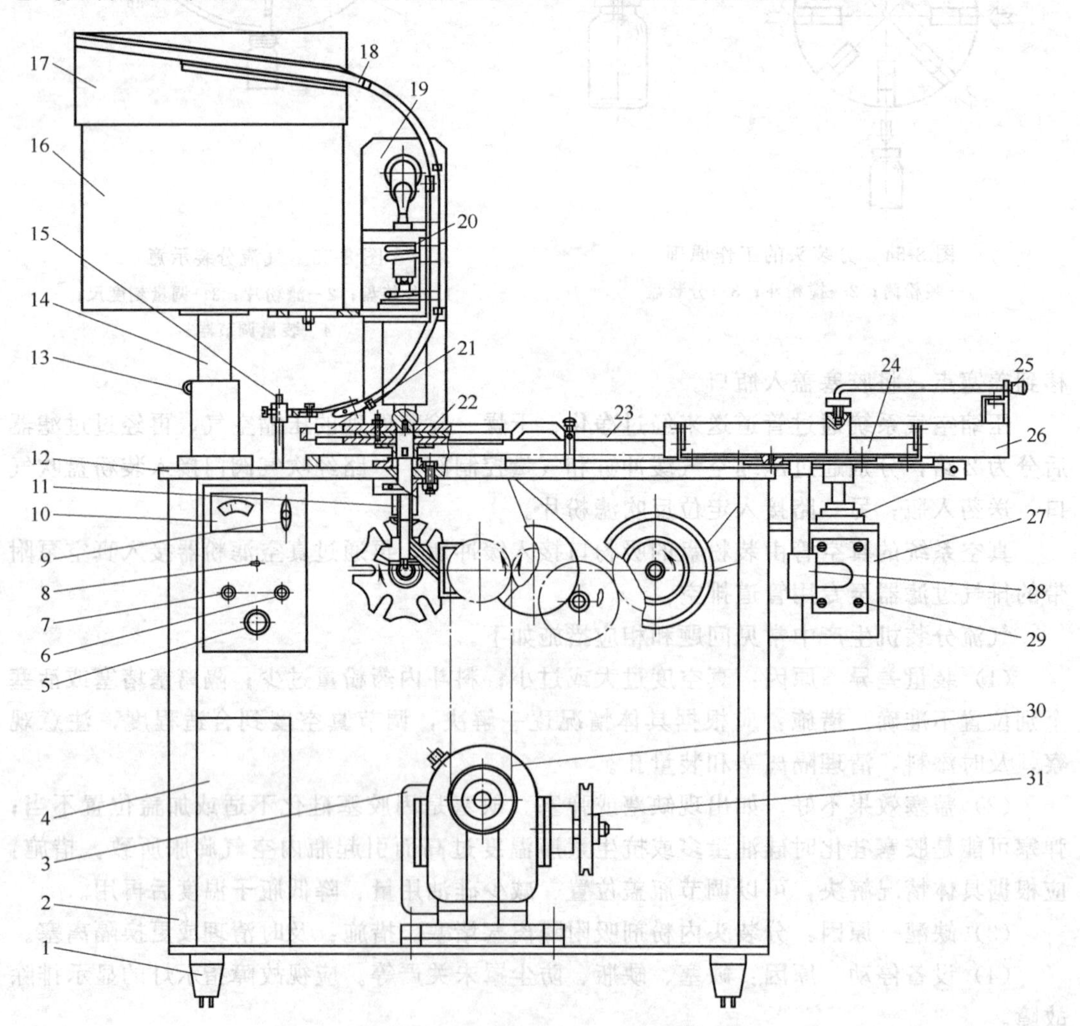

图 8-56　KZG-130 型三爪式轧盖机

1—箱脚；2—箱体；3—电机；4—配电箱；5—调压器；6—停车按钮；7—开车按钮；8—振荡开关；9—电源总开关；10—电压表；11—轴套；12—台板；13—锁紧螺栓；14—支柱；15—支架；16—振荡器；17—理盖斗；18—输盖轨道；19—轧头体；20—螺钉；21—分装盘；22—键；23—输瓶轨道；24—挡瓶块；25—固定柄；26—转盘；27—齿轮箱；28—支撑杆；29—螺钉；30—减速器；31—带轮

图 8-57 130 型三爪式轧盖机结构

轧盖机的主要部件是由轧头体、轧头座、传动链轮、偏心轴等组成，如图 8-57 所示。

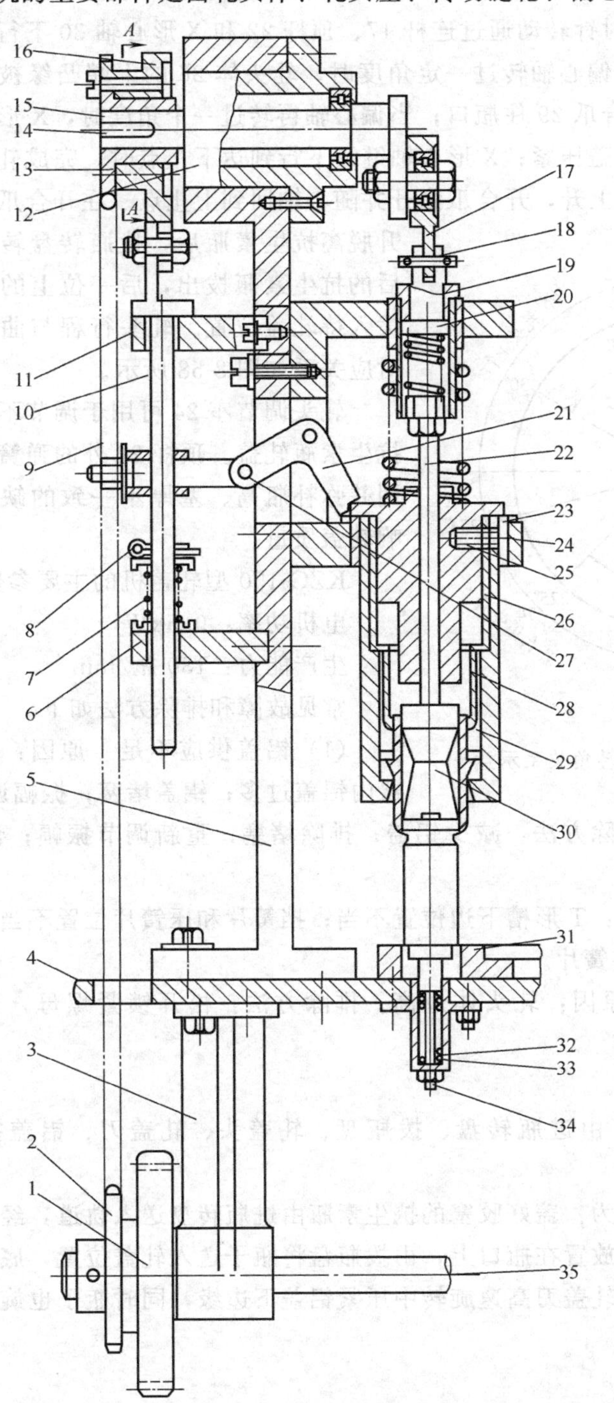

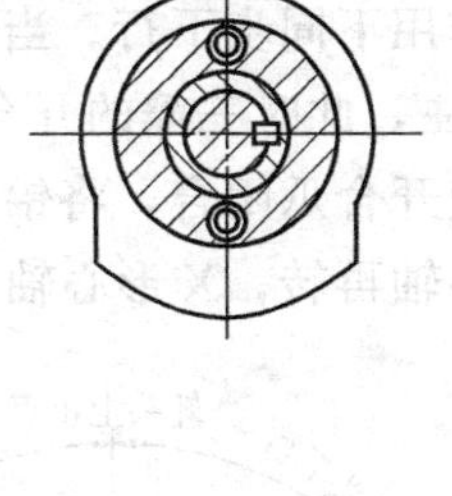

图 8-57 130 型三爪式轧盖机结构

1—轧头齿轮；2—链轮；3—轴承架；4—台板；5—轧头座；6—弹簧挡板；7—弹簧；8—开口销；9—链条；10—推杆；11—推杆轴座；12—轴承座；13—轧头链轮；14—键；15—偏心轴；16—凸轮；17—连杆；18—销；19—螺塞；20—浮动轴；21—楔紧块；22—顶杆；23—下导套；24—轧头调节座；25—紧定螺钉；26—轧头体；27—销轴；28—弹性压爪；29—开合爪；30—X 形心轴；31—走瓶底板；32—浮动座；33—弹簧；34—浮动轴；35—轴

当曲柄处于上止点时三瓣爪张开，轧头处于最高位置；在拨瓶转盘传送抗生素瓶到轧盖位置时，偏心轴 15 逆时针转动通过连杆 17、顶杆 22 和 X 形心轴 30 下行，轧头体在弹簧作用下同步下行。当偏心轴转过一定角度时，轧头体 26 的上端凸缘被轧头调节座 24 挡住，此时三瓣的开合爪 29 住瓶口；当偏心轴再转过一个角度时，X 形心轴继续下行迫使开合爪闭合，将铝盖压紧；X 形心轴继续下行到达下止点时，完成轧盖封口动作。偏心轴再转，X 形心轴上升，开合爪张开并随心轴回到上止点。在开合爪张开且上升脱离抗生素瓶后，拨瓶转盘转动将轧盖后的抗生素瓶拨出，后一位上的瓶子又被拨入待轧盖位置。轧头行程与曲柄转角的对应关系如图 8-58 所示。

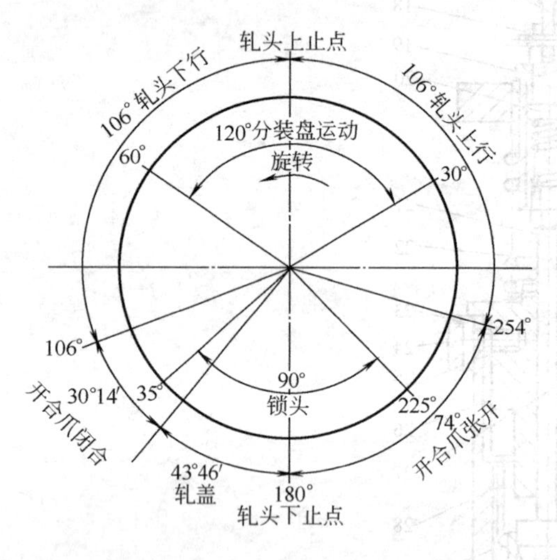

图 8-58 轧头工作与曲柄转角关系示意

轧头调节座 24 可用于调节不同高度的抗生素瓶轧盖。顶杆 22 外的弹簧起缓冲作用并弥补瓶高、塞厚不一致的缺陷而不影响轧盖质量。

KZG-130 型轧盖机的主要参数如下。

电机功率：0.5kW

生产能力：130 瓶/min

常见故障和排除方法如下。

(1) 铝盖供应不足　原因：铝盖振荡器内铝盖过多；铝盖堵塞；振幅调节不好；T 形铝盖轨道连接不好。排除方法：减少铝盖；排除堵塞；重新调节振幅；调整 T 形轨道。

(2) 带不上铝盖　原因：T 形槽下边位置不当；挡簧片和压簧片位置不当。排除方法：调整 T 形槽轨道；调整簧片。

(3) 瓶口压制过松　原因：轧头体过高。排除方法：松开锁紧螺母，调整顶杆向下。

2. 单刀式轧盖机简介

单刀式轧盖机的结构：由进瓶转盘、拨瓶盘、轧盖头、轧盖刀、铝盖振荡器等组成。

其工作原理和工作过程为：盖好胶塞的抗生素瓶由进瓶转盘送入轨道，经过输送轨道时铝盖供料振荡器将铝盖放置在瓶口上，由拨瓶盘将瓶子送入轧盖位置，底座将瓶子顶起，由轧盖头压紧瓶口，轧盖刀高速旋转中压紧铝盖下边缘，同时瓶子也旋转，将铝盖下缘轧紧于瓶颈上。

六、抗生素瓶贴签机

ELN2011 型抗生素瓶贴签机的结构为：由输瓶轨道、送瓶螺杆、V 形夹传动链、贴签辊、上胶盘、签盒、传签转盘、打印机构等组成，如图 8-59 所示。

本机的传签过程为：传签转盘 11 先在涂胶辊 6 上粘上胶，再转到签盒位粘上签，再转到打字工位，由印字辊 12 将标记印在标签上，再转到与贴签辊 5 相接，贴签辊通过爪；

勾和真空吸附将标签接过并使之与瓶接触，把标签贴于抗生素瓶上。

本机的特点如下。

(1) 真空吸签，简化了机械结构。

(2) 贴签顺序交接连续运动，实现了机械化生产。

(3) 传签准确，减少了传签失误率。

(4) 具有无瓶不贴签、无签不打字功能。

常见问题及解决方法如下。

(1) 瓶签不正

原因：真空度不够；瓶签槽与吸签辊相对位置不平行。

解决方法：调节真空度；调节瓶签槽与吸签辊相对位置使之平行。

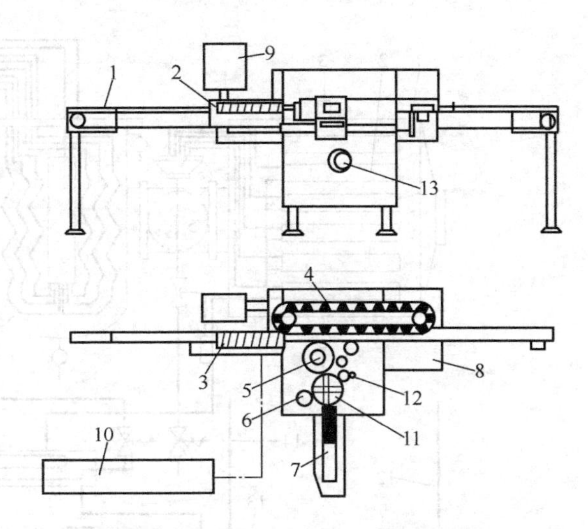

图 8-59　ELN2011 型抗生素瓶贴签机

1—输送轨道；2—挡瓶机构；3—进瓶螺杆；4—V 形夹传动链；5—贴签辊；6—涂胶机构；7—签盒；8—床身；9—操纵箱；10—电气控制柜；11—传签转盘；12—打印机构；13—调节手轮

(2) 吸不出签

原因：签纸太厚；真空度不够。

解决方法：更换签纸；调节真空度。

(3) 每次吸两张签

原因：签纸太薄；签纸受潮。

解决方法：更换签纸。

(4) 瓶签贴不牢

原因：胶黏度不够；签纸是横纹纸。

解决方法：重调胶黏度；通知印签厂改为横纹横印。

(5) 胶水满布瓶身

原因：涂胶位置不当。

解决方法：调整涂胶水位置。

七、冻干粉针剂设备

对于一些无法直接制成无菌粉末又要求固态保存的药物可采用冷冻干燥法。冷冻干燥法是将药物配制成溶液，经无菌过滤、无菌灌装后在低温下冷冻冻结成固体，再在一定真空度和低温下将水分从冻结状态下升华出去，实现低温除水和干燥的目的。

冷冻干燥法的操作在冷冻干燥机内完成。冷冻干燥机的主要由制冷系统、真空系统、加热系统、冷冻干燥室和电器仪表控制系统等组成。其结构如图 8-60 所示。主要部件是干燥室、凝结室、冷冻机组、真空泵和加热装置等，下面分别简述。

(1) 制品的冻干工序在冻干箱中进行。冻干箱内有若干层隔板用不锈钢板制成，板

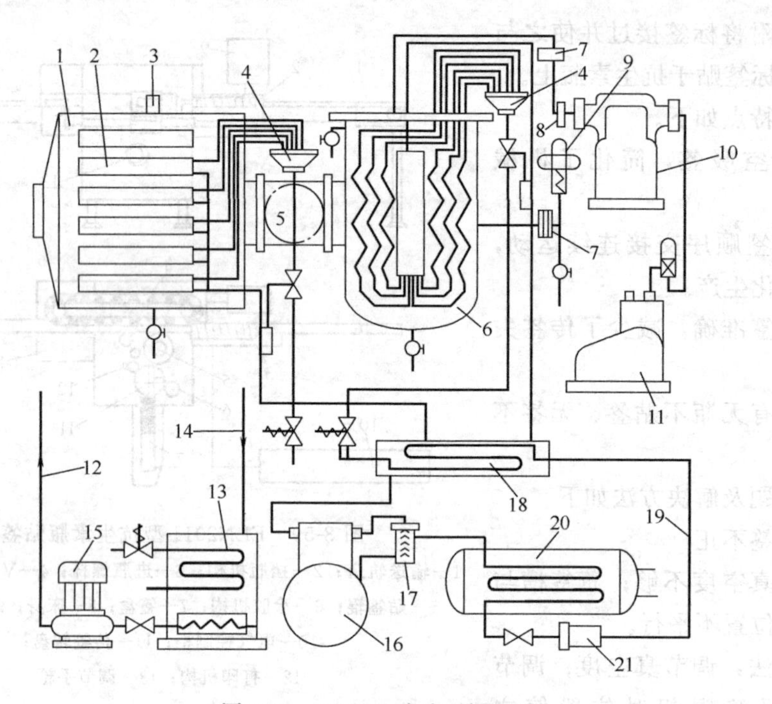

图 8-60　LZC-40 冷冻干燥机图

1—干燥箱；2—冷热隔板；3—真空测头；4—分流阀；5—大蝶阀；6—凝结器；7—小蝶阀；8—真空馏头；9—鼓风机；10—罗茨真空泵；11—旋片式真空泵；12—油路管；13—油水冷却管；14—制冷低压管路；15—油泵；16—冷冻机；17—油水分离器；18—势交换器；19—制冷高压管路；20—水冷却器；21—干燥过滤器

层内通入导热液，对制品进行冷冻和加热。干燥室顶部装有真空传感器，用电信号显示其真空度。室门四周镶嵌硅橡胶的密封圈。

(2) 冷凝器。冷凝器内装有螺旋式冷气排管，其工作温度低于干燥室内药品温度，最低可达－60℃。它主要用于捕集来自冻干箱中制品升华的水汽，并使之在盘管上冷凝，从而保证冻干过程的顺利完成。

(3) 制冷系统的作用是将冷凝器内的水蒸气冷凝及将冻干箱内的制品冷冻。制冷机组采用双级压缩制冷。在冷凝器内，采用直接蒸发式；在冻干箱内采用间接供冷。

其结构主要有干燥室内的冷气排管和凝结管。制冷系统使用的制冷液体是高压氟里昂，其制冷原理：由水冷凝器出来的高压氟里昂经过干燥过滤器、热交换器电磁阀到达膨胀阀，使制冷剂有节制的进入蒸发器，由于冷冻机的抽吸作用，使蒸发器内压力下降，高压液体制冷剂在蒸发器内迅速膨胀，吸收环境热量，使干燥室内制品或凝结器中的水汽温度下降而凝固。高压液体制冷剂液吸热后迅速蒸发而成为低压制冷剂，气体被冷冻机抽回，再经压缩成高压气体，最后被冷凝器冷却成高压制冷液，重新进入制冷系统循环。

(4) 真空系统是使冻结的冰在真空下升华的条件。真空系统的选择是据排气的容积以及冷凝器的温度。真空下的压力应低于升华温度下冰的蒸气压（－40℃下冰的饱和蒸气压为 12.88Pa)，而高于冷凝器内温度的蒸气压。其结构为：真空系统采用机械泵和增压泵串联组成。先用机械泵将系统真空度达到 1.3kPa 以下，再用增压泵将工作真空度抽到小于 66.7Pa。干燥室与凝结器之间装有大口径真空蝶阀，凝结器与增压泵之间装有小蝶阀及真空测头，便于对系统进行真空度测漏检查。

(5) 加热系统是由油泵、油箱、电加热器等组成的一个循环管路。油箱中的油经电炉丝加热后，由油泵输送到干燥室隔板内的加热排管，对制品进行加温，提供升华热。当要降低油温时，可开启冷却水管的电磁阀。用电器控制仪表系统控制升温、降温，以确保制品冻结、升华、干燥过程的进行。

(6) 冷冻干燥的操作压力、温度由以下条件来确定。

① 冻结温度：物质的低共熔点以下 10～20℃。

② 加热温度：被干燥物的允许温度。

③ 操作压力：冻结物质温度的饱和蒸气压以下。

④ 水分捕集温度：操作压力的饱和温度以下。

冷冻干燥中常见的问题和解决方法如下。

① 制品含水量偏高

原因：装入容器内的药液层过厚，干燥热量不足、速度慢或制品吸湿性强、出箱时吸潮等引起含水量偏高。

措施：装量不超过 12mm，空气经硅胶脱水，出箱时制品温度比室温高，真空保存。

② 喷瓶

原因：在预冻中未达共熔点心下，制品没完全冻结；升华干燥时升温过快，大量升华时使制品温度超过共熔点，部分制品熔化成液体，在高真空下少量液体从已干燥的固体界面下喷出形成喷瓶。

措施：冷冻干燥操作中严格控制预冻与升华干燥时的升温。

③ 制品外形不饱满或萎缩成团块

原因：药液浓度过高在冻干时形成致密层，使水汽升华时穿层阻力增大，停滞时间长，使制品体积收缩外形不饱满；药液浓度过低，干燥制品缺乏一定的机械强度黏附瓶壁，外观不美。

措施：药液配制时加入一些添加剂。

冷冻制品的容器。可以采用抗生素瓶或安瓿瓶。

第九章　其他剂型生产设备

第一节　软膏剂型生产设备

一、概述

软膏剂系指药物（多为固体）与适宜的基质配制而成的具有适当稠度的膏状外用制剂。用于皮肤或黏膜后，起到保护、润滑和局部治疗，甚至也可适用于全身治疗的作用。

软膏剂的生产工艺大致包括：基质制备；主药制备、混合配制、灌装、装盒、贴签、装箱、成品检验等。

二、膏剂配制设备

（一）加热罐

油性基质所用凡士林、石蜡等在低温时常处于半固态，与主药混合之前需加热降低其黏稠度。加热设备多采用蛇管蒸汽加热器，如图 9-1 所示。在蛇管加热器中央装有桨式搅拌器。加热后的低黏稠基质多采用真空管自加热罐底部吸出，再做下一步处理。

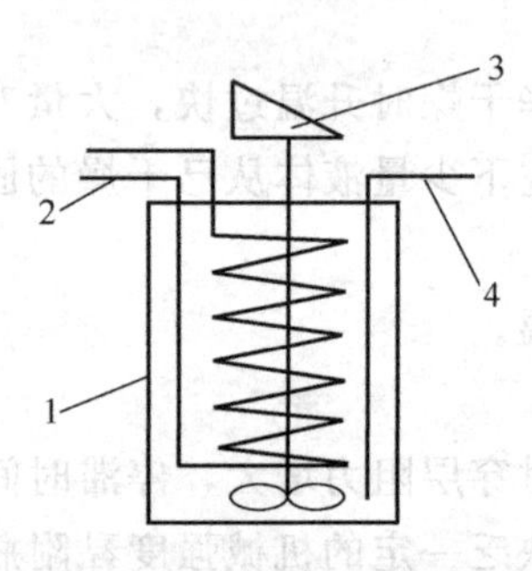

图 9-1　蛇管蒸汽加热器示意
1—加热罐壳体；2—蛇管加热器；3—搅拌器；4—真空管

有些基质的黏稠度虽优于凡士林等物料，但多种基质辅料在正式配料前也需使用加热罐加热和预混匀。此时多使用夹套加热器，内装框式搅拌器。多是顶部加料，底部出料。

（二）配料锅

基质的制备过程多数需要加热、保温和搅拌以保证充分熔融和保证各组分充分混合。无论油膏还是乳膏，所用的基质配料设备，统称为配料锅，其结构示意如图 9-2 所示。由电机、减速器、搅拌器构成搅拌系统，配料锅的夹套可使用蒸汽或热水加热。由于膏剂黏度大，配料锅与一般反应锅不同之处，在于锅内壁要求光滑，搅拌桨选用框式，其形状要尽量接近内壁，使其间隙尽量小，必要时装有聚四氟乙烯刮板，以保证把内壁上黏附着的物料刮干净。

（三）输送泵

有些药品搅拌质量要求较高时以及黏度大的基质或固体含量高的软膏，则需使用循环泵携带物料作锅外循环，帮助物料在锅内上、下翻动。所用的循环泵多为不锈钢齿轮泵及胶体输送泵。所谓胶体输送泵则是一种少齿转子泵，如图 9-3 所示。其不同于一般齿轮泵的地方是传动齿轮与泵叶转子分开，传动齿轮及泵叶转子的齿形制造质量要求很高，轴封采用机械密封，因此使用寿命高，功耗低。

(四) 乳化、混合设备

有些胶体药物不仅需要液固两相，有时也要求液液两相充分混合均匀以形成乳化液。这些药物在配料锅中引出后，还需进一步研磨粉碎、混合均匀。为此所使用的设备品种如：石磨、球磨、三辊磨、胶体磨、乳化机等。其中以胶体磨最为先进。

(五) 新型制膏机

制膏机在锅内装有溶解器、刮板式搅拌器及胶体磨，这三套装置均固连在锅盖上。当使用液压装置抬起锅盖时，各装置也同时升高，抬出锅体。锅体可以翻转，以利于出料及清洗。搅拌器偏置于锅体内，使膏体做多种方向流动，新型制膏机如图 9-4 所示。

(六) 其他设备

另外，还有膏剂用管的制备及机械、软管的内外涂层设备、软管印刷机。

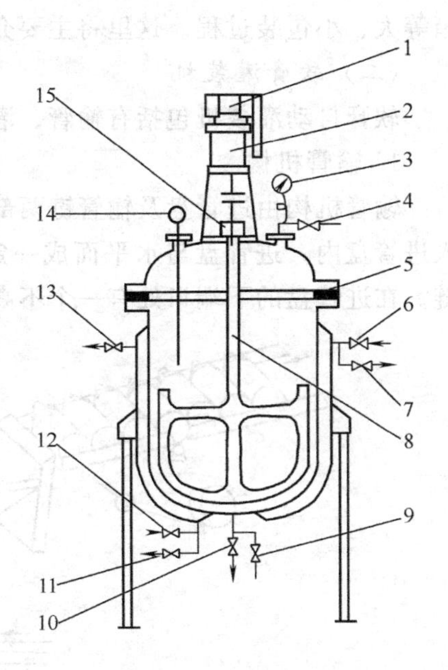

图 9-2 配料锅示意

1—电机；2—减速器；3—真空表；4—真空阀；5—密封阀；6—蒸汽阀；7—排水阀；8—搅拌器；9—进泵阀；10—出料器；11—排汽阀；12—进水阀；13—放气阀；14—温度计；15—机械密封

三、软膏灌装设备

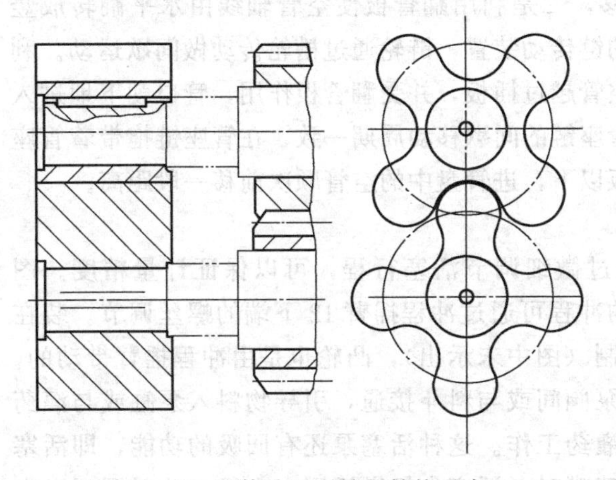

图 9-3 胶体输送泵转子结构示意

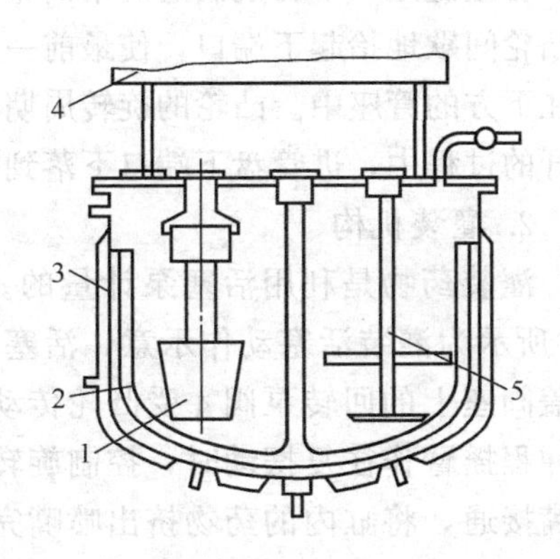

图 9-4 新型制膏机

1—胶体磨；2—带刮板框式搅拌器；3—夹套锅体；4—液压提升装置；5—桨式搅拌器

(一) 概述

软膏将直接装入铝管内，管内壁将长时间与药物接触，所以铝管在灌装前需进行紫外光灯无菌照射和酒精揩擦杀菌。处理后的铝管需及时灌装，不能久藏。

灌装工作不仅是指药物灌装到软管及封包等工序，同时也还包括软管装盒、小盒装箱等大、小包装过程。这里将主要介绍软管灌装设备。

（二）软膏灌装机

软膏自动灌装机包括有输管、灌注、封底等三个主要功能。

1. 输管机构

输管机构由进管盘及输管键两部分组成。空管由手工单向卧置（管口朝向一致）堆入进管盘内，进管盘与水平面成一定倾斜角。靠管身自重，空管将自行向下滑入输管链。在进管盘的下端口处有一个不高的插板，使空管不能自行越过（见图 9-5）。

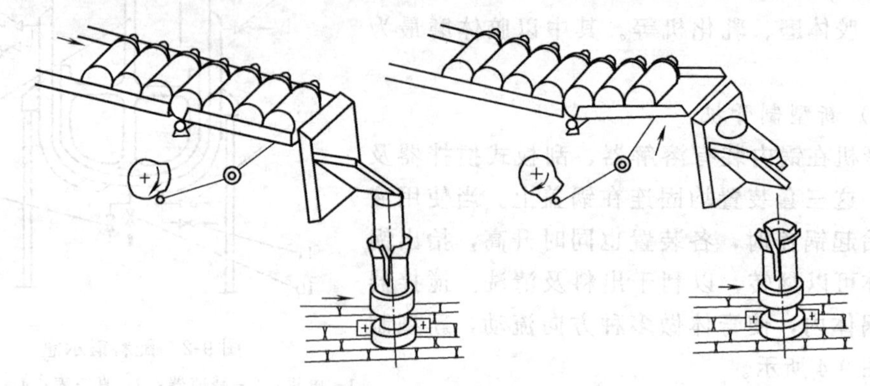

图 9-5 插板控制器及翻管示意

利用凸轮间歇抬起下端口，使最前一支空管越过插板，并受翻管板作用，管口朝下地进入等在下方的管座中。凸轮的旋转周期和管座链的间歇移动周期一致，在管座链拖带着管座移开的过程，进管盘下端口下落到插板以下，进管盘中的空管顺次前移一段距离。插板的作用为：一是阻挡空管的前移，二是利用翻管板使空管轴线由水平翻转成竖直。管座链是一个特别制造的平面布置的链传动装置，链轮通过槽轮传动做间歇运动。利用凸轮间歇地抬起下端口，使最前一支空管越过插板，并受翻管板作用，管口朝下地进入等在下方的管座中。凸轮的旋转周期和管座链的间歇移动周期一致，在管座链拖带着管座移开的过程中，进管盘下端口下落到插板以下，进管盘中的空管顺次前移一段距离。

2. 灌装机构

灌装药物是利用活塞泵计量的。经过微细调节活塞行程，可以保证计量精度。图 9-6 所示为灌装活塞动作示意，活塞 5 的冲程可通过冲程摇臂 12 下端的螺丝调节。装在泵盖阀座上的回转泵阀 4 受凸轮传动控制（图中未示出），凸轮也是由冲程摇臂带动的。在冲程摇臂作往复摆动时，控制旋转的泵阀间或与料斗接通，引导物料入泵缸或与灌药喷嘴接通，将缸内的药物挤出喷嘴完成灌药工作。这种活塞泵还有回吸的功能，即活塞冲到前顶端，软管接受药物后尚未离开喷嘴时，活塞先轻微返回一小段，此时泵阀尚未转动，喷嘴管中的膏料即缩回一段距离，可防止嘴外的余料碰到软管封尾处的内壁，而影响封尾的质量。另外，在灌药喷嘴内还套装着一个吹风管，料膏平时是从风管外的环隙中喷出的。当灌装结束，开始回吸的时候，泵阀上的转齿接通压缩空气管路，用以吹净喷嘴端部的膏料。

当管座链拖动管座停位在灌药喷嘴下方时，利用凸轮将管座抬起，令空管套入喷嘴。管座的抬起动作是沿着一个槽形护板进行的。护板两侧嵌有用弹簧支撑的永久磁

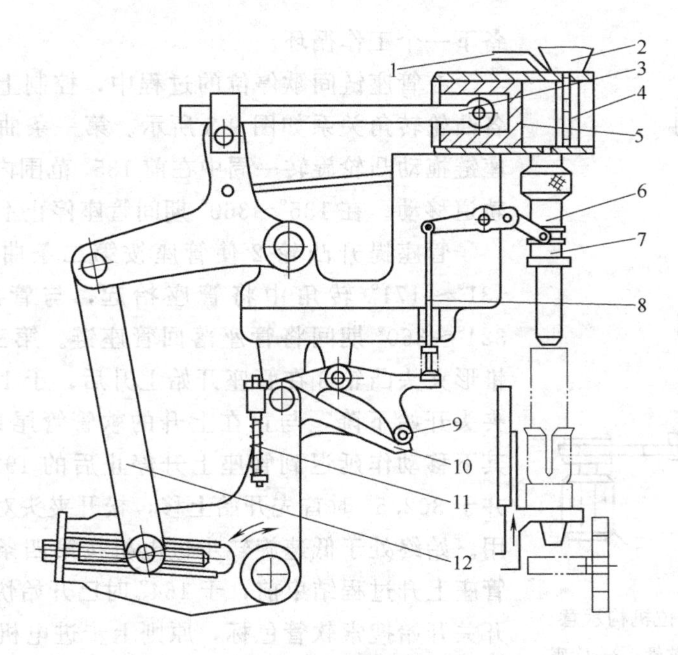

图 9-6　灌装活塞动作示意

1—压缩空气管；2—料斗；3—活塞杆；4—回转泵阀；5—活塞；6—灌药喷嘴；7—释放环；8—顶杆；9—滚轮；10—滚轮轨；11—拉簧；12—冲程摇臂

铁，利用磁铁吸住管座，可以保持管座升高动作的稳定。

管座上的软管上升时将碰到套在喷嘴释放环 7，推动其上升。通过杠杆作用，使顶杆 8 下压摆杆，将滚轮 9 压入滚轮轨 10，从而使冲程摇臂 12 受传动凸轮（图中未表示）带动，将活塞杆 3 推向右方，泵缸中的膏料挤出。如果管座上没有空管时，管座上升，没有软管来推动释放环时，拉簧 11 使滚轮抬起，不会压入滚轮轨，传动凸轮空转，冲程摇臂不动。这就保证了无管时不灌药，既防止药物损失，又不会污染机器和被迫停车清理。料斗置于活塞泵缸上方，其外壁可加装电热装置，当膏料黏度较大时，可适当加热，以保持其必要的流动性。

3. 光电对位机构

在灌药后封底口前，管座链先将软管置于光电对位工位上，使各软管上的图案依据色标位置转向同一方位。光电对位使用的是反射式光电开关控制步进电机带动管座转动的，步进电机又称脉动马达，它是一种将电脉冲信号转换为角位移的电磁机械，其转子的转角与输入的电脉冲数成正比，它的运动方向取决于加入脉冲的顺序，利用一种接近开关控制器控制步进电机的转速，反射式光电开关在识别色标的过程中控制步进电机的转角和制动电机，该机构示意如图 9-7 所示。

当管座链抵达光电对位工位时，有一提升凸轮通过顶杆 6 顶起管座 3 及软管 2，使管座离开管座链 4，位于软管上边的锥形夹头 1 由上边抵住管口。顶杆下端和步进电机轴以齿槽形传动链 5 相连。当顶杆顶起管座的同时也就受步进电机带动而开始旋转，经识别光标等电路控制，使软管转到合适方位时，步进电机制动，顶杆回落，管座在管座链上复位，等待传送到下一个工位。光电开关离开色标后，步进电机重新开始旋转，准备下一个工作循环。

在管座链间歇停位的过程中，控制上述几个动作的各凸轮转角关系如图 9-8 所示。第一条曲线表示的是管座链拖动凸轮旋转一周中在前 135° 范围内拖动各管座沿轨道移动。在 135°～360° 期间管座停止不动。

管座提升凸轮 2 使管座按第二条曲线动作，它在 131°～171° 转角中将管座抬起，与管座链脱开。在 324°～360° 期间将管座落回管座链。第三条曲线说明，锥形夹头凸轮 3 在管座开始上升后，于 142.5°时使锥形夹头开始下降，与正在上升的软管管尾口对正、压紧，其下移动作延迟到管座上升停止后的 192.5°时才停止，并于 302.5° 时首先开始上移，松开夹头对软管的夹持作用。始终处于低速旋转步进电机按第四条曲线动作，在管座上升过程结束前，于 164° 时已开始快速转动，光电开关开始搜索软管色标，原则上步进电机到 344°时才返回低速旋转，一旦光电开关识别到色标，将提前制动步进电机，使软管管座方位不再改变，待管座顶杆下落，使管座复位时，光电开关离开色标后，管座已不受步进电机传动，步进电机恢复慢速旋转，事实上由于步进电机的快速旋转，光电开关的搜索早于控制轴转到 302.5°之前，必会发出制动信号的。

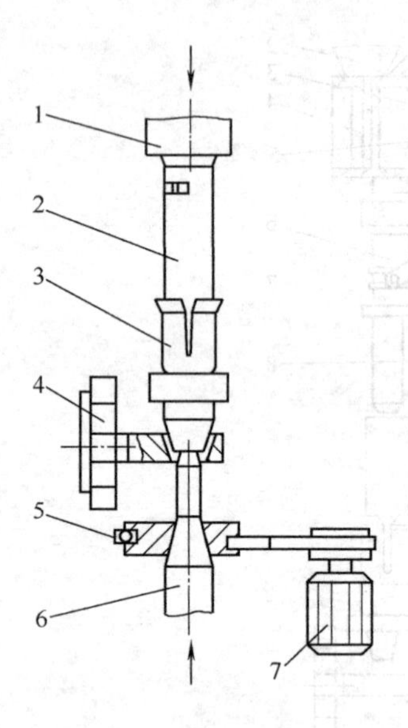

图 9-7　光电对位机构示意

1—锥形夹头；2—软管；3—管座；4—管座链；5—齿槽形传动链；6—顶杆；7—步进电机

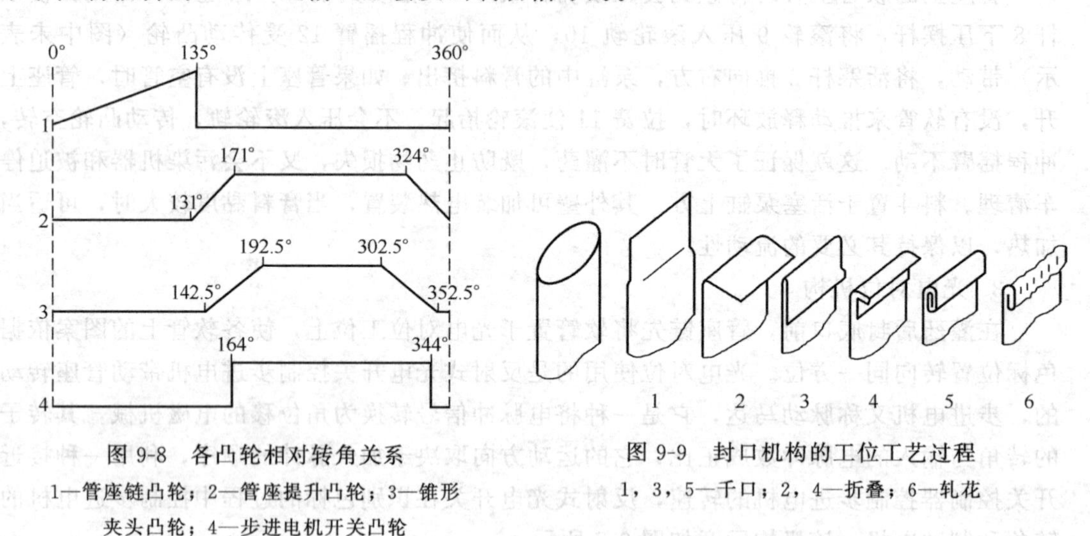

图 9-8　各凸轮相对转角关系

1—管座链凸轮；2—管座提升凸轮；3—锥形夹头凸轮；4—步进电机开关凸轮

图 9-9　封口机构的工位工艺过程

1，3，5—干口；2，4—折叠；6—轧花

4. 封口机构

灌装机上的封口机构是装在一个专门的封口机架上的，在这个机架上装有六对封口钳，其工位工艺过程如图 9-9 所示。管座链将按一定方位放置的软管管尾先送至第一对平口钳处，完成管尾压平。然后按管座链的间歇周期，每支软管再依次通过第一次折叠钳折边；第二次平口钳压平折边；第二次折叠钳再折边；第三次平口钳压平、折边及最

后的轧花钳将折边处轧花。

5. 出料机构

出料机构封尾后的软管随管座链停位于出料工位时，主轴上的出料凸轮带动出料顶杆上抬，从管座的中心孔将软管顶出，使其滚翻到出料斜槽中，滑入输送带，送去外包装。为保证顶出动作顺利进行，顶杆中心应与管座中心对正（见图 9-10）。

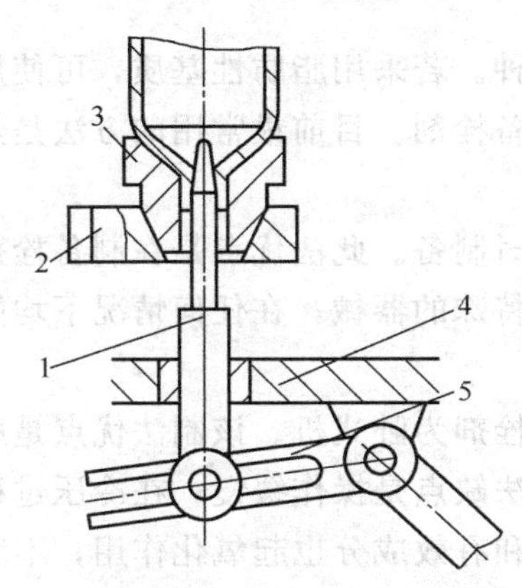

图 9-10 出料顶杆对正

1—出料顶杆；2—管座链节；3—管座；4—机架（滑槽）；5—凸轮摆杆

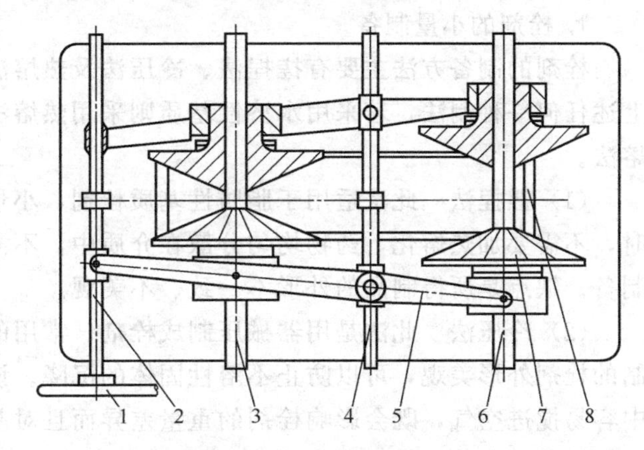

图 9-11 齿链式无级调速箱

1—调整手轮；2—调速轴；3—驱动轴；4—铰链轴；5—调速杠杆；6—输出轴；7—带齿链轮；8—齿链

6. 无滑差无级调速器

这里介绍齿链式无级调速器（见图 9-11）。调速轴上的左、右旋螺纹，可使一对调速杠杆绕铰链轴上的铰销作相对摇动，同时带动两对可分合的带齿链轮，张开或合拢，这样就可改变齿链在两对链轮上的接触半径，从而达到改变驱动轴与输出轴的传动比的目的。齿链是由每组 30～40 个厚 1mm 的滑片叠装在滑片套内组成的。滑片在滑片套内自由滑动。各组滑片套彼此连成一定周长的齿链，带齿链轮的过轴剖面呈半径很大的圆弧曲线，如图 9-12（b）所示。链轮的弧形工作表面上加工有 60 条梯形均布的径向齿槽，每对链轮在轴上组装时，需保证其各自的梯形齿槽是峰、谷相错的，如图 9-12（a）所示，即可保证齿链的滑片一端嵌入链轮的槽谷中，另一端则抵在链轮的槽峰上，滑片在运转中能根据槽谷的宽度自行调节其嵌入的片数，这种变速箱的调速及传动原理是利用摩擦、啮合作用来传递动力的，其传动比可靠、无滑差，在运转中调速方便，无冲击，禁止在停车时盘动手轮和调速。

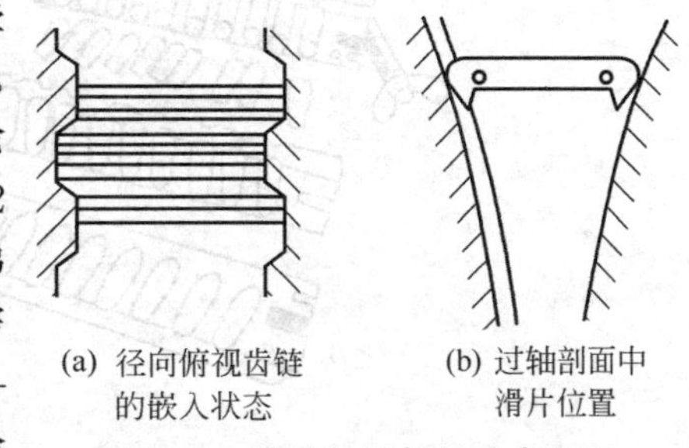

(a) 径向俯视齿链的嵌入状态　(b) 过轴剖面中滑片位置

图 9-12 齿链与链轮的啮合原理

第二节 栓剂生产设备

一、概述

栓剂是指以药物和适宜的基质配制成的借腔道给药的固体制剂。其形状及重量因给药腔道的不同而异，在常温下其外形应光滑完整、无刺激性，有适宜的硬度及弹性。

栓剂的使用特点为：栓剂进入腔道后，必须在体温下融化、软化或溶化，并能与体腔内分泌液混合，逐渐释放出药物，使药物分散或溶解在体液中，才能在给药部位被吸收，产生药理作用。

二、栓剂的制备

1. 栓剂的小量制备

栓剂的制备方法主要有搓捏法、冷压法及热熔法三种。若采用脂肪性基质，可使用上述任何一种制法，若采用水溶性基质则采用热熔法制备栓剂。目前最常用的方法是热熔法。

（1）搓捏法　此法适用于脂肪性基质栓剂，小量临时制备。此法优点是在制备栓剂时，不需要加热熔化，药物均匀分散在介质中，不需要特殊的器械，在任何情况下均能制备。缺点是所得制品的外形不一致、不美观。

（2）冷压法　此法是用器械压制成栓剂，常用的制栓剂为卧式机。该制法优点是所制的栓剂外形美观，可以防止不溶性固体的沉降。该制法缺点是操作缓慢；在冷压过程中容易搅进空气，既会影响栓剂的重量差异而且对基质和有效成分也起氧化作用，不利于工业大生产。目前，制备栓剂一般不采用冷压法制备栓剂。

（3）热熔法　此法应用最广泛，水溶性基质及脂肪性基质的栓剂均可用此法制备。

栓剂模型如图 9-13 所示，肛门栓除卧式外还有立式模型应用于生产，即由圆孔板和底板构成，每个圆孔对准底板的凹孔，圆孔与凹孔合在一起即为整个栓剂的大小。栓模一般用金属制成，表面涂铬或镍，以避免金属与药物发生作用。

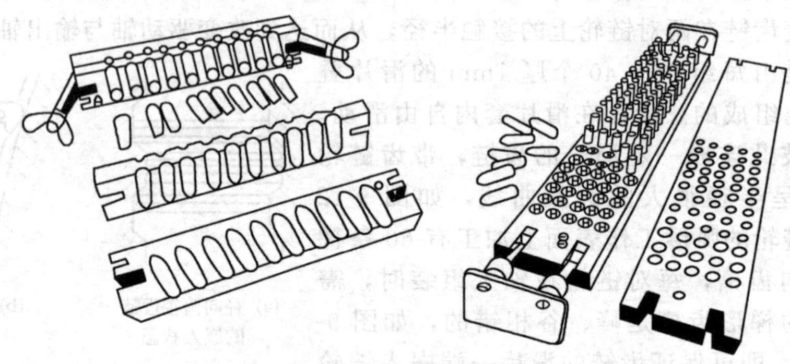

图 9-13　栓剂模型

制备栓剂时，其栓孔内所用的润滑剂通常有两大类。

① 水溶性或亲水性基质的栓剂，应采用油类为润滑剂，例如植物油、液状石蜡等。

② 脂肪性基质的栓剂，常用软肥皂、甘油各 1 份与 95%乙醇 5 份制成的乙醇溶液。

有的基质不粘模，例如聚乙二醇、可可豆油，可以不用润滑剂。

2. 栓剂的大量生产工艺

在工厂大量生产栓剂时需根据以下要求作标准来选择机械设备：单位时间的生产量；生产速度；选择的机械类型；手工、半自动化或自动化设备。

目前的大量生产主要采用热熔法并用自动模制机器。

三、栓剂的质量评价

《中国药典》(2005 版) 规定，栓剂中的药物与基质应均匀混合，栓剂外形要完整光滑；塞入腔道后应无刺激性、应能融化、软化或溶化，并与分泌液混合，逐渐释放出药物，产生局部或全身作用；应有适宜的硬度，以免在包装或储存时变形。

四、栓剂的生产设备

制备栓剂最常用的方法是热熔法，其整个制备过程都可用机器来完成。填充、排出、清洁模具等操作也均自动化。

(一) 栓剂的配料设备

目前，工业生产中最常用且较先进的栓剂的配料设备是STZ-I 型高效均质机。该型设备是栓剂药品灌装前的主要混合设备。主要用于药物与基质按比例混合、搅拌、均质、乳化，是配料罐的替代产品。

该设备工作原理是基质与药物在夹层保温罐内，通过高速旋转的特殊装置，将药物与基质从容器底部连续吸入转子区，在强烈的剪切力作用下，物料从定子孔中抛出，落在容器表面改变方向落下，同时新的物料被吸进转子区，开始一个新的工作循环。

(二) 栓剂的灌封设备

1. 自动旋转式制栓机

自动旋转式制栓机的产量为 3500～6000 粒/h。操作时，先将栓剂软材注入到加料斗中，斗中保持恒温和持续搅拌，模型的润滑通过涂刷或喷雾来进行，灌注的软材应满盈。软材凝固后，削去多余部分，填充和刮削装置均由电热控制其温度。冷却系统可按栓剂软材的不同来调节，往往通过调节冷却转台的转速来完成。当凝固的栓剂转到抛出位置时，栓模即打开，栓即被一钢制推杆推出，模型又闭合，而转移至喷雾装置处进行润滑，再开始新的周转。温度和生产速度可按能获得最适宜的连续自动化的生产要求来调整。

2. BZS-I 型半自动栓剂灌封机组

该机组是最新研制开发的机电一体化用于栓剂生产的新型设备，可自动完成灌注、低温定型、封口整形和单板剪断。

其工作原理是将已配制好的药液灌入存液桶内，存液桶设有搅拌装置和恒温系统及液面观察装置，药液经由蠕动泵入计量泵内，然后通过 6 个灌注嘴同时进行灌注，并且自动进入低温定型部分，完成液-固态转化，最后进行封口、整型及剪断成型。

该机组具有以下特点：采用特殊计量结构，灌注精度高，计量准确，不滴药，耐磨损，可适应于灌注难度较大的中药制剂和明胶基质；采用 PLC 可编程控制，自动化程度高，可适应不同容量、各种形状的栓剂生产；配有蠕动泵连续循环系统，保证停机时药液不凝固；采用加热封口和整型技术，栓剂表面光滑、平整；具有打批号功能。

该机组具有以下主要技术参数。

产量：3000～6000 粒/h。剂量误差：±2%。单粒剂量：0.5～5g/粒。栓剂形状：鱼雷形、鸭嘴形、子弹头形及其他特殊形状。单板剪切粒数：1～10 粒。电源：三相交流 380V。整机功率：7.8kW。耗电量：0.5m^3/min。外形尺寸：3800mm×1400mm×2500mm（长×宽×高）。整机质量：700kg。

3. ZS-U 型全自动栓剂灌封机组

该机组可适应于各种基质，各种黏度及各种形状的化学药品和植物药品的栓剂生产。其工作原理是成卷的塑料片材经栓剂制壳机正压吹塑成型，自动进入灌注工序，已搅拌均匀的药液通过高精度计量泵自动灌注空壳后，被剪成多条等长的片段，经过若干时间的低温定型，实现液-固态转化，变成固体栓粒，通过整形、封口、打批号和剪切工序，制成成品栓剂。

该型机组具有以下一些特点：采用插入式灌注，位置准确、不滴药、不挂壁、计量精度高；适应性广，可灌注难度较大的明胶基质和中药制品；采用 PLC 可编制控制和工业级人机界面操作，自动化程度高、调节方便、温度控制精度高、动作可靠、运行平稳；储液桶容量大，设有恒温、搅拌和液面自动控制装置；装药液位置低，减轻工人劳动强度，设有循环供液和管路保温装置，保证停机时药液不凝固；占地面积小，便于操作等。

该机组具有以下主要技术参数。

产量：6000～10000 粒/h。单粒剂量：1～5ml。剂量误差：±2%。栓剂形状：子弹形、鱼雷形、鸭嘴形及其他特殊形状。适应基质：半合成脂肪酸甘油酯、甘油明胶、聚乙二醇类等。储液桶容量：50L。填料高度：1400mm。电源电压：交流三相 380V。总功率：13kW。耗电量：1.5m³/min。外形尺寸：7000mm × 1500mm × 1700mm（长×宽×高）。总重：2000kg。

第三节　气雾剂制备设备

一、概述

气雾剂是将药物及抛射剂共储于带有阀门的耐压容器中，使用时利用抛射剂压力将药物，以雾状气溶胶形态放出的一种剂型。

1. 气雾剂特点

气雾剂置于密闭容器内易于保持洁净，避免污染，而且使用方便、剂量小、奏效快，便于局部给药。

2. 气雾剂的组成

气雾剂的基本组成是药物、附加剂和抛射剂。药物可以是液体或半固体或固体粉末。附加剂多为溶剂或增加溶质在抛射剂中溶解度的潜溶剂，如乙醇、丙三醇、聚乙二醇和表面活性剂。先将药物与附加剂配制成浓溶液，再将其与抛射剂混溶成液相。抛射剂主要是液化气体，它是气雾剂喷射药物的动力，又可以是主药的溶剂或稀释剂，最早采用的是二甲醚，后来又发现简称为 F12（二氯二氟甲烷）的性能更好，还有 F11（三氯一氟甲烷）和 F114（二氯四氟乙烷）也可做气雾剂的抛射剂，均具有化学稳定性、毒性甚微、不易燃、大多无色、无味、基本无嗅，通常可采用以 F12 与 F11 或 F12 与 F114 制成混合抛射剂。

3. 气雾剂的包装

这里所说包装是指构成气雾剂所必需的药物容器及其阀门。装气雾剂药物（指主药、附加剂和抛射剂的总称）的容器均需承受抛射剂的液化压力，又常称为耐压容器，其制造及测试均有安全规定，通常要求在50℃下承受1MPa压力时不变形。

4. 气雾剂的制备过程

气雾剂的制备过程主要包括四大部分，第一部分是容器及阀门的洁净处理，金属制容器成型及防腐处理后，需按常规洗净、干燥或气流吹净备用。阀门在组装前，无论是铝盖、橡胶制品、塑料零件及弹簧均需用热水冲洗干净，尤其是弹簧需用碱水煮沸后热水冲洗净。冲干净后的零件置于一定浓度的乙醇中备用。第二部分是配制药液和在无菌条件下灌入容器中，第三部分是在容器上安置阀门和轧口，第四部分是在压力条件下将液化的抛射剂压入容器中。此外，还需经过检测其耐压与泄漏情况。试喷检测阀门使用效果，以及加套防护罩、贴标签、装盒、装箱等工序。

二、气雾剂容器及阀门结构

（一）气雾剂容器

用马口铁制的气雾剂容器是由主体、顶盖及底盖等三部分组成的，如图9-14（a）所示，马口铁是两面镀锡的薄钢板，三个部分都是分别用板材冲制下料成型，再经折边焊封接口，图中卷边处均属夸大示出，实际压折后应密而无隙。顶盖上所留小孔用以装配喷雾阀门，有的还需要涂以内衬。内衬是由两层树脂组成，底层多用坚韧的乙烯基树脂，内层则用环氧树脂涂敷。

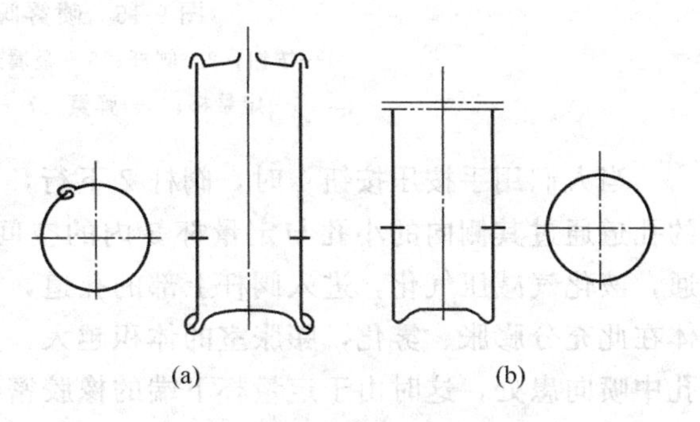

图9-14　金属制气雾剂容器的结构形式

不锈钢制的容器，多直接用薄不锈钢板冲制出带底的主体，再加封顶盖，如图9-14（b）所示，由于不锈钢耐腐蚀性能好，内壁不必涂用防腐内衬，其价格相对较贵。

铝可经挤压和拉伸制成无缝容器，外表光滑美观，其应用最为广泛。但由于铝的化学性质活泼，会在包装含有乙醇的药品时缓慢放出氢气，进而造成容器内压力升高，或出现铝的部分溶解，结果会出现容器的破裂现象，其化学反应如下

$$2Al+6C_2H_5OH(\text{无水})\longrightarrow 2(C_2H_5O)_3Al+3H_2\uparrow$$

常需加2%～3%的水，且对铝做阳极极化处理，以达到防腐的安全措施。使用玻璃容器其结构造型灵活，价格低廉，且耐腐蚀。但从保证强度上考虑，常需外涂塑料的附加层，以保证安全使用。

塑料的气雾剂容器多是以聚丁烯对苯二甲酸酯树脂和乙缩醛共聚树脂为材料最为理想。使用玻璃或塑料制作气雾剂的容器时，多需利用模具使瓶口的造型满足安装喷雾阀门的形状，以便安装喷嘴。

（二）喷雾阀门

因为喷雾阀门的精确度直接影响气雾剂的使用质量，所以喷雾阀门的制作及装配要

求十分精细，质量要求严格。图 9-15 所示为喷雾阀门的结构，当剂量小、作用强的药物，每次仅要求喷出一定量（如 0.1ml）的药液时，可使用这种定量阀门。

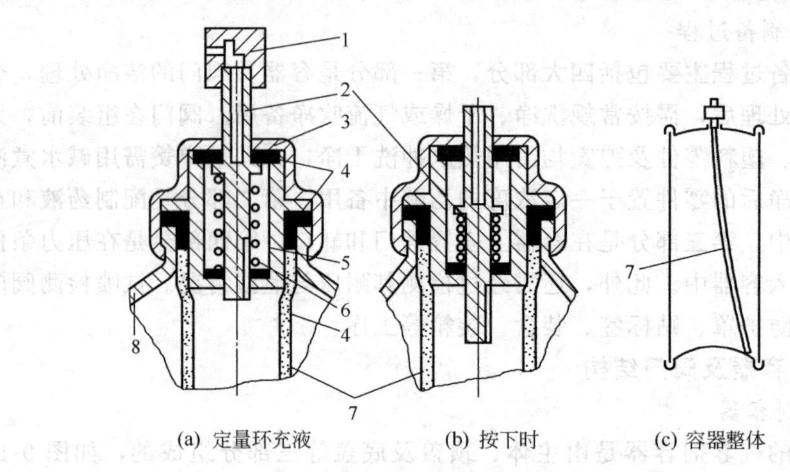

图 9-15 喷雾阀门的结构

1—按钮；2—阀杆；3—金属封盖；4—橡胶密封圈；
5—定量杯；6—弹簧；7—引液管；8—容器接

当人们用手按压按钮 1 时，阀杆 2 下行，弹簧 6 压缩［见图 9-15（b）］，阀杆上部的孔道通过其侧向的小孔与定量杯 5 内的空间相通，此时定量杯中的药液将与大气相通，液化气减压气化，进入阀杆上部的孔道，阀杆上部的孔道又叫膨胀室，汽化后的气体在此充分膨胀、雾化，膨胀室的体积越大，其雾化效果越好，这样药物就从按钮的小孔中喷向患处，这时由于定量杯下端的橡胶密封环的作用，引液管与定量杯的空间是隔离的，阀杆下端的引液槽不起作用，引液管一直通到容器底部，当松开按钮时，弹簧使阀杆自动上升，图 9-15（a）所示定量杯上部的橡胶密封圈使定量杯与大气隔离，阀杆上升后，阀杆下端的引液槽使引液管与定量杯的空间彼此相通，引液管内的压力是抛射剂的饱和蒸气压，远大于刚与大气相通的定量杯内的气体压力，故将容器内的药液压入定量杯，定量杯容积一定，故每次喷出的药液量一定。金属封盖 3 多用阳极化处理的铝材制成，它将阀内的各零件固封于容器的接口上，由于铝材塑性好，只需在接口处制作一个极小的卷边，就可以确保连接牢固。

从图 9-15 中定量阀门的结构很容易联想，如果阀杆上的引液槽更长些，或是在定量杯下方不装密封圈，则当按钮按下阀杆时，小孔使定量杯与大气相通，引液槽又使罐中的药液与定量杯空间相通，就可以构成不定量的阀门，届时按钮压下多长时间，即可喷雾多长时间，可任意控制用药量。

三、气雾剂的灌装设备

从气雾剂的制备工艺过程可以知道，将气雾剂向容器中灌装时是分两步进行的。主药液是在常压下装入容器的，一般是在喷雾阀门未安装前进行。抛射剂是液化气体，需在一定压力下才能保持液态，在灌入容器后仍需保持一定压力，所以必须在安装喷嘴后，保证容器密封的状态下，方能灌装抛射剂。抛射剂的灌装方式则依据其温度及压力条件不同，分有低温灌装及加压灌装两种。所谓低温灌装是指将装了药液的容器预先冷却至－20℃，将抛射剂冷却至其沸点以下5℃，灌注到容器中，容器上部的空气随抛射剂的蒸发而被排出，然后立即安置阀门并轧口，低温灌装需有一个冷冻系统，技术上要求严格，生产中较少采用，多为实验室用。加压灌装是在室温下，利用1.2MPa压缩空气推动汽缸活塞，将抛射剂灌入容器，或直接将抛射剂钢瓶加温至50℃；令其蒸气压升高至1.2～1.5MPa，再灌入容器，这种灌装方式要求在密闭条件下进行，其灌装设备的结构与一般液体药物灌装机惟一的区别是在喷嘴阀门安装后，灌装器的灌注接口与喷嘴口对接，并在保持足够的密封条件下，定量灌注。

气雾剂的灌装机应具备以下功能（或工位）。

(1) 吹气　以洁净的压缩空气或氮气，吹除容器内的尘埃。

(2) 灌药　定量灌装调制好的浓药液，其剂量体积一般在0～100ml或0～300ml范围内可调。

(3) 驱气　在灌装浓药液的同时，通入适量的氟里昂，待其部分挥发时，可带走容器内的空气。

(4) 安置阀门　将预先组装好的阀门插入容器内。

(5) 轧盖　在真空或常压下轧压阀门封盖。

(6) 压装抛射剂　定量灌装抛射剂，其灌装体积也应可调。

(7) 装置按钮。

在各工位上依产量需要，不同机型配置有个数不同的气、液注入口。在灌药及压装抛射剂的工位上还应同时设有自动检测装置（如无容器到位时可自动停止灌药，如无安置阀门时不灌注抛射剂等）。

气雾剂灌注的结构形式也多采用一个水平装置的间歇运转的主工作圆盘，用以拖动数组气雾剂容器间歇停位于各工位上，在主工作圆盘的上部机架上依次装置有各工位的功能机构，各工位的功能动作都是在主工作圆盘回转停歇的时间间隔内完成的，因此各功能机构与主盘的回转也都是通过同一个工作主轴，集中传动，以确保相互动作的协调关系。

第十章　制剂包装设备

本章只介绍固体制剂包装设备。

第一节　药用铝塑泡罩包装机

药用铝塑泡罩包装机又称热塑成型泡罩包装机，是将塑料硬片加热、成型、药品填充、与铝箔热封合、打字（批号）、压断裂线、冲裁和输送等多种功能在同一台机器上完成的高效率包装机械。可用来包装各种几何形状的口服固体药品，如素片、糖衣片、胶囊、滴丸等。目前常用的药用泡罩包装机有滚筒式泡罩包装机、平板式泡罩包装机和滚板式泡罩包装机，其优点如下。

① 实现连续化快速包装作业，简化包装工艺，降低污染。

② 单个药片分别包装，使得药品互相隔离，防止交叉污染及碰撞摩擦。

③ 携带和服用方便。泡罩包装是将一定数量的药品单独封合包装。底面是可以加热成型的 PVC 塑料硬片，形成单独的凹穴。上面是盖上一层表面涂敷有热熔胶黏剂的铝箔，并与 PVC 塑料封合构成的包装，泡罩包装形式如图 10-1 所示。

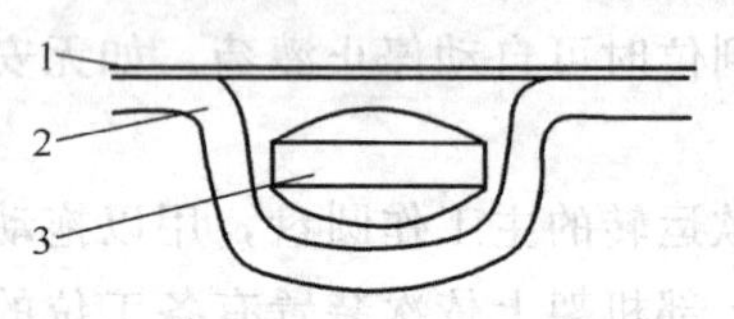

图 10-1　泡罩包装形式

1—铝箔；2—PVC；3—药片

一、滚筒式泡罩包装机

滚筒式泡罩包装机示意如图 10-2 所示。

其工作流程为卷筒上的 PVC 片穿过导向辊，利用辊筒式成型模具的转动将 PVC 片匀速放卷，半圆弧形加热器对紧贴于成型模具上的 PVC 片加热到软化程度，成型模具的泡窝孔型转动到适当的位置与机器的真空系统相通，将已软化的 PVC 片瞬时吸塑成型。已成型的 PVC 片通过料斗或上料机时，药片填充入泡窝。连续转动的热封合装置中的主动辊表面上制有与成型模具相似的孔型，主动辊拖动充有药片的 PVC 泡窝片向前移动，外表面带有网纹的热压辊压在主动辊上面，利用温度和压力将盖材（铝箔）与 PVC 片封合，封合后的 PVC 泡窝片利用一系列的导向辊，间歇运动通过打字装置时在设定的位置打出批号，通过冲裁装置时冲裁出成品板块，由输送机传送到下道工序，完成泡罩包装作业。整个流程总结为：PVC 片匀速放卷——PVC 片加热软化——真空吸泡——药片入泡窝——线接触式与铝箔热封合——打字印号——冲裁成块。

滚筒式泡罩包装机特点如下。

① 真空吸塑成型、连续包装、生产效率高，适合大批包装作业。

② 瞬间封合、线接触、消耗动力小、传导到药片上的热量少，封合效果好。

③ 真空吸塑成型难以控制壁厚，泡罩壁厚不匀，不适合深泡窝成型。

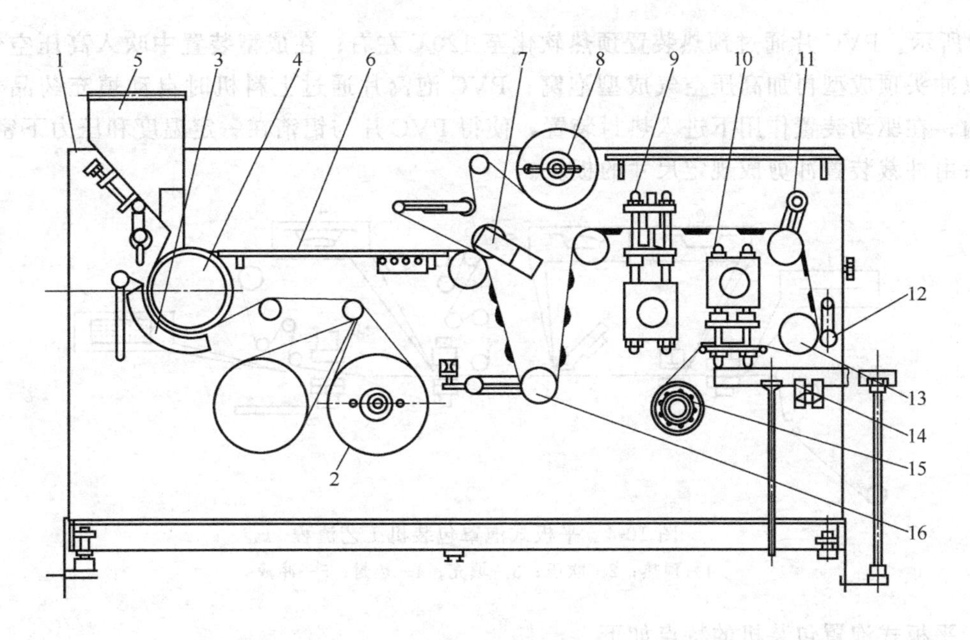

图 10-2 滚筒式泡罩包装机示意

1—机体；2—薄胶卷筒（成型膜）；3—远红外加热器；4—成型装置；5—料斗；6—监视平台；7—热封合装置；8—薄膜卷筒（复合膜）；9—打字装置；10—冲裁装置；11—可调式导向辊；12—压紧辊；13—间歇进给辊；14—输送机；15—废料辊；16—游辊

④ 适合片剂、胶囊剂、胶丸等剂型的包装。

⑤ 具有结构简单、操作维修方便等优点。

二、平板式泡罩包装机

平板式泡罩包装机的结构示意如图 10-3 所示。平板式泡罩包装机工艺流程如图

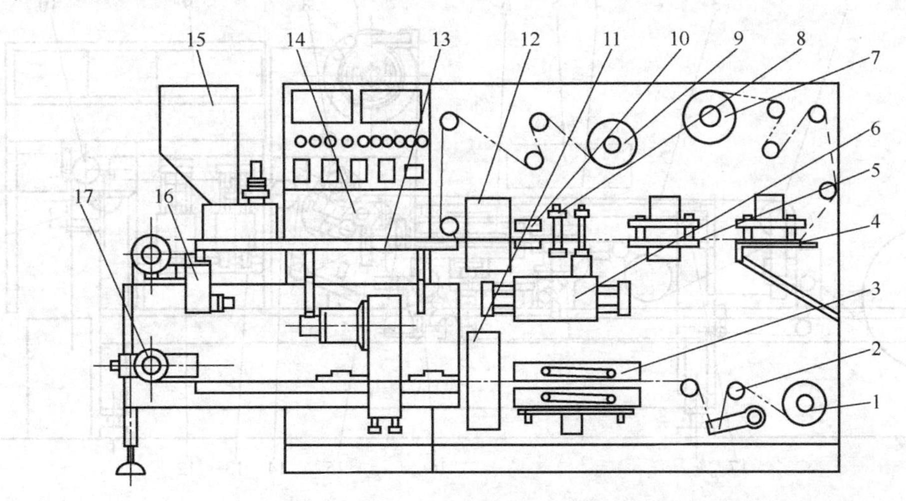

图 10-3 平板式泡罩包装机的结构示意

1—塑料膜辊；2—张紧轮；3—加热装置；4—冲裁站；5—压痕装置；6—进给装置；7—废料辊；8—气动夹头；9—铝箔辊；10—导向板；11—成型站；12—封合站；13—平台；14—配电、操作盘；15—下料器；16—压紧轮；17—双铝成型压模

10-4所示。PVC片通过预热装置预热软化至120℃左右；在成型装置中吹入高压空气或先以冲头顶成型再加高压空气成型泡窝；PVC泡窝片通过上料机时自动填充药品于泡窝内；在驱动装置作用下进入热封装置，使得PVC片与铝箔在一定温度和压力下密封，最后由冲裁装置冲剪成规定尺寸的板块。

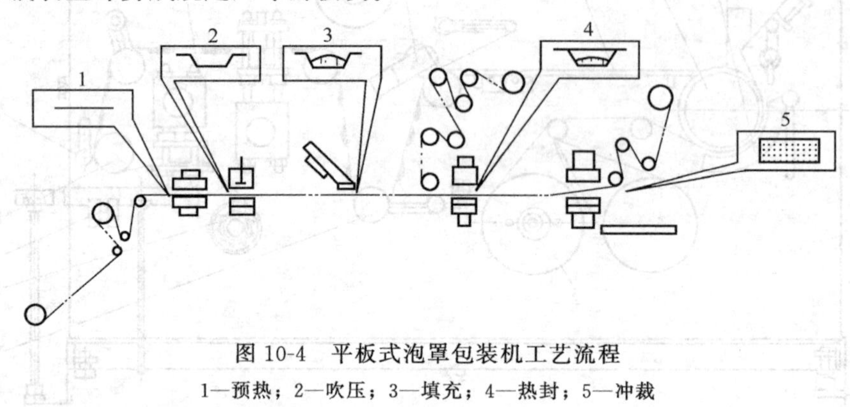

图10-4 平板式泡罩包装机工艺流程

1—预热；2—吹压；3—填充；4—热封；5—冲裁

平板式泡罩包装机的特点如下。

① 热封时，上、下模具平面接触，为了保证封合质量，要有足够的温度和压力以及封合时间，否则不易实现高速运转。

② 热封合消耗功率较大，封合牢固程度不如滚筒式封合效果好，适用于中小批量药品包装和特殊形状物品包装。

③ 泡窝拉伸比大，泡窝深度可达35mm，满足大蜜丸、医疗器械行业的需要。

三、滚板式泡罩包装机

滚板式泡罩包装机的结构如图10-5所示。

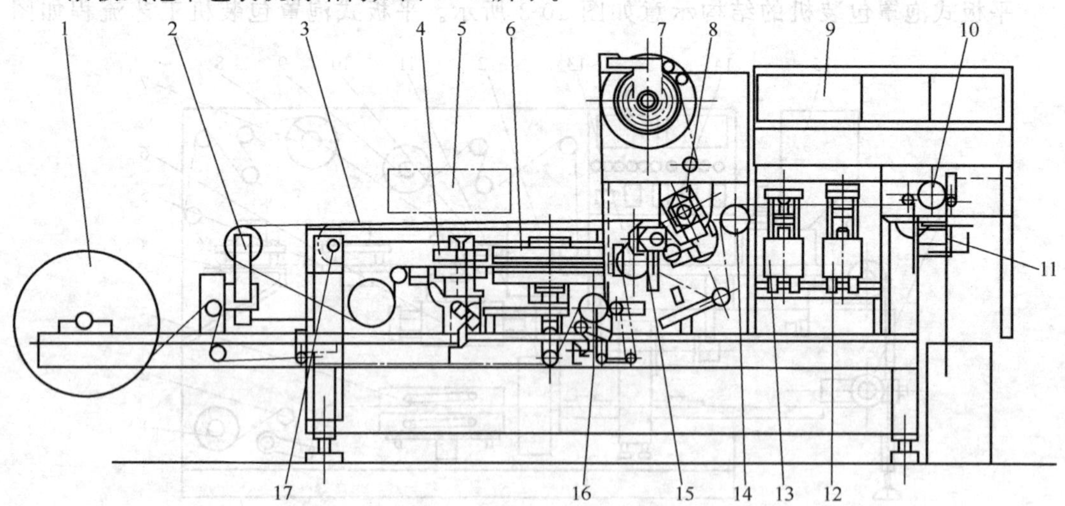

图10-5 滚板式泡罩包装机结构

1—PVC支架；2，14—张紧辊；3—填充台；4—成型上模；5—上料机；6—上加热器；7—铝箔支架；8—热压辊；9—仪表盘；10，17—步进辊；11—冲裁装置；12—压断裂线装置；13—打字装置；15—机架；16—PVC送片装置

滚板式泡罩包装机的特点如下。

① 结合了滚筒式和平板式包装机的优点，克服了两种机型的不足。

② 采用平板式成型模具，压缩空气成型，泡罩的壁厚均匀、坚固，适合于各种药品包装。

③ 滚筒式连续封合，PVC 片与铝箔在封合处为线接触，封合效果好。

④ 高速打字、打孔（断型线），无横边废料冲裁，高效率，包装材料省，泡罩质量好。

⑤ 上、下模具通冷却水，下模具通压缩空气。

四、PVC 片材热成型方法

主要有两种，即真空负压成型和有辅助冲头或无辅助冲头的压缩空气正压成型。这两种方法都是使受热的塑料片在模具中成型。

1. 真空负压成型

成型力来自真空模腔与大气压力之间的压力差，故成型力较小；大多数采用滚筒式模具，用于包装较小的药品；远红外加热器加热。

2. 压缩空气正压成型

成型压力一般为 0.58～0.78MPa，预热温度为 110～120℃；成型泡罩的壁厚比真空负压成型要均匀。对被包装物品厚度大或形状复杂的泡罩，要安装机械辅助冲头进行预拉伸，单独依靠压缩空气是不能完全成型的；多采用平板式模具，上、下模具需通冷却水。

压缩空气正压成型是在成型工作台上完成的。成型工作台是利用压缩空气将已被加热的 PVC 片在模具中（吹塑）形成泡罩。成型工作台是由上模、下模、模具支座、传动摆杆和连杆组成的。在上、下模具中通有冷却水，下模具通有高压空气。

成型台的气路如图 10-6 所示。工作过程中，上模具由传动机构带动作上下间歇运动。在下模具和上模具之间有一个平衡气室，可通入压力可调的高压空气。当上、下模具合拢时，下模具吹入高压空气，使 PVC 片在上模具中形成泡罩，同时在上、下模具之间产生一个分模力和向下的压力。为了有利于成型，在吹入高压空气的同时，平衡气

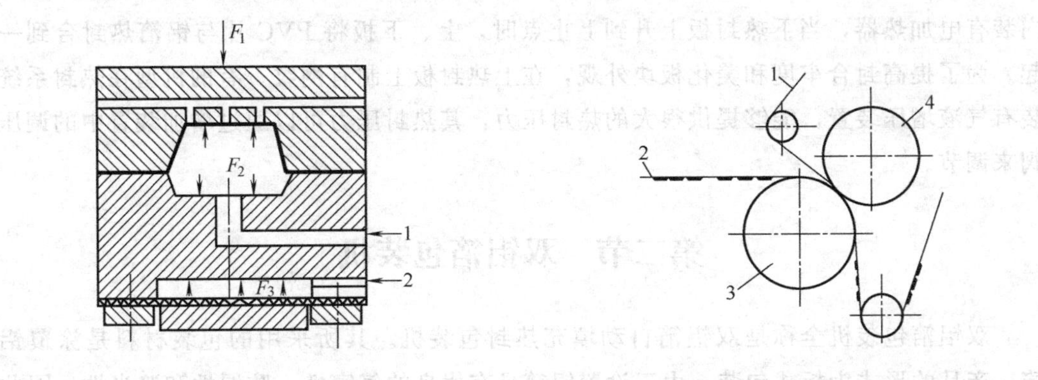

图 10-6 成型台的气路

1—成型高压空气；2—平衡高压空气；

F_1—合模力；F_2—分模力；F_3—平衡力

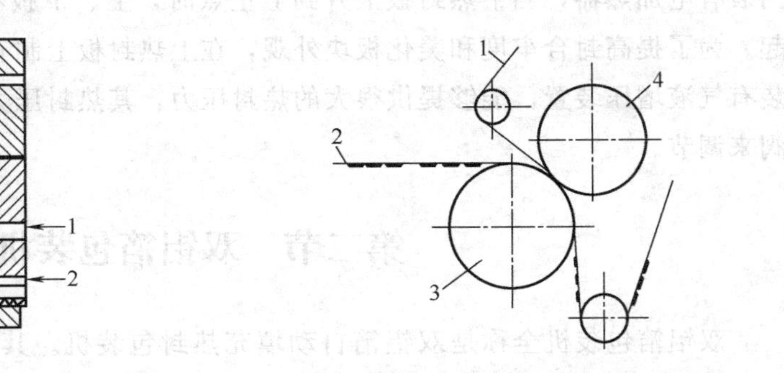

图 10-7 双辊滚动热封合示意

1—铝箔；2—PVC 泡窝片；3—主动辊；

4—热压辊

室也通入高压空气，使之平衡，也保证上、下模之间有足够的合模力，合模力 F_1 应大于分模力 F_2。

五、热封合方法

热封合方法包括双辊滚动热封合和平板式热封合。

1. 双辊滚动热封合（见图 10-7）

主动辊利用表面制成的模孔拖动充满药片的 PVC 泡窝片一起转动。表面制有网纹的热压辊具有一定的温度，压到主动辊上可与主动辊同步转动，将 PVC 片与铝箔封合到一起。封合是两个辊的线接触，封合比较牢固、效率高。

① 热压辊内圆周均匀安装有管状电加热器，将热量传导给热压辊，热压辊表面形成均匀的热场。为了防止轴承过热，在支撑轴承的前后立板上，通过循环冷却水对轴承进行冷却。热压辊压向驱动辊依靠汽缸的动力。

② 驱动辊的转动使 PVC 泡罩片和铝箔前进时，靠摩擦力使热压辊跟随转动。

在热封合过程中，热压辊的热量也会通过 PVC 片传导到驱动辊，使驱动辊表面温度逐渐升高。驱动辊表面温度高于 50℃时，PVC 泡罩片会产生热收缩变形，所以要对驱动辊进行冷却。冷却方式有风冷和水冷。风冷即对的辊表面吹冷风；水冷即在驱动辊内通往循环冷却水。驱动辊表面加工有成型模具相一致的孔型。驱动辊转动时，PVC 泡罩进入泡窝内，如同链齿一样带动 PVC 片前进。在热压辊的压力下，PVC 片和铝箔封合在一起，使得药品得到良好密封。

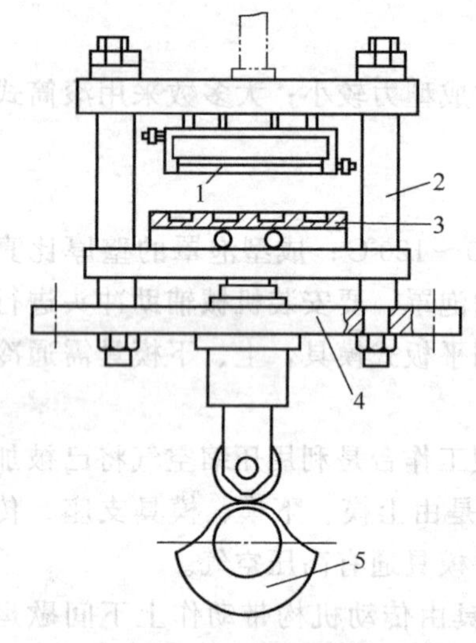

图 10-8　平板式热封合装置

1—上热封板；2—导柱；3—下热封板；4—底板；5—凸轮

2. 平板式热封合（见图 10-8）

下热封板上下间歇运动，固定不动的上热封板内装有电加热器，当下热封板上升到上止点时，上、下板将 PVC 片与铝箔热封合到一起。为了提高封合牢度和美化板块外观，在上热封板上制有网纹。有的机型在热封系统装有气液增压装置，能够提供很大的热封压力，其热封压力可以通过增加装置中的调压阀来调节。

第二节　双铝箔包装机

双铝箔包装机全称是双铝箔自动填充热封包装机。其所采用的包装材料是涂覆铝箔，产品的形式为板式包装。由于涂覆铝箔具有优良的气密性、防湿性和遮光性，因此双铝箔包装对要求密封、避光的片剂、丸剂等的包装具有优越性，效果优于黄玻璃圆瓶包装。双铝箔包装除可包装圆形片外，还可包装异形片、胶囊、颗粒、粉剂等。双铝箔包装机也可用于纸袋形式的包装。

双铝箔包装机一般采用变频调速，裁切尺寸大小可任意设定，能在两片铝箔外侧同时对版印刷，可实现填充、热封、压痕、打批号、裁切等工序连续完成。

图 10-9 所示为双铝箔包装机结构示意。铝箔通过印刷器 5，经一系列导向轮、预热辊 2，在两个封口模轮 3 间进行填充并热封，在切割机构 6 进行纵切及纵向压痕，在压痕切线器 7 处横向压痕、打批号，最后在裁切机构 8 处按所设定的排数进行裁切。压合铝箔时，温度在 130～140℃之间。封口模轮表面刻有纵横精密棋盘纹，可确保封合严密。

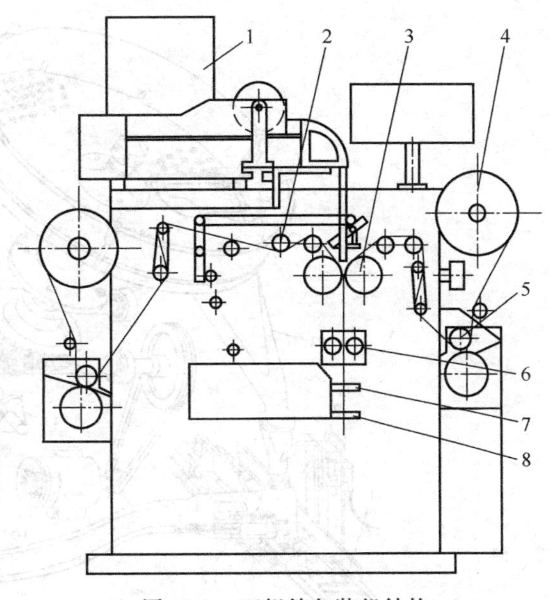

图 10-9 双铝箔包装机结构

1—振动上料器；2—预热辊；3—模轮；4—铝箔；5—印刷器；6—切割机构；7—压痕切线器；8—裁切机构

第三节 瓶装设备

瓶装设备能完成理瓶、计数、装瓶、塞纸、理盖、旋盖、贴标签、印批号等工作。许多固体成型药物，如片剂、胶囊剂、丸剂等常以瓶装形式供应于市场。瓶装机一般包括理瓶机构、输瓶轨道、数片头、塞纸机构、理盖机构、旋盖机构、贴签机构、打批号机构、电器控制部分等。

一、计数机构

目前广泛使用的数粒（片、丸）计数机构主要有圆盘计数机构、光电计数机构。

（一）圆盘计数机构

圆盘计数机构也叫圆盘式数片机构，如图 10-10 所示。一个与水平成 30°倾角的带孔转盘，盘上开有几组（3～4 组）小孔，每组的孔数依每瓶的装量数决定。在转盘下面装有一个固定不动的托板 4，托板不是一个完整的圆盘，而具有一个扇形缺口，其扇形面积只容纳转盘上的一组小孔。缺口的下边紧连着一个落片斗 3，落片斗下口直抵装药瓶口。转盘的围墙具有一定高度，其高度要保证倾斜转盘内可存积一定量的药片或胶囊。转盘上小孔的形状应与待装药粒形状相同，且尺寸略大，转盘的厚度要满足小孔内只能容纳一粒药的要求。转盘速度不能过高（约 0.5～2r/min），因为要与输瓶带上瓶子的移动频率匹配，如果太快将产生过大离心力，不能保证转盘转动时，药粒在盘上靠自重滚动。当每组小孔随转盘旋至最低位置时，药粒将埋住小孔，并落满小孔。当小孔随转盘向高处旋转时，小孔上面叠堆的药粒靠自重将沿斜面滚落到转盘的最低处。

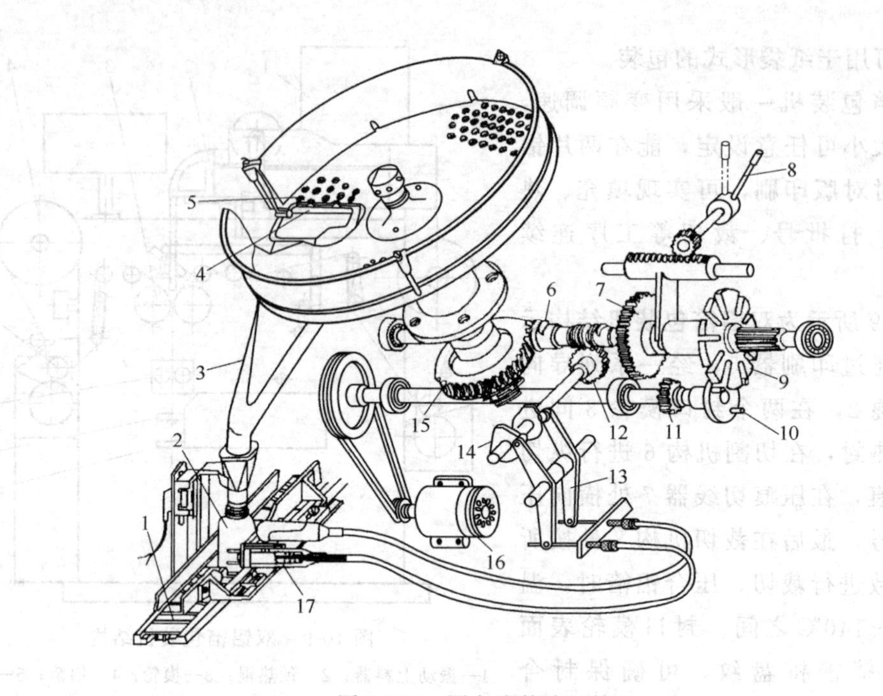

图 10-10　圆盘式数片机构

1—输瓶带；2—药瓶；3—落片斗；4—托板；5—带孔转盘；6—蜗杆；7—直齿轮；8—手柄；9—槽轮；10—拨销；11—小直齿轮；12—蜗轮；13—摆动杆；14—凸轮；15—大蜗轮；16—电机；17—软线传输定瓶器

为了保证每个小孔均落满药粒和使多余的药粒自动滚落，常需使转盘不是保持匀速旋转，为此将图中的手柄 8 搬向实线位置，使槽轮 9 沿花键滑向左侧，与拨销 10 配合，同时将直齿轮 7 及小直齿轮 11 脱开。拨销轴受电机驱动匀速旋转，而槽轮 9 则以间歇变速旋转，因此使转盘抖动着旋转有利于计数准确。

为了使输瓶带上的瓶口和落片斗下口准确对位，利用凸轮 14 带动一对撞针，经软线传输定瓶器 17 动作，使将到位附近的药瓶定位，以防药粒散落瓶外。

当改变装瓶粒数时，则需更换带孔转盘即可。

(二) 光电计数机构

光电计数机构利用一个旋转平盘将药粒抛向转盘周边，在周边围墙开缺口处，药粒将被抛出转盘。光电计数机构如图 10-11 所示，在药粒由转盘滑入药粒溜道 6 时，溜道上设有光电传感器 7，通过光电系统将信号放大并转换成脉冲电信号，输入到具有“预先设定”及“比较”功能的控制器内。当输入的脉冲个数等于人为预选的数目时，控制器的磁铁 11 发生脉冲电压信号，磁铁动作，将通道上的翻板 10 翻转，药粒通过并引导入瓶。

对于光电计数装置，根据光电系统的精度要求，只要药粒尺寸足够大（如＞8mm)，反射的光通量足以启动信号转换器就可以工作。这种装置的计数范围远大于模板式计数装置，在预选设定中，根据瓶装要求（如 1～999 粒）任意设定，不需更换机器零件，即可完成不同装量的调整。

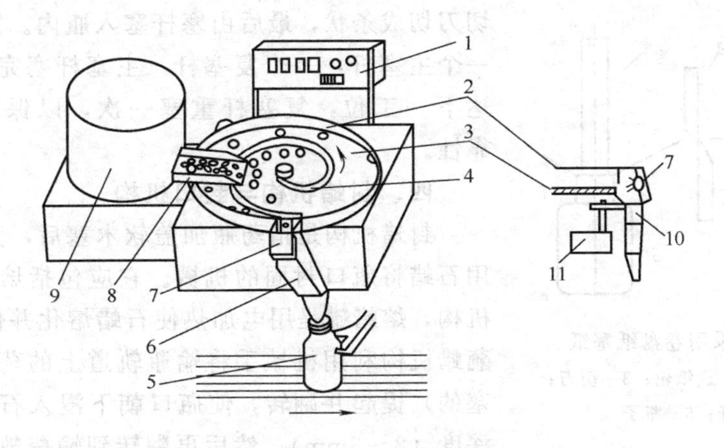

图 10-11　光电计数机构

1—控制器面板；2—围墙；3—旋转平盘；4—回形拨杆；5—药瓶；6—药粒溜道；7—光电传感器；8—下料溜板；9—料桶；10—翻板；11—磁铁

二、输瓶机构

在装瓶机上的输瓶机构多是采用直线、匀速、常走的输送带，输送带的走速可调。由理瓶机送到输瓶带上的瓶子，各具有足够的间隔，因此送到计数器的落料口前的瓶子不该有堆积现象。在落料口处多设有挡瓶定位装置，间歇挡住待装的空瓶和放走装完药物的满瓶。

也有许多装瓶机是采用梅花盘间歇旋转输送机构输瓶的（见图 10-12），梅花轮间歇转位、停位准确。数片盘及运输带连续运动，灌装时弹簧顶住梅花轮不运动，使空瓶静止装料，灌装后凸块通过钢丝控制弹簧松开梅花轮使其运动，带走瓶子。

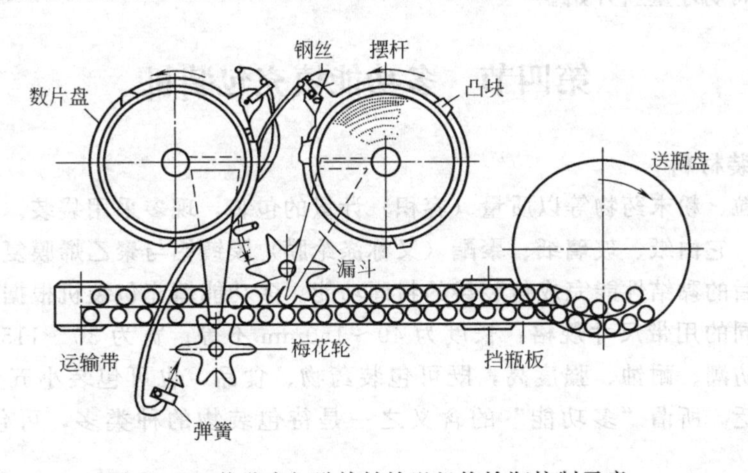

图 10-12　梅花盘间歇旋转输送机构输瓶控制示意

三、塞纸机构

常见的塞纸机构有两类：一类是利用真空吸头，从裁好的纸擦中吸起一张纸，然后转移到瓶口处，由塞纸冲头将纸折塞入瓶；另一类是利用钢钎扎起一张纸后塞入瓶内。图 10-13 所示为采用卷盘纸塞纸，卷盘纸拉开后，成条状由送纸轮向前输送，并由

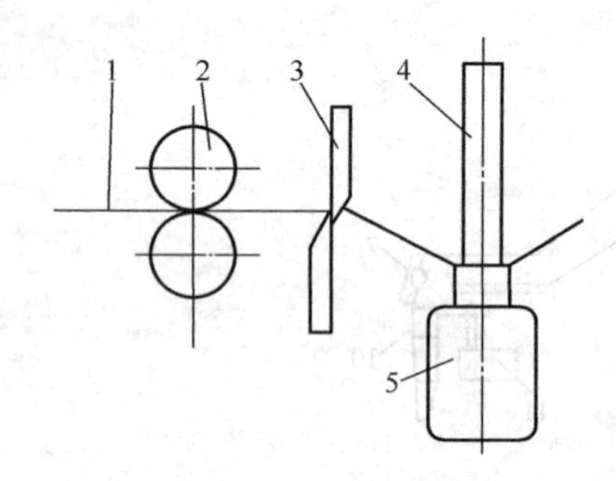

图 10-13　采用卷盘纸塞纸
1—条状纸；2—送纸轮；3—切刀；4—塞杆；5—瓶子

切刀切成条状，最后由塞杆塞入瓶内。塞杆有两个，一个主塞杆，一个复塞杆。主塞杆塞完纸，瓶子到达下一工位，复塞杆重塞一次，以保证塞纸的可靠性。

四、封蜡机构与封口机构

封蜡机构是指药瓶加盖软木塞后，为防止吸潮，用石蜡将瓶口封固的机械。它应包括熔蜡罐及蘸蜡机构，熔蜡罐是用电加热使石蜡熔化并保温的容器；蘸蜡机构利用机械手将输瓶轨道上的药瓶（已加木塞的）提起并翻转，使瓶口朝下浸入石蜡液面一定深度（2～3mm），然后再翻转到输瓶轨道前，将药瓶放在轨道上。

用塑料瓶装药物时，由于塑料瓶尺寸规范，可以采用浸树脂纸封口，利用模具将胶膜纸冲裁后，经加热使封纸上的胶软熔。届时，输送轨道将待封药瓶送至压辊下，当封纸带通过时，封口纸粘于瓶口上，废纸带自行卷绕收拢。

五、拧盖机

无论玻璃瓶或塑料瓶，均以螺旋口和瓶盖连接，人工拧盖不仅劳动强度大，而且松紧程度不一致。拧盖机是在输瓶轨道旁，设置机械手将到位的药瓶抓紧，由上部自动落下扭力扳手（俗称拧盖头）先衔住对面机械手送来的瓶盖，再快速将瓶盖拧在瓶口上，当旋拧至一定松紧时，扭力扳手自动松开，并回升到上停位，这种机构当轨道上没有药瓶时，机械手抓不到瓶子，扭力扳手不下落，送盖机械手也不送盖，直到机械手抓到瓶子时，下一周期才重新开始。

第四节　多功能填充包装机

一、包装材料

对于颗粒、粉末药物等以质量（容积）计量的包装，现多采用袋装。其包装材料均是复合材料，它由纸、玻璃纸、聚酯（又称涤纶膜）膜镀铝与聚乙烯膜复合而成，利用聚乙烯受热后的黏结性能完成包装袋的封固功能。多功能填充包装机根据包装计量范围不同可有不同的用带尺寸规格：长度为 40～150mm 不等；宽为 30～115mm 不等，这种包装材料防潮、耐蚀、强度高，既可包装药物、食品，也可包装小五金、小工业品件，用途广泛。所谓“多功能”的含义之一是待包装物的种类多，可包装的尺寸范围宽。

二、工作原理与过程

多功能填充包装机的结构原理如图 10-14 所示。成卷的可热封的复合包装带通过两个带密齿的挤压辊 5 将其拉紧，当挤压辊相对旋转时，包装带往下拉送。挤压辊间歇转动的持续时间，可依不同的袋长尺寸调节。平展的包装带经过折带夹 4 时，于幅宽方向对折而成袋状。折带夹后部与落料溜道紧连。每当一段新的包装带折成袋后，落料溜道里落下计量的药物。挤压辊可同时作为纵缝热压辊，此时热合器中只有一个水平的热压板6，当挤压辊旋转时，热压板后退一个微小距离。当挤压辊停歇时，热压板水平前移，将袋顶封固，又称为横缝封固（同时也作为下一个袋底）。

如挤压辊内无加热器时，在挤压辊下方另有一对热压辊，可单独完成纵缝热压封固。其后在冲裁器处被水平裁断，一袋成品药袋落下。

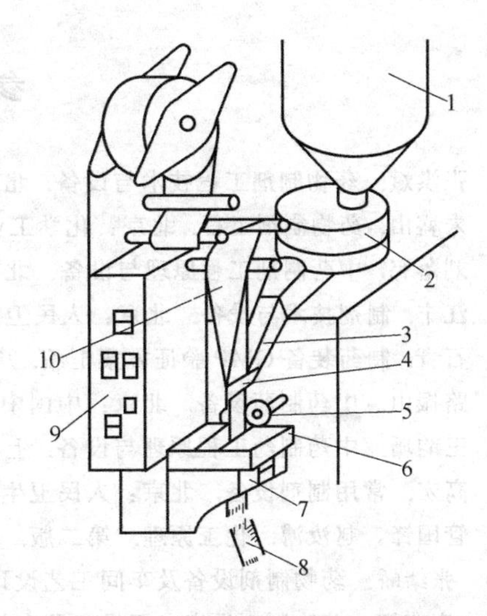

图 10-14　多功能填充包装机结构原理

1—料筒；2—计量加料器；3—落料溜道；4—折带夹；5—挤压辊；6—热压板；7—冲裁器；8—成品药袋；9—控制箱；10—包装带

三、计量装置

由于这种机器应用范围广泛，因此可配置不同形式的计量装置。当装颗粒药物及食品时，可以容积代替质量计量，如量杯、旋转隔板等容积计量装置。当装片剂、胶囊剂时，可用旋转模板式计数装置，如装填膏状药物或液体药物及食品、调料等可用注射筒计量装置，还可用电子秤计量、电子计数器计量装置。

参 考 文 献

1 张洪斌. 药物制剂工程技术与设备. 北京：化学工业出版社，2003

2 朱盛山. 药物制剂工程. 北京：化学工业出版社，2002

3 刘落宪. 中药制剂工程原理与设备. 北京. 中医药出版社，2003

4 江丰. 制剂技术与设备. 北京：人民卫生出版社，2003

5 石青. 制药装备 GMP 验证方案汇编. 中国制药装备行业协会

6 路振山. 中药制药设备. 北京：中国中医药出版社，2003

7 王韵珊. 中药制药工程原理与设备. 上海：科学技术出版社，1997

8 高宏. 常用制剂设备. 北京：人民卫生出版社，2003

9 管国锋，赵汝溥. 化工原理. 第二版. 北京：化学工业出版社，2003

10 张绪峤. 药物制剂设备及车间工艺设计. 北京：中国医药科技出版社，2000

11 唐燕辉. 药物制剂生产专用设备及车间工艺设计. 北京：化学工业出版社，2003

12 赵宗艾. 药物制剂机械. 北京：化学工业出版社，1998

内 容 提 要

本书是全国医药高职高专教材建设委员会组织编写的高职高专教材之一，共分上、下两册。上册为药物制剂设备基础部分，重点介绍药物制剂设备课程所需基础知识，包括机械制图、机械基础、电气常识、光机电一体化、气动集成与液压传动及设备管理。本书可为药物制剂专业学员在学习药物制剂设备之前奠定基础。下册为药物制剂设备部分，包括固体制剂生产设备、液体制剂生产设备、注射剂生产设备、蒸馏和制水设备、药材提取、浓缩与干燥设备、物料输送、滤过与均化设备及灭菌设备。本书的出版将弥补药物制剂专业高职学员制剂设备知识的欠缺。本书语言流畅、内容贴近实际、叙述简明扼要、通俗易懂、图文并茂、安排合理。

本书为医药高职高专的教材，也可作为医药大专的教材及药厂等相关单位工作人员的培训教材。

全国医药高职高专教材可供书目

书名	书号	主编	主审	定价
化学制药技术	7329	陶 杰	郭丽梅	27.00
生物与化学制药设备	7330	路振山	苏怀德	29.00
实用药理基础	5884	张 虹	苏怀德	35.00
实用药物化学	5806	王质明	张 雪	32.00
实用药物商品知识（第二版）	07508	杨群华	陈一岳	43.00
无机化学	5826	许 虹	李文希	25.00
现代仪器分析技术	5883	郭景文	林瑞超	28.00
现代中药炮制技术	5850	唐延猷 蔡翠芳	张能荣	32.00
药材商品鉴定技术	5828	刘晓春	邬家林	50.00
药品生物检定技术（第二版）	09258	李榆梅	张晓光	28.00
药品市场营销学	5897	严 振	林建宁	28.00
药品质量管理技术	7151	负亚明	刘铁城	29.00
药品质量检测技术综合实训教程	6926	张 虹	苏 勤	30.00
中药制药技术综合实训教程	6927	蔡翠芳	朱树民 张能荣	27.00
药品营销综合实训教程	6925	周晓明 邱秀荣	张李锁	23.00
药物制剂技术	7331	张 劲	刘立津	45.00
药物制剂设备（上册）	7208	谢淑俊	路振山	27.00
药物制剂设备（下册）	7209	谢淑俊	刘立津	36.00
药学微生物基础技术（修订版）	5827	李榆梅	刘德容	28.00
药学信息检索技术	8063	周淑琴	苏怀德	20.00
药用基础化学	6134	胡运昌	汤启昭	38.00
药用有机化学	7968	陈任宏	伍焜贤	33.00
药用植物学	5877	徐世义	孙启时	34.00
医药会计基础与实务（第二版）	08577	邱秀荣	李端生	25.00
有机化学	5795	田厚伦	史达清	38.00
中药材 GAP 概论	5880	王书林	苏怀德 刘先齐	45.00
中药材 GAP 技术	5885	王书林	苏怀德 刘先齐	60.00
中药化学实用技术	5800	杨 红	裴妙荣	23.00
中药制剂技术	5802	闫丽霞	何仲贵 章臣贵	48.00
中医药基础	5886	王满恩	高学敏 钟赣生	40.00
实用经济法教程	8355	王静波	潘嘉玮	29.00
健康体育	7942	尹士优	张安民	36.00
医院与药店药品管理技能	9063	杜明华	张 雪	21.00
医药药品经营与管理	9141	孙丽冰	杨自亮	19.00
药物新剂型与新技术	9111	刘素梅	王质明	21.00
药物制剂知识与技能教材	9075	刘 一	王质明	34.00
现代中药制剂检验技术	6085	梁延寿	屠鹏飞	32.00